特低渗油藏高效开发理论与技术

王香增　著

科学出版社

北京

内 容 简 介

本书主要以鄂尔多斯盆地延长油田为例，论述特低渗油藏的开发理论、技术研究和现场实践。对特低渗油藏的地质特征、储层特征、水驱油渗流机理等进行了深入分析，并对适用于特低渗油藏的“适度温和”注水、浅层油藏“弓型”水平井、低伤害压裂液体系、“一层多缝”和缝网压裂等关键开发技术进行论述。特别是对“适度温和”注水技术理念、作用机理、关键技术参数和现场实践效果等进行了全面系统的阐述，对我国特低渗油藏开发具有较大的指导意义。

本书可作为从事油气田开发生产、科研的工程技术人员参考，也可供相关院校油气田开发专业的师生阅读参考。

图书在版编目（CIP）数据

特低渗油藏高效开发理论与技术 / 王香增著. —北京：科学出版社，2018.11

ISBN 978-7-03-058674-2

Ⅰ. ①特… Ⅱ. ①王… Ⅲ. ①低渗透油气藏–油田开发–研究 Ⅳ. ①TE348

中国版本图书馆CIP数据核字（2018）第201752号

责任编辑：耿建业 韩丹岫 / 责任校对：彭 涛
责任印制：徐晓晨 / 封面设计：无极书装

科 学 出 版 社 出版
北京东黄城根北街 16 号
邮政编码：100717
http://www.sciencep.com

北京建宏印刷有限公司 印刷
科学出版社发行 各地新华书店经销
*
2018 年 11 月第 一 版 开本：720 × 1000 1/16
2019 年 5 月第二次印刷 印张：24 1/4
字数：489 000

定价：238.00 元

（如有印装质量问题，我社负责调换）

序　一

香增同志拿来一部书稿，请我斧正。随着书页的翻动，我的思绪也回到了那个年代。

众所周知，陕北延长石油的油苗显示在我国史籍记载最早，自《汉书·地理志》及《水经注》中阐述以来，可谓史不绝书。宋朝沈括的《梦溪笔谈》较为详尽地记载了他在任鄜延路经略安抚使时，对陕北石油亲自作了考察，他将采集的原油烧成炭黑，用炭黑制成墨，并对石油的产状、性能、用途作了详细研究，他在《梦溪笔谈》中写道："鄜、延境内有石油，旧说'高奴县出脂水'，即此也。生于水际，沙石与泉水相杂，惘惘而出，土人以雉尾挹之，乃采入缶中，颇似淳漆，然之如麻，但烟甚浓，所沾帷幕皆黑。余疑其烟可用，试扫其煤以为墨，黑光如漆，松墨不及也，遂大为之。其识文为'延川石液'者是也。"并提出了"此物必大行于世，自余始为之。盖石油之多，生于地中无穷"的预言。这是世界历史上第一次将"可燃水""肥""石漆""石脂水"等名称综合并科学地定义为"石油"，比1556年德意志人乔治·拜耳的命名早了近500年。

1905年，陕西省府巡抚曹鸿勋奏请清政府批准，创办延长石油官厂。1907年，在延长县打成中国陆上第一口油井——延一井，初日产油1.5t。尽管年产油量有限，但毕竟开启了我国近、现代石油工业的先河，成为中国陆上石油工业的发祥地。

1935年，延长石油官厂和陕北油矿勘探处由工农红军接管，合并为延长石油厂。1939年玉门油田投入开发，国民党资源委员会苦于设备不足向共产党求助，周恩来亲自批示将延长石油厂的部分设备紧急调运到玉门油田。延长石油厂从大局出发，将成套设备和相关技术人员送到玉门油田，实现国共在石油开采方面的首次合作。

1941年，潘钟祥教授在美国石油地质学家协会(AAPG)上发表了题为《中国陕北和四川白垩系陆相生油》的论文，首次提出"陆相生油"这一崭新的命题，为在中国陆相盆地寻找石油提供了依据。中国陆相生油理论是我国打破"中国贫油"的思想禁锢、不懈地坚持油气资源勘探的强大理论支撑，陕北的延长油田成为陆相生油理论的诞生地。

抗日战争和解放战争期间，延长石油厂生产出的汽油、煤油、蜡烛、擦枪油等产品，为中国人民解放事业做出的重要贡献，在中国革命创业史上留下了光辉的一页。1944年，毛泽东同志为延长石油厂厂长陈振夏亲笔题词"埋头苦干"，迄今凝聚成延长石油的企业精神。

1951 年，我来到延长石油（前身是延长石油厂）担任第二地质队的队长，工作地点主要在“三延”地区（延长县、延安县、延川县）。当时，我带领仅有的 5 名队员开展了大量的勘测工作，按照 1∶5 万比例尺对每个地质露头开展石油地质详查并制作地质图。当我们到达现场踏勘时，既感到能为革命老区工作而兴奋，又因为全区覆盖着 200 多米厚的第四纪黄土而感到担心。经过观察和分析，发现陕北地区虽然覆盖了很厚的黄土，但河流切割的地方都有露头，露出侏罗系和三叠系地层。于是我们决定沿着延河、清涧川、洛河及两侧的沟谷一条一条地进行勘测。当时的现场技术条件十分艰苦，仅有的交通运输工具是适应当地特点的小毛驴，用来驮帐篷、厨具、测量仪器等设备。地质队的仪器比较简单，就是测量用的标杆和木桩。调查完全靠步行，中午吃点干粮喝点河水，晚上借老乡的窑洞住宿，在煤油灯下整理当天的资料和绘制图件。工作方法是依靠当时苏联专家所提供的建议进行摸索，逐个地质点进行勘测，每 1km 左右定一个“地质点”，每天可完成 20～30 个地质点的勘测任务，在走过延长 2000 多条山沟后，完成了延长张家滩页岩、董家河天然裂缝、安沟油苗油砂露头处的深入地质构造调查。1951～1953 年间，我先后编写了《陕北三延地区石油地质详查报告》《陕北地区南—北地层对比报告》《陕西延长油田上三叠统浅油层储油和出油条件》《延长油田地下水层研究报告》等技术报告。不幸的是，这些资料在“文革”期间全部被查抄。后来又通过延长石油重新找回，50 年过去了，调查报告失而复得，真是如获珍宝！

1953 年，我担任延长石油主任地质师兼地质室主任。同年 12 月，康世恩同志陪同苏联专家特拉菲穆克来到延长石油。在座谈交流中，我提出延长油田是裂缝储油，砂岩非常致密，只有在岩石裂缝的地方才能出油，对此观点康世恩同志和苏联专家都表示赞同。其后，我总结了超特低渗“裂缝油田”规律，提出了“找油苗、顺节理、保持适当井距；封淡水、抽咸水、自上而下开采”的布井原则，使钻探油藏的成功率得到了提高。特别是在槐里坪确定的 84 井，初日产油量达到十几吨，当时是自然井喷，全矿职工都非常高兴，我们地质室全体人员都赶到井场，互相握手、拥抱，表示祝贺。

由于延长组砂岩岩性致密，油井产量低，急需增产措施。我们在苏联专家的指导下，对油层开展了爆炸增产试验，先后开展爆炸增产技术，选择七 3、七 11 等 4 口井，效果较好。爆炸增产技术在 1953 年 3～11 月共实施 128 井次，使用炸药 13 吨，增产原油 545 吨，占当年产油量 1367 吨的 40%。而后，基于安全性的考虑，我们对爆炸增产措施进行了改进，由“空井爆炸方案”改为“注水泥塞爆炸方案”，既保护了井筒和套管，又增强了爆炸压力波横向影响油层，在油层内形成了更多的裂缝，提高了爆炸增产效果，单井产量提高了 1～4 倍，成为当时油井的主要增产手段。之后，我们尝试过在储油层内采用坑道采油和火烧油层的增产措施，但因油层的渗透率低、含水饱和度高，火烧油层难以形成设计要求的燃烧面，因而基本被否定。爆炸增产措施一直延续到1975年才停止，随着压裂车等新技术引进，生产井压裂加砂增产替代了油井爆炸，成为延长石油的主要增产措施。在当时恶劣条件下，爆炸增产探索体现了延长石油职工“一不怕苦、二不怕死”和“埋头苦干”的企业精神。

1954年6月，我的二女儿出生在陕北的窑洞内，我为女儿取名李延，以纪念她在延长石油出生。同年9月，我调任玉门矿务局，任总地质师。至今，我仍然记得当时延长石油职工欢送我的情景，当时的依依不舍，至今难以忘怀。当年岁末，延长石油原油产量达到3526吨，是1953年产量的2.6倍。1959年，延长石油年产油量突破1万吨，但直至1984年，年产油量仅仅只有10万吨，更加说明了延长石油油藏的复杂性和开采难度。

在延长石油的经历是我终身从事石油事业的基础，我离开延长石油几十年了，但我仍对延长石油怀有很深的感情，时刻关注着延长石油的发展。在2005年、2007年、2013年先后三次回到延长石油（2005年已重组成为陕西延长石油（集团）有限责任公司）。每一次来延长石油，都看到了延长石油的巨大变化。

记得2005年10月，我回到了阔别50余年的延长石油，来到了七里村采油厂，和厂里的年轻科技工作者一起讨论老厂的稳产方案，帮助制定长期发展规划，并介绍了当时国际、国内石油开发方面的先进水平，也看到了延长石油技术人员朝气蓬勃的干劲，看到了百年老厂发展的美好前景，回想起来仍是历历在目。

2007年10月，时隔两年，我再次回到延长石油，参加出油100周年庆祝大会，并作了“重新认识鄂尔多斯盆地油气地质学、再建百年油田”的报告。当我得知延长石油当年原油产量可以突破1000万吨后，我非常高兴。延长石油诞生了伟大的陆相生油理论，指导了新中国石油的勘探开发，见证了中国石油从无到有，从小到大的发展历程。可以说，延长石油的发展历程就是中国石油工业发展的缩影。

2013年10月，我第三次踏上延长石油这片热土。在我要求下，特地来到我曾经工作过的地方——延长石油七里村采油厂，回忆着我在这百年老厂工作的场景。我高兴地给大家当起了解说员，介绍了当年东部油区的地质特征和出油情况。我站在延一井旁向在场人员讲解延一井出油的意义，它填补了中国陆上不产油的空白，实现了中国石油“零”的突破。

延长石油经历了近十多年的快速发展，2007年原油产量突破了千万吨的大关，至2017年，已连续11年保持千万吨以上稳产。2018年延长石油排名世界500强第288位，对陕西省和陕北革命老区的社会经济发展贡献十分巨大。延长石油这些成就的取得，不仅与一代又一代延长石油人秉承“埋头苦干”的企业精神密不可分，而且与他们勇于开拓创新，在延长石油这片土地上攻破了一个又一个勘探开发难题，因地制宜地建立多项有效的勘探开发技术，是分不开的。

我认识香增同志多年，他学风严谨，勇于专研，具有很高的学术水平，是一位特低渗油藏开发专家，也是延长石油科技人员的杰出代表。他在延长石油工作的十多年里，为延长油田迈向千万吨并长期稳产做出了重大贡献，见证了延长石油的跨越式发展。

在仔细阅读了《特低渗油藏高效开发理论与技术》全书后，我高度认可该书的观点。这本书不仅系统的论述了特低渗油藏“适度温和”注水理论与技术，同时对延长油田水平井开发技术和储层改造技术进行了详细的阐述。书里的核心内容与我近年来所倡导的“水平井+缝网压裂”的观点不谋而合。这让我想起最近为延长石油写的一首小诗：“喜闻‘321’文化工程，老矿新颜暖人心，勘探油气深挖潜，长 7—9 找新层，水平井+缝网压裂是利器，深层挖气有希望，力争长期稳产再建百年油田，老骥伏枥忆延矿。”

该书的内容不仅凝结了王香增同志及其团队的研究成果，也是延长石油“埋头苦干，开拓创新”企业精神的具体体现，我很高兴看到此书的出版。这本书的学术价值极高，充分体现了延长石油科研技术水平，也代表了特低渗油藏开发技术的最新进展。因此，我特向广大石油科技工作者推荐此书，相信此书将成为有效开发特低渗油藏的重要参考。

延长石油已有 113 年的历史，我也年近百岁，我经历和见证了延长石油发展前一百年的历史巨变。我希望延长石油的职工继续发扬“埋头苦干，开拓创新”的优良传统，为连续 20 年千万吨原油稳产和再建“百年油田”而努力奋斗。

我把我的思绪整理了一下，寄给了香增同志。几天后香增同志回话说，想把“思绪”作为该书的序，我欣然同意并对部分内容进行了修改。放在这里，目的是让更多的人了解这段中国石油史！

李德生

2018 年 8 月 30 日于北京

序　二

1907年，延长石油厂打成中国陆上第一口油井——延一井，成功完井并获得工业油流，拉开了中国近现代石油工业的序幕。近年来，随着石油工业的发展，低渗-特低渗油藏的勘探开发已成为我国石油工业稳定发展、保障国家能源安全的重要资源接替，也是未来石油工业可持续发展的主要方向。近十年来，我国新增石油地质储量中，低渗-特低渗石油储量占比快速上升，已达到70%以上。鄂尔多斯盆地是中国第二大含油气盆地，油气资源量高达249亿吨，以低渗-特低渗资源为主。延长油田位于鄂尔多斯盆地东南部，特低渗石油储量占86%以上，是典型的特低渗油藏，已连续开发了113年，是中国石油工业的发祥地。

在低渗-特低渗油藏的开发过程中，我国石油工作者经过长期的探索与研究，形成了储层精细描述、全过程油层保护、注水补充能量开发、整体压裂改造等一系列关键技术。但在储层裂缝精细描述、渗流机理研究和有效提高采收率等方面还存在一定的局限性，特低渗油藏的储量动用程度和水驱采收率仍然比较低；对裂缝分布及压裂所形成的人工裂缝对注水开发效果影响认识不足，还不能完全适应低渗、特低渗透油藏高效开发的实际需求。

延长油田的低渗-特低渗油藏具有“低孔、低渗、低压、低含油饱和度和低丰度”，以及微裂缝发育的特点，油井一般需要压裂改造投产，且单井产量低、自然递减率大，衰竭式开发方式的平均采收率不到10%。已有的常规注水开发方式渗流阻力大，注水压力高，难以建立有效的驱替系统，洗油效率低；天然微裂缝普遍存在，并同时受到人工压裂缝的影响，加剧了流体渗流系统的复杂性，使得注入水具有明显的方向性，波及体积小，易出现水窜、水淹现象，油井含水上升快，大部分原油滞留在储层基质中无法采出，采收率低。因此，该类油藏虽然具有很大提高采收率的潜力，但是难度同样很大。

根据国内外多年的研究，从特低渗油藏的渗流特征看，该类油藏储层存在渗吸现象。由于特低渗储层的微观孔隙小，喉道狭窄，毛细管力的影响凸显，岩石内的渗吸效应加强。在一定储层孔隙结构下，渗透率越低则渗吸效应越强，渗吸驱油效率可达20%左右，由此可见，渗吸作用不可忽略。但在油田实际开发应用中，尚不能有效指导特低渗油藏注水开发实践，如何有效利用还需认真研究。

拿到书稿后，我认真通读了全书，深感王香增同志及其团队对这个问题经过十多年来的科研探索，经过系统地梳理、总结和凝练，结合延长油田的储层特点，使特低渗油藏开发中的诸多问题得以有效解决，并编纂了《特低渗油藏高效开发理论与技术》一书。通过不同尺度、不同形状的微观玻璃刻蚀，开展微观驱油和渗吸作用的研究，揭示了特低渗油藏油水渗流规律，创新建立了“渗吸-驱替”双重渗流理论认识，并以此为指导，提出了“适度温和”注水方法与技术。在实际注水开发过程中，通过控制注水强度和注水压力，合理控制注水驱替速度，延长油水交换时间，充分发挥渗吸作用，采出了更多基质孔隙中的原油。“适度温和”注水方法与技术在延长油田的矿场实践及应用，有效支撑了原油产量突破千万吨后连续 11 年增产稳产。

此外，还针对延长油田低渗-特低渗油藏特点，以科学实验为基础，以关键问题为导向，系统论述了高角度缝油藏水平井开发、水平缝油藏“弓型”水平井开发，以及“井工厂”水平井开发参数；在压裂液体系、压裂工艺和压裂施工参数等方面，详细论述了低伤害压裂、“一层多缝”压裂和缝网压裂等适合延长油田的储层改造技术。特别是该书论述的浅埋深水平缝油藏“弓型”水平井开发技术和“一层多缝”压裂技术，填补了浅层特低渗油藏水平井开发和储层改造技术的空白。

综上所述，该书紧密结合实际，既有理论上的创新，又结合了延长油田的有效开发实践，特色突出。可作为从事油气田开发工程的科学研究工作者、油田开发工程师和高等院校相关专业师生很好的参考书。相信本书的问世将有力推动我国特低渗油藏高效开发理论与技术的发展进步。

2018 年 9 月 10 日于北京

前　言

近年来，随着石油勘探程度的不断深入，已探明石油地质储量中，低渗-特低渗储量占比超过 70%，因此，低渗-特低渗储量的高效开发已成为石油工业可持续发展的重要领域。然而，特低渗砂岩油藏储层特征、流体性质与中高渗油藏存在较大差异，导致其渗流机理、油水分布特征、注水开发方式、参数等与中高渗油藏差异性很大，开发难度极大。

延长油田位于鄂尔多斯盆地东南部，已探明石油地质储量中，特低渗储量占86%，属于典型的特低渗油藏。自 1907 年延一井投产以来，石油开发从未间断，其开发阶段及历程艰辛而曲折，可以说是一部“磨刀石上闹革命”的石油开发史。该类油藏储量品位低、开发难度大，其主要特征为低孔、低渗、低含油饱和度，储层非均质性强、天然能量开发采出程度低，采收率不到 10%；注水开发采油井之间受效程度差异大，沿裂缝发育方向井受效明显且见水快，但垂直该方向油井受效缓慢，甚至不受效，存在“注水不见效，见效就见水”的情况，注水效果差，有效期短的问题。

研究发现，储层基质致密、喉道狭窄、界面效应和毛细管效应凸显等问题会导致渗吸作用显著。储层基质与人工裂缝、天然裂缝构成了复杂的油水渗流系统，基质起主要储油作用，裂缝起渗流通道作用。在注水过程中，呈现出渗吸-驱替双重渗流作用的油水渗流特征，由此建立了考虑渗吸与驱替双重作用的“适度温和”注水理论、技术与方法，在矿场实践应用中得到验证，取得了很好的成效，使延长油田实现了注水开发并持续千万吨以上增产稳产。笔者及团队在十几年研究积累的基础上，结合前人的研究认识，总结撰写了《特低渗油藏高效开发理论与技术》一书。

本书共分 6 章，第 1 章主要阐述特低渗油藏地质特征；第 2 章深入阐述特低渗油藏原始储层孔隙油水分布特征、典型双重介质裂缝性油藏与特低渗微裂缝发育的砂岩油藏孔渗的差异性；第 3 章论述特低渗油藏水驱渗流特征与理论，主要表述特低渗油藏注水开发的毛细管力、渗吸与驱替综合作用及其渗流特点；第 4 章阐述考虑渗吸-驱替作用的特低渗油藏“适度温和”注水开发技术和不稳定注水开发技术；第 5 章论述了特低渗高角度缝油藏水平井开发和水平缝油藏“弓型”水平井开发以及“井工厂”水平井开发技术，重点阐述浅埋深水平缝油藏“弓型”水平井开发技术；第 6 章论述特低渗油藏储层改造技术，涵盖针对低压低温油藏的低伤害压裂液体系、针对水平缝油藏“一层多缝”的压裂技术与针对难动用油藏的缝网压裂技术。

本书所涉及的内容主要来自笔者及研究团队的研究成果，部分内容参考了近年来国内外同行、专家公开出版或发表的相关资料。所参阅资料已尽量在参考文献中列出，若由于疏忽或遗忘而未列出的，敬请见谅。特此说明，并对他们致以诚挚的谢意。

本书写作过程中得到了中国石油大学(北京)李相方教授、涂彬老师的指导，也得到了团队赵习森、党海龙等同志的帮助，本书部分实例、图件和排版由王成俊、奥洋洋、冯东、刘庆等同志协助完成，在此一并表示感谢。

本书所论述的特低渗油藏高效开发理论与技术涉及面较广，有些技术仍在不断完善中，加之笔者水平有限和经验不足，书中难免有不当之处，敬请读者多提宝贵意见。

作　者

2018 年 5 月

目　录

序一
序二
前言
第 1 章　特低渗油藏地质概述……1
1.1　特低渗油藏地质与开发特征……1
1.1.1　特低渗油藏分类标准……1
1.1.2　油藏地质特征……2
1.1.3　油藏开发特征……3
1.2　鄂尔多斯盆地地质特征……4
1.2.1　概况……4
1.2.2　构造……5
1.2.3　沉积……9
1.2.4　地层……18
1.3　延长油田地质特点……23
1.3.1　东部油藏埋藏较浅……25
1.3.2　中北部储层油水混储特征显著……25
1.3.3　南部储层物性差……26
第 2 章　延长油田储层特征……27
2.1　储层岩石学……27
2.2　储层物性与非均质性特征……28
2.2.1　储层物性特征……28
2.2.2　储层非均质性……30
2.3　储层孔隙结构……33
2.3.1　孔隙类型……33
2.3.2　喉道类型……38
2.3.3　孔隙结构特征……39
2.3.4　可动流体饱和度……42
2.3.5　可动流体饱和度影响因素……43
2.4　储层敏感性评价……46
2.4.1　速敏性……46

2.4.2 水敏性 …… 46
2.4.3 酸敏性 …… 47
2.4.4 碱敏性 …… 48
2.5 储层原始油水分布特征 …… 49
2.5.1 储层微观油水分布 …… 49
2.5.2 储层宏观树枝状油水分布 …… 55
2.6 裂缝性油藏特征 …… 57
2.6.1 裂缝性油藏的类型 …… 57
2.6.2 纯裂缝性油藏及特点 …… 58
2.6.3 双孔隙裂缝性油藏 …… 58
2.6.4 典型双重介质型裂缝性油藏 …… 59
2.6.5 典型均质型裂缝性油藏 …… 64
第 3 章 特低渗油藏水驱渗流特征与理论 …… 69
3.1 油水微观驱替机理 …… 69
3.1.1 不等直径独立毛细管束水驱油产出特征 …… 69
3.1.2 考虑毛细管力作用的水驱油微观可视化特征 …… 85
3.2 裂缝性油藏自发渗吸作用 …… 97
3.2.1 渗吸的基本概念及发展历程 …… 97
3.2.2 自发渗吸的方式 …… 101
3.2.3 自发渗吸的数学模型 …… 106
3.2.4 自发渗吸实验 …… 110
3.3 水驱油两相渗流机理与模型 …… 119
3.3.1 油水相渗对应特低渗油藏注水开发特殊的含义 …… 119
3.3.2 常规油水相渗实验方法与计算模型 …… 121
3.3.3 考虑毛细管力的油水相渗实验方法 …… 124
3.3.4 常用水驱油两相渗流模型 …… 135
3.3.5 特低渗油藏水驱油两相渗流模型 …… 140
3.3.6 特低渗油藏水驱油两相渗流特征 …… 143
3.4 裂缝性油藏渗吸-驱替渗流作用机理 …… 148
3.4.1 典型双重介质双孔单渗裂缝性油藏渗吸-驱替作用 …… 148
3.4.2 呈均质特征的双孔双渗裂缝油藏渗吸-驱替渗流作用机理 …… 157
3.4.3 裂缝性油藏非线性渗流特征 …… 168
3.4.4 裂缝性油藏渗吸-驱替数值模拟 …… 178
第 4 章 特低渗油藏“适度温和”注水开发技术 …… 185
4.1 “适度温和”注水开发的概念及机理 …… 185
4.1.1 “适度温和”注水的概念 …… 186

4.1.2 “适度温和”注水的作用机理……186
4.2 “适度温和”连续注水技术……189
4.2.1 “适度温和”连续注水基本概念……190
4.2.2 “适度温和”连续注水技术参数确定……190
4.3 “适度温和”不稳定注水技术……199
4.3.1 不稳定注水的基本概念……199
4.3.2 “适度温和”周期注水技术……199
4.3.3 改向注水技术……206
4.3.4 “适度温和”周期注水技术参数确定……210
4.4 “适度温和”注水矿场实践……219
4.4.1 横山白狼城长 2 油藏“适度温和”注水实践……221
4.4.2 七里村石家河长 6 油藏“适度温和”注水开发实践……230
第 5 章 特低渗油藏水平井开发技术……238
5.1 水平井开发技术现状……238
5.1.1 国内外水平井技术应用概况……238
5.1.2 延长油田水平井技术应用历程及现状……240
5.2 特低渗油藏水平井渗流规律及开发参数优化……241
5.2.1 水平井的渗流模型……241
5.2.2 压裂水平井渗流规律……244
5.2.3 水平缝油藏“弓型”水平井渗流模型……251
5.2.4 特低渗油藏水平井开发参数优化……255
5.3 特低渗高角度缝油藏水平井开发技术……268
5.3.1 井区地质概况……268
5.3.2 特低渗油藏水平井优化设计……269
5.3.3 实施效果……272
5.4 浅层压裂水平缝油藏“弓型”水平井开发技术……275
5.4.1 井区地质及开发特征……275
5.4.2 浅层水平缝油藏水平井地质-工程-压裂一体化设计……280
5.4.3 实施效果……291
5.5 “井工厂”水平井开发技术……293
5.5.1 试验区地质及开发特征……293
5.5.2 “井工厂”一体化设计……294
5.5.3 实施效果……301
第 6 章 特低渗油藏储层改造技术……304
6.1 低伤害压裂技术……304
6.1.1 水基压裂液的储层伤害机理……305

6.1.2 降低水基压裂液储层伤害的技术方法……308
6.1.3 低伤害水基压裂液体系……312
6.2 “一层多缝”压裂技术……325
6.2.1 “一层多缝”压裂技术的定义……326
6.2.2 “一层多缝”压裂增产机理……328
6.2.3 “一层多缝”压裂工艺技术……333
6.2.4 应用实例……338
6.3 特低渗油藏缝网压裂技术……347
6.3.1 缝网压裂储层可压性评价……348
6.3.2 缝网压裂液体系选择……355
6.3.3 缝网压裂工艺技术……361
6.3.4 应用实例……364
参考文献……369

第 1 章　特低渗油藏地质概述

特低渗油藏在国内分布广，储量大，勘探开发潜力大。随着国内石油对外依存度的持续攀升以及常规油藏产量的增长乏力，如何高效开发特低渗油藏的瓶颈问题亟待解决。特低渗油藏具有储层物性差、非均质性强等特点，需从特低渗油藏岩石学特征、物性特征、渗流特征、油藏特征以及后期开发技术等方面进行归纳、总结和提高。本章将从特低渗油藏地质概述、鄂尔多斯盆地特低渗油藏地质特征，以及延长油田特低渗油藏地质特征等三个层次进行阐述，以期对其他类似油田有借鉴意义。

1.1　特低渗油藏地质与开发特征

低渗-特低渗油藏在全国主要的沉积盆地中均有分布，例如鄂尔多斯盆地、松辽盆地、珠江口盆地、柴达木盆地、四川盆地等储量巨大。据统计，低渗油藏资源量占总资源量的 49%，约为 537 亿 t，探明储量约为 158 亿 t，约占我国低渗透油藏原油地质储量的 54%。近年来在新增探明储量中，低渗油藏储量比例逐年增大，但由于储层地质、开发特征的特殊性和油水渗流关系的复杂性，特低渗油藏与常规油藏相比，其经济有效开发还面临诸多难题。

1.1.1　特低渗油藏分类标准

目前国内外对于低渗油藏仍无明确的定量概念，低渗油藏的划分界限是一个相对概念，因不同区域、不同时期资源状况和技术经济条件等因素而定。低渗油藏的分类方法主要有渗透率分类法、流度分类法以及综合分类法三种，但目前最常用、最公认的是渗透率分类法。罗蛰潭等认为低渗油藏的标准是渗透率小于 $100\times10^{-3}\mu m^2$；严衡文、周文珍等认为渗透率范围 $(10\sim100)\times10^{-3}\mu m^2$ 为低渗油藏，$(0.1\sim10)\times10^{-3}\mu m^2$ 为特低渗油藏；李道品认为渗透率范围 $(10\sim50)\times10^{-3}\mu m^2$ 为低渗油藏，$(1\sim10)\times10^{-3}\mu m^2$ 为特低渗油藏，$(0.1\sim1)\times10^{-3}\mu m^2$ 为超低渗油藏；胡文瑞认为渗透率范围 $(1\sim10)\times10^{-3}\mu m^2$ 为一般低渗油藏，$(0.5\sim1)\times10^{-3}\mu m^2$ 为特低渗油藏，小于 $0.5\times10^{-3}\mu m^2$ 为超低渗油藏。本书采用渗透率 $(0.5\sim10)\times10^{-3}\mu m^2$ 为特低渗油藏标准。

1.1.2 油藏地质特征

我国发现和探明的油气藏主要集中在中生代与新生代陆相沉积盆地中，与世界上油气主要集中在海相沉积盆地中的油气藏有着明显的地质特征差别。通过对国内 7 大盆地(鄂尔多斯盆地、塔里木盆地、松辽盆地、渤海湾盆地、四川盆地、准噶尔盆地和柴达木盆地)在油藏的地质结构、储集层特征、流体性质及分布、驱动能量与驱动类型等方面的研究，认为国内特低渗油藏地质特征主要表现为以下几个方面：

(1) 油藏类型单一。我国特低渗油田以岩性油藏和构造岩性油藏为主，有 60%以上的储量存在于上述两种类型的油藏中，主要为弹性驱动油藏。

(2) 储层物性差。总体上看，岩屑含量高、黏土或碳酸盐胶结物较多是特低渗砂岩储层的普遍现象。据统计，特低渗油田储层平均孔隙度只有 10%左右，渗透率一般小于 $10\times10^{-3}\mu m^2$。

(3) 孔喉细小，溶蚀孔发育。储层孔隙类型主要为原生粒间孔和次生粒间溶蚀孔，但次生粒间溶蚀孔较发育，孔隙形状多为不规则多边形，喉道细且以管状和片状为主，喉道半径一般小于 1.5μm，并且非有效孔隙占有一定比例，直接影响储层的渗透性。

(4) 储层非均质性强。由于我国特低渗油藏主要形成于陆相湖盆沉积中，沉积旋回和韵律受到水动力的影响较大，水进、水退造成不同沉积相以及层内之间物性的差异。

(5) 裂缝发育。我国低渗油田储层中存在的裂缝大多是在构造作用的影响下形成的，其分布比较规则，常常成组出现，裂缝切穿深度大，产状以高角度裂缝为主，倾角大于 60°的裂缝占裂缝总数的 70%以上，裂缝密度受构造部位、砂岩厚度、岩性控制十分明显。特低渗油田裂缝宽度一般都很小，多数在十几到几十微米之间，裂缝的走向主要沿着主应力的方向，裂缝的延伸长度大多小于 100m。特低渗砂岩油田裂缝孔隙度都十分小，一般小于 10%。裂缝一般表现为闭合形式，在压裂或者注水压力过大时，裂缝开启，起到改善储层渗流能力的作用，但是裂缝却表现出“双重”作用：对于水井来说，弥补岩性致密引起的吸水能力较差的不足；对于油井来说，形成水窜通道，使油井过早见水和水淹。

(6) 油层原始含水饱和度高。特低渗油藏原始含水饱和度较高，一般在 30%～50%，有的高达 60%。据李道品统计，我国低渗油藏含油饱和度一般为 55%～60%。

(7) 储层敏感性强。特低渗油藏中储层碎屑颗粒分选差，黏土含量较高，油层孔喉细小，储层流体与黏土颗粒会发生各种物理或化学反应，堵塞较细的喉道，使储层的渗透率下降，容易造成各种损害。

(8) 原油性质好。储层的特低渗性质使原油在运移过程中减少了烃类液体中轻质组分的扩散，使得原油性质一般较好，因此原油具有密度小、黏度小、含胶质和沥青少的特点，另外原油凝固点比较高、含蜡量比较高，原油密度一般为 0.84～0.86g/cm^3，地层原油黏度一般为 0.7～8.7mPa·s。原油性质好是低渗油田开发的一个重要的有利因素。

(9) 天然能量低。国内多数特低渗油藏天然驱动能量都很低，单纯依靠天然能量开发一次采收率较低，只有采取补充能量的开发方式，才会有较好的开发效果和较高的采收率。

1.1.3 油藏开发特征

由于特低渗油藏具有储层物性差、孔隙度低、渗透率小、非均质性严重、裂缝发育等特点，其生产与中高渗透油藏具有明显的不同特征，主要表现为以下几个方面：

(1) 油井自然产能低。由于特低渗油藏岩性致密，油藏压力系数小，渗流阻力大，一般自然产能低或无自然产能，需要经过压裂改造方可获得工业油流。

(2) 弹性驱采收率低。一般情况下，特低渗油藏多属于低压油藏，依靠油藏本身能量开发，一次采收率较低，因此必须通过注水、注气等方式补充地层能量，提高采收率。

(3) 稳产难度大。通常特低渗油藏储层裂缝较为发育，经过压裂改造后，人工裂缝和天然裂缝共存。这类油藏注水开发后，注水井吸水能力强，注入水沿裂缝快速推进，使裂缝方向的油井遭到暴性水淹的现象十分普遍，保持稳产难度很大，这是裂缝性砂岩油田注水开发的普通特征。

(4) 存在启动压力梯度，驱替压差大。特低渗油藏储层喉道半径小，流体渗流阻力大，因此必须克服这一阻力，在注采井之间建立有效的驱替压力梯度，实现压差驱替作用，提高油藏最终采收率。

(5) 非均质性强，地层压力分布不均衡。特低渗油藏由于渗流阻力大，注采两端的压降漏斗不能很好响应，注入端的能量不能及时扩散，因而在注入井周围形成高压区域，造成注入压力上升快，注入量减小。另一方面采油井难以见到效果，地层压力迅速下降，油井产量减小。

(6)油井见水后采液、采油指数下降快。由于特低渗油藏储层的中性-弱亲水的润湿性，因而油水相对渗透率曲线表现出以下特点：随含水饱和度的增加，油相渗透率急剧下降，水相渗透率缓慢上升，最终造成随着含水率上升，采液、采油指数下降。

1.2 鄂尔多斯盆地地质特征

鄂尔多斯盆地主体面积 $25\times10^4km^2$，石油资源量约 128 亿 t。不仅是我国第二大沉积盆地，而且也是我国内陆拗陷型湖泊沉积盆地的典型，与国内其他盆地有着较大的不同，其三叠系延长统的特低渗油藏储量占盆地总储量的 85%以上，是一大型的细砂-粉砂岩、岩性油藏盆地。盆地构造特征为西降东升，东高西低，地形平缓，每千米坡降不足 1°，具有“半盆油、满盆气、上油下气”的油气聚集特征。含油气地层具有面积大、分布广、复合连片、多层系的特点，有“聚宝盆”之美誉。

鄂尔多斯盆地内油气勘探始于 20 世纪初，1907 年在地面油苗出露的陕北地区，钻成我国大陆第一口油井——延一井，并于延长组获低产油流(1.5t/d)，这口井的出油标志着中国近代石油工业的诞生。大规模油气勘探开发始于 1970 年。本书重点以鄂尔多斯盆地为主，介绍与描述其特低渗油藏地质特征。

1.2.1 概况

鄂尔多斯盆地位于我国中西部地区，黄土塬地形特征是盆地的主要地貌特征，沟壑纵横、起伏不平，为沟、梁、峁、塬等地貌。著名的毛乌素沙漠位于盆地北部，盆地周边分布着一系列的山脉，如贺兰山、吕梁山等，海拔一般在 2000m 左右。盆地内部西北高，东南低，一般海拔 800～1800m。西北部的银川平原、北部的河套平原、南缘的关中平原，地势相对较低。盆地内部大致以长城为界，北部为干旱沙漠、草原区，著名的有毛乌素沙漠、库布齐沙漠等；南部为半干旱黄土高原区，黄土广布，地形复杂。盆地外围邻近几个大型冲积平原，即西边的银川平原，南边的渭河平原和北边的河套平原，地势平坦，交通便利。

盆地北起阴山，南至秦岭，西至六盘山，东达吕梁山，横跨陕、甘、晋、宁、内蒙古五省(自治区)，总面积约 $37\times10^4km^2$，除周边河套盆地、六盘山盆地、渭河盆地、银川盆地等外围盆地外，盆地主体面积 $25\times10^4km^2$。盆地位于华北克拉通中西部，属华北克拉通的次一级构造单元，是一个整体稳定沉降、拗陷迁移、扭动明显的大型多旋回克拉通盆地(图 1-1)。

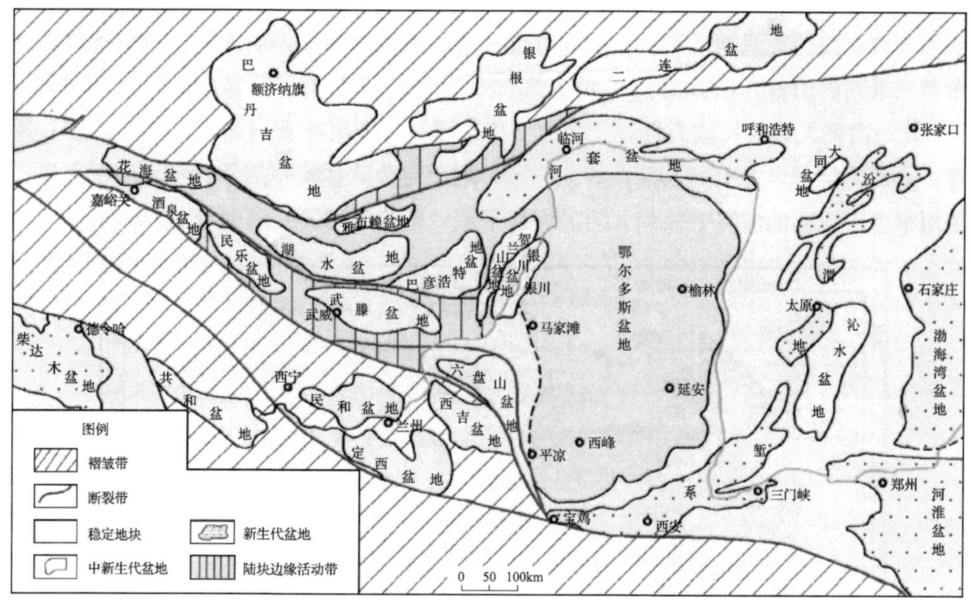

图 1-1 中国北方中部中新生代沉积盆地分布及构造背景图

盆地矿产资源十分丰富，其中天然气、煤层气、煤炭三种资源探明储量均居全国首位，盆地内石油总资源量约为 128 亿 t，居全国第四位。此外，还含有水资源、地热、岩盐、水泥灰岩、天然碱、铝土矿、油页岩、褐铁矿等其他矿产资源。盆地具有地域面积大、资源分布广、能源矿种齐全、资源潜力大、储量规模大等特点。

1.2.2 构造

鄂尔多斯盆地是在华北克拉通古老基底之上、经历了中晚元古代拗拉谷演化阶段、古生代克拉通拗陷盆地演化阶段(早古生代浅海台地、晚古生代近海平原)、中生代内陆盆地演化阶段、新生代周边断陷演化阶段。盆地是一个整体升降、拗陷迁移、构造简单的大型多旋回克拉通盆地。其发育于鄂尔多斯地台之上，属于地台构造型沉积盆地。同时受到东滨太平洋构造域和西南特提斯—喜马拉雅构造地壳运动的影响。

现今的鄂尔多斯盆地构造形态总体显示为一东翼宽缓、西翼陡窄的不对称大向斜的南北向矩形盆地，如图 1-2 所示。盆地边缘断裂褶皱较发育，而盆地内部构造相对简单，地层平缓，一般倾角不足 1°。盆地内无二级构造，三级构造以鼻状褶曲为主，很少见幅度较大，圈闭较好的背斜构造。

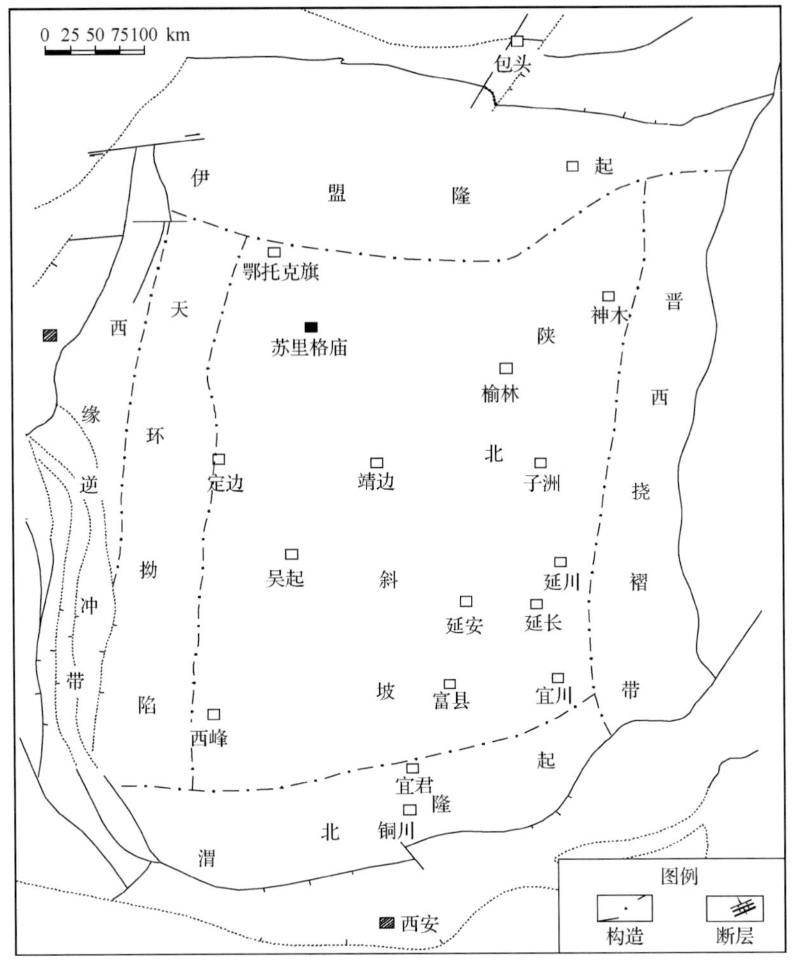

图 1-2 鄂尔多斯盆地区域构造单元划分图

根据盆地现今构造形态，基底性质及构造特征，鄂尔多斯盆地可划分出伊盟隆起、渭北隆起、晋西挠褶带、陕北斜坡、天环拗陷及西缘冲断构造带六个一级构造单元，其主要的含油构造单元是陕北斜坡。

1. 构造演化特征

鄂尔多斯盆地是一个稳定沉降、拗陷迁移的多旋回沉积盆地，原本属于大华北盆地的一部分，中生代后期逐渐与华北盆地分离，并演化为一大型内陆盆地。该盆地的基底形成于太古代—元古代，其间经历了迁西、阜平、五台及吕梁—中条构造运动，发生了复杂的变形、变质及混合岩化作用。晚元古代，即吕梁—中条运动之后，鄂尔多斯地区进入大陆裂谷发育阶段，主要表现为古陆内部及其边缘大规模的裂陷解体，从此区内进入稳定盖层沉积阶段。

鄂尔多斯盆地基底岩系之上沉积了巨厚的沉积岩系，包括自中元古界至第四系的地层，累计厚度超过 1 万 m，根据盆地不同发展阶段的地球动力学背景，鄂尔多斯盆地演化分成以下五个阶段。

1) 中—晚元古代拗拉谷裂陷盆地阶段

中元古代，鄂尔多斯盆地在南部秦祁裂谷的贺兰、晋豫两拗拉谷和北部内蒙古裂谷的狼山、燕山—太行山拗拉谷夹持的背景上发展并演化，沉积了厚度大于 2000m 的长城系、蓟县系和青白口系碎屑岩和碳酸盐岩。经过晋宁运动后，大陆裂谷关闭，形成统一的华北克拉通，该构造层是盆地形成的基础。

2) 早古生代边缘海台地阶段

盆地东西被残存的拗拉谷夹持，南北被加里东地槽控制，形成了北高南低、中间高、东西两侧低的古地貌背景。在西南部拗拉谷及地台边缘为稳定型碎屑岩及碳酸盐岩沉积，沉积厚度一般为 2000～5000m；夹于秦祁裂谷及阴山古陆之间的鄂尔多斯盆地处于陆表海环境，沉积了以碳酸盐岩为主的寒武系和中、下奥陶统，残余厚度一般小于 600m。随着祁连海槽和北秦岭海槽在加里东晚期关闭、褶皱，转化为稳定区，从晚奥陶世至早石炭世，全区抬升，缺失了上奥陶统、志留系、泥盆系及下石炭统，鄂尔多斯地块全面抬升，沉积中断达 130Ma 以上，形成奥陶系顶部风化壳。

3) 晚石炭世—中三叠世大型内克拉通盆地阶段

晚石炭世，北部的中亚—蒙古海槽区在关闭后，逐渐褶皱、隆升，使其成为鄂尔多斯盆地北部的物源区。鄂尔多斯地台在海西运动中期又发生沉降，也曾进入海陆过渡发育阶段。在早二叠世沉积了以海陆交互相为主的山西组煤系地层。在石千峰组沉积时，地壳发生巨大的调整，由南部和北部沉降逐渐代替了东部和西部沉降，中央古隆起走向消亡，标志着鄂尔多斯沉积区逐步与大华北盆地分离并走向独立的沉积盆地演化。

4) 中生代内陆盆地阶段

早三叠世鄂尔多斯地区依然承袭了二叠纪的沉积面貌，为滨浅海沉积。中三叠世，随着扬子海向南退缩，仅在盆地西南缘有些海泛夹层，陆相沉积的特征变的更加明显。晚三叠世的印支运动造就了鄂尔多斯盆地整体西高东低的古地貌，此时鄂尔多斯盆地内部形成了大型的内陆淡水湖泊，该湖泊位于盆地的南部，其北部为一南倾的斜坡，西部为隆拗相间的雁列构造格局，而整个湖盆向东南开口。

三叠系末的印支旋回使鄂尔多斯盆地整体抬升，湖泊逐渐消亡，同时地层遭受侵蚀，形成了沟谷纵横，残丘广布的古地貌景观，在这样的背景下发育了早侏罗世大型河流相沉积。鄂尔多斯盆地侏罗系的古构造面貌主要表现为东西差异：

西部为南北走向、呈带状分布的坳陷，是盆地的沉降中心；向东变为宽缓的斜坡，完全不同于晚三叠世的构造面貌。

晚侏罗世早期，即在安定组沉积之后，鄂尔多斯盆地及周围地区发生了一次强烈的构造热事件，即所谓的燕山运动中幕。本次构造运动在山西地块西部形成了一个以吕梁山为主体，由复背斜和复向斜组成的吕梁隆起带，从而将鄂尔多斯盆地的东界推移到吕梁山以西。

早白垩世盆地西缘继续受向东的逆冲作用，使晚侏罗世的沉降带(芬芳河组砾岩)继续向东推进，形成第二条沉降带，即现在的天环向斜。东部隆起带继续向西推进，使山西地块被掀起，在鄂尔多斯盆地范围内形成了一个西倾大单斜，至此鄂尔多斯盆地才发展为一个四周边界和现今盆地范围基本相当的独立盆地。

5)新生代周边断陷盆地形成阶段

新生代，由于太平洋板块向亚洲大陆东部俯冲产生的弧后扩张作用，同时印度板块与亚洲大陆南部碰撞并向北推挤，在鄂尔多斯地区产生了北西-南东向张应力，形成了环绕鄂尔多斯盆地西北和东南方向的河套弧形地堑和汾渭弧形地堑系。同时在盆地一侧导致此前已经存在的伊盟隆起和渭北隆起进一步隆升，隆起部位的中生代地层遭受进一步剥蚀，最终形成现今的高原地貌景观。

2. 构造单元划分

鄂尔多斯盆地为我国东、西部构造区域的多期、反复交替拉张和挤压作用相互影响、互为补偿的结合区。以不整合面为重要界限，为多构造体制、多演化阶段、多沉积体系、多原型盆地叠加的复合克拉通盆地。盆地边缘断裂褶皱较发育，而盆地内部构造相对简单，地层平缓，一般倾角不足 1°。盆地内无二级构造，三级构造以鼻状褶曲为主，很少见幅度较大、圈闭较好的背斜构造。依据其现今的构造形态、基底性质及构造特征，结合盆地的演化历史，鄂尔多斯盆地可划分出伊盟隆起、渭北隆起、晋西挠褶带、陕北斜坡、天环坳陷及西缘冲断构造带六个一级构造单元(图 1-2)。

1)伊盟隆起

包括伊金霍洛旗以北、河套地堑以南地区，面积 $4.3\times10^4km^2$。在全区基底隆起高，沉积盖层薄，一般小于千米，局部地区盖层缺失出露基底变质岩系。自古生代以来一直处于相对隆起状态，各时代地层均向隆起方向变薄或尖灭缺失，该隆起顶部是东西走向的乌兰格尔凸起，新生代河套盆地断陷下沉，将阴山和伊盟隆起分开，形成现今的构造面貌。

2)渭北隆起

指老龙山断裂东北、建庄—马栏以南，由陇县至铜川、韩城的三角形地区，南北长 320km，东西宽 80km，范围约 $2.2\times10^4km^2$。中晚元古代和早古生代为一向南倾斜的斜坡。从晚古生代开始隆起，新生代鄂尔多斯盆地的边部解体，南部地区下沉形成汾渭地堑，渭北地区则进一步翘倾抬升，形成现今的构造面貌。伊盟隆起与庆阳古陆、吕梁古陆、阿拉善古陆一起影响着鄂尔多斯盆地的发展和演化。

3) 西缘冲断带

指银川地堑、六盘山以东，天环拗陷以西，北起桌子山，南达平凉的狭长地带，南北长 600km，东西宽 20～50km，范围 $2.5\times10^4km^2$。晚侏罗世挤压冲断活动强烈，形成南、中、北的构造特征不同的构造变形带。断裂和局部构造发育，成排成带分布。早白垩世以来分化解体，新生代晚期以来挤压冲断和抬升明显。

4) 天环拗陷

天环拗陷面临冲断构造带，东接陕北斜坡，北达内蒙古千里山东麓，南抵渭北小秦岭构造带北侧，南北 600km，东西宽 50～60km，面积 $3.2\times10^4km^2$。天环拗陷为长期拗陷带，早古生代位于贺兰拗拉谷以东，晚侏罗世由于西缘冲断带的推覆和华北东部隆起带的进一步抬升，拗陷逐步就位于现今状态。早白垩世拗陷断续发展，新生代拗陷结构进一步加强，沉降中心逐渐向东偏。受西缘冲断带的影响，沉降带现今具有西翼陡东翼缓的不对称向斜结构。

5) 陕北斜坡

又称伊陕斜坡，北起乌审旗、鄂托克前旗、伊金霍洛旗，南至正宁、黄陵，西达环县、宁县，东到黄河，面积约 $10\times10^4km^2$。陕北斜坡现今构造为一西倾平缓单斜，平均坡降 8～10m/km，倾角不足 1°，于侏罗系末燕山运动中期从东向西将其连基底一起掀起。主要形成于早白垩世之后，该斜坡占据了盆地中部的广大地区，以发育鼻状隆起为主要构造特征。

6) 晋西挠褶带

东隔离石断裂与吕梁断隆相接，西越黄河与陕北斜坡为邻，北抵偏关，南达吉县，南北长 450km，东西宽 50km，范围 $2.3\times10^4km^2$。自晚侏罗世抬升，为陕北区域西倾大单斜的组成部分，后期强烈剥蚀成为现今鄂尔多斯盆地的东部边缘，受吕梁山隆升和基底断裂活动的影响，形成南北走向的晋西挠褶带。

1.2.3 沉积

鄂尔多斯盆地上三叠统延长组是一套大型淡水内陆湖泊沉积，温湿环境再度出现，使得植物生长繁茂，形成了第二个重要的成油成煤环沉积层。延长组末期，印支运动使得盆地全面抬升，河流的下切作用加强，形成高地、残丘、谷地和平原等多种地貌特征，在此背景下形成一种充填式沉积。整体上，延长组沉积经历了一个完整的水进和水退旋回，是一个由不整合面控制的完整的二级层序。其中，长 10 期为鄂尔多斯湖盆初始沉降阶段，长 9—长 8 期为湖盆快速沉降阶段，长 7 期湖盆发展达到鼎盛，长 7 期中晚期至长 4+5 期湖盆逐渐萎缩。长 3、长 2、长 1 期湖盆范围迅速缩小直至消亡，在长 1 期湖盆普遍沼泽化，到延 8、延 9 沉积时气候温暖潮湿，水体扩大，形成了一套湖泊三角洲相为主的沉积，到延 6 以上逐渐变为沼泽相，最后结束早侏罗世的沉积。

1. 沉积演化特征

从延长组长 10 油层组至长 2 油层组古地理展布特征可以得知，鄂尔多斯盆地延长组沉积演化具有沉积中心迁移的特征。

长 10 期：盆地主要为河流相沉积，局部发育浅湖，湖盆沉积中心为浅湖相，位于定边—吴起—志丹—甘泉—正宁一带。

长 9 期：主要发育湖泊和三角洲沉积。湖盆沉积中心发育半深湖—深湖亚相，以“李家畔页岩”沉积为特征，分布于吴起—志丹—富县—黄陵一带。

长 8 期：主要为湖泊和三角洲沉积。湖盆沉积中心为前三角洲泥岩和浅湖泥岩，主要分布于吴起—志丹—富县—黄陵一带。

长 7 期：主要发育湖泊和重力流沉积，盆地边缘地区三角洲发育。湖盆沉积中心位于姬塬—华池—正宁—黄陵一带，以半深湖—深湖相泥岩、油页岩和重力流沉积砂岩发育为特征，以“张家滩页岩”沉积为特征，在全区均有分布。

长 6 期：主要发育湖泊、三角洲和重力流沉积。湖盆沉积中心为半深湖～深湖暗色泥岩和重力流砂岩沉积，大致位于华池—正宁—黄陵一带。

长 4+5 期：主要发育湖泊、三角洲。湖盆沉积中心位于华池—正宁—黄陵一带，以半深湖—深湖沉积为主，局部地区发育重力流沉积，整体上湖泊范围继续萎缩，与长 6 湖盆格局具有较好的继承性。

长 3 至长 2 期：以三角洲建设作用为主，半深湖区消失，因此湖盆沉积中心以浅湖区的分布范围和三角洲砂地比划定，分布于姬塬—华池—正宁—黄陵一带。

长 1 期：湖盆逐渐解体分隔为几个小型湖泊，主要发育在子长—横山、姬塬及铜川等地区。

综上所述，长 10—长 8 湖盆中心具有较好的继承性，基本位于吴起—志丹—富县—黄陵一带；长 7—长 2 湖盆的沉积格架相似，湖盆沉积中心位于姬塬—华池—正宁—黄陵一带。长 1 期，湖盆逐渐解体进入全面沼泽化。由此可知，延长组沉积的中期，湖盆沉积格局发生转变，伴随着湖盆整体的快速沉降，湖盆的沉积中心也发生迁移，向西南迁移约 50km，因此，长 8 末期为湖盆演化的重要转折期。

2. 沉积相特征

鄂尔多斯盆地在三叠系时是内陆拗陷盆地，为陆相沉积，主要包括冲积扇、河流、河湖三角洲等沉积相。近年来的研究成果表明，延长组沉积时期，围绕湖盆北部、东部和东南部边缘，依次发育有盐池、定边、吴旗、志丹、安塞、子长、延安、富县和黄陵等 9 个规模较大的湖泊三角洲，与西南部的水下扇沉积略呈对称分布。平面上这些三角洲的轴长在 100km 以上，轴宽 15～30km，均向湖盆方向强烈推进的朵状或鸟足状，朵体间被相对较狭窄的湖湾分割，构成相间分布的半环状三角洲裙带。本书以盆地各沉积体系的岩石、古生物、粒度、沉积构造及砂体展布特征等方面资料作为沉积相划分的主要依据，将大量实证资料结合区域上野外剖面、岩心及测井相的综合分析，共总结出三种沉积相类型及其 6 种亚相和 19 种微相类型(表 1-1)。

表 1-1 鄂尔多斯盆地延长组湖盆沉积相类型划分表

相	亚相	微相	区内分布状况
河流	曲流河	河床滞留沉积 边滩或点沙坝 天然堤 决口扇 泥炭沼泽 堤外越岸沉积	目前仅见长 1、长 10 油层组，推测北部长 2、长 3 油层组都较发育
三角洲	三角洲平原	分流河道 天然堤 决口扇 分流河间洼地	长 2、长 3 和长 4+5 油层组广泛分布，推测北部长 6 油层组也大面积分布
	三角洲前缘	分流河口坝 水下分流河道 水下天然堤与决口扇沉积	长 6、长 4+5 油层组广泛分布，推测北部长 7—长 8 油层组破坏三角洲将发育；西南部长 6—长 8 为辫状河三角洲
	前三角洲	席状砂坝	长 6 油层组分布
湖泊	滨、浅湖	浅湖泥 风暴沉积 水下河道	长 6、长 4+5 和北部长 7—长 9 油层组发育
	深-半深湖	半深湖泥 浊流泥	长 7、长 8 油层组发育

1)河流相

河流相一般分为河床、堤岸、河漫、牛轭湖4个亚相(图1-3)。

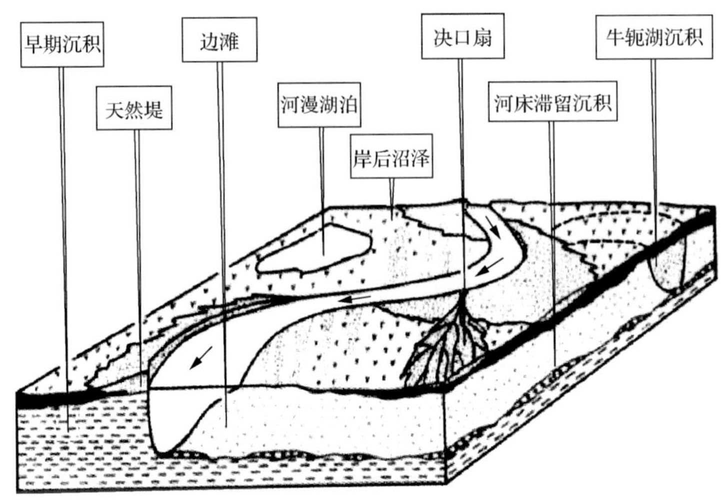

图1-3 曲河流沉积环境模型图

(1)河床亚相。

河床是河谷中经常流水的部分，即平水期水流所占的最低部分。其横剖面呈槽形，上游较窄，下游较宽，底部显示明显的冲刷界面，构成河流沉积单元基底。

河床亚相又称为河道亚相或底层亚相。其岩石类型以砂岩为主，次为砾岩，碎屑粒度是河流相中最粗的。层理发育，类型丰富多彩。缺少动植物化石，仅见破碎的植物枝、干等残体，岩体形态多具有透镜状，底部具有明显的冲刷面。河床亚相进一步划分为河床滞留沉积和边滩沉积两个微相。

河床滞留沉积从上游搬运来的以及就地侵蚀的物质，细粒的被带走，粗粒的物质被留下堆积成不连续的透镜体，称为河床滞留沉积。其成分复杂，既有陆源砾石，也有河床下伏早期沉积未固结而再沉积的同生泥砾，砂、粉砂极少。砾石呈叠瓦状排列，倾斜方向指向上游。砾石难以形成厚层，呈透镜状断续分布于河床底部，向上渐变为边滩或心滩沉积。主要分布于低弯度砾砂质河流沉积中。自然电位、自然伽马曲线起伏小，为小型钟形、箱形和小型齿化箱形或钟形，微电极曲线幅度差不大。

边滩微相边滩又称为点沙坝或内弯坝，是河床侧向侵蚀、沉积物侧向加积的结果。由粗砂岩、中、细砂岩组成，边滩宽度变化大，边滩沉积的上部常与堤岸、沼泽伴生组合。当河道水体能量大时，自然电位、自然伽马曲线呈现中高幅钟形、箱形。当河道水体能量相对减弱，分支河道或河道的尾部水动力条件减弱，对底部的冲刷作用相对减小，测井曲线呈现中低幅钟状或齿状。另外由于河道的迁移、侧积作用形成大片的河道砂，测井相形态表现为下部小型漏斗状和上部钟形或箱形的复合体，有类似河口坝的曲线形态，但不具备河口坝沉积特征。该区河道砂体一般表现为多期河道的叠加。反映了河道易变而不稳定的结果。

(2)堤岸亚相。

堤岸亚相在垂向上发育在河床沉积的上部，属河流相的顶层沉积，与河床沉积相比，其岩石类型简单，以粒度较细，小型交错层理为主。进一步分为天然堤和决口扇两个沉积微相。

天然堤是洪水期洪水漫过河岸时携带的细、粉砂级物质沿河床两岸堆积，形成平行河床的砂堤，称为天然堤。天然堤两侧不对称向河床一侧坡度较陡。每次随洪水上涨，天然堤不断加高，最大高度代表最高水位。弯曲河流的凹岸天然堤一般发育较好，凸岸天然堤逐渐变为边滩的上部，尤其在较小的河流中，天然堤和边滩上部交互出现很难分开。天然堤主要由细砂岩、粉砂岩、泥岩组成，粒度比边滩沉积细，比河漫滩沉积粗，垂向上突出的特点是砂泥岩组成薄互层。

决口扇是河床随沉积物迅速增厚而升高，最后反而高出旁侧的河漫滩，洪水期河水冲决天然堤，部分水流由决口流向河漫滩，砂泥物质在决口处堆积成扇形沉积体称为决口扇。位于河床外侧，与天然堤、河漫滩共生。决口扇沉积主要由细砂岩、粉砂岩组成。粒度比天然堤沉积物稍粗。岩体形态呈舌状，向河漫平原方向变薄、尖灭，剖面上呈透镜状。

(3)河漫亚相。

河漫亚相位于天然堤的外侧，这里地势低洼而平坦，洪水泛滥期间，水流漫溢天然堤，流速降低，使河流悬浮沉积物大量堆积。由于它是洪水泛滥期间沉积物垂向加积的结果，故又称为泛滥盆地沉积。

河漫亚相沉积类型简单，主要为粉砂岩和泥岩，粒度是河流沉积中最细的，层理类型单调，主要为波状层理和水平层理。平面上位于堤岸亚相外侧，分布面积广泛；垂向上位于河床或堤岸亚相之上，属河流顶层沉积组合。根据环境和沉积特征，可进一步分为河漫滩、河漫湖泊和河漫沼泽三个沉积微相。

河漫滩：河漫滩是河床外侧河谷底部较平坦的部分。平水期无水，洪水期水漫溢出河床，淹没平坦的谷底，形成河漫滩沉积。河漫滩的发育与河谷的发育阶段有关。河谷发育初期以侵蚀下切为主，河谷呈“V”字形，且主要为河床所占据；河谷发育的中后期，河流以侧向侵蚀为主，河谷加宽，河床在河谷中仅局限与较窄的部分，这时河漫滩才能较好地发育。河漫滩沉积以粉砂岩和泥岩为主。平面上距河床越远粒度越细，垂向上有向上变细地趋势。岩体形态常沿河流方向呈板状延伸。

河漫湖泊：河漫湖泊是河漫平原上最低的部分。河漫湖泊以泥岩沉积为主，是河流相中最细的沉积类型。

河漫沼泽：又称为岸后沼泽。它是在潮湿气候条件下，河漫滩上低洼积水地带植物生长繁茂并逐渐淤积而成，或是由潮湿气候区河漫湖泊发展而来。

2) 三角洲相

三角洲相可分为三角洲平原、三角洲前缘和前三角洲三种亚相类型，不同亚相各自划分多种沉积微相。

(1) 三角洲平原亚相。

三角洲平原亚相是鄂尔多斯盆地最主要的沉积相类型之一，其构成复杂，微相类型有分流河道、天然堤、决口扇及分流间洼地泥质沉积等(图 1-4)。在该亚相中起骨架作用且对含油有利的微相是分流河道沉积，其在断面上成透镜状，底界为明显的冲刷面，垂向上呈正韵律，中下部以细砂岩为主，向上变为粉砂岩至顶部为泥质砂岩与泥岩。分流河道内部以大型板状—槽状交错层理为主，向上变为小型流水纹理。位于分流河道之间的洼地，主要进行着两种沉积作用，即决口沉积作用和越岸沉积作用，这两种作用共同充填着分流间洼地。

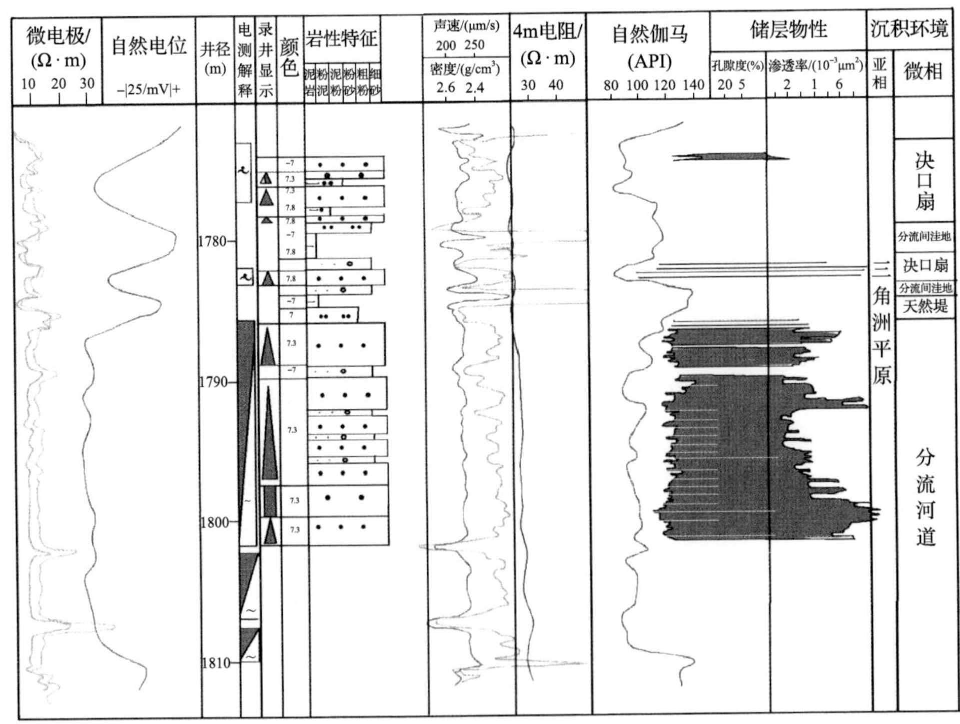

图 1-4 决口扇—分流河砂体微相(A10 井长 2_1)

在整个三角洲发育过程中，三角洲平原分布范围广。三角洲平原上主要发育微相包括：水上分流河道、天然堤、决口扇、分流河道间洼地、沼泽和洪泛平原等。以下主要针对三角洲平原亚相进行描述。

分流河道：分流河道又叫分支河道，是三角洲平原中的格架部分，形成三角洲的大量泥沙都是通过它们搬运至河道处沉积下来的。分流河道沉积具有一般河道沉积的特点，即以砂质沉积为主，及向上变细的层序特征。但它们比中上游河流沉积的粒度细，分选变好。由于分流河道位置较固定而且较直，所以曲流砂坝一般不发育。分支流河道砂体的形态在平面上为长形砂体，有时分叉；在横剖面上呈对称的透镜体。砂体常沉陷于下伏的泥岩层内，其中部最厚和最粗，向两端变薄和变细。

天然堤：三角洲平原的天然堤与河流的天然堤类似。他们位于分支流河道的两侧，向河道方向一侧较陡，向外侧较缓。这种天然堤是由洪水期携带泥沙的洪水漫出淤积而成。天然堤在三角洲平原的底部发育较好，但向下游方向其高度、宽度、粒度和稳固性都逐渐变小。

决口扇：三角洲的决口扇与河流的决口扇沉积亦很类似。但由于这种天然堤稳定性差，故它们较河流中下游更为发育，而且有的面积较大。

沼泽：沼泽沉积在三角洲平原上分布最广，约占三角洲平原面积的 90%。它们具有一般沼泽所常见的特征。这种沼泽中植物繁茂，均为芦苇及其他草本植物，为停滞的弱还原或还原环境。岩性主要为暗色有机质泥岩、泥炭或褐煤沉积，其中常夹洪水沉积的薄层粉砂岩。

分流间湾：分流间湾为主要分支流河道中间的凹陷地区，常和湖相连通。岩性主要为泥岩。

鄂尔多斯盆地河流主要为曲流河类型，具有特征性的边滩微相地貌单元发育，剖面上具明显的半韵律旋回性，每一旋回的底部有清晰的冲刷面，粒度向上变细，单层厚度向上变薄，明显表现出水流动态由高流态逐渐变为低流态，具有明显单向水流型层理组合。

(2) 三角洲前缘亚相。

三角洲前缘带是三角洲沉积砂体集中发育带，处于河口以下滨湖-浅湖缓坡带，是河湖共同作用最具特征的地带。总体上三角洲前缘为向湖方向倾斜、变厚的楔状体；垂向上具有向上变粗的层序，即由前缘的远端部分向上过渡为近端部分，构成一个完整的进积序列。三角洲前缘亚相组合中主要包括三种微相类型：分流河口坝、水下分流河道和水下天然堤—决口扇沉积(图 1-5)。

图 1-5　水下决口扇—水下分流河砂体微相（A21 井，长 6_1）

水下分流河道和河口坝是含油最有利的沉积微相类型。水下分流河道与河口坝共生。剖面上水下分流河道底界面为冲刷面，可见板状—槽状交错层理（图 1-6（a））、块状层理等，粒级以中细砂为主，具明显的正韵律特征；河口坝具有典型的反韵律层序，多以和水下分流河道叠积的形式出现，以中细粒与粗粉砂为主，分选较好，砂层中多以低角度板状交错层理和楔状交错层理居多，还出现负载及枕状构造和砂层液化而造成的包卷层理（图 1-6（b））、变形层理，反映三角洲前缘快速堆积的特点。

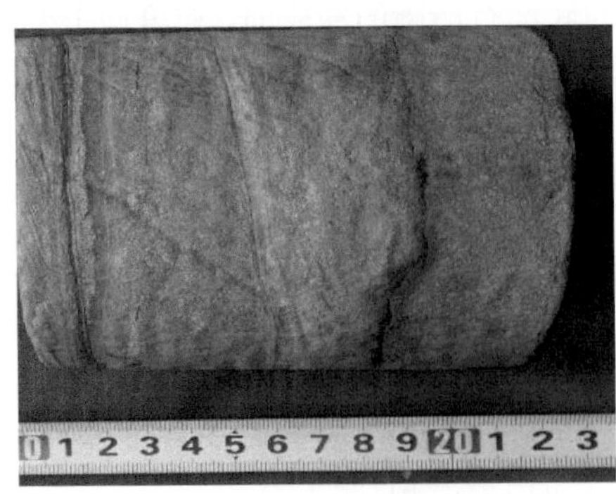
(a) 槽状交错层理(X51井，长8)

(b) 包卷层理(H146井，长4+5)

图 1-6　水下分流河道与河口坝典型层理

(3) 前三角洲。

前三角洲位于三角洲前缘末端，处于湖泊相对较深的部位，以泥质、粉砂质泥岩为主；发育水平层理、砂纹层理、滑塌变形等沉积构造；湖泊生物化石较丰富，层面有时富集植物化石，但破碎程度较高。

3) 湖泊相

中晚三叠世鄂尔多斯盆地发育淡水-微咸水湖泊，由于水动力条件较弱，水平层理、砂纹层理、波状层理等小型交错层理较发育。延长组沉积早期和晚期地形平缓，水体较浅，湖岸线迁移、摆动频繁，滨湖和浅湖亚相分布范围较广，长 6、长 4+5 油层组每个三角洲沉积体前缘带均与湖相泥质沉积共生，主要代表滨-浅湖亚相沉积；长 7、长 8 油层组沉积期，湖盆中南部地区广泛发育半深湖、深湖沉积。

滨湖亚相处于湖岸线迁移摆动地带，常常间歇暴露地表，沉积物纵向上具有水下沉积和水上沉积交替出现的现象。浅湖亚相长期处于水下，湖泊生物较发育，缺少陆上暴露标志。当滨岸斜坡坡度较大时，在湖平面的升降影响下，湖岸线横向迁移摆动距离小，滨湖亚相不发育；当坡度较缓时，湖平面升降导致湖岸线横向迁移摆动距离较大，滨湖亚相发育。滨湖亚相常常发育滩坝砂体，由于受到湖浪和湖岸流的控制，砂体多平行于湖岸线分布，发育板状交错层理、楔状交错层理、波状层理等，常见生物扰动构造、变形构造等。半深湖、深湖沉积岩性以暗色泥岩、油页岩和粉砂岩为主，水平层理、沙纹层理发育，火焰状构造、沟模、槽模等深水沉积构造丰富。由于气候温暖潮湿，雨量充沛，适宜于葡萄藻、鱼类等湖泊生物大量的繁衍生息，因此油页岩、暗色泥岩中有机质丰富，为中生界优质的烃源岩。

3. 各沉积微相特征

1) 三角洲平原分流河道微相

三角洲平原分流河道微相砂体广布于三角洲平原亚相中，处于河流下游河流入湖的河口附近。砂体展布受河道的制约，主河道部位砂体厚，呈透镜状。分流河道在侧向上的不断摆动，不同时期的主河道砂体叠覆在一起，厚度大。岩性以中粒砂岩-中细粒砂岩为主。分流河道微相砂体的两侧为河间沼泽微相，砂体厚度变薄，物性变差，是形成油气侧向运移的遮挡条件，有利于油气富集。三角洲平原分流河道微相砂体容易形成压实构造油藏、渗透性差异油藏和砂岩透镜体状油藏。

2) 三角洲前缘微相席状砂、河口坝微相

河口砂坝微相砂体是由河流携带的碎屑物质在河口处因流速降低堆集而成，

一般分布在三角洲平原分流河道入湖的河口处。其突出特征是具有向上变粗的沉积粒序，自下而上为泥质粉砂岩-粉砂岩-细砂岩-中砂岩。河口沙坝中上部主要为厚层砂岩-块状砂岩，以中细粒粗粉砂为主，粒度分布均一，分选较好。席状砂属在河口坝周围和前方大范围分布的细砂岩-砂岩薄层，常与滨浅湖相泥岩呈互层状。砂岩之间以暗色泥岩相隔或伸进浅-深湖相泥岩中，成为暗色泥岩中生成的油气的指向区。

3) 水下分流河道微相

水下分流河道微相为三角洲平原分流河道微相砂体向前延伸入湖后的水下沉积部分，在三角洲平原分流河道微相与三角洲前缘亚相之间，其展布形态仍然受主河道的制约。砂体呈透镜状展布，分布范围不如三角洲平原分流河道微相大。主砂体厚度大，多期叠加后形成更厚的砂层。岩性以中细砂岩为主，砂体核心岩性较粗。砂体经过湖水的反复冲洗后，杂基含量少，分选好，均质程度好，结构成熟度高。在平面上砂、泥岩间互出现，砂岩呈透镜体状，易于形成岩性尖灭油藏、地层-岩性油藏、压实构造-岩性油藏；沿砂体向物源方向，逐渐远离生油岩，形成浊沸石次生孔隙的酸性条件逐渐丧失，出现成岩胶结致密遮挡，有利于形成差异溶蚀油藏。

4) 扇三角洲-浊积扇体微相

扇三角洲浊积扇体微相主要受盆地西部物源控制，出现在长 6—长 8 油层组，属半深水–深水湖相沉积。西南缘的平凉-镇原水下扇是三叠系延长统水下扇勘探的主要对象。该水下扇的上扇部分的崆峒山砾岩已出露地表，不能形成有效的油气聚集区。中、下扇，岩性细，以粉细砂岩为主，岩屑含量较高，以岩屑长石砂岩或长石岩屑砂岩为主。在砂体形态上主要受水下分流河道微相及三角洲前缘浊积砂体控制，水下分流河道微相中砂体厚，粒度粗。

长 9—长 2 期，盆地东北、北部发育安塞三角洲、志靖三角洲、吴旗三角洲、安边三角洲、定边三角洲等五大三角洲；西、南部发育盐池、环县、镇北等三大扇三角洲；西南发育辫状河三角洲，且各三角洲从长 9—长 2 期具有继承性发育特征。

总体上，东北部各三角洲沉积体系和西南部水下扇—浊积扇沉积体系，前者有三角洲平原分流河道微相、三角洲前缘水下分流河道微相、河口坝微相及其复合型发育；后者有扇三角洲–浊积扇等微相。其中，三角洲平原分流河道微相、三角洲前缘席状砂微相、河口坝微相砂体及水下分流河道微相砂体是油气富集的主要场所。

1.2.4 地层

鄂尔多斯盆地石油主要赋存于三叠系延长组和侏罗系延安组，且在盆地中均有广泛发育，鄂尔多斯盆地的延长组也是我国陆相三叠纪地层中出露最好，研究最早，发育比较齐全的层型剖面。侏罗纪地层尽管部分地区由于基地隆起或顶部遭受冲刷(或剥蚀)变薄和地层发育不全，但全盆地都有侏罗系地层分布，并在盆地东北缘的东胜、神木及东缘的延安、甘泉等地都有大面积连续出露，在盆地西缘和西南缘等地也有断续的露头分布。从整个盆地看侏罗纪与下伏的上三叠统延长组呈区域微角度不整合接触关系，其上与下白垩统直罗组为角度不整合和微角度不整合接触关系。

1. 三叠系延长组地层特征

延长组是盆地形成后接受的第一套生储油岩层。大约以北纬 38°为界，北部沉积物粒度粗、厚度小(100～600m)，南部细、厚度大(1000～1400m)，边缘沉降拗陷最大可达 3200m。根据沉积旋回及岩性组合特征，自下而上划分为五个岩性段十个油层组，即长石砂岩带(T_3y_1)、油页岩带(T_3y_2)、含油带(T_3y_3)、块状砂岩段(T_3y_4)、瓦窑堡煤系(T_3y_5)。再根据其岩性、电性及含油性的差异，将 5 个岩性段又进一步划分为 10 个油层组(自下而上为长 10—长 1)(表 1-2)。各地层的特征如下：

第一段(T_3y_1)：即长 10 油层组。以河流、三角洲及部分浅湖相沉积为主。盆地东部主要为灰绿、浅红色长石砂岩夹暗紫色泥岩及粉砂岩；西南部除崆峒山一带缺失外，其余地区为灰绿色细粒长石砂岩、中粒砂岩的不等厚互层夹薄层浅灰色粗砂岩及深灰色泥岩。砂岩具麻斑状结构，沸石胶结。电性特征明显，视电阻率呈指状高阻，自然电位大段偏负，形态较明显。北部厚度不足百米，南部厚 300m 左右。

第二段(T_3y_2)：包括长 9、长 8 油层组。是以湖相黑色泥岩和浅水三角洲沉积为主，分布特点西南缘沉积物粒度细而厚度大，东北部粒度粗而厚度薄(至尖灭)。上部细砂岩相对较发育，如盆地西南陇东地区油层(长 8 油层组)。盆地南部广泛发育黑色页岩及油页岩，表现为高电阻；盆地东部葫芦河以北到窟野河地区油页岩分布稳定，习惯称之为“李家畔页岩”(长 9 油层组)，成为地层划分对比的重要标志。北部厚度 100m 左右，南部厚度 200m 左右。

第三段(T_3y_3)：包括长 7、长 6、长 4+5 油层组。除盆地西南部地区剥蚀外，其余广大地区均有分布。盆地南部顶底均以厚层黑灰色泥岩为主，尤其底部最为发育，俗称“张家滩页岩”(长 7 油层组)，是区域地层对比的重要标志层；西南部为黄绿、灰绿色砂岩，崆峒山一带为紫红、灰紫色砾岩夹紫红色砂岩条带，俗称“崆峒山砂岩”；东部为灰绿色细砂岩、灰黑色泥页岩互层，砂岩向上厚度增大。电性上表现为视电阻率曲线呈梳状，底部油页岩呈薄-厚层状高阻段(即长 7 油层组)；自然电位曲线形态平直，砂岩部分呈倒三角形偏负特征。盆地北部厚 120m，往南厚度渐增为 300～350m。

表 1-2　鄂尔多斯盆地三叠系延长组划分沿革表

<table>
<tr><th colspan="4">地质部第三石油普查大队(1974 年)</th><th colspan="4">中国地质科学院地质研究所(1980 年)</th><th colspan="5">陕西省区域地层表编写组(1983 年)</th><th colspan="5">长庆油田地质志编写组(1992 年)</th><th colspan="5">中国地层典编委会(2000 年)</th><th colspan="5">何自新等(2004 年)</th><th colspan="3">中国地质调查局地层古生物研究中心(2005 年)</th></tr>
<tr><th colspan="2">年代地层</th><th colspan="2">岩石地层</th><th colspan="2">年代地层</th><th colspan="2">岩石地层</th><th colspan="2">年代地层</th><th colspan="3">岩石地层</th><th colspan="2">年代地层</th><th colspan="2">岩石地层</th><th>含油气层系</th><th colspan="2">年代地层</th><th colspan="3">岩石地层</th><th colspan="2">年代地层</th><th colspan="2">岩石地层</th><th>含油气层系</th><th colspan="2">年代地层</th><th>岩石地层</th></tr>
<tr><th>系</th><th>统</th><th>组</th><th>段</th><th>系</th><th>统</th><th>组</th><th>段</th><th>系</th><th>统</th><th>群</th><th>组</th><th>段</th><th>系</th><th>统</th><th>组</th><th>段</th><th>油层组</th><th>系</th><th>统</th><th>群</th><th>组</th><th>段</th><th>系</th><th>统</th><th>组</th><th>段</th><th>油层组</th><th>系</th><th>统</th><th>组</th></tr>
<tr><td>侏罗系</td><td></td><td></td><td></td><td>侏罗系</td><td></td><td>富县组</td><td></td><td>侏罗系</td><td>下统J_1</td><td></td><td>富县组</td><td></td><td>侏罗系</td><td>下统J_1</td><td>富县组</td><td></td><td></td><td>侏罗系</td><td>下统J_1</td><td></td><td>富县组</td><td></td><td>侏罗系</td><td>下统J_1</td><td>富县组</td><td></td><td></td><td>侏罗系</td><td>下统J_1</td><td>富县组</td></tr>
<tr><td rowspan="10">三叠系T</td><td rowspan="9">上统T_3</td><td rowspan="9">延长组</td><td>T_3y_5</td><td rowspan="10">三叠系T</td><td rowspan="6">上统T_3</td><td rowspan="6">延长组</td><td>上段</td><td rowspan="10">三叠系T</td><td rowspan="9">上统T_3</td><td rowspan="9">延长群</td><td>瓦窑堡组</td><td>T_3y_5</td><td rowspan="10">三叠系T</td><td rowspan="9">上统T_3</td><td rowspan="9">延长组</td><td>T_3y_5</td><td>长 1</td><td rowspan="10">三叠系T</td><td rowspan="6">上统T_3</td><td rowspan="9">延长群</td><td>瓦窑堡组</td><td>T_3y_5</td><td rowspan="10">三叠系T</td><td rowspan="9">上统T_3</td><td rowspan="9">延长组</td><td>五段</td><td>长 1</td><td rowspan="10">三叠系T</td><td rowspan="6">上统T_3</td><td>瓦窑堡组</td></tr>
<tr><td rowspan="2">T_3y_4</td><td rowspan="2">中段</td><td rowspan="2">永坪组</td><td rowspan="2">T_3y_4</td><td rowspan="2">T_3y_4</td><td>长 2</td><td rowspan="5">永坪组</td><td rowspan="2">T_3y_4</td><td rowspan="2">四段</td><td>长 2</td><td rowspan="2">永坪组</td></tr>
<tr><td>长 3</td><td>长 3</td></tr>
<tr><td rowspan="3">T_3y_3</td><td rowspan="3">下段</td><td rowspan="3">胡家村组</td><td rowspan="3">T_3y_3</td><td rowspan="3">T_3y_3</td><td>长 4+5</td><td rowspan="3">T_3y_3</td><td rowspan="3">三段</td><td>长 4+5</td><td rowspan="3">胡家村组</td></tr>
<tr><td>长 6</td><td>长 6</td></tr>
<tr><td>长 7</td><td>长 7</td></tr>
<tr><td rowspan="2">T_3y_2</td><td rowspan="4">中统T_2</td><td rowspan="3">铜川组</td><td rowspan="2">上段</td><td rowspan="3">铜川组</td><td rowspan="2">T_3y_2</td><td rowspan="2">T_3y_2</td><td>长 8</td><td rowspan="4">中统T_2</td><td rowspan="3">铜川组</td><td rowspan="2">T_3y_2</td><td rowspan="2">二段</td><td>长 8</td><td rowspan="4">中统T_2</td><td rowspan="3">铜川组</td></tr>
<tr><td>长 9</td><td>长 9</td></tr>
<tr><td>T_3y_1</td><td>下段</td><td>T_3y_1</td><td>T_3y_1</td><td>长 10</td><td>T_3y_1</td><td>一段</td><td>长 10</td></tr>
<tr><td>中统T_2</td><td>纸坊组</td><td></td><td>二马营组</td><td></td><td>中统T_2</td><td></td><td>纸坊组</td><td></td><td>中统T_2</td><td>纸坊组</td><td></td><td></td><td></td><td>二马营组</td><td></td><td>中统T_2</td><td>纸坊组</td><td></td><td></td><td>纸坊组</td></tr>
</table>

第四段(T_3y_4)：包括长 3、长 2 油层组。除盆地南部及西南部被剥蚀外，其余地区均有分布。岩性单一，主要为浅灰、灰绿色中-细粒砂岩夹灰黑色、蓝灰色粉砂质泥岩，砂岩呈巨厚块状，泥质、灰质胶结，具微细层理。电性特征明显，视电阻率呈细齿状，自然电位呈箱状或指状。厚度 60～250m。

第五段(T_3y_5)：即长 1 油层组。马坊—姬塬—庆阳—正宁—马栏一线以西全部剥蚀，庆阳—华池一带仅分布在“残丘”上。盆地东部大理河一带保存最全，下部为含煤的砂、泥岩构成的韵律层，植物化石丰富；中部为浅灰色中-厚层粉细砂岩与深灰色粉砂质泥页岩互层，夹薄煤层及泥灰岩，泥岩中含多种动物化石；上部为浅灰色块状硬砂质长石砂岩与含可采煤层的黑灰-灰绿色粉砂质泥岩、泥质粉砂岩；顶部为油页岩，含特有的水生节肢动物化石。从电性特征观察，视电阻率呈幅度不大的锯齿状，自然电位偏负，厚层形态呈箱状，薄层呈梳状。厚度 80～120m。

2. 侏罗系延安组地层特征

鄂尔多斯盆地的侏罗系地层为稳定型内陆盆地沉积，多数地区缺失早侏罗世早期沉积，同时，大部分地区也缺失晚侏罗世晚期沉积。不过，鄂尔多斯盆地的侏罗系发育比较好，地层中化石丰富，层序清楚。

盆地内侏罗系地层呈新月形出露于东胜—神木—榆林—延安—黄陵—陇县一带，向西、向北倾伏，广布于盆地的腹地。向南在渭北地区局部见于铜川、耀县、旬邑、彬县、麟游等地，在盆地西南缘和西缘的华亭、炭山、石沟骚、磁窑堡、汝其沟等地也有零星出露。侏罗系地层在盆地内自下而上划分为下侏罗统富县组、中侏罗统延安组、直罗组、安定组和上侏罗统芬芳河组。

1) 下侏罗统—富县组

富县组是由李德生(1951～1952)所创“富县层”一名而来，指富县一带位于延安组之下和延长组之上的一套以红色为主的杂色层。由于盆地在晚三叠世末期开始抬升，延长组遭受剥蚀，使富县组分布受古地貌的控制，因而分布范围有限，岩性、岩相复杂，厚度变化较大。

富县组岩性特征总体可归纳为三种类型一类是盆地东北部为以湖泊相为主的细碎屑岩沉积，主要分布于准格尔旗五字湾-府谷一带，为湖相砂、泥岩夹薄层煤和油页岩沉积，俗称“黑富县”，厚度 54～142m。另一类是鄂尔多斯盆地东部为以河流相为主的河流-湖泊相粗碎屑岩沉积，在子长-富县一带为以紫红色为主的河湖相杂色泥岩夹砂砾岩和泥灰岩沉积，俗称“红富县”，厚度 5～88m；在延安金盆湾以河流相含砾粗砂岩夹砾岩为主，俗称“粗富县”，厚 75m。还有一类是鄂尔多斯盆地南部渭北一带以残积相-湖泊相为主的零星细碎屑沉积，以“花斑泥岩”

为特征，主要分布在彬县、黄陵、店头一带，厚度一般为 1～5m。

富县组中砂岩的成分成熟度较高，岩层中一些不稳定的矿物如长石、黑云母等基本不存在，而稳定矿物如石英和硅质岩屑等含量较高，表现出很高的成分成熟度和极强的抗风化能力，反映了沉积物是经过了长距离的搬运，同时也说明它们为相同构造背景下形成的不同沉积类型。

2) 中侏罗统—延安组

延安组由王尚文等 1950 年在延安西-杏子河-枣园一带进行石油地质调查时命名，延安组为沉积于富县组之上或超覆于三叠系地层的不同层位之上的一套以河流-湖泊相为主的含煤、含油层系，主要由灰色至灰白色中粒至细粒砂岩、深灰色粉砂岩、泥质岩、泥灰岩、油页岩及煤层组成。呈带状出露于内蒙古罕台川和陕西省的府谷、神木、榆林、子长、延安、富县、黄陵、旬邑、彬县、陇县一带，在甘肃的华亭和宁夏的碎石井、炭山、汝其沟等地也有零星出露。顶部因受直罗组底砂岩冲刷而有不同程度的缺失，缺失较多的地区是盆地的陇东地区及陕西的黄龙地区。延安组剖面结构一般为二段式，下部为灰白、灰黄色含砾砂岩(相当宝塔山砂岩段或延 10 层)，往上为灰、深灰色砂、泥岩互层夹黑色页岩及煤层(相当枣园段或延 9—延 1 层)。延安组主要为一套河湖沼泽相沉积，除在大理河以南、葫芦河以北的甘泉、延安、吴旗地区以湖相沉积为主，煤层不发育或缺失外，在盆地内其他地区均为一套含煤岩系。延安组厚度一般为 120～360m，盆地西部灵武、盐池、定边地区厚度较大，为 160～600m，在盆地南部厚度仅几米至十余米(井下 20～70m)。

延安组开始沉积时，古地貌对沉积控制作用已不明显，在盆地内广大地区，都不同程度地沉积了延安组底部(延 10 层)地层。延安组沉积后，盆地遭受了短时期的剥蚀，致使盆地内大部分地区延安组地层保存不全，如盆地北部神木考考乌素沟剖面，延 4 以上地层受到剥蚀而缺失，与上覆直罗组呈明显的冲刷接触。在东胜以北的哈什拉川和高头窑一带不仅延安组上部保存不全，底部相当延 10 层沉积也全部缺失，延安组直接超覆在三叠系不同层位或二叠系石千峰群之上。盆地南部彬县—华亭一带延安组上部地层因侵蚀而保存不全，宜君、耀县、麟游一带则顶、底均保存不全。

3) 中侏罗统一直罗组

直罗组主要分布于神木马七概沟、横山波罗堡、富县直罗镇及宜君焦坪一带，厚 70～196m，盆地西部灵武、盐池和庆阳地区，直罗组厚 200～460m。直罗组假整合于延安组之上，是一套半干旱气候条件下的河流-湖泊相碎屑岩沉积。岩性较为单调，主要由黄绿色至灰绿色长石砂岩、蓝灰色及紫灰色与杂色泥岩、泥质粉砂岩、粉砂岩组成，总体从下到上地层构成两个沉积旋回：下部河流体系沉积普遍发育；上部却以湖泊三角洲和湖泊体系沉积为主。在盆地北部和东部，下部为黄绿色块状砂岩，上部为黄绿、灰紫色及杂色砂、泥岩互层，厚度一般为 100～250m；在盆地西部，下部为灰白色砂岩，上部为黄绿色砂泥岩夹灰黑色泥岩和煤线，厚度 400～600m；在盆地南部渭北地区，岩性下部为黄绿色砂岩，上部岩性变粗，为灰紫色砾状砂岩与紫红色粉砂质泥岩，厚度减薄，一般为 30～60m。该组整体上表现出西部厚、东部薄，西部粗东部细的特点。

4) 中侏罗统—安定组

安定组除在盆地南部黄陵沮水以南地区缺失外，全盆地均有分布，主要分布于榆林刀兔、横山县石马洼和青阳岔、安塞王家窑、富县黑山寺一带，呈北北东—南南西带状出露，为一套干燥气候条件下形成的内陆湖泊河流相沉积。

在盆地中东部为浅湖相沉积，岩性为黑、灰黑色油页岩及钙质粉砂-细砂岩和桃红、紫灰、灰黄色泥灰岩，以富含油页岩、页岩和碳酸盐岩为特征；在盆地西部、西南部为滨湖相沉积，岩性主要为黄绿、蓝绿、紫红色粉砂质泥岩与浅棕红、黄灰色砂岩不等厚互层；在盆地北部则为河流相沉积，岩性以紫灰、紫红色中-粗砂岩及砾状砂岩与紫杂色粉砂岩、粉砂质泥岩互层为主。安定组厚度比较稳定，在盆地东部地面剖面厚度为 39～128m，西部井下可达 243m，盆地西南缘的千阳桐花庄、冯坊河等地较厚，最大厚度可达 320m。

5) 上侏罗统—芬芳河组

芬芳河组为 1973 年陕西省煤田地质局 186 队在陇县、千阳一带进行侏罗系煤田 1∶5 万细测时建立的一个新的地层单位，并为《西北区区域地层表·陕西分册》采用，命名剖面在千阳冯坊河(前人资料均误称为芬芳河)，为一套内陆盆地边缘山麓相堆积，分布比较局限，主要发育于盆地西缘南段的千阳草碧河、冯坊河、凤翔袁家河一带，在盆地西缘中段盐池马坊沟也有出露。厚度变化大，千阳冯坊河为 1173.9m，往北在盐池马坊沟为 111m。盆地西缘中段盐池马坊沟出露的芬芳河组，岩性为紫红、灰紫色砾岩夹紫红色粗砂岩。砾石成分以石灰岩、燧石、砂岩为主，大小不一，下部粒径为 20～30cm，向上一般为 5～10cm，逐渐过渡为细砂岩，分选差，多呈次圆状，胶结致密、坚硬。芬芳河组与其下伏安定组产状基本一致(倾角约 80°)，上覆下白垩统志丹群宜君砾岩产状平缓(倾角约 5°)，其间存在明显不整合关系。

1.3 延长油田地质特点

延长油田是我国开发最早的油田，自 1907 年至今已有 110 余年的开发历史。

油区横跨鄂尔多斯盆地陕北斜坡、渭北隆起和天环拗陷三大地质构造单元，其中，陕北斜坡带为延长油田的主要勘探开发区域。油藏发育有侏罗系延安组及三叠系延长组，其中延长组属特低渗岩性油藏。行政界限主要位于延安、榆林和咸阳三市 20 个县(区)辖区内，西到定边、靖边，北至横山、子洲，东到黄河，南至宜君一线，区域总面积 58728.2km^2(延安市总面积 36768.2km^2，榆林市总面积 18380km^2，咸阳市旬邑县、彬县、长武面积 3580km^2)。下设 13 个采油厂以及 2 个指挥部。气候属高原大陆性中温带-暖温带季风气候，南北气候差异显著，北部属半干旱地区，南部属半湿润地区，降水集中，夏季多暴雨、冰雹，冬、春易旱，且有风沙、寒潮侵袭，气象灾害频繁。该区四季分明，日照充足，年均日照数 2300～2700h，昼夜温差大，年均气温 7.7～10.6℃，年均降水量为 450～650mm，年平均无霜期 178d。油气田属黄土高原，为沟、梁、茆、塬地貌，形态复杂，沟壑纵横(图 1-7)，海拔高度 800～1800m，平均海拔为 1000m，地形自东北向西南逐渐降低，境内有延河、洛河、葫芦河、秀延河、无定河等河流和中山川、王窑等数十座水库。

图 1-7　延长油田陕北黄土高原地形地貌

延长油田位于的陕北斜坡带区域，产油层纵跨三叠系延长组长 1—长 10 油层组。其中，延长油田西部油区开发层系最多，从长 1—长 10 油层均有开发；东部油区主要以长 2、长 4+5、长 6 油层为主要开发层位；南部开发层位则主要集中在长 6—长 8 油层组。整个油区裂缝系统比较发育，盆地的主力油藏长 6 以上油层组在油田东部区域局部露出地表，油气和地层能量持续散逸；在油田中北部区域，以油藏油水混储、无明显的油水界面为重要的特征；而油田南部区域储层更加致密。

整体而言，延长油田从下到上油藏自然条件差，油水关系较复杂，储量丰度低(最低仅 30%)，低压油藏特征更加突出(压力系数 0.7)，含油饱和度低(35%～55%)，裂缝系统复杂，能量补充困难，油田区块属于典型的“三低”油藏，具有低渗、低压、低饱和度的特点，储层需经过改造才能获得产能，由此导致了油田开发难度更大。

截至 2017 年 12 月底，延长油田已累积探明石油地质储量约 28 亿 t，其中，特低渗油藏探明石油地质储量占总储量的 90.6%，主要分布在三叠系延长组的长 1—长 10 的 10 个油层组。目前已逐步形成了适合特低渗油藏开发的注水、采油、油层改造、水平井开发等一系列配套技术。

鉴于延长油田位于鄂尔多斯盆地内，其油藏的地质结构与储集层特征等属性具有鄂尔多斯盆地基本地质特征的普遍性，因此，这里不再描述其构造与沉积等基本地质特征，仅就不同区带地质构造的差异所形成的不同油藏特点进行概述。具体来说，延长油田特低渗油藏具有以下主要地质特点。

1.3.1 东部油藏埋藏较浅

延长油田东部油藏埋藏较浅，由于鄂尔多斯盆地燕山旋回中期盆地西部受到推挤，盆地拗陷部位逐渐向东迁移，而盆地东部却逐渐抬升，最终使东部区域含油层系埋深变浅甚至出露地表，地层能量及原油中轻质组分更易散逸，在局部区域形成油苗。油藏埋深一般介于 50～850m，83%井以完钻井深小于 800m，上覆垂向地层压力相对较小，压裂过程中人工裂缝易沿水平层理面延展。

延长东部油区探明储量接近全油田探明储量的 40%，由于储层埋深过浅，层位少(长 2、长 4+5、长 6)、厚度薄、夹层多、油气富集相对较差，且无有效的边底水能量补充，导致地层压力极低，单井产量仅一百余公斤，如甘谷驿、青化砭、七里村油田等长期以来，采用常规井多井开发，低产、低效的问题非常突出。

该区储层在纵向和横向上受地质时代、压实、胶结、沉积、旋回等条件的影响，存在明显差异，尤其是受层理发育和上覆地层压力的影响，垂向和平面渗透率比值甚至达到两个数量级，储层非均质性严重，本区岩心分析渗透率非均质参数统计：长 6 油层渗透率级差约为 112，突进系数约为 5.8，变异系数约为 0.82，均值系数约为 0.18。因此，改善储层非均质性和增大垂向渗透率是提高开发效果的关键地质因素。

1.3.2 中北部储层油水混储特征显著

延长油田中北部区域构造平缓，发育小型鼻状隆起，储层喉道细小、孔喉类型多样、黏土矿物含量高，孔喉表面比表面积大，毛细管力和黏滞力所导致的束缚水饱和度大，造成该区域储层中油水分异不明显，储层宏观表现为油水混储，无统一油水界面，常表现出波状起伏或向下倾斜的油水界面，电测解释和试油结果常是油水同层或含油水层。大多数油井投产后油水同出，没有无水采油期，例如在子长区域长 6 油藏，投产初期含水率在 60%以上。

中北部区域储层在微观孔隙结构上主要分为中孔中细喉型、中孔细喉型、中低孔细喉型、低孔细喉型四种类型，且中低孔细喉型、低孔细喉型占绝大多数。

1.3.3 南部储层物性差

延长油田南部区域(如：富县、黄陵油区)靠近湖盆中心，沉积相类型的代表是三角洲前缘和前三角洲相，沉积过程中矿物颗粒经过长距离的搬运导致矿物颗粒更细、泥质含量更高，砂岩的结构成熟度和成分成熟度较低，以细粒长石砂岩为主。填隙物分布不均匀，以碳酸盐、黏土矿物、石英质次生加大及少量的浊沸石和铁质胶结物组合为特征。延长组的砂岩伴随成岩演化过程的进行，在经历了压实、胶结、溶解等成岩作用后，储层微观特征表现出原生粒间孔残留及次生孔隙大量发育的特征，研究认为压实及胶结作用是降低储层储集性能的主要因素，溶解作用产生的大量长石溶孔等次生孔隙是提高储层储集性能的主要因素。南部区域孔隙度主要在 4.42%～12.29%，渗透率大多介于$(0.1\sim0.5)\times10^{-3}\mu m^2$，砂岩储层非均质性很强，与盆地其他地区延长组物性对比表明该区储层更加致密，储层物性更差，产量更低，长期以来都是石油开采的禁区，是无法效益开发的边际油田。

近年来，随着长水平段和大规模储层改造工艺技术的进步，致密油开发迎来春天，该类油藏属于近源成藏，处在石油运移的过程中，尽管品位较差，但具有弥漫式分布的特征，通过长水平段加体积压裂实现致密储层的规模整体改造，单井产量能够达到几十至上百吨不等，具有较好的开发效果。

第2章 延长油田储层特征

延长油田特低渗储层同时受到物源、沉积环境和后期改造作用的控制。延长油田自早三叠世以来经历了陆相沉积环境沧桑变迁，不同类型的砂体受不同相带水动力改造，因而其规模、岩石学特征及其物性特征也各不相同、甚至差异很大。

2.1 储层岩石学

储层岩石学特征决定着砂岩储层成岩作用类型、速率和规模，从而影响其孔隙演化过程。因此它是储层沉积、成岩等一系列地质作用的基础，是油气储层储集性能的决定性因素。

延长油田储层总的岩石学特征是矿物成熟度低、结构成熟度高。岩石类型以长石砂岩、岩屑长石砂岩为主，含少量长石岩屑砂岩及岩屑砂岩，碎屑岩骨架颗粒中的长石含量高，含量为37%～58%，石英含量为21%～39%，岩屑含量为8%～20%。平面上表现出由西北至东南(由定边至子长—安塞—延安方向)同一层位的石英含量逐渐减少，长石含量逐渐增加的趋势；纵向上呈现石英含量自下而上增加，长石含量自下而上减少的趋势。

填隙物包括杂基和胶结物两部分。杂基一般为非化学沉淀的细粉砂及粒度小于0.03mm的黏土，是与砂砾等碎屑一起由机械沉积作用沉积下来的较细的黏土物质。胶结物指直接从粒间溶液中沉淀出来的化学沉淀物，主要有黏土矿物、碳酸盐矿物、硅质矿物等。延长油田特低渗储层中杂基主要包括绿泥石、伊利石、高岭石、泥铁质和水云母。胶结物主要包括方解石、石英质、长石质、沥青质、黏土矿物、黄铁矿及浊沸石，占填隙物总量的80%以上，另外还有少量铁矿物、凝灰岩、重晶石、硅质、白云石等。由于绿泥石和长石存在成因上的一致性，因而在填隙物成分中含量相对较高。浊沸石在长4+5、长6和长8油层组普遍发育，浊沸石的普遍发育可以形成大量的次生孔隙(浊沸石溶孔)，对特低渗储层改造及孔隙演化都有着非常重要的意义。

据表2-1统计，低渗砂岩油层矿物平均成分是石英为36.24%，长石为26.85%，岩屑为35.84%。延长油田长6油层中石英含量为24.8%，比平均值36.24%小；长石含量为 51.6%，含量明显大于平均值 26.85%；岩屑含量为 17.3%，含量明显小于平均值 35.84%。延长油田中长石和岩屑含量总和大于石英含量，说明成分成熟度低。

表 2-1　延长油田长 6 油层与低渗油田（油层）矿物组分含量对比表

油层	碎屑含量/%					胶结物含量/%							重矿物含量/%							样品数量
	石英+燧石	长石	岩屑	其他	总量	黏土	碳酸盐	硫酸盐	硅质	沸石	其他	总量	锆石+电气石	石榴子石	绿帘石	角闪石+辉石	铁矿	其他	总量	
延长油田长 6 油层	24.8	51.6	17.3	6.3	100	15.5	6.1	—	0.2	3.8	—	25.6	6.3	—	3.2	—	1	—	—	329
平均其他低渗砂岩油层*	36.2	26.8	35.8	0.9	99.8	8.9	5.1	0.5	—	2.1	—	16.6	31.6	24.7	2.2	7.5	19.2	14.7	100	17135

* 据其他 19 个油田、25 个油层组数据统计。

低渗砂岩油层中胶结物总含量平均为 16.6%，其中黏土胶结物 8.9%，碳酸盐胶结物 5.1%，沸石类胶结物 2.1%，其他硫酸盐、硅质等胶结物占 0.5%。延长油田长 6 油层中胶结物含量为 25.6%。总体上看，黏土或碳酸盐胶结物较多的是我国低渗砂岩储层的普遍现象。而胶结物含量较高，使后期成岩作用改造对形成低渗砂岩起着决定性的作用。

2.2　储层物性与非均质性特征

特低渗储层主要受沉积相和成岩作用的影响，沉积相控制了储层砂体的宏观发育状况，成岩作用主要控制了储层的孔隙结构特征，在两者共同作用下，造就了不同成岩相带中储层物性的差异。

2.2.1　储层物性特征

1. 物性分布特征

延长油田储层沉积相主要包括三角洲相的分流河道、砂坝与席状砂和河流相的河道、边滩等。延长组中下部（长 4+5—长 9）储层主要受三角洲前缘相和深湖相控制，其平均孔隙度小于 10%，平均渗透率为（0.164～0.467）$\times 10^{-3}\mu m^2$（表 2-2）。

表 2-2 延长油田 T_3y_2、T_3y_3 储层实测孔渗统计表

层位	样品数/个	孔隙度/%			渗透率/$10^{-3}\mu m^2$		
		最大值	最小值	平均值	最大值	最小值	平均值
长 4+5	135	13.67	0.90	7.16	3.90	0.001	0.246
长 6	1916	17.50	0.68	8.88	19.6	0.001	0.467
长 7	1790	16.10	0.02	7.69	6.69	0.001	0.120
长 8	1380	17.70	0.51	8.40	9.94	0.001	0.224
长 9	142	16.11	1.09	9.68	3.54	0.005	0.164

延长油田横向区域上储层特征也存在较大差异。西部含油层系多、油藏埋深为1500～2880m，长 4+5、长 6 储层物性较差，孔隙度为 9.98%～12.67%，渗透率为(0.76～2.74)×$10^{-3}\mu m^2$；长 8—长 10 储层物性更差，孔隙度 7.94%～9.9%，渗透率为(0.63～1.58)×$10^{-3}\mu m^2$。东部含油层位单一，油层通常埋深为小于 1000m，物性较差，主力油层长 6 渗透率一般小于 1×$10^{-3}\mu m^2$。南部延长组中上部和东部类似，开采层位以长 6 为主，埋藏浅、物性差、油井产能低，延长组长 7、长 8 油层也是主要的生产层位，长 7 孔隙度 3%～13%，渗透率为(0.01～1)×$10^{-3}\mu m^2$，长 8 孔隙度 3%～12%，渗透率为(0.01～0.80)×$10^{-3}\mu m^2$，物性皆差，属于特低孔、特低渗储层。

从表 2-3 可以看出，延长油田 T_3y_2、T_3y_3 层平均渗透率为 0.24×$10^{-3}\mu m^2$，平均孔隙度为 8.1%，与其他油田相比，延长油田 T_3y_2、T_3y_3 储层物性条件最差。

表 2-3 中国低渗砂岩油田渗透率和孔隙度统计表

油田	油层组	油层中部井深/m	渗透率样品数/个	渗透率/$10^{-3}\mu m^2$			孔隙度样品数/个	孔隙度/%		
				平均	最大	最小		平均	最大	最小
延长油田	T_3y_2、T_3y_3	—	5363	0.24	19.60	0.00	5363	8.1	17.7	0.0
安塞油田	长 6_1(T_3y)	1000～1200	106	2.46	4.55	1.18	106	12.9	15.5	10.5
克拉玛依油田	下乌尔禾组(P_2ur)	2900	1496	1.73	475.30	0.00	—	13.8	24.9	2.4
老君庙油田	M 层(E_3b)	—	236	33.50	—	—	—	18.0	25.7	12.1
	M1	—	69	78.90	94.50	5.40	—	21.8	25.7	15.0
	M2	—	70	14.40	167.00	3.20	—	17.7	21.8	12.5
	M3	—	97	6.30	51.90	2.20	—	14.2	22.3	12.1
文留油田	沙三中盐间层(E_{s1})	3242～3545	414	19.20	25.00	0.00	446	16.6	24.4	12.0
渤南油田	沙三 $^{5-9}$(E_{s3})	3296～3856	765	4.40	29.30	0.07	768	15.6	25.5	2.2
朝阳沟油田	扶余油层(K_1qn)	800～1100	2708	12.67	30.10	9.45	3052	15.7	17.8	14.8
扶余油田	扶余油层(K_1qn)	300～500	12750	60.50	100.00	30.00	12750	23.4	26.0	22.0
榆树林油田	扶余油层(K_1qn)	1919～2475	412	3.04	—	10.00	412	12.3	14.0	10.8
	扶余油层(K_1qn)	—	1139	2.52	—	—	1139	12.2	13.8	9.0
新民油田	扶余油层(K_1qn)	1150～1250	489	8.50	59.10	6.00	510	15.9	20.1	1.2

2. 碳酸盐对物性的影响

鄂尔多斯盆地特低渗储层砂岩粒度较细，微孔隙比较发育，而连通性较差，且多呈孤立分布，对渗透率贡献不大。特低渗储层的碳酸盐含量与渗透率呈负相关关系，且相关性较高，与孔隙度的相关性并不明显。

以延长油田唐157井区长6储层为例，在孔隙度小于10%时，碳酸盐含量较高，说明该范围孔隙中的碳酸盐胶结物(主要是方解石)发生溶蚀作用的较少；但当孔隙度大于10%时，碳酸盐含量明显减少，一般在2%以下，说明碳酸盐胶结物受到了明显溶蚀，从而使孔隙度增大。渗透率的变化具有类似的特点，当渗透率小于$2\times10^{-3}\mu m^2$时，碳酸盐含量较高；而当渗透率大于$2\times10^{-3}\mu m^2$时，碳酸盐含量明显呈降低趋势，说明渗透率的增大与碳酸盐矿物的溶蚀作用相关性较强(图2-1)。

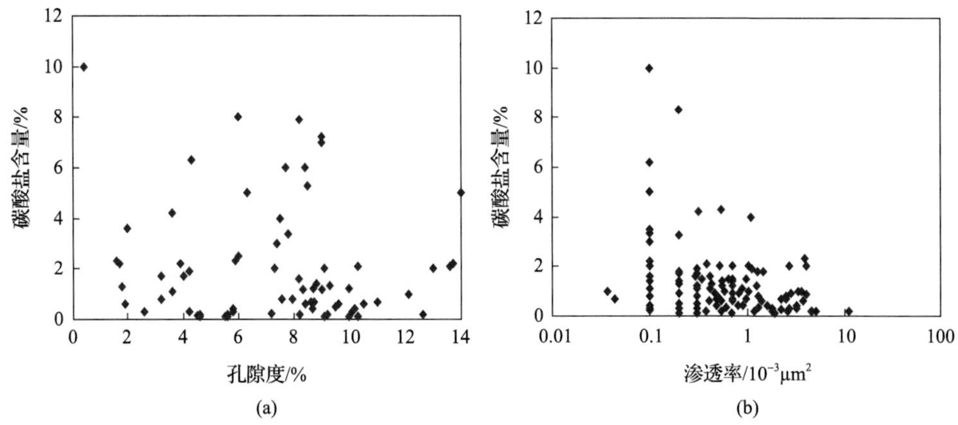

图2-1 唐157井区长6储层孔隙度(a)和渗透率(b)与碳酸盐含量相关图

2.2.2 储层非均质性

1. 平面非均质性

平面非均质性是指由储集层砂体的几何形态、规模、孔隙度、渗透率等空间变化引起的非均质性。其中孔隙度、渗透率的大小和分布又受砂体分布和差异成岩的控制。而砂体的几何形态、规模等直接受控于沉积相和成岩相。因此受沉积和成岩双重作用的影响，特低渗储层具有较强的平面非均质性。延长油田长8、长6、长4+5主要位于三角洲前缘亚相和三角洲平原亚相，砂体主要发育在(水下)分流河道微相和河口坝微相，砂岩覆盖广，但其砂岩的变化明显，平面非均质性较强。

例如延长油田南部延长组长 6_1 油层，孔隙度和渗透率在平面分布上有很大差异性。孔隙度一般为 8%～9%，有部分高值区（图 2-2（a））；渗透率一般为（0.1～0.3）$\times10^{-3}\mu m^2$（图 2-2（b））。孔隙度、渗透率随着砂体变厚总体上有增大的趋势。

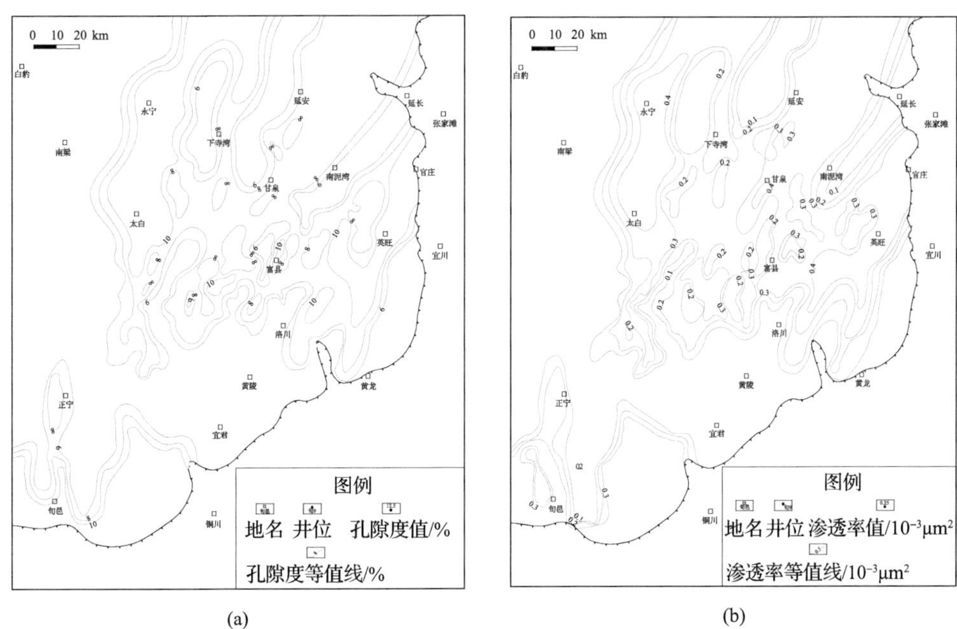

(a) (b)

图 2-2 延长油田南部延长组长 6_1 孔隙度（a）和渗透率（b）等值线图

2. *层间非均质性*

层间非均质性是指砂体之间的差异，包括垂向上各种沉积环境形成的砂体交互出现的规律性，以及作为隔层的泥质岩类在剖面上的发育和分布的情况，是对一套砂泥岩间互的含油层系的总体研究。常用砂地比、层间隔夹层差异等来描述。

用砂地比（砂层厚度与地层厚度比值）描述不同沉积类型砂岩的层间非均质性，可以反映储层分布的差异和沉积微相的演变。延长油田特低渗储层的层间非均质性较强，其中长 8 储层非均质性最强，长 6 储层次之，长 4+5 储层相对较弱。

隔夹层的分布、厚度及层数也是反映储层层间非均质性的重要指标。隔层岩性主要为泥岩、粉砂质泥岩、泥质粉砂岩和砂泥岩薄互层，主要是河间洼地及分流间湾沉积。把厚度大于 2m（含 2m）的泥质岩层定为砂岩储层间的隔层。延长组各油层组之间都被在区域上分布较稳定的泥岩、泥质粉砂岩、粉砂质泥岩、碳质泥岩、斑脱岩所分隔，其钻遇率较高，横向连续性好，这些隔层对油水的上下渗流可起到较好的阻隔作用。

根据表 2-4，延长油田南部主要含油层位中，由于隔夹层的存在，长 6_1 单层砂体数为 1～6 个不等，主要为 4 个；长 6_2 单层砂体数为 1～7 个不等，主要为 3 个；长 6_3 单层砂体数为 1～6 个不等，主要为 3 个；长 6_4 单层砂体数为 1～3 个不等，主要为 1 个；反映了长 6 油层组非均质性较强。

表 2-4　延长油田南部延长组主要含油层位分层系数统计表

层位		井数	单砂体数/个	
			范围	主要区间
长 6	长 6_1	212	1～6	4
	长 6_2	211	1～7	3
	长 6_3	213	1～6	3
	长 6_4	213	1～3	1

3. 层内非均质性

层内非均质性是指一个单砂层规模内部垂向上的储层性质变化，它是直接影响和控制单砂层层内水淹程度、波及系数的关键地质因素，也是生产中引起层内矛盾的内在原因。

1) 层内渗透率韵律变化

延长油田特低渗储层单砂体内部渗透率的变化比较复杂，有正韵律型、反韵律型、均质韵律型，以及由正、反韵律叠加组成的复合韵律型 4 种类型(图 2-3)，以复合韵律型最为普遍。

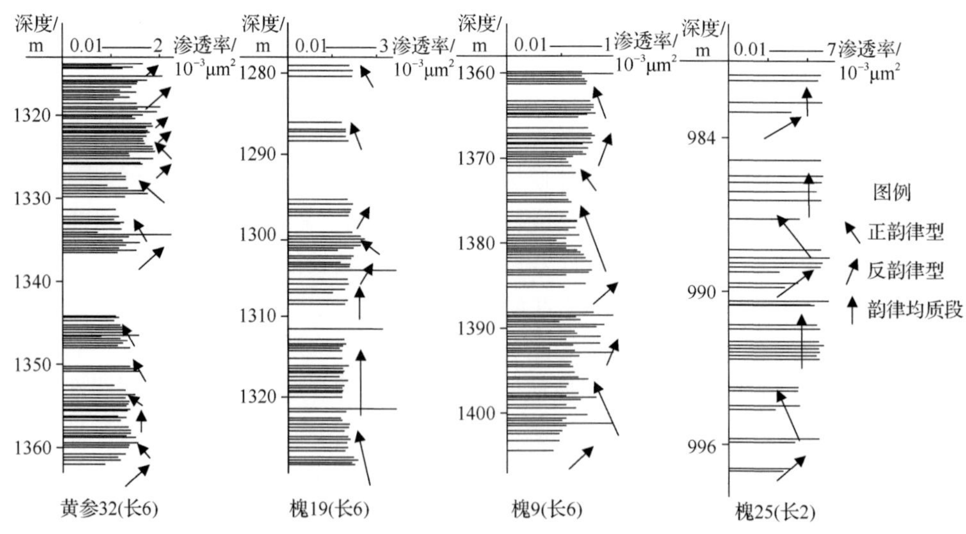

图 2-3　延长油田南部延长组渗透率韵律分布剖面

(1) 正韵律型：表现为相对高孔、高渗段分布于砂体底部，向上渗透率逐渐减小，可细分为简单正韵律性及叠加正韵律性两种。单一正韵律型由一个正韵律组成，下部岩性较粗，上部岩性变细，依据特征又可分为完全正韵律及不完全正韵律，完全正韵律表现为粒度的渐变，是主要的正韵律类型，不完全正韵律粒度往往出现突变现象。叠加性正韵律内部往往由两个或三个以上单一正韵律段叠加，中间为泥质或物性夹层分隔，层内冲刷面发育。这种韵律的砂体主要为河道沉积成因。

(2) 反韵律型：表现为渗透率向上逐渐增大，高孔、高渗段分布于砂体顶部，一般多为河口砂坝及远砂坝沉积成因。延长油田内单个反韵律型的情况不多，多数反韵律砂体只是复合韵律砂体的一部分。

(3) 复合韵律型：这种韵律表现为单砂体在垂向上高、低渗透率段或正韵律与反韵律层交替分布。常常表现为砂体中部渗透率向两侧逐渐减小。

(4) 韵律均质段：砂体内垂向粒序变化呈较均匀分布，其渗透率沿垂向变化不明显较均质。

2) 层内夹层特征

层内不连续夹层对液体流动起到不渗透隔层的作用或极低渗透的高阻层作用，因而对驱油过程影响极大，层内夹层分布是储层非均质性研究中又一重要内容。根据夹层的电性特征，可以将研究区的夹层分为低阻夹层及高阻夹层两大类型。

(1) 低阻夹层：泥质岩类夹层，在微电极及其他电测井曲线上表现为砂层内部的相对低值，自然伽马曲线在砂岩段的相对低值中显示相对高值。对这类夹层，如果其厚度大于 2m，且分布不稳定时，其为砂层中的泥质类夹层，则根据微电极曲线进行夹层的扣除。泥质岩类夹层的出现比较频繁。

(2) 高阻夹层：胶结致密或碳酸盐岩胶结物含量较高、物性较差的砂岩层及粉(或细)砂岩层。该类夹层在微电极曲线上呈尖峰相对高值，声波时差曲线有一个相对低值存在。这类夹层主要见于辫状河道及分流河道的较厚砂层中。

2.3 储层孔隙结构

储层的孔隙结构是指岩石所具有的孔隙和喉道的几何形态、大小、分布及连通关系。深入研究油气储集层的孔隙结构不仅可以充分发挥油气层的产能，而且可以尽可能地提高采收率。研究储层孔隙结构的主要内容包括孔喉级别、孔喉组合类型以及定量表征孔隙结构的特征参数等方面。一般来讲，流体在储层中的渗流性能取决于孔隙的连通情况和连通孔隙喉道的粗细程度、分选情况。

2.3.1 孔隙类型

在漫长的成岩作用过程中，砂岩储层经历强烈的压实和压溶作用，碎屑颗粒尤其是石英和长石相互嵌合，并伴有不同程度的石英再生长，致使原生粒间孔隙大量消失。通过详细的岩心观察、薄片观察、扫描电镜分析统计发现，储层主要包括粒间孔、粒内溶孔、晶间微孔、微裂隙。

1）粒间孔

粒间孔主要包括绿泥石环边胶结后的粒间孔隙、石英加大后的粒间孔隙、粒间溶蚀孔隙。

（1）绿泥石环边胶结后的粒间孔隙：纤维状绿泥石垂直颗粒生长，形成颗粒包壳，有效地阻止石英加大，使粒间孔隙得以保存。孔隙边缘都有规则的薄的绿泥石环边，孔隙形态也较规则，一般呈三角形、四边形或多边形，孔隙较大，一般在 0.05mm 以上。它是储层的主要储集空间之一，常分布于优质储层中（图 2-4）。

(a) 正20井，井深1213.57，长6_2油层，粒间孔隙，颗粒表面见绿泥石薄膜衬里，孔隙较发育

(b) 槐21井，井深1283.65m，长6_3油层，粒间孔隙，颗粒表面见绿泥石薄膜衬里，孔隙较发育

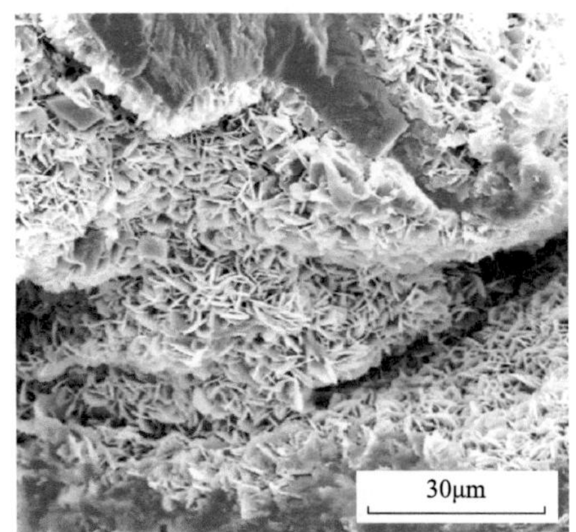

(c) 槐37井，井深1150.8m，长6_1油层，粒间孔隙胶结绿泥石

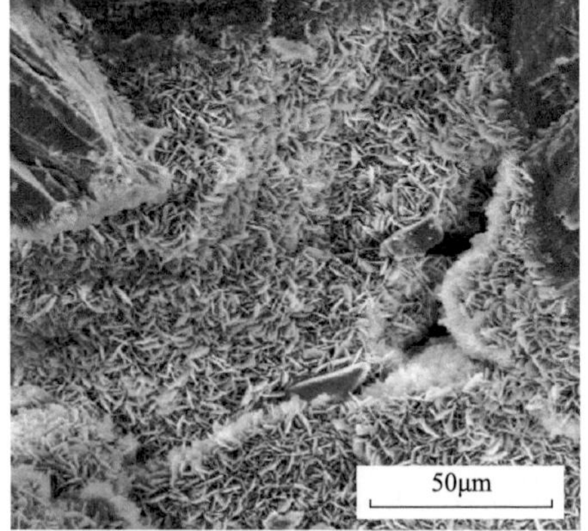

(d) 芦评17井，井深956.78m，长2_1油层，胶结绿泥石

图 2-4　延长油田延长组砂岩储层中绿泥石环边胶结后的粒间孔隙

（2）石英加大后的粒间孔隙：石英颗粒的加大边发育，但加大边并未充填满粒

间孔，只是使原有的粒间孔大幅度减小。这种孔隙形态规则，多呈三角形、四边形或多边形，孔隙边缘平直，孔隙大小中等，一般在 0.01～0.1mm(图 2-5)。

(a) 富北14井，井深839.08m，长6_4油层，粒间孔隙充填石英

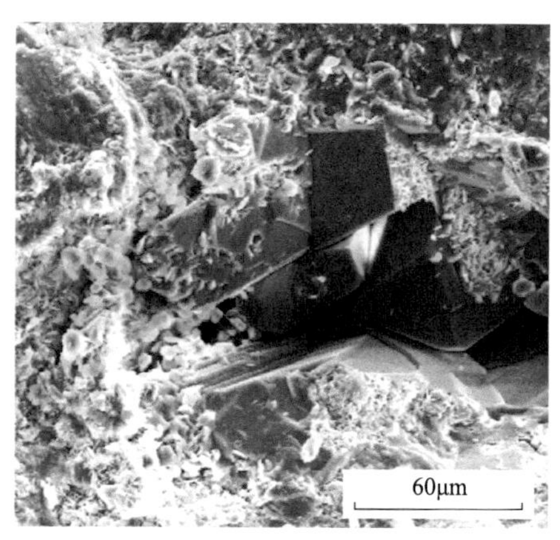

(b) 芦96井，井深1496.5m，长8_2油层，粒间孔隙充填石英

图 2-5 延长油田延长组砂岩储层中石英加大后的粒间孔隙

(3) 粒间溶蚀孔隙：在原有粒间孔隙的基础上，碎屑颗粒边缘遭部分溶蚀形成。孔隙形态不规则，孔隙边缘常呈锯齿状、港湾状，孔隙也较大，一般在 0.05mm 以上。该种孔隙为原生和次生的混合成因，且以原生为主，因为它只是在原生粒间孔隙的基础上稍有溶蚀扩大，溶蚀扩大部分只占总孔隙空间的 10%左右，这里仍将其归为原生孔隙的范畴。当粒间孔边缘无绿泥石环边或石英加大边，粒间孔边缘的颗粒就会或多或少的遭受溶蚀，成为粒间溶孔。粒间溶孔为主要的储集空间之一，常和粒内溶孔混生(图 2-6)。

(a) 芦评8井，井深1531.71m，长8_1油层，粒间孔隙充填石英

(b) 宁45井，井深1689.38m，长7油层，结构较致密，碎屑颗粒沿边缘溶蚀产生粒间溶孔

图 2-6 延长油田延长组砂岩储层中粒间溶蚀孔隙

2）粒内溶孔

粒内溶孔是指碎屑颗粒内部遭受溶蚀形成的孔隙。被溶蚀的颗粒主要是长石，石英和岩屑很少见溶蚀现象。延长油田特低渗储层中长石溶解是形成次生孔隙的重要因素。长石的溶解可以形成沿长石解理面发育的小溶孔带或溶缝，也可以是长石矿物主体甚至整体被溶蚀，形成较大的粒内溶孔或铸模孔，前者大部分可以与剩余粒间孔连通成为有效溶孔，而后者尽管孔隙较大，但分布局限，仅有少量大溶孔或铸模孔与剩余粒间孔连通成为有效溶孔。岩屑溶孔主要见于泥岩屑、中酸性火山岩岩屑、千枚岩屑等易溶岩屑。铸体薄片下长石、岩屑的粒内溶孔有孤立溶孔、粒内蜂窝状溶孔、粒内微孔。粒内溶孔较细小，一般小于 0.05mm，该种孔隙也为储集层的主要孔隙类型之一，在好和较好储集层该种孔隙一般占总孔隙的 20%～40%，在较差和差储集层中，一般占总孔隙的 40%～60%（图 2-7）。

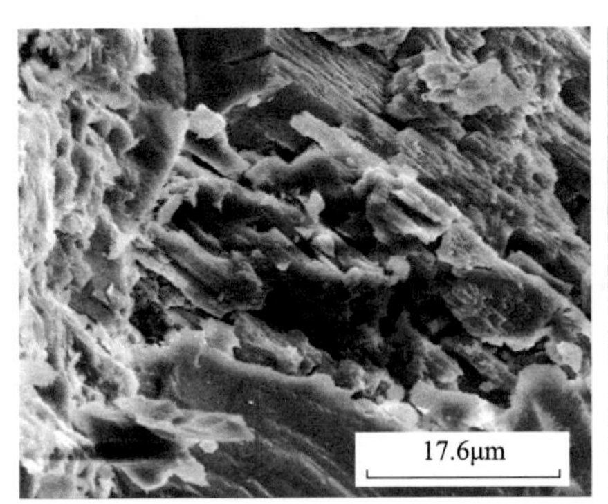

(a) 鄜58井，井深388.3m，长2_1油层，长石溶蚀

(b) 万63井，井深796.5m，长2油层，长石溶蚀明显，形成蜂窝状溶孔、长石铸模孔

(c) 万63井，井深790.0m，长2油层，黑云母溶蚀孔

(d) 正6井，井深1662.15m，长8油层，部分岩屑发生溶蚀产生溶孔

图 2-7 延长油田延长组砂岩储层中粒内溶孔

3) 晶间微孔

晶间微孔是指砂岩在成岩过程中形成的分布于碎屑颗粒间自生矿物晶体间的微孔隙。延长油田特低渗储层中一般发育有丝状及片状伊利石晶间孔、高岭石晶间孔及伊蒙混层晶间微孔。此类孔隙虽然提高了砂岩的孔隙度，但降低了渗透率，特别在油气运移过程中，黏土矿物吸附了大量重质沥青，可进一步降低储层物性(图 2-8)。

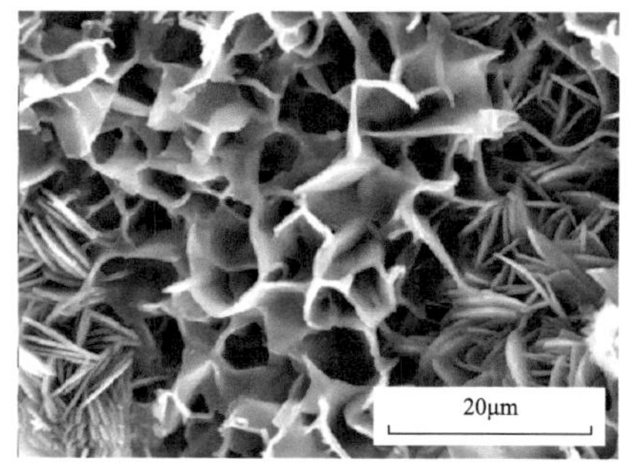

(a) 中富6井，井深705.65m，长6_2油层，偶见少量粒表面具蜂窝状伊蒙混层黏土

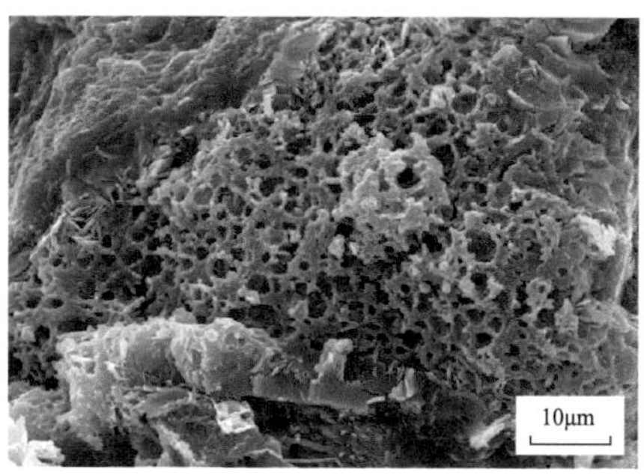

(b) 中富49井，井深长2_2油层，300.80m，伊利石/蒙皂石混层晶间微孔隙

(c) 中富43井，井深648.4m，长6_3油层，个别片状矿物具晶间孔隙

(d) 宁50井，井深1268.47m，长6_3油层，伊利石/蒙皂石混层具晶间孔隙

图 2-8 延长油田延长组砂岩储层中晶间微孔

4) 微裂隙

延长油田特低渗储层中微裂隙较为发育，在砂岩储层中，由于地应力作用而形成的微裂缝，呈细小片状，缝面弯曲，裂缝宽度一般平行于最小地应力方向。此类裂缝宽度在小于 1mm 到几十毫米之间，裂缝在岩石总孔隙度中所占份额很少，仅占 0.01%左右，但是它能极大地改善岩石的渗透性。这类孔隙的另一个特点是地应力显著变化时，裂缝产生变化，如果地应力沿裂缝垂直方向变大时，裂缝闭合，造成地层渗透能力急剧下降(图 2-9)。

(a) 槐37井，井深1084.39m，长2_3油层，微裂隙，缝面弯曲，绕过颗粒边界

(b) 槐23井，井深1343.40m，长6_2油层，微裂隙，缝面弯曲，绕过颗粒边界

图 2-9　延长油田延长组砂岩储层中微裂隙

2.3.2　喉道类型

每一个孔隙可以连接多个喉道，有的甚至可以达到 7、8 个，孔喉配位数就是对这一匹配关系的度量，然而每一个喉道，仅仅作为一个狭窄的通道连接两个孔隙，孔隙的发育程度决定着储层的储集能力，而喉道的发育程度影响着孔隙的连通性，决定着储层的渗流能力，两者组成的微观孔喉分布网络控制着储层的储集性能和渗流能力。延长油田特低渗储层中发育的主要喉道类型有以下几种。

(1) 缩径喉道：孔喉半径较大，是由于孔隙变小所造成的，常常存在于储层物性较好，面孔率较大，孔喉发育程度较好的储层中，其孔隙和喉道的区分程度较差，此类型喉道有效性较强。常见颗粒之间的点状接触或未接触，一般情况下无胶结物(图 2-10(a))。

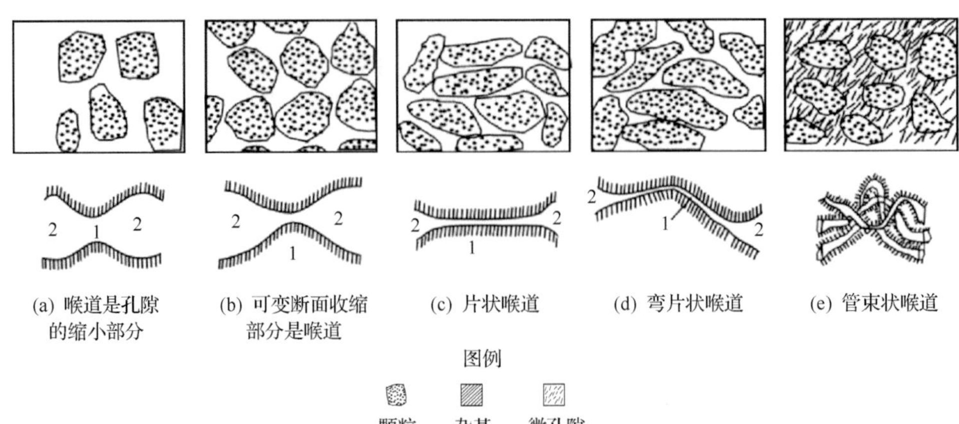

图 2-10　砂岩储层主要喉道类型

图中“1”代表喉道，“2”代表孔隙

(2)点状喉道：是指可变断面的收缩部分，常常存在于孔喉发育程度差别较大(孔隙发育程度相对较好，喉道半径较细小，孔喉半径比较大)的储层中，是由于强烈的压实作用造成的，此类喉道具有较低的渗流能力，以点、线接触类型为主(图 2-10(b))。

(3)片状或弯片状喉道：随着压实作用的进一步加强，在颗粒间的接触面产生了压溶作用，使晶体再生长时，导致孔隙迅速变小，连接这些次生孔隙的微细喉道就是晶体间的极微小孔隙，此类喉道有效张开宽度小，多呈片状和弯片状，所以其孔喉比可以由中等到较大。常见于线接触、凹凸接触式类型(图 2-10(c)、(d))。

(4)管束状喉道：当原生粒间孔隙被完全充填时，只有许多呈微毛细管状的微小的孔隙交叉地发育于胶结物和杂基之中。此类微小孔隙就是喉道本身，孔喉半径比为 1，常见于杂基支撑、基底式、缝合接触式类型中(图 2-10(e))。

据表 2-5，延长油田延长组储层中值喉道半径(Rc50)为 0.0049～1.1600μm，平均值为 0.1000μm；最大连通喉道半径为(Rc10)0.0100～6.5310μm，平均值为 0.6400μm。延长油田特低渗储层的喉道类型以片状、弯片状为主，缩颈状、点状、管束状喉道发育较少。

表 2-5 延长油田典型层位喉道参数表

层位参数	最大连通喉道		中值喉道	
	半径/μm	平均值/μm	半径/μm	平均值/μm
长 4+5	0.0628～5.3550	1.0800	0.0196～0.2412	0.1100
长 6	0.0403～6.5310	0.5219	0.0065～1.1600	0.0746
长 7	0.0100～1.7461	0.2628	0.0049～0.3330	0.0646
长 8	0.0403～2.5211	0.4524	0.0061～0.8448	0.0822

延长油田特低渗储层砂岩中的各种粒间孔隙非常发育，但孔隙间的连通性很差。主要是由于贯穿始终的压实作用加上颗粒间较强的多期胶结作用、充填作用而形成致密化的成岩背景，使该区砂岩储层的孔喉普遍较差，尽管破裂和溶蚀作用在一定程度上增加了孔隙空间，并在局部明显改善了喉道的连通性，但总体上孔喉组合关系以小孔-细微喉型为主，少部分为中孔-细喉及微孔-微喉型，孔喉的连通性差，多是孤立的不连通的死孔喉。

2.3.3 孔隙结构特征

延长油田特低渗储层以孔隙和喉道半径细小，毛细管力大，渗流阻力大，高排驱压力和高中值压力为特征，与常规储层特征有显著差异。微观孔喉网络分布模式极其错综复杂，孔隙喉道类型多样、孔喉配位数不均一、孔喉连通程度差。同时储层成岩作用与微裂缝分布的差异性造成特低渗储层发育相对高渗带。

1) 孔喉特征

延长油田特低渗储层的平均孔隙半径相差不大，平均为 130～160μm；喉道半径差异巨大，从几十纳米到几十微米不等。对于特低渗储层而言，其渗流能力的强弱主要由孔喉半径大小及其分布模式所控制，喉道是决定特低渗储层品质的关键因素。特低渗储层的渗透率主要由平均喉道半径和单位体积有效喉道个数共同控制，其值越大，渗透率越大。随着两者的不断增大，渗透率的增加速率不断减小，当达到拐点后渗透率的增加速率保持不变，增大幅度趋于稳定。(图 2-11)。单位体积有效喉道体积、单位体积有效孔隙体积、主流喉道半径、单位体积有效孔隙个数、最大连通喉道半径对渗透率的影响程度依次减弱。

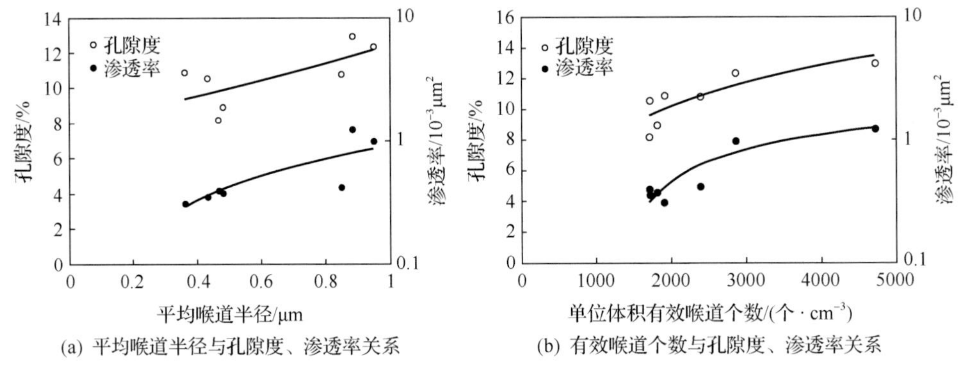

(a) 平均喉道半径与孔隙度、渗透率关系　(b) 有效喉道个数与孔隙度、渗透率关系

图 2-11　延长油田特低渗储层孔喉特征

延长油田特低渗储层中孔喉半径比较小值所占比例大，而且波动幅度大，这是由于不同类别储层的填隙物含量不同，导致其微观孔隙结构存在差异。对于特低渗储层而言，孔喉半径比越小、喉道发育程度越好，喉道半径越大，流体的渗流能力越强。其值的大小对驱油效率有显著的影响：当孔喉半径比较大时，大孔隙内的油气难以渗流；反之，孔喉半径比较小时，驱油效率较高。

孔喉半径比与孔隙度的相关性较差，而与渗透率呈较强的负相关关系(图 2-12)。随着孔喉半径比的不断减小，喉道发育程度不断转好，流体的渗流能力不断提高，地层中的流体容易流经喉道，但是孔喉半径比与孔隙度的相关性并不明显，其值的大小不随孔隙度的改变产生规律性变化。这表明，在特低渗储层综合评价时，孔隙度参数的权系数不能太高。当孔喉半径比较大时，容易产生贾敏效应，大孔隙内的油气难以在细小喉道中发生渗流。

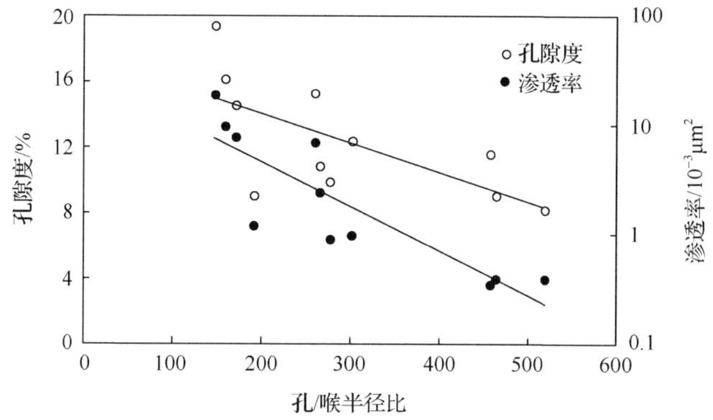

图 2-12 唐 157 井区长 6 储层孔喉半径比与物性关系

2)毛细管力曲线特征

延长油田特低渗储层毛细管曲线整体上包括以下 3 种类型：

(1) Ⅰ类(低门槛压力-粗喉-细喉型)：门槛压力小于 1MPa，中值压力小于 4MPa，曲线有明显平台。喉道分布为略偏细歪度，分选中等，属于优质储层。

(2) Ⅱ类(中门槛压力-细喉型)：门槛压力约为 2MPa，中值压力约为 8MPa，曲线多出现平台。喉道分布为细歪度，分选中等。但是由于平缓段的位置较Ⅰ类曲线明显偏高，喉道半径也小很多，储集性能不如具有Ⅰ类曲线的储层，但就延长油田而言，具有Ⅱ类曲线的储层属于中等储层。

(3) Ⅲ类(高门槛压力-细喉型)：门槛压力大于 4.5MPa，中值压力大于 20MPa，曲线平台不明显或无平台，进汞曲线斜率很高。喉道分布为细歪度。排驱压力及中值压力非常高，甚至在毛细管力曲线上读不出中值压力的值，说明岩石的物性非常差，在延长油田具有该类曲线特征的储层属于差储层。

从表 2-6 可以看出，延长油田特低渗储层毛细管力曲线类型主要是Ⅱ类和Ⅲ类，长 4+5 主要是中等储层，长 6 的差储层比例略大于中等储层，而长 7 和长 8 主要是差储层。

表 2-6 延长油田特低渗储层毛细管曲线类型统计表

层位	曲线/条	类型比例/%		
		Ⅰ	Ⅱ	Ⅲ
长 4+5	18	5	83	12
长 6	154	3	42	55
长 7	48	4	33	63
长 8	39	7	38	55

2.3.4 可动流体饱和度

特低渗砂岩储层喉道细小、孔喉类型多样、微裂缝发育，黏土矿物含量高，孔喉表面比表面积大，毛细管力和黏滞力所导致的不可动流体饱和度大，因此在油田的开发潜力评价过程中，不仅应将储层物性、油层组厚度、分布稳定性、连续性作为考虑的因素，储层的可动流体饱和度同样应该被考虑。核磁共振(NMR)技术是通过测量地层岩石孔隙流体总氢核的核磁共振弛豫信号的幅度和弛豫速率来探测地层岩石孔隙结构的一种技术，可定量评价低渗致密砂岩储层可动流体饱和度。它包含了储层物性、孔隙类型、孔径大小、流体类型及其分布等十分丰富的信息。

延长油田特低渗储层可动流体饱和度均较低，总体特征以Ⅲ类(中等)储层和Ⅳ类(较差)储层为主，含极少量Ⅱ类储层。例如，根据延长油田唐 157 井区长 6 储层的核磁共振测试结果分析统计，可动流体孔隙度平均值为 4.02%，可动流体饱和度平均值为 36.84%(图 2-13，表 2-7)。

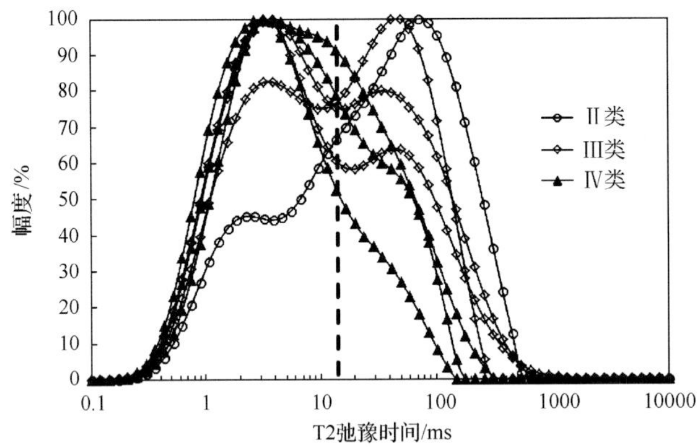

图 2-13 延长油田唐 157 井区核磁共振 T2 谱频率分布

表 2-7 延长油田唐 157 井区长 6 储层核磁共振测试结果

样品号	井号	深度/m	层位	水测孔隙度/%	可动流体饱和度/%	可动流体孔隙度/%	束缚水饱和度/%	可动流体饱和度分类
1	唐 151 井	575.22	长 6_1^2	10.81	47.92	5.93	52.08	Ⅲ
2	唐 138 井	515.34	长 6_1^2	9.63	37.35	3.96	62.65	Ⅲ
3	唐 138 井	567.1	长 6_2^2	9.25	42.25	4.61	57.75	Ⅲ
4	唐 137 井	534.5	长 6_1^1	10.81	29.95	3.24	70.05	Ⅳ
5	唐 137 井	545.9	长 6_1^2	9.57	20.12	1.80	79.88	Ⅳ
6	唐 135 井	575.62	长 6_1^2	8.89	32.36	2.65	67.64	Ⅳ
7	唐 115 井	356.23	长 6_1^2	10.56	48.03	7.17	42.97	Ⅱ
平均值				9.97	36.84	4.02	63.16	—

2.3.5 可动流体饱和度影响因素

延长油田特低渗储层可动流体的主要影响因素包括物性、微观孔喉发育程度及其分布模式、黏土矿物充填孔隙程度、重结晶等储层微观特征。然而各个相关参数对特低渗储层的影响又略有不同。

具体以延长油田唐 157 井区长 6 储层为例，对其可动流体饱和度的影响因素进行详细阐述(表 2-8)。

表 2-8 唐 157 井区长 6 储层孔隙结构参数与核磁共振可动流体关系表

参数		与可动流体饱和度的相关性		与束缚水饱和度的相关性		备注
		相关性	相关系数	相关性	相关系数	
物性	气测孔隙度/%	正	0.5507	负	0.4907	线性
	气测渗透率/$10^{-3}\mu m^2$	正	0.6574	负	0.6574	线性
图像孔隙	面孔率/%	正	0.2178	负	0.2178	线性
	平均比表面/μm^{-1}	负	0.3815	正	0.3815	线性
高压压汞实验	分选系数	正	0.6713	负	0.6713	线性
	排驱压力/MPa	负	0.6686	正	0.6686	线性
恒速压汞实验	孔喉半径比加权平均值	负	0.6702	正	0.6702	线性
	单位体积岩样有效总孔喉体积/cm^3	正	0.6105	负	0.6105	线性
	单位体积岩样有效喉道数/(个·cm^{-3})	正	0.6957	负	0.6957	线性
	单位体积岩样有效孔隙数/(个·cm^{-3})	正	0.7007	负	0.7007	线性
	有效喉道半径加权平均值/μm	正	0.6554	负	0.6554	线性
	有效孔隙半径加权平均值/μm	正	0.1528	负	0.1528	线性

1) 物性对可动流体饱和度的影响

储层的可动流体饱和度分布具有强非均质性特征：总体上随着孔隙度、渗透率的增大，可动流体饱和度均有增大的趋势；然而与渗透率的正相关关系更为明显，相关系数达 0.6574；随着渗透率的不断增大，可动流体饱和度不断增大，然而可动流体饱和度的增大速率却不断减小，直到渗透率到达到 $9.672\times10^{-3}\mu m^2$，可动流体饱和度的增大速率变为最小，且趋于稳定，表现出近似直线段。储层的可动流体饱和度随渗透率增大的变化速率较大，同时发现物性与可动流体饱和度之间存在个别不匹配的现象，物性好则可动流体饱和度很低，孔隙度表现尤为明显。说明物性不是影响可动流体饱和度大小的唯一因素，这也说明了特低渗储层异常复杂的微观孔隙结构和渗流特征(图 2-14)。

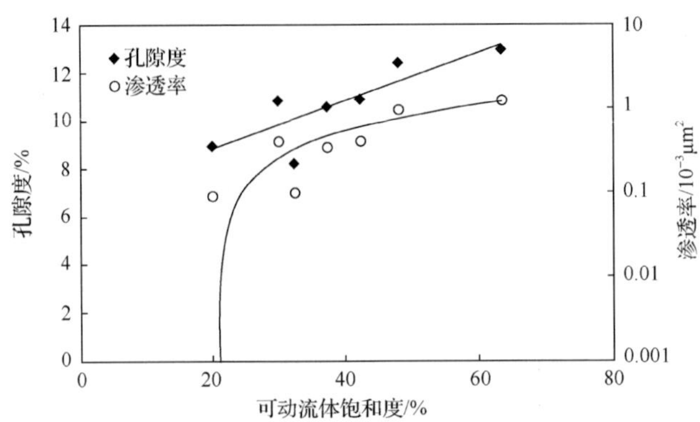

图 2-14 唐 157 井区长 6 储层可动流体饱和度与物性的关系图

2) 孔隙结构对可动流体饱和度的影响

对于延长油田特低渗储层而言，一般物性较好的储层，可动流体饱和度也偏高，但相关性并不十分明显，这是由于可动流体饱和度的大小受多种因素综合作用的结果。特低渗储层面孔率、平均比表面与可动流体饱和度呈较好的正相关关系，一般来说，面孔率、平均比表面越大，可动流体饱和度越低。

特低渗储层可动流体饱和度与孔喉分选系数呈正相关关系，与排驱压力呈负相关关系，且相关性均较强。排驱压力越低、孔喉半径越大、分选系数越大，可动流体饱和度越高，而束缚水饱和度越低(图 2-15)。

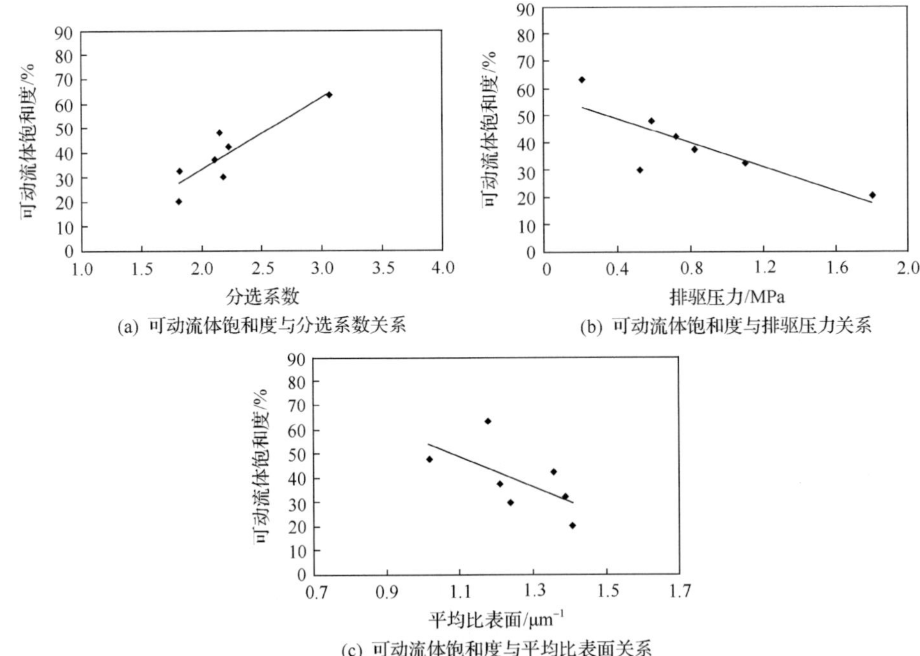

图 2-15 唐 157 井区长 6 储层储层可动流体饱和度与高压压汞参数关系

特低渗储层微观孔喉特征参数对特低渗可动流体饱和度具有主控作用，其中，单位体积有效喉道个数和单位体积有效孔隙个数两个特征参数对可动流体的影响最为重要(图 2-16)，其次为孔喉半径比、喉道半径加权平均值和单位体积有效总孔喉体积。综上所述，可动流体饱和度主要受微观孔喉结构的控制。对于特低渗储层来说，孔隙连通性好、孔喉比较小、喉道半径较粗、残余粒间孔保存较好、次生孔隙发育，即便物性稍微差些，可动流体饱和度也相对较高。粒间孔的剩余程度、溶孔及喉道的发育程度等对储层品质的好坏及可动流体饱和度的大小具有至关重要的作用。

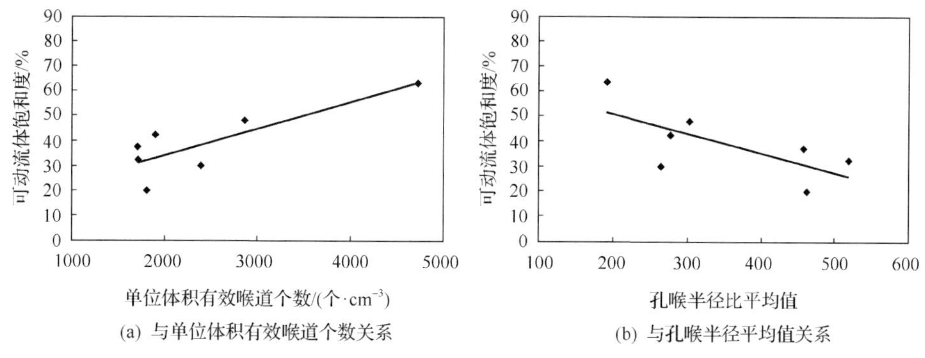

图 2-16 唐 157 井区长 6 储层长 6 储层可动流体饱和度与恒速压汞参数关系

3) 黏土矿物类型对可动流体饱和度的影响

特低渗储层中常见的黏土矿物类型有伊利石(I)、绿泥石、高岭石、蒙脱石(S)以及伊利石/蒙脱石混层等，黏土矿物含量越多，则可动流体饱和度越低，黏土矿物对可动流体饱和度的影响主要有以下两种原因：一是黏土矿物的充填，大大增加了微观储集空间的表面积，由于本身的吸附特性，大量的表面积下附着了大量的束缚水，当其含量较高时，其所吸附的束缚水饱和度也相对高；二是黏土矿物分布于孔隙和喉道之间，减小了储层的微观储集和渗流通道，造成孔喉半径变小，从而降低了可动流体饱和度(表 2-9)。

表 2-9 唐 157 井区长 6 储层黏土矿物类型和核磁共振可动流体参数统计表

序号	井号	深度/m	黏土绝对含量/%	黏土类型及含量/%			S/(I/S)/%	可动流体饱和度/%
				伊利石	绿泥石	伊利石/蒙脱石间层		
1	唐 151 井	575.22	2.11	18.93	67.48	13.59	15	47.92
2	唐 138 井	515.34	3.02	37.98	39.85	22.17	15	37.35
3	唐 138 井	567.10	2.28	41.36	48.26	10.38	<10	42.25
4	唐 137 井	534.5	3.89	66.34	21.34	12.32	<10	29.95
5	唐 137 井	545.9	5.11	22.50	67.04	10.46	<10	20.12
6	唐 135 井	575.62	3.99	65.49	15.54	18.97	15	32.36
7	唐 115 井	356.23	3.72	48.55	28.34	13.11	<10	47.92

2.4 储层敏感性评价

油气储层与不匹配的外来流体接触后，可能发生各种物理、化学作用而使储层孔隙结构发生变化，储层渗透性变差，从而不同程度地损害油层，导致产能损失或产量下降。这种储层对于各种类型液体的敏感程度，称为储层敏感性。

2.4.1 速敏性

速敏性指外来流体流经地层时，因其流速过大使储层孔隙间的细小颗粒发生迁移，堵塞孔隙喉道，从而造成渗透率下降的现象。速敏性评价实验的做法是以不同的注入速度从小到大，向岩心注入地层水，在各个注入速度下测定岩石的渗透率，编绘注入速度与渗透率的关系曲线，应用关系曲线判断岩石对流速的敏感性，并找出临界流速。

延长油田特低渗储层属于弱速敏，引起速敏现象的原因主要是来自于非黏土矿物的填隙物，如浊沸石、方解石及石英、长石、黄铁矿等，在流体流动时有可能产生“桥堵”和“卡堵”，浊沸石、方解石多以充填胶结物形式出现，部分高岭石集合体在流体流动时被冲散，颗粒在迁移中堵塞喉道。图 2-17 为定探 6222 油井岩心的速敏实验曲线，不发生速敏损害的临界流速为 0.74m/d。在油田开发的注水速度或流体的移动速度应低于该值。如果超过这个临界速度将会发生速敏使地层的渗透率降低，从而导致原油的生产速度降低或注水效果下降。

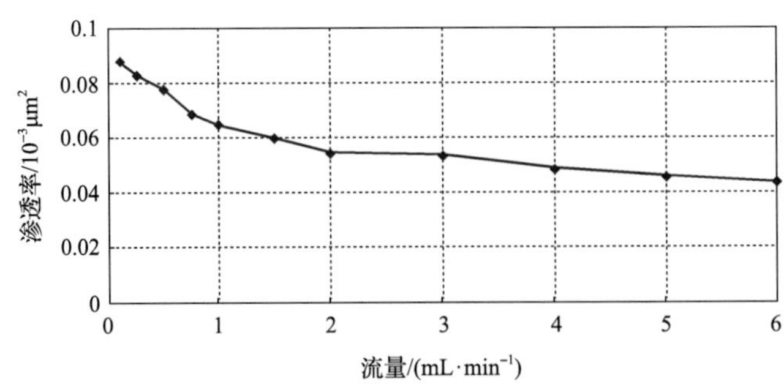

图 2-17 岩心速敏实验曲线(定探 6222 井长 6_2 亚油组)

2.4.2 水敏性

水敏性是指与地层不匹配的外来流体进入储层后，储层中的黏土矿物发生膨胀、松散、运移，缩小甚至堵塞孔隙喉道，储层渗透率下降，发生储层伤害的现象。水敏性评价实验的做法是，先用地层水或模拟地层水流过岩心，然后用矿化度为地层水一半的盐水流过岩心，最后用蒸馏水流过岩心，并分别测定这三种不同盐度的水对岩心渗透率的定量影响，并由此分析岩心的水敏程度。

延长油田特低渗储层属于中等偏弱-弱水敏，黏土矿物是造成储层水敏的主要因素，不同种类的黏土矿物结构特征不尽不同，其膨胀性也相差很大，蒙脱石膨胀率最高，可达到 95.9%，高岭石为 34.8%，伊利石为 18.9%，绿泥石则不明显。图 2-18 为定探 6222 油井岩心的水敏实验曲线，注水开发时，应使注入流体矿化度与地层水的矿化度相当。由于该区的地层水矿化度比较高，所以在注入工作液时，必要时应加入黏土稳定剂，以保证在注入流体不会导致储层发生水敏反应。

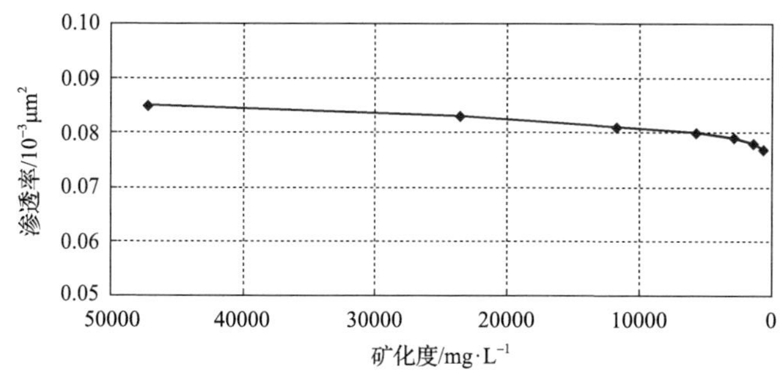

图 2-18 岩心水敏实验曲线(定探 6222 井长 6_2 亚油组)

2.4.3 酸敏性

酸敏性指酸化液进入地层后与地层中的酸敏矿物发生反应，产生凝胶或沉淀或释放出微粒，使储层渗透率下降的现象。流动酸敏评价以注酸前岩样的地层水渗透率为基础，然后反向注 0.5～1 孔隙体积倍数的酸。然后，再进行地层水驱替，通过注酸前后岩样的地层水渗透率的变化来判断酸敏性影响的程度。

延长油田特低渗储层的酸敏程度属于中等-弱酸敏，总体来说浊沸石发育的地区酸敏性相对较强。浊沸石含量越高，酸敏指数越高(图 2-19)，该矿物与盐酸在

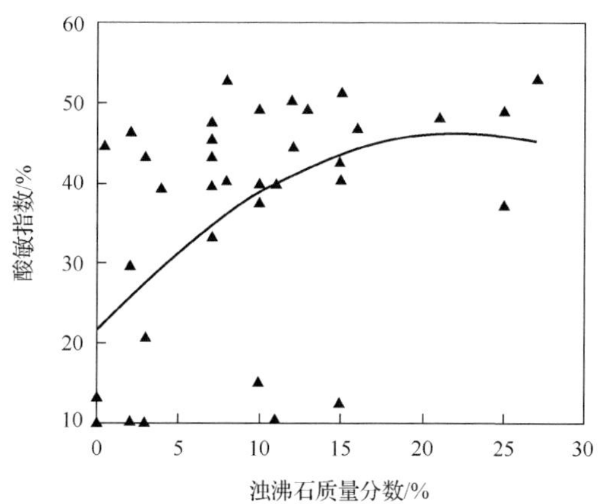

图 2-19 酸敏指数与浊沸石质量分数相关图

地层较高温度下很容易反应，形成偏硅酸或硅酸胶体，增加了流体黏度，不易排出，导致渗透率下降。图 2-20 为定探 6222 油井岩心的酸敏实验曲线。

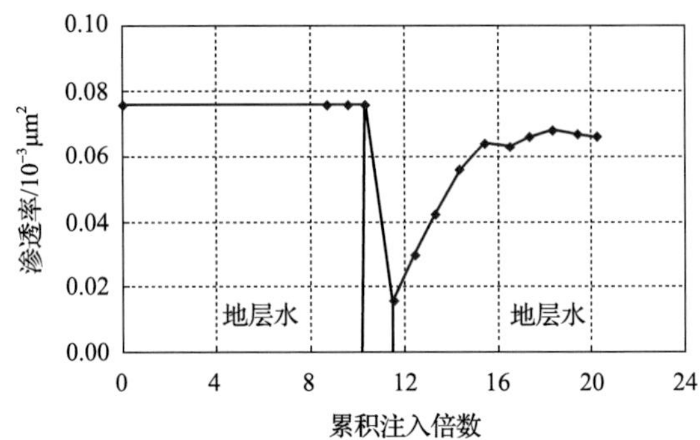

图 2-20 岩心酸敏实验曲线（定探 6222 井长 6_2 亚油组）

2.4.4 碱敏性

储层碱敏性是指碱性流体进入地层后与地层中的碱敏性矿物或地层流体发生反应而导致渗透率下降的现象。高值的外来流体易与黏土和硅质矿物发生反应，溶解后形成大量的微粒，造成孔喉堵塞。当高 pH 流体进入油气层后，将造成油气层中黏土矿物、大多数铝硅酸盐矿物及石英的结构破坏，从而造成油气层的堵塞损害；此外，大量的氢氧根与某些价阳离子结合会生成不溶物，造成油气层的堵塞损害。

延长油田特低渗储层碱敏程度属弱-中等碱敏。图 2-21 为定探 6222 油井岩心的碱敏实验曲线，临界 pH 为 9.0，因此在现场施工中应注意将进入地层的各类工作液碱性控制在临界 pH 以下。钻井过程中，由于钻井液的 pH 比较高，所以在钻井的时候要极力控制钻井液的 pH，若 pH 无法满足钻井需求，应在钻井液中加入碱敏性抑制剂。在三次采油作业时要避免使用碱性的驱油流体，例如碱水驱等。

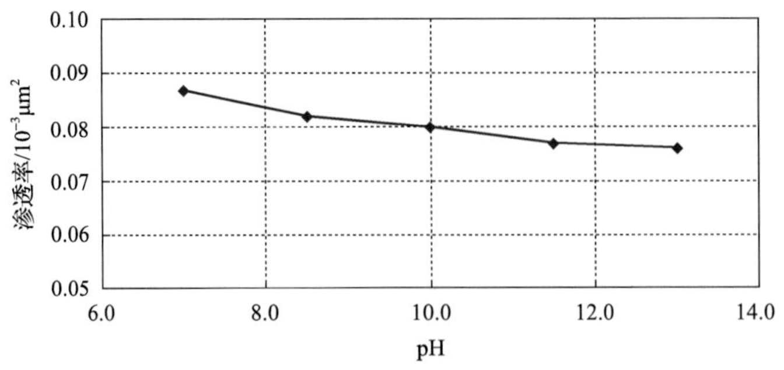

图 2-21 岩心碱敏实验曲线（定探 6222 井长 6_2 亚油组）

2.5 储层原始油水分布特征

特低渗油藏开发一般要经历天然能量开发、注水注气及注化学剂开发三个阶段。天然能量开发需要搞清楚储层原始油水分布，以便设计井网井型及生产参数，该阶段对于储层油水微观分布的了解程度可以要求不高。但是对于注水开发，既需要对储层原始或水驱之前宏观油水分布的了解，更要对储层原始或水驱之前微观油水分布的把握，因此搞清楚原始储层油水分布至关重要。

油藏原始油水分布依油藏的地质构造、孔隙度及裂缝发育、渗透率、润湿性、充注压力等差别很大。从油藏勘探开发历史看，研究油藏成藏动力学及油藏油水宏观分布的理论及方法较多，也较成熟，同样水驱、气驱与化学驱过程微观及宏观油水分布及采收率的研究理论也较多。然而，相对来讲上述研究对于中高渗甚至低渗油藏较成熟，而对于特低渗与致密油藏要缺乏，且也缺乏成熟。

这些年来，国内对于特低渗油藏开发格外重视，基于目前该类油藏开发表现出来的突出问题，需要进一步评价储层原始油水分布、力学特征及对开发的影响。

2.5.1 储层微观油水分布

石油勘探开发理论及方法对于油藏储层宏观油水分布规律及特征研究很成熟，油气充注过程的动力学也日臻完善，针对储层孔隙与裂缝油水分布也给出了结论性的认识，但描述储层微观油水分布的研究还显得不足，尤其是特低渗裂缝性油藏具有很强的非均质性，其油水三维分布描述既重要，又困难。

借鉴目前已有的理论及方法，为了满足特低渗裂缝性油藏后续注水开发的需要，本节分析储层微观油水分布特征。

1. 储层油水分布规律

1) 水湿储层

低含水饱和度储层，水主要赋存在较小的孔隙、角隅或孔隙壁面，油相主要分布在较大孔隙及较大喉道中间。当储层含水饱和度高于束缚水饱和度后，水相将占据部分较大的孔隙，油相则赋存在更大孔隙或者被排挤到孔隙的中央部分。

由于储层的孔隙尺度及连通性等分布具有空间差异性，因此构成了油藏宏观上的非均质性，这种非均质性在原油充注过程中起着极为重要的作用。一般认为，成藏之前沉积岩储层孔隙为水充满，成藏过程中来自侧面或底部的油充注时，总是沿阻力最小的通道运移，包括储层连通的裂缝、孔隙，最终形成不同类型的油藏。最初储层大多数是水润湿，充注的油只能赋存在较大的裂缝与孔隙中，其含油饱和度受孔隙结构及尺寸、充注压力等因素决定。同样，在油驱替水时，可能由于毛细管压降过大而不能进入微小孔隙，尤其是在充注压力较低的情况下。因此，特低渗油藏往往微小孔隙内为水充满。由于储层显示水湿性，岩石颗粒表面有一层水膜存在。

2) 油湿储层

与水湿储层相反，油湿储层其组成的岩石多为非极性分子，更容易吸附油相，因此水主要以水芯的形式赋存，且主要赋存在较大孔隙。油则主要分布在中小孔隙中，在含水孔隙中以油膜的形式环绕岩石颗粒。

2. 水湿储层微观油水分布特征

砂岩油藏中的水湿油藏相对多于油湿油藏。因此本书着重说明水湿油藏，也对油湿油藏开发具有借鉴意义。

Dawe 给出了水湿孔隙原始油水分布(图 2-22)。图中水环绕岩石颗粒，油赋存在孔隙中部。

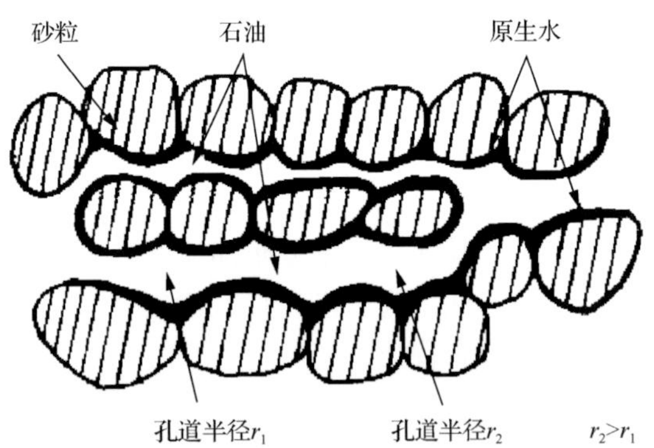

图 2-22 水湿孔隙原始油水分布示意图

本节拟从具有一定配位数的简单孔隙、考虑微裂缝及与之相连的不同尺度孔隙的二维平面及三维空间角度，评价储层油水微观分布及其力学特征。

1) 连通孔隙的油水分布

大多数情况下，中高渗油藏含油饱和度较高，是因为在油相充注过程毛细管力较小，但是低渗致密油藏成藏时，较高的毛细管力导致含水饱和度较高。因此，区分储层低含水饱和度与中高含水饱和度这两种情况的油水分布特征具有实际意义。

(1) 低含水饱和度储层。

低含水饱和度储层，储层水为束缚水。天然能量开发在正常生产压差驱替下，孔隙水可以认为不流动。刻划这种储层孔隙油水分布见图 2-23。图中储层颗粒堆积，易形成各种类似三角形状(锐角、直角、钝角)孔隙，在低含水饱和度下，流体存在如下分布：小孔隙为充填水；中大孔隙中含水分布为角隅水和水膜水；同一孔隙中，水相和油相均分别连通，如果各角隅水可以传递流体压力，其相对应的曲率相等，即 $R_1=R_2=R_3$。具体特征为：①油分布在裂缝、较大孔隙中；②微小孔隙充满水；③含油孔隙中存在水膜；④连通的油相静压为一常数，且处处相等；⑤连通且可以传递压力的含水孔隙中水相静压为一常数，且处处相等，在天然能量开发正常生产压差驱替下孔隙水不流动，但是在注水开发过程中，注入水可以沿孔隙水道渗流；⑥含油孔隙水膜如果不能与众多的连通孔隙水传递压力，则水膜压力与孔隙水压力不相等，且不同尺度孔隙水膜的压力也可以互不相等，其数值大小与孔隙油水界面曲率相关。该现象的原因是水膜受固相颗粒多种力的作用，如范德华力、色散力等。

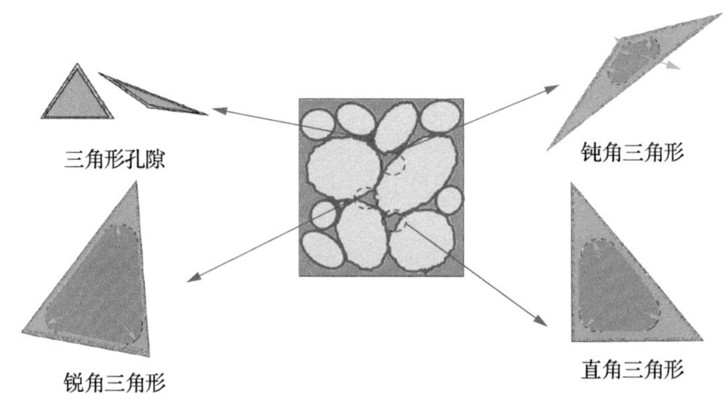

图 2-23　低含水饱和度孔隙原始油水分布示意图

(2) 中高含水饱和度储层。

中高含水饱和度储层，也即储层存在可动水与束缚水。天然能量开发在正常生产压差驱替下生产井油水同产，含水率与储层多种因素相关。刻划这种储层孔隙油水分布可以用图 2-24 表示。可以看出，随着含水饱和度的增加，储层油水分布特征发生变化：更多的微小孔隙被水充填；对于中大孔隙而言，角隅处的含水量先增加，并形成一个整体的内切圆。具体特征是：①油分布在裂缝、中大孔隙中；②中小孔隙充满水；③含油孔隙中存在水膜，水膜相对较厚；④连通的油相静压为一常数，且处处相等；⑤连通且可以传递压力的含水孔隙中水相静压为一常数，且处处相等，在天然能量开发正常生产压差驱替下孔隙水流动，且在注水开发过程注入水可以沿孔隙水道畅通流动；⑥含油孔隙水膜与孔隙水压力可以不相等，其数值大小与孔隙油水界面曲率相关。

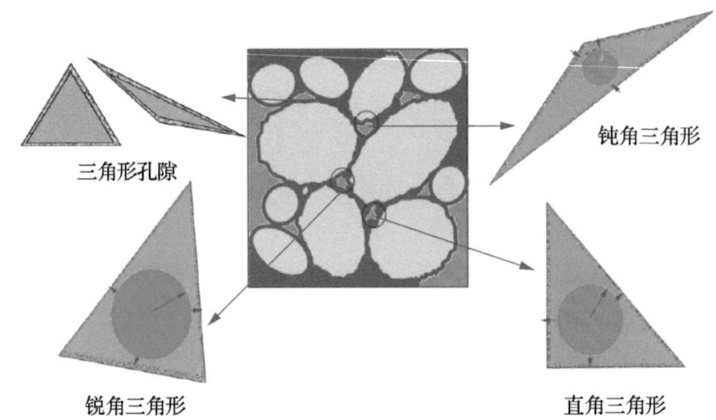

图 2-24　中高含水饱和度孔隙原始油水分布示意图

2) 二维树枝状油水分布

具有开发价值的特低渗油藏往往天然微裂缝较发育，否则仅靠储层孔隙渗流很难达到经济产量，而裂缝显著改善了渗流能力。特低渗油藏微裂缝尺度与孔隙多在一个数量级，与连接的储层较大孔隙构成类似树枝状的油水渗流通道。从二维平面上评价，在油相充注过程应该主要沿微裂缝与较大孔隙推进并赋存其中，如图 2-25 所示。油赋存在较大裂缝及孔隙中，水赋存在较小孔隙中。

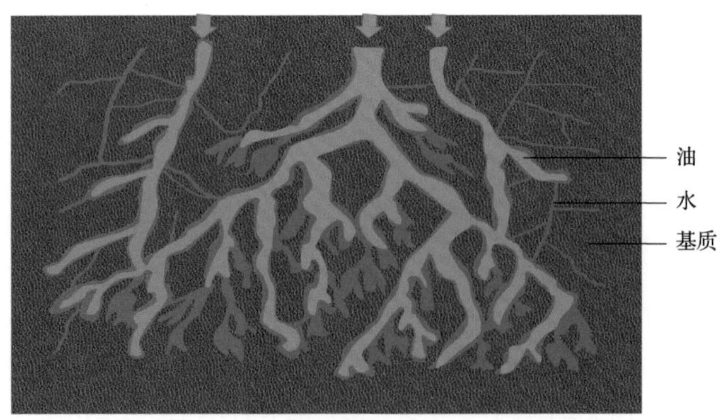

图 2-25　储层二维树枝状油相充注及油水分布示意图

(1) 低含水饱和度储层。

在研究储层孔隙二维油水分布可以借助树枝状形态进行分析评价，如图 2-26 所示。为了方便阐述，将储层孔隙分为微裂缝和不同级别孔隙两类。基于目前石油地质学与地球化学，对低含水饱和度的储层，具体特征为：①油分布在裂缝、较大孔隙中，裂缝可以是微裂缝，也可以是较大尺度的裂缝；②基于储层多孔介质油相驱替水相阻力，在二维平面可想象油水呈树枝状分布。树枝分为树干、一级树枝、二级树枝等，渗流通道尺寸依次降低，驱替阻力依次加大，但是相互之间具有连通性。各级树枝又分叉为一级侧枝、二级侧枝等，依次渗流通道尺寸依次降低，驱替阻力依次加大，但是相互之间具有连通性；③根据树枝几何特征，枝叶不好进行比喻，尽可以想象为不同尺度及联通方式的孔隙。根据岩石沉积相理论及储存孔隙分布特征，可以将一级孔隙微米级、二级孔隙(孔隙直径≥1000nm)、三级孔隙(300nm≤孔隙直径＜1000nm)和四级孔隙(孔隙直径＜300nm)等组合起来，形成孔隙网络。根据储层沉积学原理、油藏成藏理论、多孔介质中油驱替水动力学理论等，可以想象储层二维平面油水分布及其对应的渗流特征；④油在储层平面与空间裂缝及较大孔隙中具有很好的连通性。在平面上连通的裂缝与孔隙中，来自烃源岩某一方向的油在生烃膨胀力、油水的浮力、油水浓度差引起的扩散力、地层水动力、地质构造相关力等综合作用下，油沿着连通裂缝孔隙较大通道运移，类似树枝状，经过几个百万年，形成稳定的储层油水分布。当储层含水饱和度低时，油将连续的充填较大的连通通道；⑤微小孔隙充满水。在油充注之前储层孔隙为水饱和，当油充注后，油占据了主要的连通裂缝与孔隙，当含油饱和度很高情况，储层的微小孔隙由于油不能进入而被水占据。有些孔隙水可以在储层范围内传递流体压力，而有些孔隙水由于孔隙相互连通性差、孔隙及喉道小，加之相邻孔隙含油饱和度高等因素，使得不能在平面较大范围传递压力；⑥含油孔隙中存在水膜；⑦连通的油相静压为一常数，且处处相等；⑧连通且可以传递压力的含水孔隙中水相静压为一常数，且处处相等；⑨含油孔隙水膜如果不能与连通孔隙水传递压力则其水相压力不等于前者水相压力，其数值大小与孔隙油水界面曲率相关。

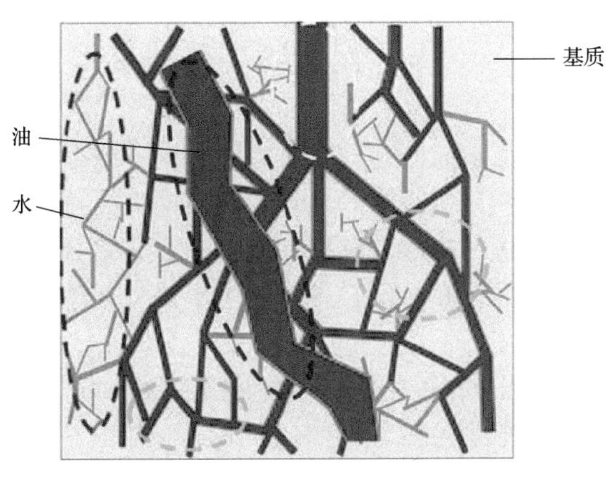

图 2-26　低含水饱和度储层二维树枝状油水分布示意图

图中蓝色、黄色、绿色和紫色虚线围绕的部分分别为一级、二级、三级和四级孔隙

(2) 中高含水饱和度储层。

中高含水饱和度储层(图 2-27)的特征是：①油分布在裂缝、较大孔隙中，裂缝可以是微裂缝，也可以是较大尺度的裂缝；②油在储层平面与空间裂缝及中大孔隙中具有很好的连通性；③中小孔隙、一些微小裂缝充满水。这些孔隙或裂缝中有些水可以传递流体压力，而有些由于孔隙相互连通性差、孔隙及喉道小，加之相邻孔隙含油饱和度高等因素，仍然不能在平面较大范围传递压力；④含油孔隙中存在水膜；⑤连通的油相静压为一常数，且处处相等；⑥连通且可以传递压力的含水孔隙中水相静压为一常数，且处处相等；⑦含油孔隙水膜如果不能与连通孔隙水传递压力则其水相压力不等于前者水相压力，其数值大小与孔隙油水界面曲率相关。

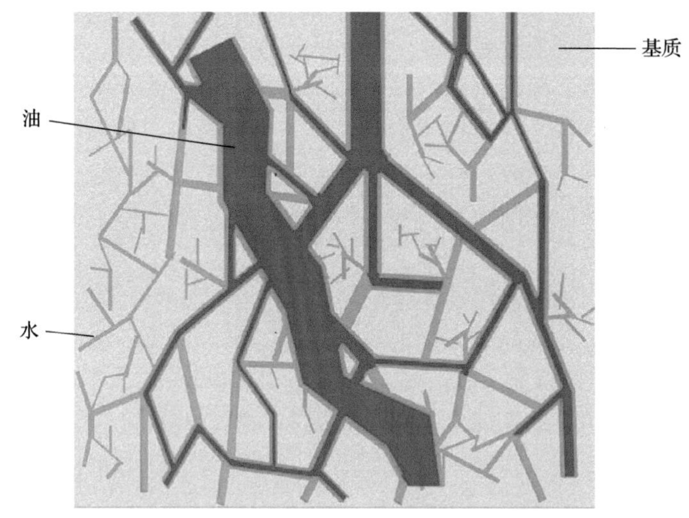

图 2-27　中高含水饱和度储层二维树枝状油水分布示意图

3) 三维油水分布

实际储层本来是三维空间，对应沉积岩而言，不同储层空间，存在着显著差异的层间、层内、平面与微观非均质性。在石油充注过程中，由于烃源岩、充注期次及方式等不同进一步导致储层油水分布具有差异性。然而，了解油水微观孔隙分布与二维平面分布特征及机制，对于研究与理解三维空间分布也有借鉴意义。

为了研究的方便，假设三维空间仅存在储层的微观非均质性及天然裂缝，油水在空间上具有相互连通的特点，并影响生产过程。

(1) 低含水饱和度储层。

对于低含水饱和度储层，如果从三维空间上来刻划特低渗油藏油水分布，可以借鉴“树枝状”油的充注及分布来表征三维储层油水赋存及分布，如图 2-28 所示。具体特征是：①油分布在三维空间连通的裂缝、较大孔隙中，裂缝可以是微裂缝，也可以是较大尺度的裂缝；②油在储层空间裂缝及较大孔隙中具有很好的连通性。当储层含水饱和度低时，油将连续的充填较大的连通通道；③微小孔隙充满水；④含油孔隙中存在水膜；⑤连通的油相静压为一常数，且处处相等；⑥连通且可以传递压力的含水孔隙中水相静压为一常数，且处处相等；⑦含油孔隙水膜如果不能与连通孔隙水传递压力则其水相压力不等于前者水相压力，其数值大小与孔隙油水界面曲率相关。

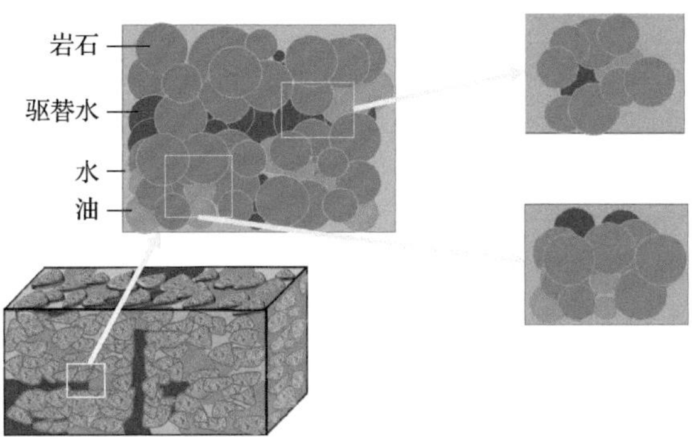

图 2-28　含水饱和度储层三维油水分布示意图

(2) 中高含水饱和度储层。

对于中高含水饱和度储层，三维储层油水赋存及分布类似图 2-25 所示，只是含水分布孔隙增加，其特征是：①油分布在三维空间连通的裂缝、较大孔隙中；②中小孔隙充满水。其他特征与低含水饱和度储层相同。

2.5.2　储层宏观树枝状油水分布

石油地质学指出，成藏过程中由于油气是在多孔的含水储层中运移聚集，因此最初必定沿着阻力最小的运移路径。

England 首次提出了油相沿树枝状路径运移的论点。他从地球化学角度提出了圈闭中石油充注的过程。认为在石油充注圈闭聚集成藏的过程中，石油最初将沿着由烃源岩中粗颗粒形成的树枝状 (dendritic network) 的网络移动，通过储集层中那些较大的孔隙进入圈闭，迁移途径的三维结构取决于所涉及的岩石的沉积环境 (图 2-29 (a))。

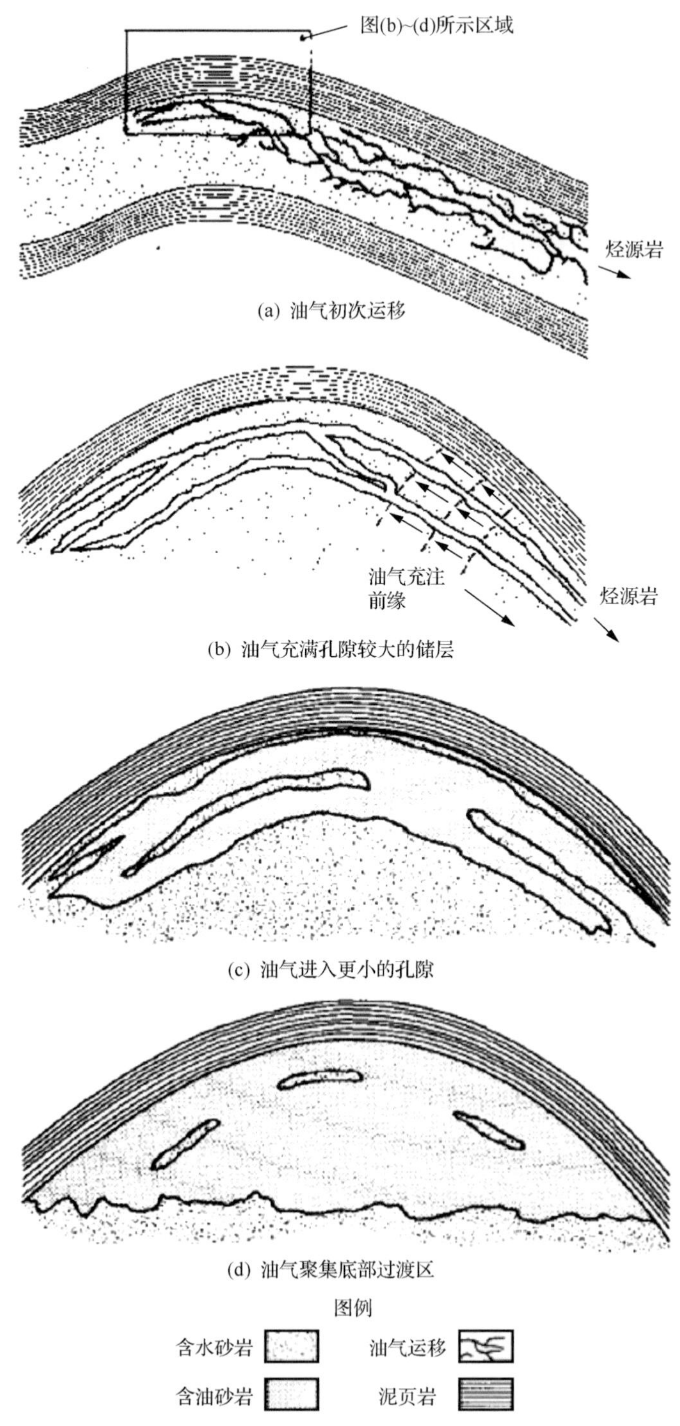

图 2-29 储层油相沿树枝路径状运移及油水分布示意图

实验认为，该过程中树枝状网络本身的石油饱和度将会达到 50%，这是石油第一次进入圈闭的饱和度。此时，石油不会像连续的流体那样运动。因此，石油最初将在一个圈闭的前缘填满储层，作为一个前进的“前缘”(图 2-29(b))。此时，由于储集岩各层孔隙大小不均匀，石油首先进入孔隙最大的层。在图 2-29(b)中，其中儿层孔隙较大的层中充满了石油，其含油饱和度为 40%。

由于圈闭中运移的大通道被填充堵塞，烃源岩中产生的新的石油将被迫进入更小的孔隙当中。当运移进入的石油范围较大时，浮力也随之增大，致使石油向较小的孔隙充注并把残余地层水排出(图 2-29(c))。

图 2-29(d)展示了油气聚集的底部过渡区的存在。这是由于底部附近石油受到的浮力的降低越来越无法克服石油的势能产生的毛细管力，因此只有最大的孔隙在圈闭的底部附近充满了油。

这种油相沿树枝状路径运移的论说，揭示了油藏成藏过程油水运动机理，同时对研究储层多孔介质油水微观渗流具有借鉴意义。

李明诚以背斜圈闭为例，描述了油气充注过程中的侧向充注和垂向充注。他指出进入圈闭的油气，先向储集层具较高孔渗的部位充注，然后逐渐向相邻较低孔渗部位扩展。

2.6 裂缝性油藏特征

从油气藏开发历史看，国内外都非常重视裂缝性油藏开发理论、方法与技术。裂缝的类型多样，渗流机理与开发方式差异很大。对于裂缝性油藏水驱开发，最重要的就是渗吸-驱替理论及方法，并延伸到不稳定注水方式。国内外对于典型的双重介质裂缝性油藏渗吸-驱替开发理论与技术较成熟，然而，对于广泛发育天然微裂缝的低渗致密油藏理论与应用都还显得不成熟。为此，本节介绍常见裂缝性油藏的分类及其孔渗与开发特征，重点阐述与论证特低渗油藏所表现的均质特征的裂缝油藏，为后续建立适合特低渗油藏注水开发渗吸-驱替理论及方法提供理论支撑。

2.6.1 裂缝性油藏的类型

袁士义推荐采用 Nelson 关于裂缝性油藏划分的类型。Nelson 指出低渗砂岩储层由于岩石致密，脆性大，在成岩作用及构造作用下会发育裂缝，裂缝的发育程度不同，导致不同的影响，既可以是增强储集层的渗透率和孔隙度，也可以是增强储集层渗透率的非均质性。认为在一般情况下，储集层中裂缝的作用可以分为 4 类：①裂缝提供了储层基本的孔隙度和渗透率；②裂缝提供了储层基本的渗透率；③裂缝提高了储层的渗透率；④裂缝造成了储层强烈的非均质性。

根据上述裂缝在低渗砂岩储集层中的储集和渗流作用，王允诚等相应的将裂缝性储集层划分为以下 4 种类型：①第一类为纯裂缝型，裂缝在储集和渗流方面都起主导作用；②第二类为孔隙-裂缝型，裂缝在渗流方面起到主导作用；③第三类为裂缝-孔隙型，裂缝提高了本身可产生的低渗储集层的渗透率；④第四类为孔隙型，裂缝主要是增强了储集层渗透率的非均质性。

在变质岩、火成岩、泥灰岩和碳酸盐岩中，裂缝通常为第一类和第二类；而在低渗砂砾岩储层中一般为第三类和第四类，裂缝的孔隙度通常小于 0.5%，但裂缝的渗透率一般要比储层基质的渗透率高 1～2 个数量级。

2.6.2 纯裂缝性油藏及特点

在矿场试验中，裂缝性储集层在试井时会表现为单一介质特点的试井曲线，其包括了一种极端情况，纯裂缝型油藏，属于纯裂缝型的单一介质模型。储集层基质的孔隙度几乎为零，裂缝形成了唯一的储集空间和渗流通道，可以归为单孔单渗的渗流模型。与其他的裂缝性油藏相比，其存在的流动过程仅有 2 个：①相邻连通裂缝之间的流动；②裂缝到井筒的流动。

试井分析结果一般表现为压力恢复速度快，关井后压力很快就达到地层压力，井储常数大，试井曲线出现了径向流动段，并表现出均质地层单一介质的特征。在四川盆地裂缝性储集层中，一些井底裂缝非常发育的高产量井，其早期的生产动态特征主要表现为唯一裂缝系统的情形，试井曲线具有单一介质的特点。

纯裂缝型油藏的条件比较苛刻，只有裂缝非常发育的致密储集层才可能出现，因此往往出现在井筒附近。该类裂缝性油藏的储量是相当低的，利比亚 Amal 油田是目前该类油藏中地质储量较大的一个，其地质储量为 2.312×10^7t。该类油藏的初始产量十分高，如美国肯塔基的 Big Sandy 油藏，生产初期的产量高达每天几百吨至上千吨，远远超出了同类型的普通油藏的正常产量。但是生产期十分的短暂，大概几年的时间，产量就会降到很小。主要原因是该类油藏的储量低。

从延长油田各区块、各储层的生产动态、岩心观察或者试井分析角度来看，延长油田不存在纯裂缝性油藏。

2.6.3 双孔隙裂缝性油藏

双孔隙型裂缝性油藏是指在同一储层中存在两种明显不同的孔隙系统（图 2-30），需要用不同于常规粒间孔隙油藏的油藏工程方法进行分析。

通常双孔隙裂缝性油藏与双重介质裂缝性油藏具有同样含义。由于本书后绪章节介绍特低渗裂缝性油藏“适度温和”注水开发理论与技术，将涉及渗吸及驱替的不同作用机理。为此，本节拟分为“双重介质型”与“均质型”裂缝油藏分析。

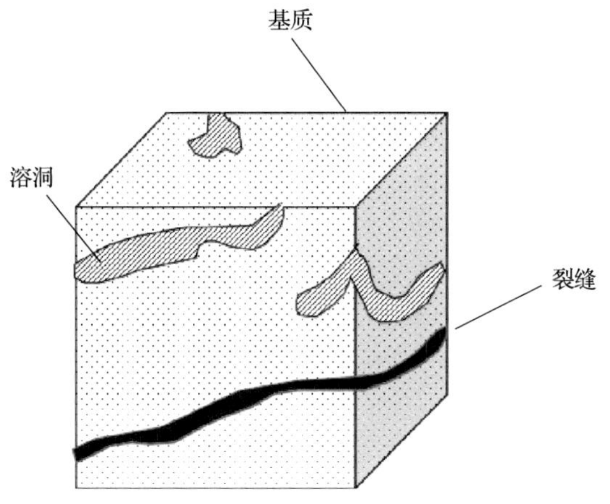

图 2-30　裂缝性储层示意图

2.6.4　典型双重介质型裂缝性油藏

在致密砂岩中发育大量互相交错的裂缝，裂缝形成网络，在储集层中起着连通孔隙和液体渗流通道的作用，基质孔隙则是油气的主要储集空间。因为储集层模型是由裂缝、孔隙两种孔隙空间组成，因而是双重介质模型。同时，由于宏观裂缝比较发育，裂缝的尺度远远大于基岩，裂缝的渗透率比基岩的渗透率往往高出几个数量级，流体在基岩中的流动可以忽略，所以又称为双孔单渗型的裂缝性油藏。图 2-31 是根据某井实际动静态资料建立的储集层的地质模型。

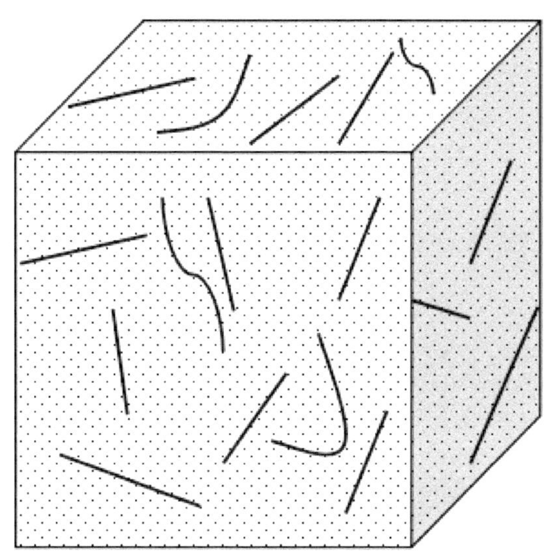

图 2-31　某井地质模型

双孔单渗型裂缝油藏可以理解为单纯孔隙介质和单纯裂缝介质在空间上的叠合，空间上存在两套孔隙度场、饱和度场等，但该类油藏由于孔隙介质的渗透率很低，与裂缝相比可以忽略基质系统的导流能力，因此只存在裂缝系统一个渗流场。

在双孔单渗型裂缝型油藏中，基质系统和裂缝系统均有孔隙度，但前者的渗透率与后者相比，小得可以忽略不计。基质系统具有较低的流体传导能力、较大的储存能力，是裂缝的供给源。裂缝系统是流体渗流的主要通道，但具有较小的储存能力。当油藏生产时，裂缝系统直接向油井供油而基质系统不直接向油井供油，基质系统只与裂缝系统发生流量交换将油排入裂缝，再由裂缝流向井筒(图2-32、图2-33)。

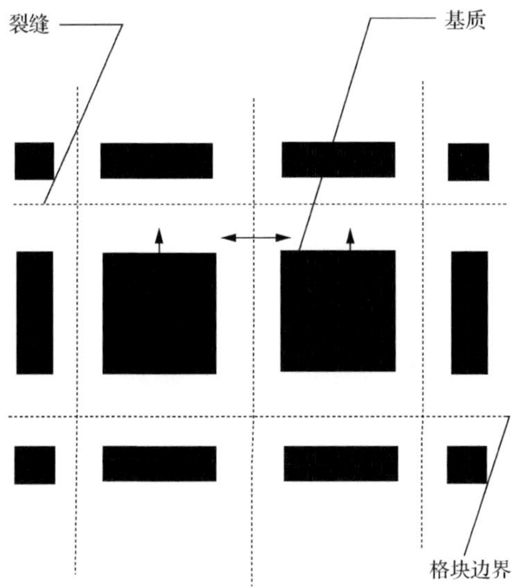

图 2-32　双孔单渗模型中流体流动示意图

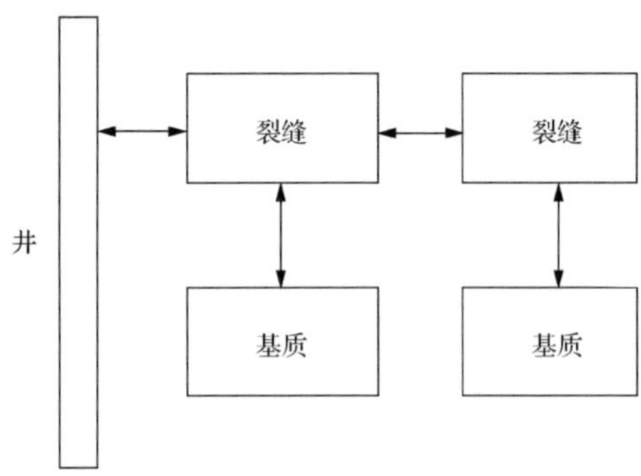

图 2-33　双孔单渗型裂缝油藏井筒与流体流动示意图

该模型中的流动包括：相邻网格间裂缝到裂缝的流动(相邻网格间基质与基质不发生流动)；同一网格块内基质到裂缝的流动；裂缝可以直接向油井供油(基质

不能直接向油井供油)。

1) 双重介质模型

双孔单渗模型最早由 Baranblatte 在 1789 年提出,此后不少学者也提出了类似的模型，常见的有 Kazemi 模型、Warren-Root 模型、DeSwann 模型和 Pruess 提出的 MINC 模型，其中应用最广泛的是 Warren-Root 模型。

(1) Warren-Root 模型：如图所示，Warren-Root 模型是将实际双重介质油藏简化为正交裂缝切割基质岩块呈六面体的地质模型，裂缝方向与主渗透率方向一致，并假设裂缝的宽度为常数，裂缝网络可以是均匀分布，也可以是非均匀分布的，采用非均匀的裂缝网格可以研究裂缝网络的各向异性或在某一方向上变化的情况。Warren-Root 模型对天然裂缝性油藏的流动机理能提供详细而又全面的解释(图 2-34)。

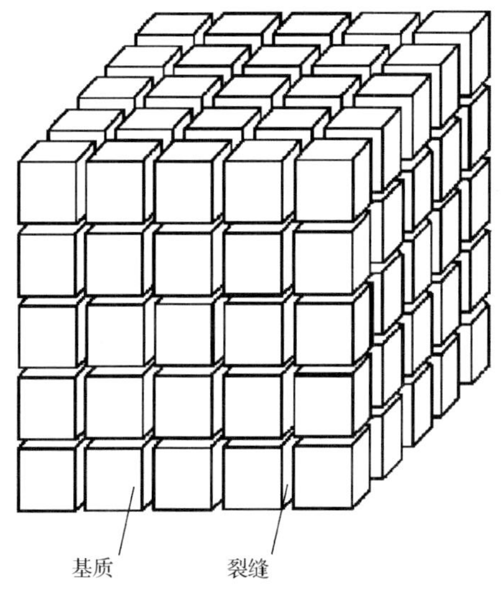

图 2-34　Warren-Root 双孔单渗模型

(2) Kazemi 模型：Kazemi 模型是把实际的双重介质油藏简化为由一组平行层理的裂缝分割基质岩块呈层状的地质模型，即模型由水平裂缝和水平基质层相间组成，如图 2-35 所示。对于裂缝均匀分布、基质具有较高的窜流能力和高存储能力的储层，其结果与 Warren-Root 模型的结果相似。

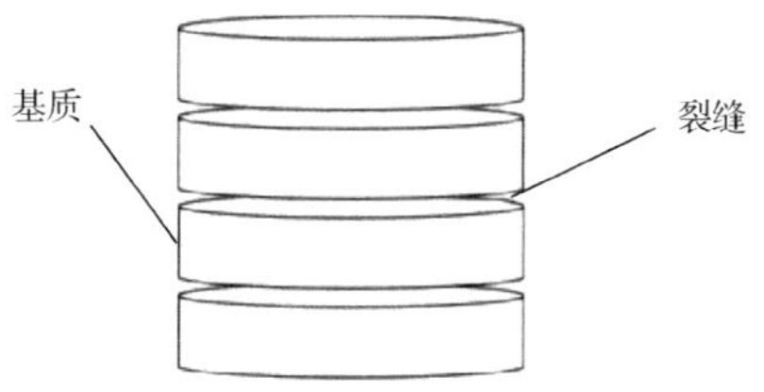

图 2-35　Kazemi 双孔单渗模型

(3) De Swaan 模型：De Swaan 模型与 Warren-Root 模型相似，只是基质岩块不是平行六面体，而是圆球体。圆球体仍按规则的正交分布方式排列，如图 2-36 所示，基质岩块由圆球体表示，裂缝由圆球体之间的空隙表示。

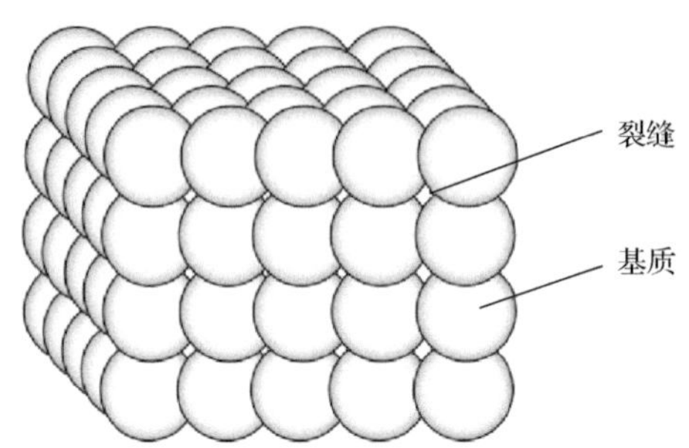

图 2-36　DeSwaan 双孔单渗模型

(4) 分形模型：部分与整体以某种形式相似的形，成为分形。裂缝性油藏的分形模型认为裂缝的分布形态、基岩的孔隙结构属于分形系统。分形的维数随油藏的非均质性不同而不同。

2) 孔隙与裂缝结构特征

该类油藏孔隙发育差，孔喉半径小，孔隙度很低，具有明显的特低渗油藏特征，储层主要类型为低渗-特低渗的致密层。但是该类油藏储集层发育于构造受力较大，断层较多且存在大断层的部位，因此基质岩块被多组不同方向交切形成的裂缝网格分割，裂缝的密度大小，宽度各不相同，同时发育纵横张裂缝与扭裂缝。裂缝系统可以是多井互相连通成一片占有相当大面积的大裂缝系统。裂缝系统与基质岩块间的尺度差别很大，具有明显的双重介质的地质特征(图 2-37)。

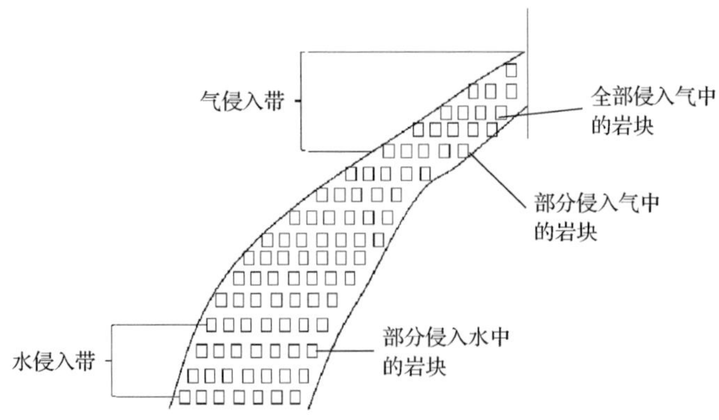

图 2-37　受气与水侵入的裂缝型油藏

3) 渗透率特征

该类油藏的裂缝系统与基质孔隙系统之间的渗流能力差别很大，一般基质的渗透率很低，小于 $0.1\times10^{-3}\mu m^2$，裂缝的渗透率是基质渗透率上百倍或上千倍。此时裂缝的作用不再是改善储层的渗流能力，而是占主导地位，渗流只发生在裂缝中，基质没有渗流能力。

4) 钻井特征

该类油藏的井大都分布于构造轴线附近及局部高点应力较大的地区，井底裂缝较发育，钻进过程中多数发生井漏，时常发生放空现象。

5) 试井特征

该类油藏的试井曲线见图 2-38，曲线的主要特征为：①半对数曲线呈台阶状，台阶的高低或宽窄与基质孔隙的发育情况有关；②压力恢复速度较快；③双对数及导数曲线早期均为 45°直线；④导数曲线上出现明显的反映双重介质特征的凹形。若关井时间足够长，导数曲线会出现反映储集层整个系统的径向流动段。

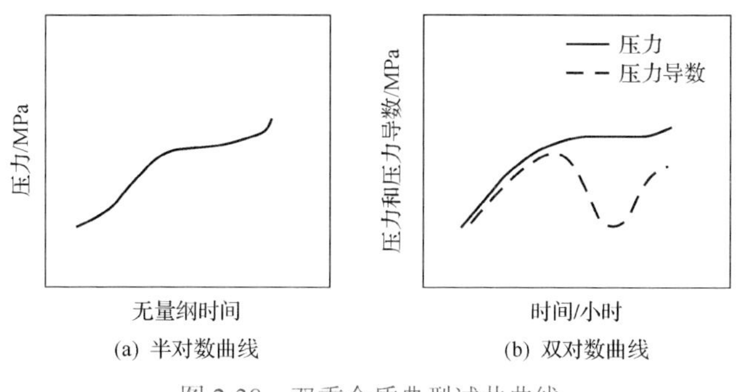

图 2-38　双重介质典型试井曲线

6) 生产特征

该类油藏的产量一般较高，甚至会很高。在生产初期，由于裂缝系统中的油首先流动，初始产量很高，一段时间后，裂缝中的原油迅速减少，基质中的原油开始动用，基质向裂缝窜流，此时油井会以一个中等或较低的产量的生产一段时间。由于裂缝发育，可以形成有效的裂缝网络，且基质裂缝间的窜流较快，往往稳定地生产较长的一段时间。

7) 生产实例分析

(1) 杰拉 (Gela) 油田：Gela 油田储层内的孔隙度和渗透率受裂缝的控制。孔隙度的范围约为 3%～5%之间，渗透率为 $10\times10^{-3}\mu m^2$。根据对比关系，其基质渗透率可能仅为 $(0.01\sim0.1)\times10^{-3}\mu m^2$。在细小裂缝的稠密网络与通达很远的供油裂缝连通处常出现角粒化作用，供油裂缝使流量可以高达 20.4t/d。

(2)大港油田：大港油田枣 35 块为火成岩裂缝性油藏，裂缝和孔洞极为发育。该块共有 9 口采油井，初期单井产量较高，平均 58.8t/d(图 2-39)，各井最高产量平均值达到 81.7t/d，其中有些井的最高产量达到 100t/d 以上(图 2-40)。由于投产井产量高，区块日产油也高，采油速度大，投产六个月日产量就达到 400t 以上，采油速度大于 1.4%；最高时日产量达到 550t 以上，采油速度达到 1.76%。

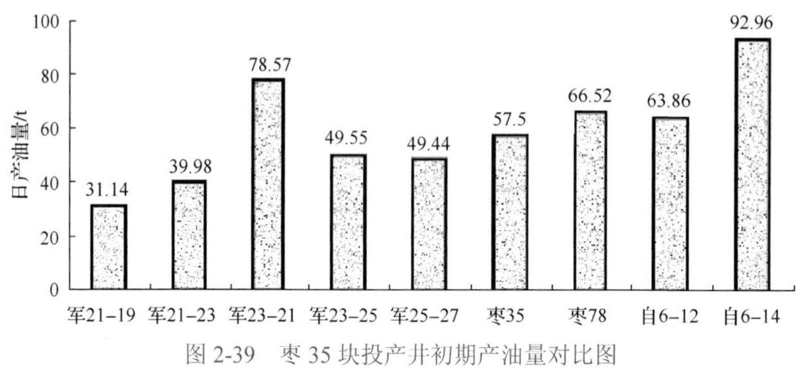

图 2-39　枣 35 块投产井初期产油量对比图

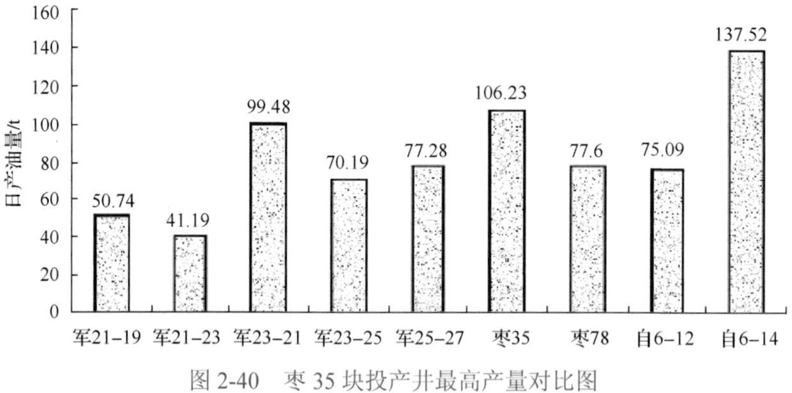

图 2-40　枣 35 块投产井最高产量对比图

枣 35 块 1996 年 1 月投产时的原始地层压力 17.86MPa，到 1997 年 5 月，地层压力下降到 6.5MPa，总压降 11.36MPa。由各单井资料分析表明，枣 35 块各井的初期月递减率较大，介于 3.5%～30%之间；平均递减率介于 1.8%～18.8%之间；绝大多数井表现为初期产量高，大幅度递减后产量维持在一个较低的水平上。即初期缝洞供油产量高；后期基质供油产量低，充分体现了裂缝性油藏的双重介质特征。

2.6.5　典型均质型裂缝性油藏

研究双孔隙均质型裂缝性油藏的地质及渗流理论、方法及应用较少。

1) 均质型裂缝性油藏研究历程

Odeh 评价了 Warren-Root 等几种双孔单渗裂缝性油藏渗流及试井模型后，提出裂缝性油藏若干口井的压力恢复和压力降落曲线并没有反映裂缝特征的两条平行的直线段，反而与均质油藏很相似。他的模型假设条件如下：①流体从基质流向裂缝；②流向井眼的流体来自裂缝；③裂缝的流动能力和裂缝的压裂程度是均匀的；④没有规定裂缝或基体块应具有一定的尺寸，均匀性，几何形状，间距或走向。当推导非稳态流体流动方程时，裂缝油藏的裂缝流动能力和裂缝破裂程度均匀的假设和均质油藏中孔隙度和渗透率大小均匀的假设是相似的。特别是如果考虑从含裂缝露头和油藏样本中获得的证据时，这种假设也许并不是不合理的。这些样本表明，与储层尺寸和井距相比，基质通常由许多块构成，这些块都很小。因此，该模型可以描述为一个均匀裂缝性油藏。

Kazemi 评价 Warren-Root 双重介质模型时，表示该模型对应裂缝与基质孔隙渗透率差异很大时才符合实际，当二者差异较小时，如基质渗透率大于 $0.01\times10^{-3}\mu m^2$，则认为 Odeh 提出的均质模型符合实际。

王允诚提出了致密砂岩油藏裂缝性储集层符合均质模型的认识。他们认为当致密的孔隙相对比较发育时，微细裂缝较广泛均匀地分布于砂岩中，或虽发育一定是微细裂缝，但多数被充填或半充填时，砂岩储集层因流体在裂缝系统的渗流能力与在基质孔隙中的渗流能力差别不大，这类储集层的地质模型可视为均质模型。

2) 特低渗裂缝性油藏体现渗流均质性特征

以延长油田靖边地区典型特低渗裂缝性油藏为例，其裂缝的发育密度一般为 3～4 条/m，发育程度总体为中等-较高。裂缝长度 0～10cm 的裂缝占总条数的 70.4%，10～20cm 的裂缝占 22.2%，20～30cm 的裂缝占 3.4%，大于 1m 的占 4%，最长的可达到 2.6m。其微观孔隙裂缝分布如图 2-41 所示。

图 2-41　靖探 340 井长 6 溶蚀改造的裂缝

这类油藏基质储层粒度偏小，粒度及孔隙分选不好，胶结致密，喉道直径小，孔隙度很低。该类油藏的裂缝也很不发育。微裂缝比较广泛地分布于地层中，或者虽发育一定的裂缝，但是裂缝填充严重，闭合的较多，常呈条带状分布，多与油藏最大主应力方向一致。裂缝开度很小，一般几至十几微米。与孔隙的尺度多在同一个数量级上，体现出均质模型的地质特征。

本书认为此类油藏为均质型裂缝油藏，其理由如下：①储层基质孔隙与天然裂缝尺度多在同一数量级；②储层裂缝之间连通性差，不满足典型裂缝双重介质的油水分布的力学关系；③储层原始条件下天然微裂缝通常处于闭合状态，注水后可以开启，并能形成优势的渗流通道；④试井曲线符合均质储层；⑤注水期间裂缝与孔隙中油水界面特征与典型双重介质裂缝油藏差异很大，因而渗吸-驱替机理同样存在很大差异。

3) 渗透率特征

均质特征的双孔单渗型裂缝油藏基质孔隙渗透率多小于 $1.0\times10^{-3}\mu m^2$。由于裂缝尺度与基质孔隙尺度相近，裂缝的渗透率比基质孔隙的渗透率高几倍至十几倍。裂缝仅仅是改善了储层的渗透性。

4) 钻井特征

该类油藏的井位多位于构造变形不太强烈或受力相对比较均匀地区，钻井过程中无大裂缝特征现象发生，不会出现漏失、放空情况。

5) 试井特征

该类油藏的试井曲线特点如图 2-42 所示，主要特点为：①半对数曲线呈明显凹型；②压力恢复速度很慢，续流时间长，径向流动的直线段出现时间很晚；③双对数及导数曲线上井筒向地层的过渡段长，径向流动出现晚；④导数曲线表现为单一介质的特征，出现了径向流动段。

6) 生产特征

均质特征的双孔单渗裂缝型油藏几乎无自然产能，需要水力压力打开近井地带的裂缝进行开采。初期地层压力高，产量较高，然后产量迅速降低。注水开发可以开启闭合的天然裂缝，一方面增加产能，另一方面见水后含水率会急剧上升，也容易发生水窜。但是由于裂缝的分布很不均匀，其在改善储层渗流通道的同时，也加剧了储层平面的非均质性，因此该类油藏会发生严重的水淹和水窜，导致油井生产时间较短。该类油藏的条件总体是较差的，所以最终的产量往往比较低，开发困难极大。

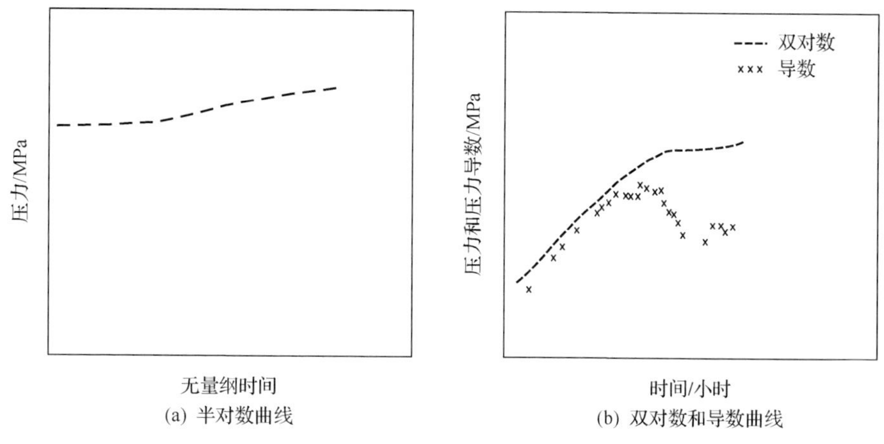

图 2-42 均质裂缝性动藏试井曲线(压力恢复)示意图

7) 实例分析

宝塔采油厂唐 157 井区长 6 油藏处于鄂尔多斯盆地陕北斜坡带东部，含油面积 5.337km^2，地质储量 247.58×10^{4}t。储层具有微孔隙、微裂缝双重孔隙介质特征，孔隙度平均值为 8.3%，渗透率平均值为 0.82×10^{-3}μm^2。

该区从 2008 年 12 月开始注水开发，截至 2014 年 7 月，已钻探井和开发井 208 口井，其中注水井 54 口，采油井 154 口。累积产液 11.668×10^{4}t，累积产油量 5.64×10^{4}t，平均含水率 51.64%；累积注水 12.19×10^{4}m^3，累积注采比 0.96，采出程度为 2.28%。

该区长 6 储层虽然微裂缝发育，这些微裂缝在地层条件下呈闭合状态，只有在注水压力或其他外力超过裂缝开启压力后，裂缝才会张开，注入水沿着裂缝延伸方向突进，油井见效后，部分井较快水淹；天然裂缝不发育的区域，油井产量一直处于递减趋势，油井注水效果不理想，给注水开发带来困难。

统计分析注水后不同注水方向井的生产状况，目前含水率最高的是东西向井，与初期对比产液量稳定，2013 年含水率开始快速上升，其累积产油量最高，单井累积产油量为 312.7t，含水率为 49.28%，从含水率曲线看，注水 12 个月后含水率开始上升，采出端见到注水效果(表 2-10)。其次是北东向井，为裂缝-孔隙发育带，是水线推进的次要方向，裂缝只穿过注水井或部分油井的压裂裂缝，与东西方向油井相比见效速度慢，见效周期和见效后产液量稳定，但增产幅度小，注水开发后局部注水压力超过裂缝开启压力，注入水易沿着砂体轴向裂缝水窜，造成水淹。南北方向地层微裂缝不发育，裂缝短、裂缝孤立、连通性差，产量一直递减或见效缓慢。

表 2-10　唐 157 示范区按注水方向分类产能统计表

注水方向	油井数/口	初期产能			目前产能			单井累积产量		
		月产液量/t	月产油量/t	含水率/%	月产液量/t	月产油量/t	含水率%	产液量/t	产油量/t	含水率/%
东西向	49	22.9	14.6	36.1	21.9	6.8	69.0	616.5	312.7	49.28
北东向	47	21.3	13.3	37.6	13.3	6.2	53.9	480.1	278.7	41.95
北西向	38	24.6	17.4	29.4	13.7	6.6	51.7	497.1	276.3	44.42
南北向	15	14.6	10.2	29.7	14.3	5.8	59.8	613.1	257.4	54.92
合计	149	22.0	14.5	34.26	16.9	6.7	60.3	540.9	282.2	47.83

第 3 章　特低渗油藏水驱渗流特征与理论

特低渗油藏与常规油藏水驱的根本区别在于特低渗储层的微观孔隙小，喉道狭窄，从而出现了更为复杂的油水微观运动特征，毛细管力、界面阻力等影响凸显，岩石内出现了比较明显的渗吸作用。这些微观阻力的存在，又形成了特低渗油藏内油水两相渗流不同的特征。本章主要对微观渗流机理进行研究，包括渗吸作用和毛细管力作用的影响，并以此为依据提出了考虑毛细管力作用的油水两相驱替实验及处理方法，建立特低渗裂缝性油藏的渗吸-驱替数学模型来解释特低渗油藏特殊的生产现象和开采特征。

3.1　油水微观驱替机理

油水微观驱油模型可以采用合适的材料，制作类似储层多孔介质尺度的毛细管、孔隙、喉道及其之间的连通性，用于模拟水驱油渗流机理及特征，进一步解决一些其他手段难以发现与量化的渗流问题。微观渗流模型从尺寸形状上分为毛细管模型与孔隙模型，基于维度可以分为一维毛细管与孔隙模型、二维平面模型及三维空间模型。微观渗流实验及理论研究历史悠久，但是随着技术发展及认识深化，需要在继承现有科学的实验方法及认识基础上，去创新认识，进一步寻求解决复杂油藏开发问题的方法。

3.1.1　不等直径独立毛细管束水驱油产出特征

1. 单根毛细管油水分布规律

1) 临界孔隙尺度与毛细管压降

油水分布规律的研究对于油藏储量评价、渗流特征都具有重大的影响。一般认为，油气藏中总会含有一定量的束缚水，并主要以毛细管水和水膜水的形式存在。毛细管水靠毛细管力滞留于较小的孔道中，水膜水则靠表面力、分子力等作用滞留于孔隙壁面。室内实验中的各种结果表明，几乎在所有的实验条件下，水相流动的过程中都会在管壁产生水膜，但水膜都不稳定。研究表明，如果水膜的厚度大于某一定值，当液膜受到来自外界的冲击时，毛细管的不稳定性会导致内部流体的挤压，并会直接导致液膜的破裂。

由于特低渗油藏的微观孔隙尺度小，毛细管力和表面力的作用更为明显，对油水的分布规律和油水两相流动特征具有重要的影响，Kovscek 根据水膜上的压力和岩石结构，解释了引起润湿性的原因，并认为水膜润湿岩石后，占据了较小的孔隙空间，从而影响了油的流动通道。Hall 等最先应用 DLVO 理论测量油/水、固/水界面 Zeta 电位，并进一步分析得到 Athabasca 油藏中的水膜厚度值为 5～6nm。此外，水膜广泛存在于储层岩石表面，特别是在低渗、特低渗油藏的毛细管力计算中占据着不可忽视的作用。从本质上来讲，水膜属于壁面流体，即水相在与岩石表面接触后，发生物理化学反应，从而附着在表层，而表层中的水相与其他相流体的性质存在较大差异，这种差异又直接影响多孔介质中各相流体的渗流特征。

油气藏中的孔隙在充注前通常被地层水充填，储层呈水湿。因此，在充注的过程中，烃类物质要进入孔隙中，则需克服油水界面产生的毛细管力。毛细管力是由于油水两相存在压力差而产生的，通常用 Laplace 给出其通用表达式：

$$P_c = \sigma \cos\theta \left(\frac{1}{r_1} + \frac{1}{r_2} \right) \tag{3-1}$$

式中：P_c 为曲面上的毛细管力；σ 为油水界面张力；θ 为润湿角，表征储层的润湿性；r_1 和 r_2 分别为任意简单曲面的两个主曲率半径。

低渗储层中，孔喉致密，毛细管形式复杂，一般毛细管力的表现形式为以下几种：球面下的毛细管附加力、柱面上的毛细管附加力、锥形中的毛细管附加力、平行板间的毛细管力、与砂砾接触环状分布的毛细管附加力。对于常见的毛细管模型而言，毛细管力则可表示为

$$P_c = \sigma \cos \left(\frac{1}{r_1} + \frac{1}{r_2} \right) = \frac{2\sigma\cos\theta}{r} \tag{3-2}$$

按照毛细管束模型，即可得到一定的地层驱替压力下相应的临界毛细管半径 r^*：

$$r^* = 2\sigma\cos\theta / \Delta P \tag{3-3}$$

从式(3-3)可以看出，临界孔隙半径取决于油水张力、储层原始润湿性，以及充注过程中的驱替压力。图 3-1 为不同油水界面张力下的临界毛细管半径与地层驱替压差的对应关系，其中润湿角假设为 0°，曲线上方所对应的区域即为能够形成有效油气充注的区域，曲线下方所对应的区域，孔隙仍被毛细管水充填。如当油水界面张力为 30mN/m，地层驱替压差为 0.1MPa 时，临界孔隙半径为 60nm。小于该尺度的孔隙则仍被毛细管水充填，大于该尺度的孔隙则能够形成有效的

充注。

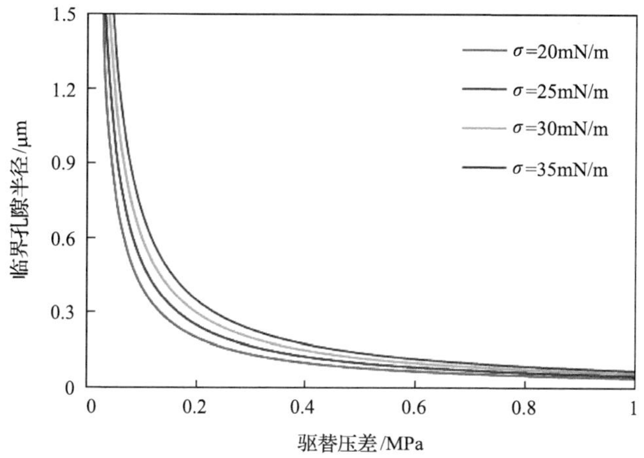

图 3-1 临界毛细管半径与地层驱替压差的对应关系(润湿角为 0°)

2) 水膜厚度与毛细管压降

对于形成有效充注的孔隙，由于孔隙表面的强亲水性，充注的烃类流体并不能完全占据孔隙，孔隙壁面往往有一定厚度的水膜(图 3-2)。随着油相和水相压力差的增大，水膜会不断变薄，水膜两界面产生斥力，称为分离压 P_d，分离压表示在某液膜厚度下，液相体系自由能的变化，在压力的作用下，最终水膜厚度不再变化。结合上述表征，对毛细管孔隙的油水界面受力特征进行分析。

$$P_o - P_w = \Delta P = P_d + \sigma / (r - h) \tag{3-4}$$

式中：P_o、P_w 分别为油相和水相压力，两者之差即为充注过程中的地层驱替压差；P_d 为分离压；$\sigma/(r-h)$ 为柱面上的毛细管力，该表达式中对有效半径进行了修正。

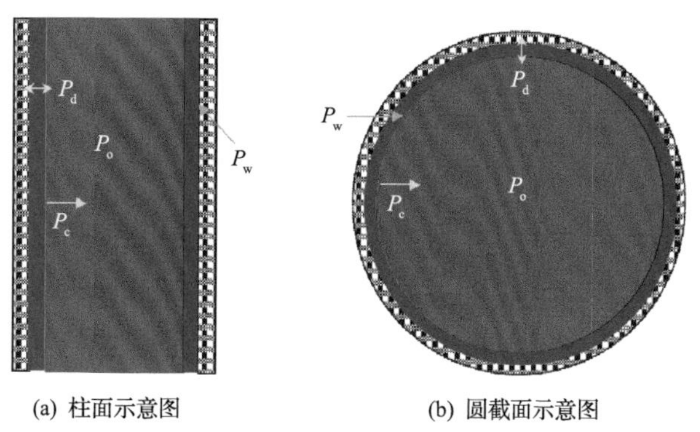

图 3-2 不同截面的毛细管油水界面受力示意图

根据 DLVO 理论和 Laplace 方程，分离压 P_d 常被表示为

$$P_d = \prod_{van} + \prod_{ele} + \prod_{str} \tag{3-5}$$

分离压 P_d 反映了油、水、岩石之间的相互作用，分离压由范德华力、静电力和结构力构成，一般认为范德华力为负电力，静电力和结构力为正电力。

(1)范德华力：范德华力一般可表示为

$$\prod_{van} = \frac{A_H}{6\pi h^3} \tag{3-6}$$

式中：h 为水膜厚度；A_H 为油水系统中的 Hamaker 常数，一般来说，水膜系统中的 Hamaker 常数可以通过实验测量出来，理论计算可表达为

$$A_H = \frac{3}{4}kT\left(\frac{\varepsilon_1 - \varepsilon_3}{\varepsilon_1 + \varepsilon_3}\right)\left(\frac{\varepsilon_2 - \varepsilon_3}{\varepsilon_2 + \varepsilon_3}\right) + \frac{3H}{4\pi}\int_{v_1}^{\infty}\left(\frac{\varepsilon_1(iv) - \varepsilon_3(iv)}{\varepsilon_1(iv) + \varepsilon_3(iv)}\right)\left(\frac{\varepsilon_2(iv) - \varepsilon_3(iv)}{\varepsilon_2(iv) + \varepsilon_3(iv)}\right)\mathrm{d}v \tag{3-7}$$

式中：ε_1、ε_2、ε_3 为静介电常数；k 为玻尔兹曼常数；T 为开尔文温度；$\varepsilon_1(iv)$、$\varepsilon_2(iv)$、$\varepsilon_3(iv)$ 为电子吸收量。对于低渗储层油-水-岩石系统，A_H 取值一般为 10×10^{-20}J。

(2)静电力：静电力的产生是界面间相互吸引的结果，在距离小于 0.1μm 时静电力占据主要地位，在距离为 10μm 时静电力对分离压仍有一定影响。表面电荷通过解离或吸引进入另一表面，形成 Zeta 双电层，通过 Zeta 电位对双电层力进行计算，一般公式表达

$$\prod_{ele} = n_b k_B T \frac{2\varphi_{r1}\varphi_{r2}\cosh(\kappa h) - \varphi_{r1}^2 - \varphi_{r2}^2}{\sinh(\kappa h)^2} \tag{3-8}$$

式中：φ_{r1} 和 φ_{r2} 为水膜两界面原始电位；n_b 为离子浓度；k_B 为玻尔兹曼常数；h 为水膜厚度；κ 为 Debye 长度倒数。

$$\kappa = \sqrt{\frac{2e^2 z^2 n_b}{\varepsilon_0 \varepsilon_r k_B T}} \tag{3-9}$$

式中：e 为电子量，1.60×10^{-19}；ε_0 为真空介电常数，8.854×10^{-12}；ε_r 为相对介电常数，78.4；z 是对称电解质溶液的电子价，本计算中取 z=1。

(3)结构力：一般认为范德华力和静电力是长程作用力，而结构力是短程作用力，结构力一般可表达

$$\prod_{str}=A_k \exp\left(-\frac{h}{h_s}\right) \tag{3-10}$$

式中：A_k为系数，1.5×10^{10}；h_s为衰减长度，0.05nm。

式(3-6)～式(3-10)是对分离压的一个简单的介绍，所用的公式也是较为简单的，对于各种力的来源、机理及具体的作用，有兴趣的读者可以参考化学、表面力等相关方面的书籍。

基于上述理论简单分析孔隙被烃类物质充注后，水膜厚度随驱替压力的变化关系，见表 3-1 和图 3-3。可以看出，对于低渗储层或者纳米级孔隙而言，水膜厚度在几纳米的尺度上。Hall 等最先应用 DLVO 理论测量油-水、固-水界面 Zeta 电位，并进一步分析得到 Athabasca 油藏中的水膜厚度值为 5～6nm。同时，在有效充注之后，随着充注的油相压力的增加，孔隙壁面的水膜会逐渐变薄，直到为恒定值；在相同的压力下，孔隙尺度越小，水膜占孔径的比例越大，水膜的作用越明显。

表 3-1　不同孔隙尺度下的临界驱替压力及对应的水膜厚度

r/nm	σ=20mN/m		σ=30mN/m		σ=40mN/m	
	h/nm	P_c/MPa	h/nm	P_c/MPa	h/nm	P_c/MPa
5	1.10	8.00	0.96	12.00	0.87	16.00
10	1.38	4.00	1.21	6.00	1.10	8.00
20	1.74	2.00	1.52	3.00	1.38	4.00
30	2.00	1.33	1.74	2.00	1.58	2.67
40	2.20	1.00	1.92	1.50	1.74	2.00
50	2.37	0.80	2.07	1.20	1.88	1.60
60	2.52	0.67	2.20	1.00	2.00	1.33
70	2.65	0.57	2.31	0.86	2.10	1.14
80	2.77	0.50	2.42	0.75	2.20	1.00
90	2.88	0.44	2.52	0.67	2.29	0.89
100	2.98	0.40	2.61	0.60	2.37	0.80
110	3.08	0.36	2.69	0.55	2.44	0.73
120	3.17	0.33	2.77	0.50	2.52	0.67
130	3.25	0.31	2.84	0.46	2.58	0.62
140	3.34	0.29	2.91	0.43	2.65	0.57
150	3.41	0.27	2.98	0.40	2.71	0.53
160	3.49	0.25	3.05	0.38	2.77	0.50
170	3.56	0.24	3.11	0.35	2.83	0.47

续表

r/nm	σ=20mN/m		σ=30mN/m		σ=40mN/m	
	h/nm	P_c/MPa	h/nm	P_c/MPa	h/nm	P_c/MPa
180	3.63	0.22	3.17	0.33	2.88	0.44
190	3.69	0.21	3.23	0.32	2.93	0.42
200	3.76	0.20	3.28	0.30	2.98	0.40
300	4.30	0.13	3.76	0.20	3.41	0.27
400	4.73	0.10	4.14	0.15	3.76	0.20
500	5.10	0.08	4.46	0.12	4.05	0.16
600	5.42	0.07	4.73	0.10	4.30	0.13
700	5.70	0.06	4.98	0.09	4.53	0.11
800	5.96	0.05	5.21	0.08	4.73	0.10
900	6.20	0.04	5.42	0.07	4.92	0.09
1000	6.43	0.04	5.61	0.06	5.10	0.08

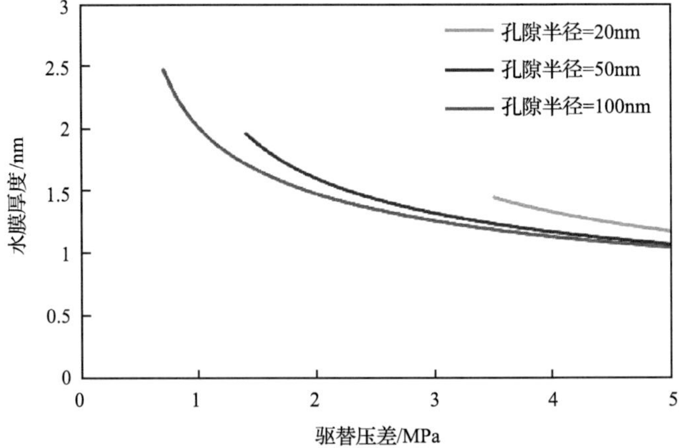

图 3-3　不同孔隙尺度下的水膜厚度与驱替压差的关系

3) 单毛细管的油水规律演变特征

基于临界充注压力的分析和充注后水膜厚度的分析即可得到不同尺度的毛细管中的油水分布规律，如图 3-4 所示，根据其含水特征，可大致分为三个阶段：①当地层驱替压差小于临界毛细管力或者是孔隙小于临界充注孔隙，孔隙不能形成有效的充注，孔隙的含水饱和度为 100%；②当地层驱替压差能够克服毛细管力时，烃类物质能够形成有效充注，在该孔隙中形成“油芯水膜”的油水分布；③随着地层驱替压差的继续增大，水膜厚度减小，油相所占据的孔隙空间增大。

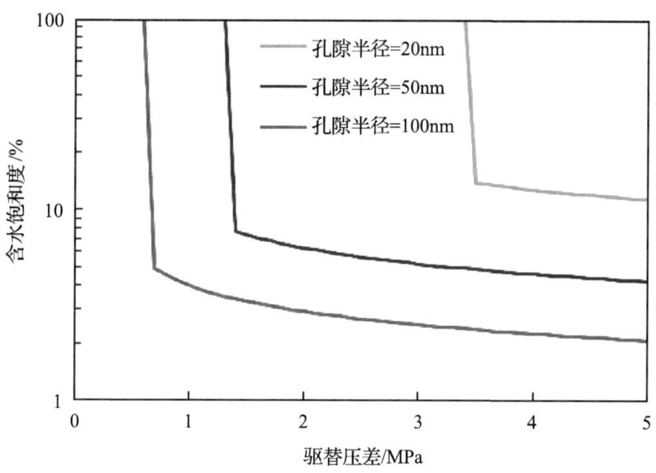

图 3-4 单毛细管中含水分布特征随地层驱替压差变化规律

2. 压差作用下的油水运动特征

基于单毛细管的油水分布规律的分析，在单个孔隙同时存在油和水的情况下，一般形成“油芯水膜”分布特征，油相位于孔隙的中间，毛细管壁面覆盖一层有一定厚度的水膜。在水驱的过程中，当注入水的驱替速度较低，或者驱替压差较小时，注入水可能沿着孔隙壁面或者壁面的水膜流动，向前推进而进入下一个孔隙；另外在驱替过程中一部分注入水突破油水界面的油膜，与束缚水汇合，沿孔隙壁面驱动束缚水，水运动对原油的挤压和携带驱替原油运动。另一方面，一部分注入水沿孔隙中心阻力较小的流动通道向前推进，形成常见的活塞式驱替。

1) 活塞式驱替模型

(1) 驱替条件。

活塞式驱替往往发生在注入水的驱替速度较高的条件下，即孔隙两端的压差较大时，注入水进入孔隙是在孔隙的中心部位突入。在此高压下，驱替压差远远大于毛细管力，因此这里只考虑外界压差驱替作用，不考虑毛细管渗吸作用的排驱机理。

(2) 压差作用下的流动方程。

在半径为 r 的毛细管中有油水两种液体在驱替压差 (P_1-P_2) 的作用下发生层流流动，流体黏度分别为 μ_w（水）和 μ_o（油），水为润湿相，油为非润湿相，如图 3-5(a) 所示。

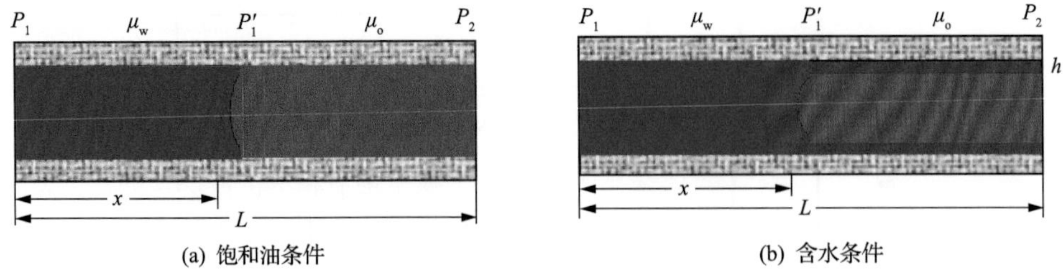

(a) 饱和油条件　　(b) 含水条件

图 3-5　不同条件下水驱油活塞式驱替示意图

现在同时考虑黏滞力和毛细管力的作用，推导两相界面运动的公式，在 t 时刻，根据毛细管流速公式(中心流速)可以得出水相和油相的流速：

$$v_w = \frac{r^2(P_1 - P_1')}{8\mu_w x}，\quad v_o = \frac{r^2(P_1' - P_2)}{8\mu_o x} \tag{3-11}$$

式中：x 为油水界面距入口端距离；P_1 为入口端压力；P_2 为出口端压力；P_1' 为油水界面处压力；r 为孔隙半径。

因为液相是连续的，且 r 不变，故 $v_w = v_o = v$ (两相界面的移动速度)，因此得

$$v = \frac{r^2(P_1 - P_2)}{8\left[\mu_w x + \mu_o (L - x)\right]} \tag{3-12}$$

进一步考虑孔隙中油水分布特征，水膜的存在会减小孔隙中的油水两相的运动空间，如图 3-5(b)所示。

则考虑水膜的流体运动速度可表示为

$$v = \frac{(r-h)^2(P_1 - P_2)}{8\left[\mu_w x + \mu_o (L - x)\right]} \tag{3-13}$$

式中：h 为水膜厚度，其与孔隙尺度、充注过程中的地层驱替压差等因素有关，相关计算可参照毛细管中的油水分布规律。

可以看出毛细管油水运动特征，主要受驱替压差、油水黏度、孔隙半径、毛细管长度等因素的影响。

2) 沿水膜爬行机理

(1) 驱替条件。

当注入水的驱替速度较低时，即孔隙两端的驱替压差小于毛细管力时，在孔隙介质亲水性较强的条件下，注入水在微小驱替压差或毛细管力的作用下进入孔

隙喉道时，可能沿着孔隙壁面或者壁面的水膜流动进入下一个孔隙，注入水的前缘形成一个较为明显的凹形面。

(2)流动特征。

在孔隙中，束缚水主要以水膜形式附着在孔隙表面或充满于较小的孔隙中，而油则充满较大的孔隙内。在小压差的水驱油过程中，一部分水沿孔隙中心阻力较小的流动通道向前推进，另一部分水则突破油水界面的油膜，与束缚水汇合，沿孔隙壁面驱动束缚水，而束缚水则把原油推离岩石表面，将原油剥蚀下来。同时，对于实际储层而言，往往存在着孔隙形状大小的变化，孔喉配位比，又使得水膜的这种增厚的效应与卡断联系在一起，使得其作用机理更为复杂。另有研究表明，对于存在角隅的孔隙(三角形或者四边形这类的孔隙)，在低压差注入水沿着壁表水膜和角隅处的水相流动，最终形成一个内切圆。而在平面上，对于存在孔径变化或者孔喉配位比的情况，在孔隙和喉道处的润湿相膜逐渐增加。当水膜增加到足够厚时，非润湿相的不稳定将导致卡断现象的发生和油相的滞留。

3. 不同驱替压差毛细管束油水渗流及其分布

1) 非均质毛细管束模型简化模型

实际岩石是由大小、数量不同的孔隙与粗细及数量不同的喉道相互连通而形成的错综复杂的网络系统。在储层含水饱和度评价中，常使用简化的模型来模拟真实岩石，通常采用的是非均质的毛细管束模型，如图 3-6 所示。

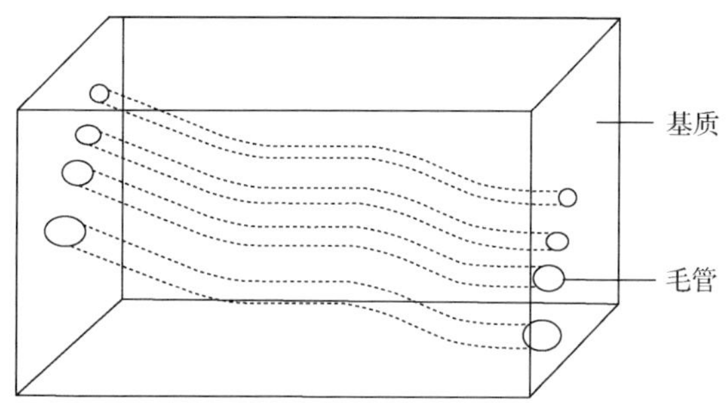

图 3-6　毛细管束简化示意图

压汞实验是评价岩石孔隙结构的常用手段，其最基本的假设是岩心孔隙是由若干个半径不相等，但长度相等且相互平行的毛细管组成。图 3-7 为典型的低渗致密岩心的压汞曲线和孔径分布曲线，孔径分布曲线上既表征了低渗致密岩心孔隙尺度范围(主要集中在纳米级和微米级)，也表征了各尺度孔隙所占的体积份额。

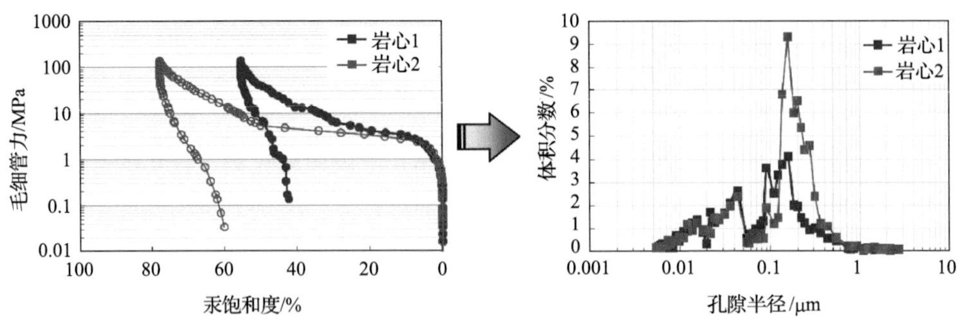

图 3-7 特低渗岩心压汞曲线及孔隙分布特征曲线

岩心 1 物性参数：渗透率 $0.1481\times10^{-3}\mu m^2$，孔隙度 8.92%，余同；

岩心 2 物性参数：渗透率 $0.0928\times10^{-3}\mu m^2$，孔隙度 10.71%，余同。

2) 原始状态下毛细管束中的油水分布特征

(1) 毛细管束模型表征。

特低渗油藏成藏过程中，储层孔隙最开始是被水占据着，随着油气不断充注，储层孔隙中原有的水将被驱替出来。目前普遍认为储层中束缚水主要以三种形式存在在孔隙中，包括角隅不可动水、孔隙壁吸附水膜和死孔隙内的水。在毛细管模型中，水则主要以毛细管水和束缚水膜的形式存在(图 3-8)。束缚水膜主要受微观作用力(范德华力、静电力、结构力等)的作用，水膜非常薄，在几个纳米尺度。水膜的形成是由于原油驱替动力不足，在油相压力和油水界面张力的作用下，水在管壁分布而形成，当驱替或环境压力变化时，水膜厚度会发生变化。

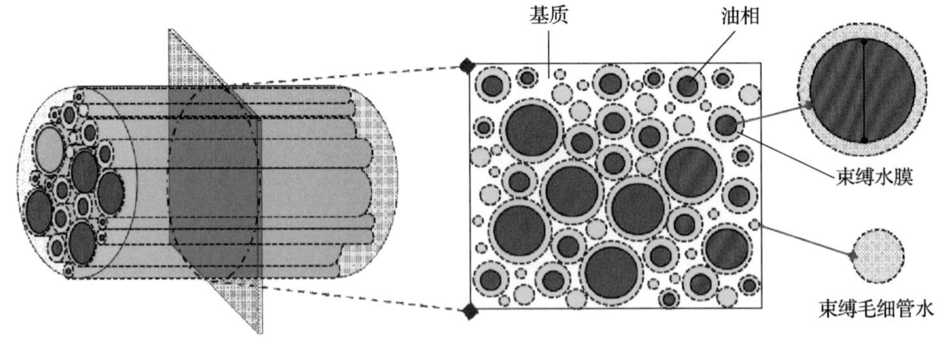

图 3-8 原始毛细管束简化模型油水分布示意图

(2) 毛细管束模型含水饱和度计算。

根据前文分析，可以得到在不同的地层驱替压差下，油气充注的临界孔径和充注后的水膜厚度的变化。在已知不同尺度毛细管的体积分数时，可以用下面的公式对多孔介质的含水饱和度进行计算：

$$S_{\mathrm{w}}=\sum_{i=1}^{n}b_iS_{\mathrm{w}i} \tag{3-14}$$

式中：S_{w} 为多孔介质的含水饱和度；b_i 为模型中第 i 根毛细管控制的体积分数；$S_{\mathrm{w}i}$ 为模型中第 i 根管中的含水饱和度。

结合前面测量的岩心孔径分布特征，则可分析在不同驱替压差下含水饱和度的整体变化特征，如图 3-9 所示。随着驱替压差的增大，能被烃类充注的临界孔径逐渐减小，充注的烃类物质逐渐增多，含油饱和度增加，含水饱和度下降。对比岩心 1 和岩心 2 的孔隙分布特征，发现岩心 2 中半径大于 0.1μm 的孔隙更为发育，更容易被运移来的原油充注，在相同的压差下，含油饱和度更高，含水饱和度自然就更低。

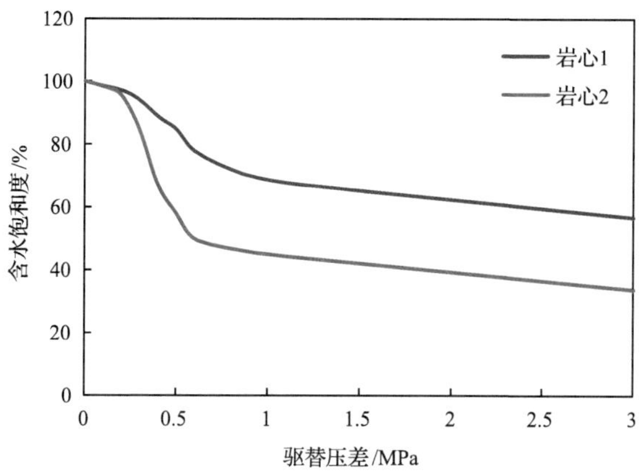

图 3-9　毛细管束模型含水饱和度随驱替压差变化规律

(3) 不同含水饱和度条件下的孔径分布特征。

孔径分布曲线图 3-10 可以体现毛细管束中的油水分布特征及变化规律。在原始

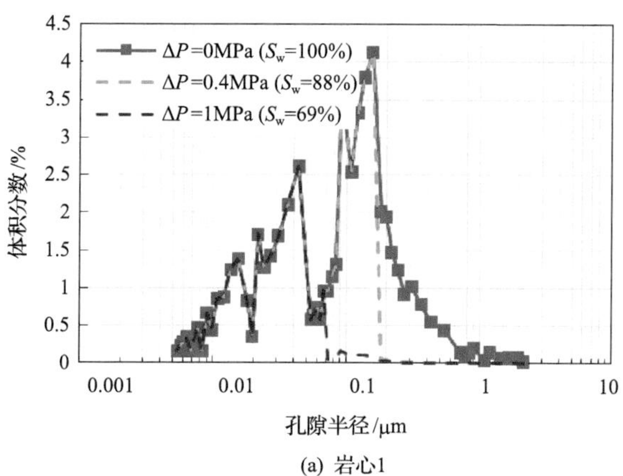

(a) 岩心1

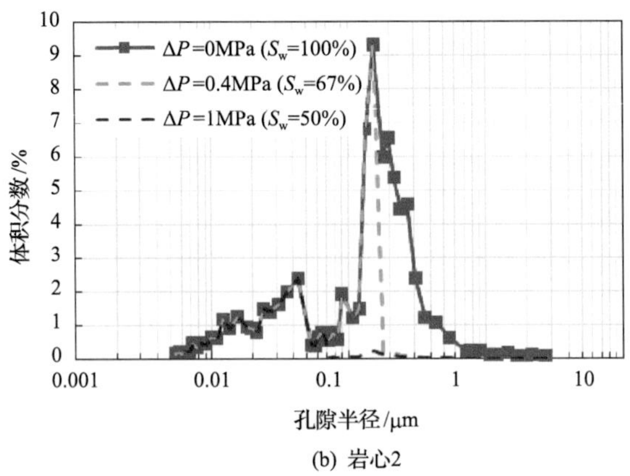

(b) 岩心2

图 3-10　充注过程中含水孔径分布特征

条件下，储层中的孔隙完全被水充填，含水饱和度为 100%，在充注过程中，随着地层驱替压差的增加，烃类物质首先进入大孔隙，此时大孔隙中的油水分布特征为“油芯水膜”，小孔隙中仍为充填水。对应于孔隙分布曲线来讲，含水条件下的孔隙分布曲线和干燥条件下的孔径分布曲线所圈成的区域，即为原油充注的区域。

3) 油相饱和条件下毛细管束水驱油特征

(1) 饱和油单毛细管驱替机理。

在饱和油条件下，各孔隙均被油相充填，水驱过程中，注入水在外界压差的作用下沿着不同尺度的毛细管驱动孔隙中的原油，在流动的过程中需克服油相的黏滞力和水相的黏滞力。流体流动的阻力随着孔隙尺度的减小而增加，影响不同尺度孔隙的水驱油特征(图 3-11)，在 10cm 长的毛细管中，当半径为 2μm 的毛细管见水时(原油完全被驱替出)，半径为 1μm 中的毛细管中注入水移动的距离仅约为 2cm，半径为 0.5μm 的孔隙中注入水移动的距离仅为 0.47cm，相比于半径为 2μm

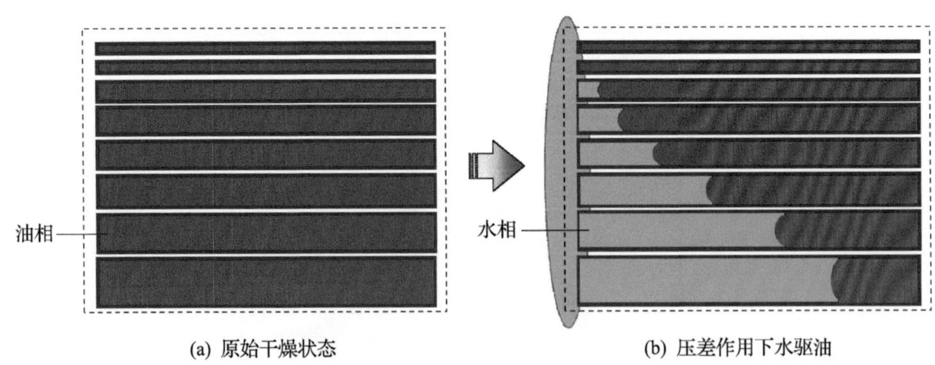

(a) 原始干燥状态　　(b) 压差作用下水驱油

图 3-11　饱和油条件下不同尺度毛细管水驱油特征

的毛细管，其驱油量基本可忽略不计。另一方面，低渗油藏储集层孔道微细，孔隙结构复杂，比表面积较大，流体分子的平均自由程与流动特征尺寸比值相对增大，流体的性质及流动规律明显不同于宏观尺度下的流动，流体在低渗储层中流动产生微尺度效应，在微纳米孔隙中，孔壁表面通常存在一定的黏滞层，这种效应使得油相和水相的流动阻力都会进一步增大。对于某些细小孔隙，则需要更大的驱替压差，才能将孔隙中的原油驱出(图 3-12)。

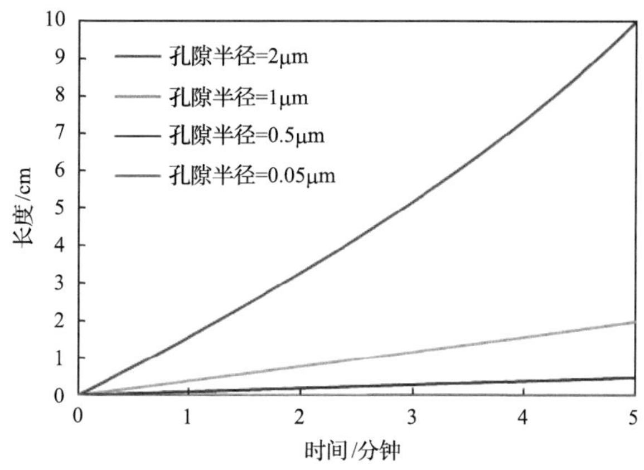

图 3-12 不同尺度毛细管驱替距离与时间的关系

毛细管长度为 10cm，驱替压差为 0.1MPa，油的黏度为 2mPa · s

(2) 多孔介质毛细管束简化模型水驱油特征。

从单个毛细管的角度来讲，孔隙尺度越大，在相同条件下，油水界面运动的距离越远，驱出的原油更多。但对于实际多孔介质而言，其可看做是由一系列不同尺度且互不干扰的毛细管组成，各尺度的孔隙占有一定的体积份额。表 3-2 所示为岩心 1 的孔隙分布及各尺度孔隙所占的百分比，其压汞结果显示：最大孔隙半径为 2.163μm，其所占的孔隙比仅为 0.108%；半径为 0.155μm 的孔隙所占的比例则达到了 9.307%。对于实际多孔介质而言，水驱油过程的油相采出程度是不同尺度孔隙的累加。

图 3-13 所示为驱替压差 0.2MPa、0.5MPa 和 1MPa 下，岩心 1 和岩心 2 原油采出程度随时间的变化关系曲线。驱替压差是影响原油采出程度的重要因素之一。随着驱替压差的增加，驱油效率达到稳定阶段的时间减小，对于任一单毛细管而言，原油被驱出的时间会随着压差的增加而减少，当主要孔隙中的原油被驱出时，岩心整体的采出程度达到稳定。即对应于理想的毛细管束模型而言，增大驱替压差有助于在更短的时间内驱出毛细管中的原油。

表 3-2　岩心 1 中的孔隙尺度及其体积分数

孔喉半径/μm	孔隙体积/%	孔喉半径/μm	孔隙体积/%
2.163	0.108	0.072	0.540
1.966	0.081	0.068	0.648
1.802	0.081	0.064	0.782
1.664	0.054	0.060	0.621
1.442	0.162	0.057	0.378
1.202	0.108	0.054	0.405
1.082	0.108	0.043	2.374
0.901	0.243	0.036	1.969
0.832	0.216	0.031	1.592
0.773	0.243	0.027	1.376
0.721	0.216	0.024	1.484
0.541	0.594	0.022	0.782
0.433	1.079	0.020	0.890
0.361	1.187	0.018	0.944
0.309	2.374	0.015	1.241
0.270	4.586	0.014	0.890
0.240	4.424	0.012	1.160
0.216	5.369	0.011	0.594
0.197	6.529	0.010	0.621
0.180	5.989	0.009	0.432
0.155	9.307	0.008	0.459
0.135	6.798	0.008	0.324
0.120	1.457	0.007	0.459
0.108	1.187	0.007	0.216
0.090	1.915	0.006	0.216
0.083	0.567	0.006	0.162
0.077	0.755	0.006	0.189

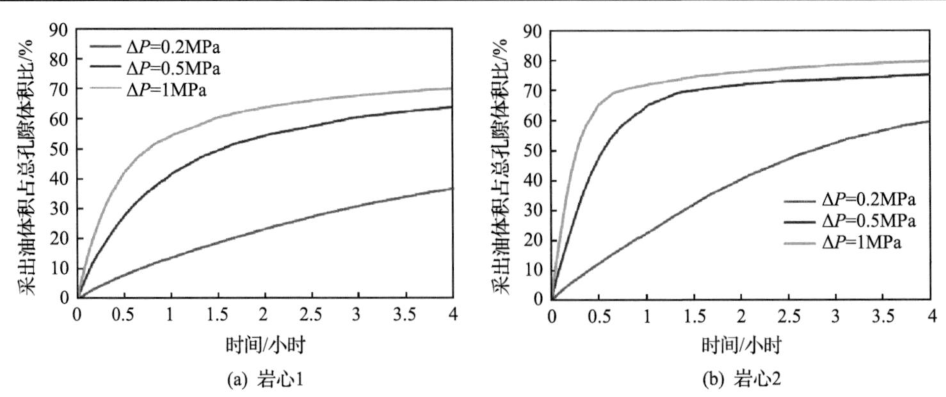

图 3-13　不同压差下原油采出程度随时间的变化规律

岩心的孔隙结构也是影响水驱油效率的因素之一，图 3-14 为在 0.5MPa 的驱替压差下，岩心 1 和岩心 2 中的原油采出程度随时间的变化关系曲线。在相同的的时间下，岩心 2 中的原油采出程度要高于岩心 1，其达到平衡的时间也要早于岩心 1。对比岩心 1 和岩心 2 的孔隙分布可以看出，岩心 2 中 0.1μm 以上的孔隙所占的份额更大，在相同的驱替压差下，孔隙尺度越大，原油被驱出所需的时间就越短。

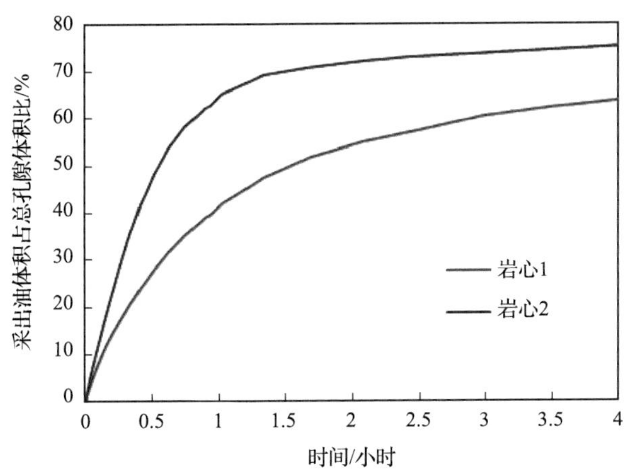

图 3-14 不同孔径特征下原油采出程度随时间的变化规律(驱替压差为 0.5MPa)

4) 含水条件下毛细管束水驱油特征

(1) 考虑含水分布特征的水驱油流动特征。

相比于饱和油的状态，实际储层往往具有一定的含水饱和度，油水分布规律对渗流特征具有重要的影响，如图 3-15 所示。前文的油水分布特征表明，储层中的小孔隙被毛细管水充填，储层中的大孔隙中呈“油芯水膜”的油水分布特征，临界孔隙尺度与油相充注时的地层驱替压差密切相关。相比于饱和油条件下水驱油特征，油水分布特征使得水驱油过程中的微观渗流规律更为复杂。在驱替压差的作用下，一方面注入水可驱动大孔隙中的油相流动，另一方面也可沿着小孔隙中的水相流动。尽管孔隙尺度小，所对应的流动阻力大，体积流量小，但对于特低渗致密储层而言，这类小孔隙的份额更高。同时，对于充满毛细管水的小孔隙而言，孔隙中仅有水相的流动，而在大孔隙中，除了水相的流动外还有油相的流动。因此，在考虑含水条件下水驱油渗流特征时，流体在毛细管中的流动阻力并不是简单的随孔隙尺度而变化。

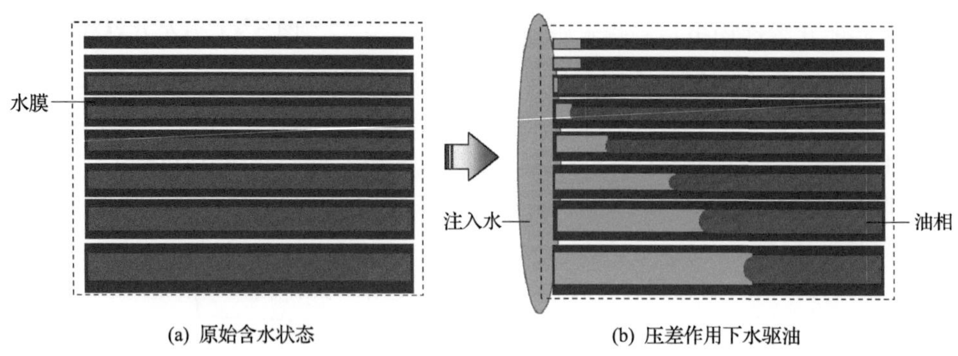

图 3-15 含水条件下不同尺度毛细管水驱油特征

(2)考虑含水分布特征的多孔介质水驱油特征。

含水饱和度的高低会影响岩心毛细管束模型的水驱油特征，图 3-16 为含水饱和度分别为 33%、50%和 66%时，驱替出原油体积与孔隙体积比值随时间变化关系曲线。可以看出，含水饱和度越高，岩心的含油饱和度就越低，驱替出原油体积与总孔隙体积的比值会下降；含水饱和度越高，表明最小含油孔隙尺度越大，驱油效率达到稳定时的时间就越短。另外，在驱替早期，不同含水饱和度下的驱油效率基本一致，这主要是因为在此阶段，驱油效率主要由大孔隙控制，而大孔隙中主要还是呈“油芯水膜”的分布特征，注入水也主要是驱替这些孔隙中的原油。

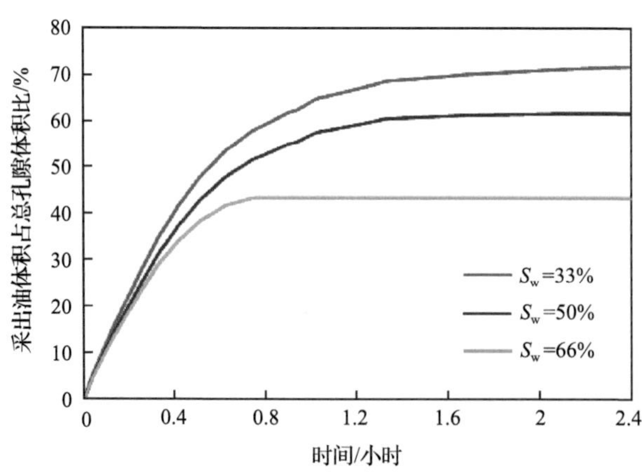

图 3-16 不同含水饱和度下驱油效率随时间的变化规律(驱替压差为 0.5MPa)

图 3-17 所示为 S_w=33%时，驱替压差 0.2MPa，0.5MPa 和 1MPa 下原油采出程度随时间的变化关系曲线。与饱和油时的驱替规律一致，随着驱替压差的增大，毛细管中油相被驱替出的时间越短，驱油效率达到稳定阶段的时间减小。驱替初期主要是大孔隙中的油相被驱替出，此时压差对驱油效率的影响最为明显。

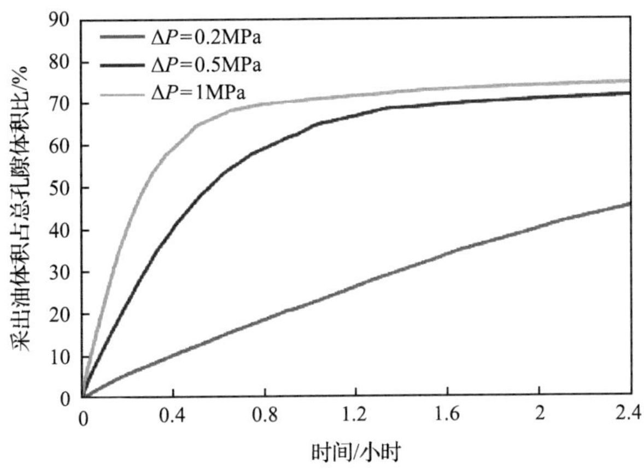

图 3-17 不同压力下驱油效率随时间的变化规律(S_w=33%)

3.1.2 考虑毛细管力作用的水驱油微观可视化特征

相比于常规储层，低渗-特低渗储层孔隙尺度小，毛细管力效应强，对水驱开发过程具有重要影响。本节主要以微观可视化实验为主，分析低渗-特低渗油藏水驱过程中的毛细管力效应，并探讨毛细管力对原始油水分布特征及水驱油渗流规律的影响。

1. 实验概况

实验利用玻璃刻蚀薄片来研究微米尺度孔隙中发生的渗吸和驱替现象，并进一步分析这些过程中的油水分布特征，主要包括以下内容：

(1) 单一毛细管的渗吸-驱替特征及油水分布规律；

(2) 并联毛细管模型中的渗吸-驱替特征及油水分布规律；

(3) 存在绕流通道条件下并联毛细管模型中的渗吸-驱替特征及油水分布规律；

(4) 三角形孔隙中的油水分布特征。

2. 实验模型

实验模型 1 如图 3-18 所示，该模型主要包括三个部分：①单一毛细管模型，孔隙尺度由上到下分别是 20μm、40μm、60μm、80μm、100μm、200μm 和 400μm；②并联毛细管模型，孔隙尺度从左到右分别是 400μm/200μm、300μm/150μm、200μm/100μm、150μm/75μm、100μm/50μm 和 80μm/40μm；③存在绕流通道的并联毛细管模型，其中并联毛细管的尺度和②一致，绕流通道的尺度为 20μm。模型设置两个入口端，方便开展实验。

实验模型 2 如图 3-19 所示。该模型主要分析在渗吸-驱替过程中，不同条件

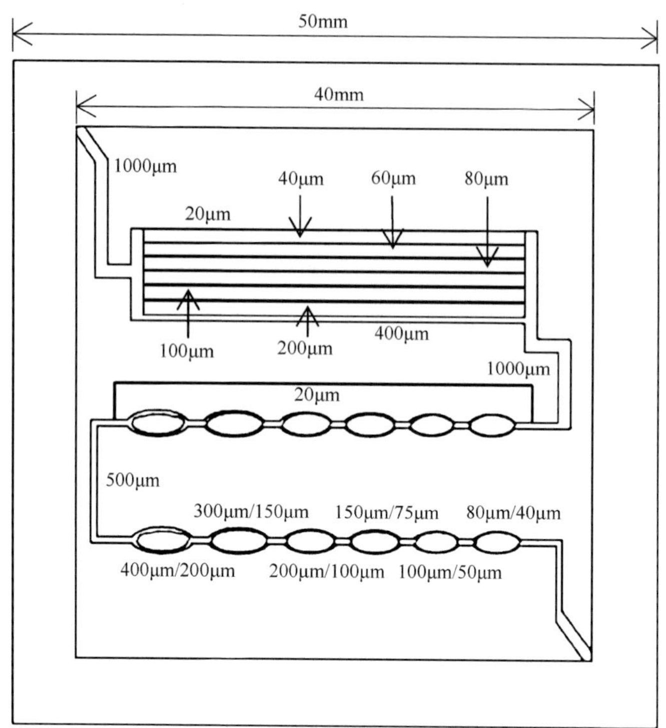

图 3-18 实验模型 1 玻璃刻蚀薄片示意图

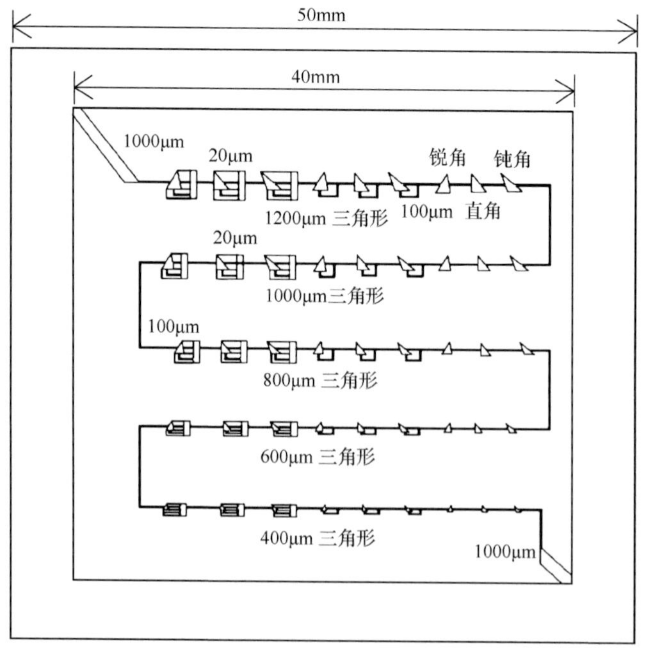

图 3-19 实验模型 2 玻璃刻蚀薄片示意图

下三角形孔隙中的油水分布规律及渗流特征，模型包括 5 排三角形孔隙，排与排之间的三角形均相似，只是孔隙尺度存在差异，以三角形底边的尺度为例，从上到下分别为 1200μm、1000μm、800μm、600μm 和 400μm。每一排的三角形可分为两类：①三个角均通过小毛细管实现水相连通；②三个角相互独立。每种类型均包括锐角、直角和钝角三角形，即模拟岩石颗粒不同的堆积情况。

3. 实验步骤概述

(1) 薄片的清洁与干燥。在高压下从入口端注入酒精，清除玻璃刻蚀薄片中的杂质，然后将玻璃片放在高温下(120℃)下烘烤，酒精自动蒸发，得到干燥的玻璃薄片。

(2) 模型饱和水。在高压下持续注入蒸馏水直至刻蚀模型完全饱和水。

(3) 模拟油驱水过程。模拟油藏充注过程，以一定的驱替压差注入原油，观察充注完成后的油水分布特征。

(4) 模拟水驱油过程。在步骤(3)的基础上，开展不同压差下的水驱油实验，观察压差对水驱油效果的影响，以及水驱油过程中注入水的运移规律。

4. 实验现象及分析

根据实验的目的和设计，制作不同规格和特征的毛细管模型，分单一毛细管、并联毛细管、三角形孔隙等不同实验模型的 6 个实验过程，观察并分析实验过程中油水的分布特征，阐述考虑毛细管力作用的水驱油微观过程。

1) 单一毛细管油驱水过程

图 3-20 为在 2×10^3Pa 下单一毛细管中的油驱水过程，在该压差的作用下，非润湿相(油)进入孔隙驱替润湿相(水)。图 3-20 中所示驱替特征表明：①在该压差下，40～400μm 毛细管中能形成有效的驱替，20μm 的毛细管仍被水充填，不能形成有效驱替。分析可知，在油驱替的过程中，需克服毛细管阻力、入口端效应等，而毛细管阻力随着孔隙尺度的减小而增大，即驱动小孔隙中润湿相需要更大的压差；②40～400μm 的孔隙已经形成了有效的充注，表明孔隙尺度越大，原油运移速度越快。对于实际的地质成藏和油气充注的过程而言，也呈同样的规律，在一定的充注条件下，往往大孔隙能够形成有效的充注，而小孔隙仍被地层水充填。

在微纳流控实验平台上通过高倍放大镜观察了油驱水过程中的微观界面现象，如图 3-21 所示。在油驱水的过程中，油水界面基本呈标准的半月弧状。同时，从图中能明显看出，在油驱水的过程中，润湿相流体(水)并不能被完全驱替，总有一定厚度的水膜黏附在孔隙壁面，造成有效流动孔隙的减小以及油水界面曲率的变化。

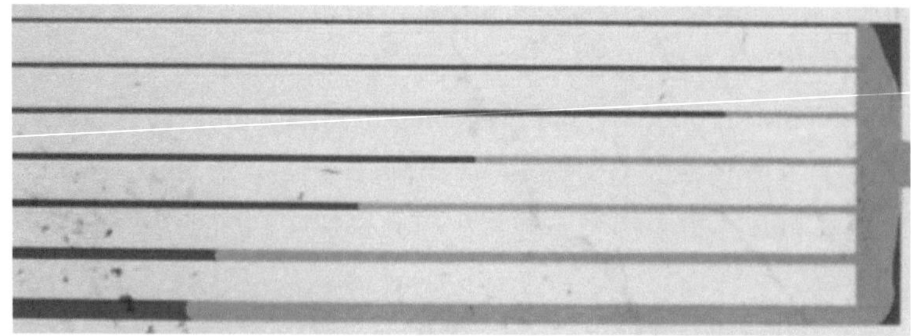

图 3-20　毛细管油驱水示意图

蓝色为甲基蓝，代表水；粉红色为原油，代表油；毛细管孔隙从上到下依次为 20μm、40μm、60μm、80μm、100μm、200μm 和 400μm

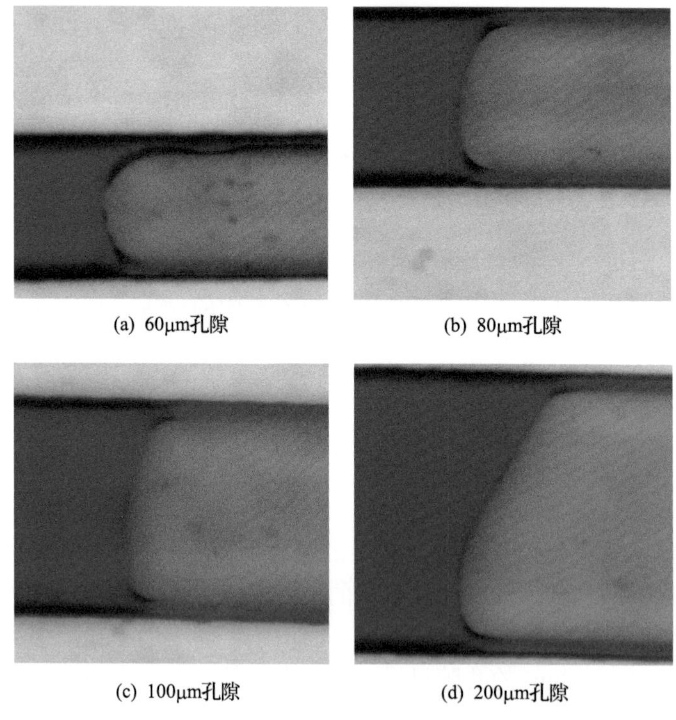

(a) 60μm孔隙　(b) 80μm孔隙　(c) 100μm孔隙　(d) 200μm孔隙

图 3-21　不同尺度孔隙的油水微观界面现象及水膜现象

蓝色为甲基蓝，代表水；粉红色为原油，代表油

利用 CAD 对孔隙中的水膜厚度进行量化表征，分析结果如图 3-22 所示。在 2×10^3Pa 的驱替压差下，60μm、80μm、100μm 和 200μm 的孔隙中的水膜厚度分别为 7.56μm、7.89μm、8.35μm 和 9.40μm。在相同的驱替压差下，水膜随着孔隙尺度的增大而增厚。另一方面，水膜在孔隙中所占的比例(含水饱和度)则会随着孔隙尺度的增大而减小，在此次试验中，当孔隙尺度为 200μm 时，水膜所占据的孔隙空间约为 9%，当孔隙尺度下降到 60μm 时，水膜所占据的孔隙空间约为 25%。

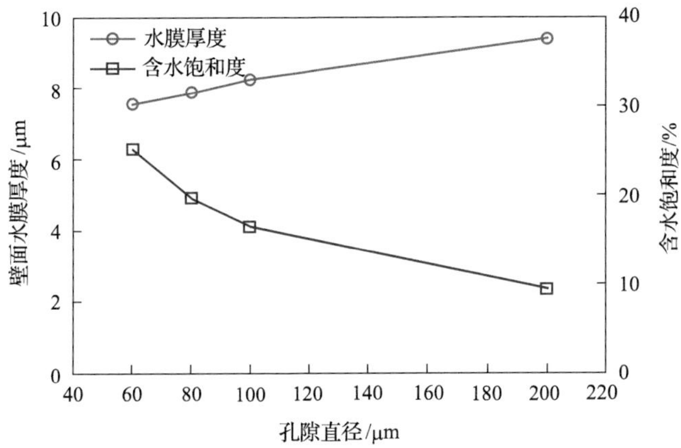

图 3-22 不同尺度孔隙水膜厚度及含水饱和度量化表征(驱替压差为 2×10^3Pa)

在非润湿相驱替润湿相的过程中，随着驱替压差的增加，油水界面的剪切增大，水膜厚度会在一定的程度上减小，图 3-23 所示为不同驱替压差下 200μm 孔隙中的水膜厚度变化情况。本实验中，在 2×10^3Pa 作用下，水膜厚度接近 10μm，当驱替压差增大到 1×10^4Pa 时，水膜厚度仅为 3μm 左右，随着驱替压差的增加，水膜厚度逐渐变薄。

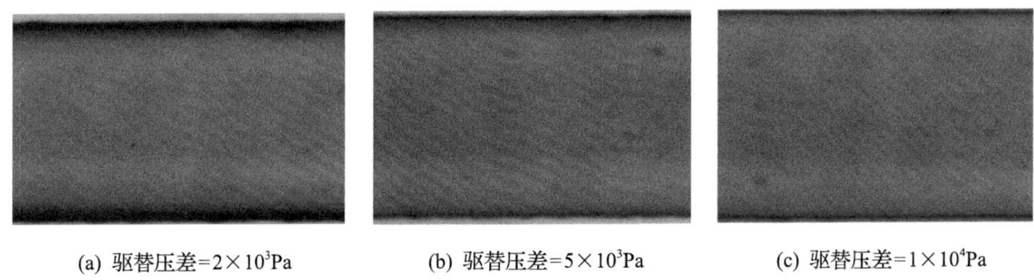

图 3-23 200μm 孔隙中水膜厚度随驱替压差的变化规律

蓝色为甲基蓝，代表水；粉红色为原油，代表油

2) 单一毛细管水驱油过程

(1) 饱和油条件下的水驱油过程。

在低渗-特低渗储层条件下，孔隙尺度小，毛细管效应显著，使得低渗-特低渗油藏水驱油机理及过程更为复杂，在水驱油过程中，存在着驱替、渗吸等多种作用。图 3-24 为互不连通的毛细管中的水驱油过程。在初始时刻，外加压力为 0，水可以在毛细管力的作用下自发的进入孔隙中，且对比图 (b) 到图 (d)，水更容易进入小孔隙中，图 (c) 还表明，孔隙尺度越小，毛细管力越大，渗吸作用越强。图 (e) 所示为驱替压差为 1×10^4Pa 时的水驱油情况，可以看出，随着驱替压差的增大，注入水开始进入大孔隙中形成有效驱替，注入压差越大，驱替效果越明显。

由此可知，对于常规的储层而言，孔隙尺度较大，则在水驱油过程中，驱替作用起着主导作用；在低渗-特低渗油藏中，孔隙尺度小，毛细管力大，即使在没有驱替压差的情况下，油水也能发生置换，导致储层油水特征的再分布。毛细管力效应在低渗-特低渗油藏中起着重要作用。

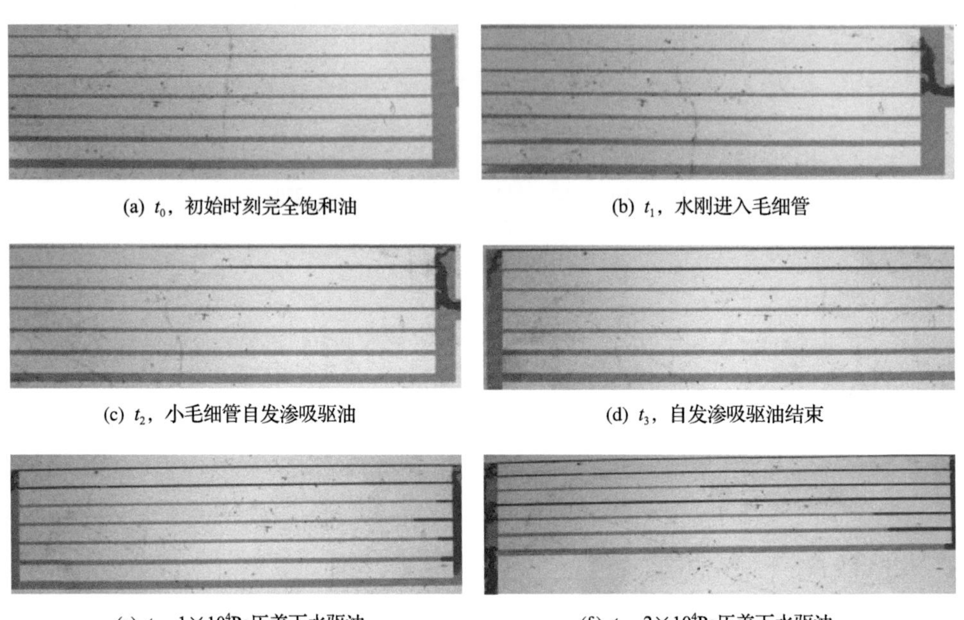

(a) t_0，初始时刻完全饱和油

(b) t_1，水刚进入毛细管

(c) t_2，小毛细管自发渗吸驱油

(d) t_3，自发渗吸驱油结束

(e) t_4，1×10^4Pa压差下水驱油

(f) t_5，2×10^4Pa压差下水驱油

图 3-24　饱和油毛细管水驱油过程

蓝色为甲基蓝，代表水；粉红色为原油，代表油；毛细管孔隙从上到下依次为20μm、40μm、60μm、80μm、100μm、200μm 和 400μm

(2)考虑含水分布的水驱油过程。

基于模拟充注过程的水驱油分析可知，在实验中或者是充注过程中，由于小孔隙的阻力效应大，往往润湿相仍滞留在孔隙中，这类孔隙为无效储油孔隙，同时也为无效驱油孔隙。结合前面的油驱水实验，同时开展了油驱水后再渗吸和驱替的实验，如图 3-25 所示。在模拟自发渗吸的实验中，发现并没有水置换油的过程，分析认为毛细管力较大的小孔隙早已被水填充，孔隙内不存在油水界面和毛细管力，而含有油的大孔隙因其毛细管力较小，尚不能克服入口端的惯性力、黏滞力及端面效应等，因此也无法进行渗吸。而当有一定的驱替压差后(5×10^3Pa)，在驱替压差的作用下，注入水开始进入大孔隙形成有效驱替。同时，实验中还存在另一现象，在 40μm、60μm 和 80μm 的孔隙中，残余有水柱形成油水界面，导致在驱替过程中阻力更大。

(a) 油驱水后的原始油水分布

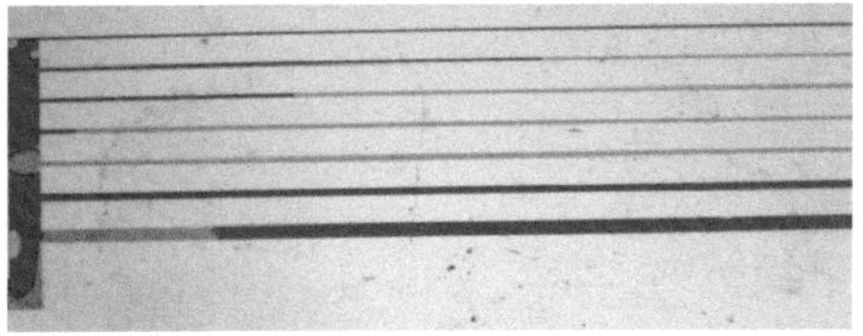

(b) 水驱油后的油水分布(驱替压差为5×10^3Pa)

图 3-25 并联毛细管考虑含水分布的水驱油特征

蓝色为甲基蓝，代表水；粉红色为原油，代表油；毛细管孔隙从上到下依次为20μm、40μm、60μm、80μm、100μm、200μm 和 400μm

3) 并联毛细管油驱水特征

实际储层中的孔隙往往是相互连通的，单一的毛细管模型能很好的研究流体运动规律，但并不能很好的反映实际孔隙结构对充注后的油水分布规律及水驱油特征的影响。在单毛细管的基础上，开展了更为复杂的并联毛细管实验。首先进行的是并联毛细管油驱水实验，模型示意图(图 3-18)。在非润湿相(油)能够形成有效驱替的孔隙中，均能看见一定厚度的水膜，表明水膜水也是实际储层中水存在的一种重要类型，如图 3-26 所示。

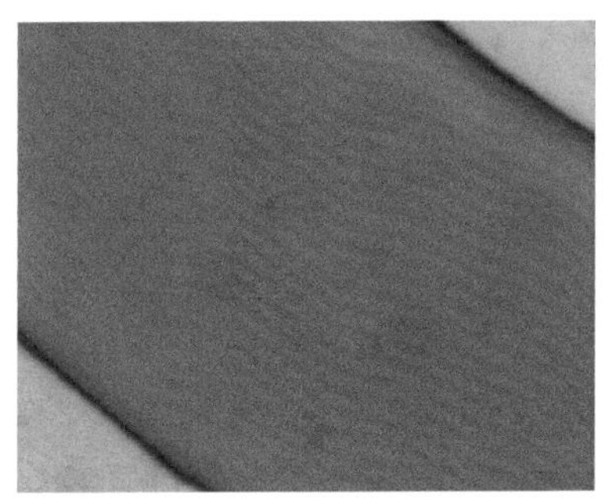

(a) 200μm孔隙中水膜现象

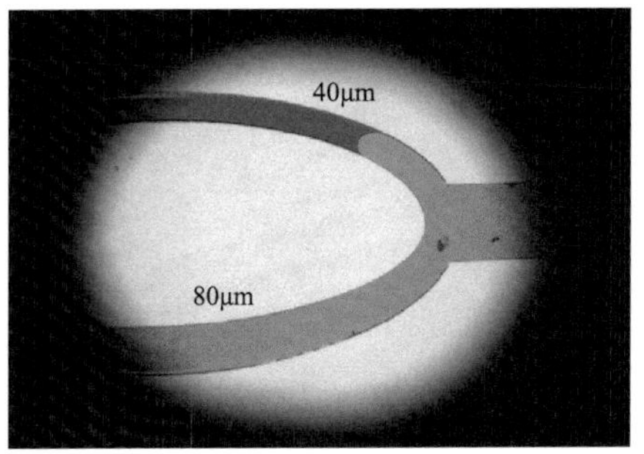

(b) 40μm孔隙中油水界面

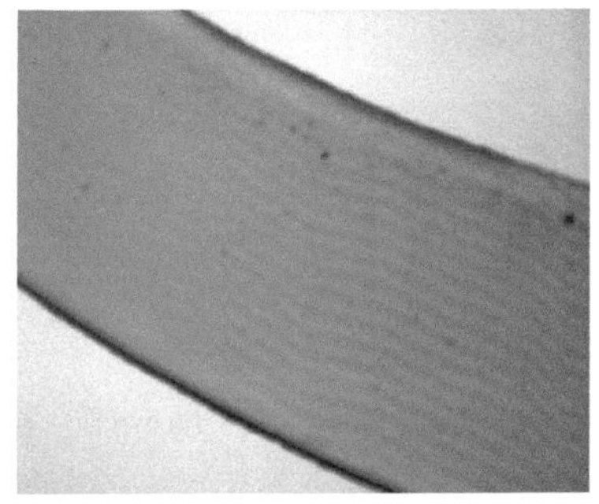

(c) 100μm孔隙中水膜现象

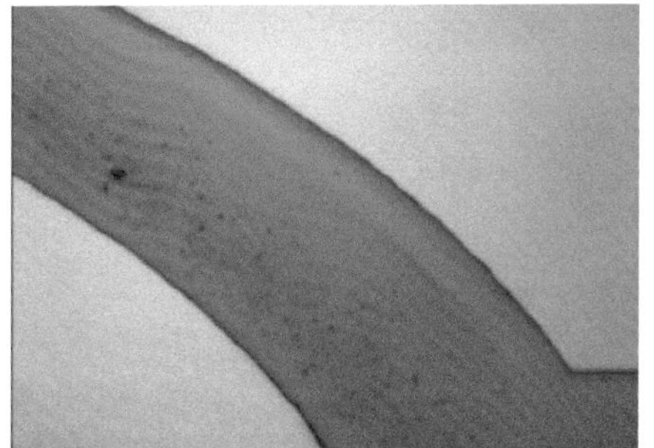

(d) 75μm孔隙中水膜现象

图 3-26 毛细管中的油水分布特征

蓝色为甲基蓝，代表水；粉红色为原油，代表油对于连通的不同尺度的并联孔隙而言，在油驱水的过程中，极易出现润湿相的滞留情况，如图 3-27 所示。在油驱水的过程中，一是需克服流动的黏滞力，二是需克服油水界面产生的毛细管阻力，在相互连通的情况下，油沿着阻力更小的大孔隙流动，而润湿相(水)则滞留在小孔隙中。

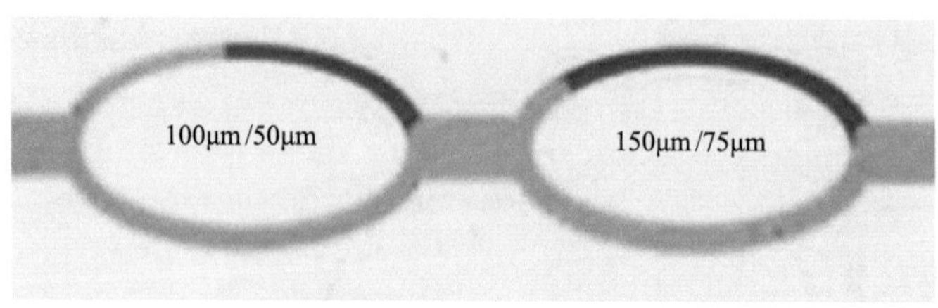

(a) 并联管100μm和50μm、150μm和75μm

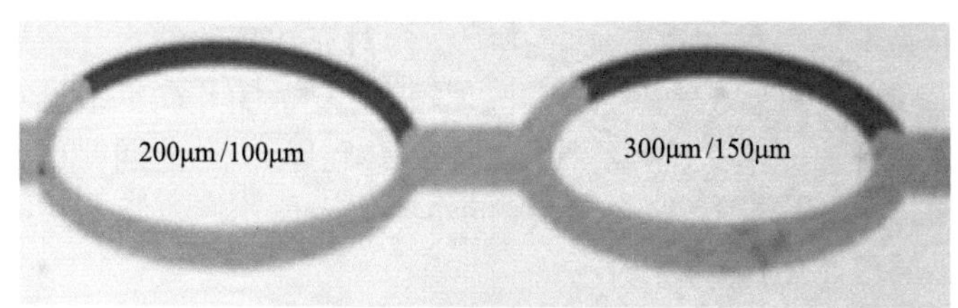

(b) 并联管200μm和100μm、300μm和150μm

图 3-27　不同尺度并联孔隙中的油驱水卡断现象

蓝色为甲基蓝，代表水；粉红色为原油代表油

4) 并联毛细管水驱油特征

完全饱和油条件下的连通毛细管水驱油实验，如图 3-28 所示。并联连通的毛细管尺度分别为 100μm 和 50μm，实验过程中的驱替压差为 2×10^3Pa。在注入水接触分叉口的初期，润湿相在毛细管力和驱替压差的作用下，分别进入两个孔隙，但随着流体的进一步流动，尺度小的孔隙流动阻力大，注入水流动的速度下降更快，当尺度相对较大的孔隙中的注入水到达另一端出口时，则会将油相卡断。

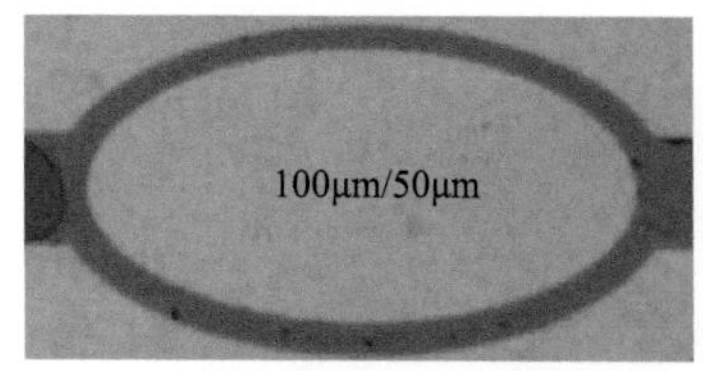

(a) t_0时刻：水进入入口端

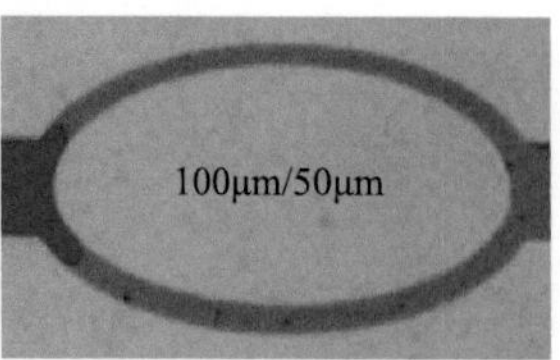

(b) t_1时刻：水进入并联管孔隙

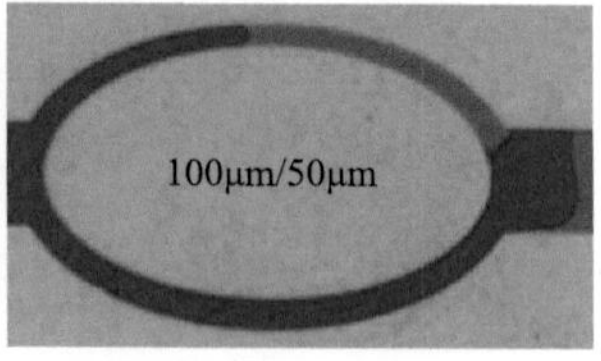

(c) t_2时刻：50μm孔隙油相被卡断

图 3-28　完全饱和油状态下的水驱油特征(驱替压差为 2×10^3Pa)

蓝色为甲基蓝，代表水；粉红色为原油，代表油

考虑含水分布特征的水(润湿相)驱油(非润湿相)实验如图 3-29 所示。图 3-29(a)～(d)所示为常见的并联毛细管水驱油实验，在原始流体分布形成过程中，由于毛细管力等阻力的作用，小孔隙中仍会有一部分空间被水相占据，这种分布特征也会进一步影响水驱油特征。当注入水到达入口端时，注入水只沿着完全充填满油的孔隙流动，而不会选择驱替含水的小孔隙。原因在于，含水小孔隙已形成油水界面压降，在水驱的过程中，注入水不仅需克服油相和水相的黏滞阻力，还需克服额外的界面压降。因此，注入水优选流动阻力小的大孔隙流动，同时形成部分残余油留在小孔隙中。图 3-29(e)、(f)所示则为存在旁通管条件下的润湿相驱替非

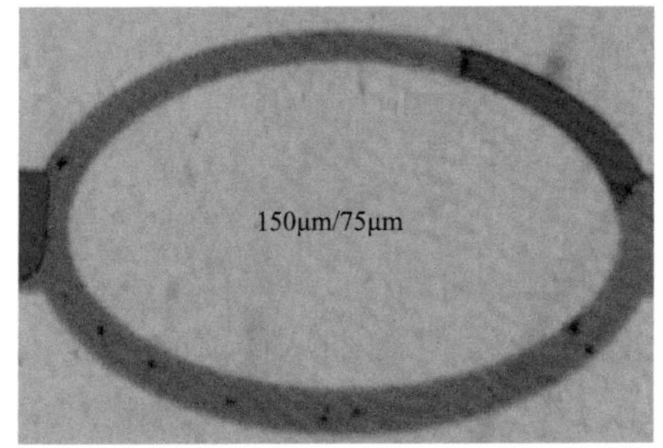

(a) 水到达150μm/75μm并联管入口端

(b) 水沿150μm/75μm并联管大孔隙流动

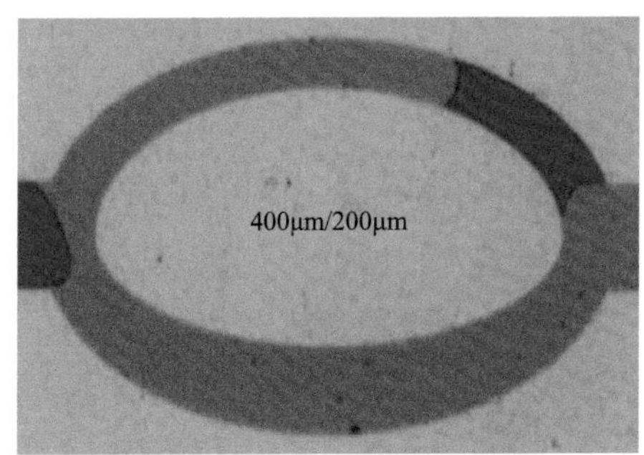

(c) 水到达400μm/200μm并联管入口端

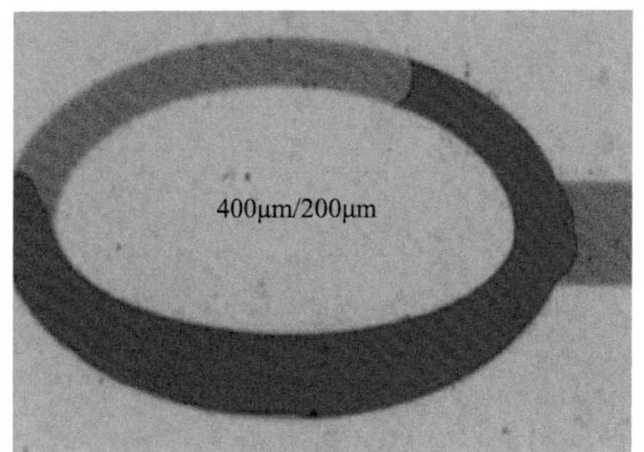

(d) 水沿400μm/200μm并联管大孔隙流动

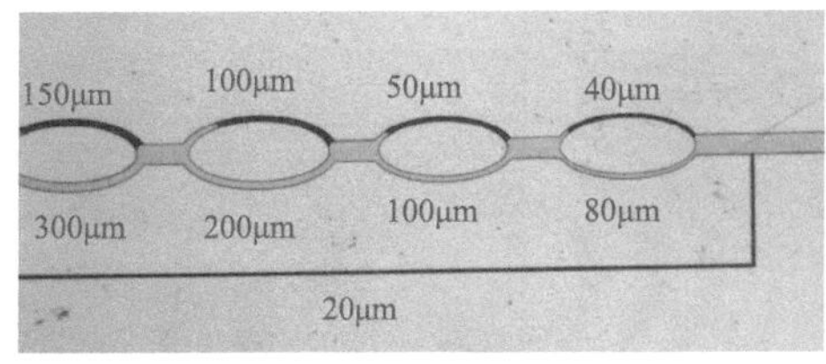

(e) 原始流体分布

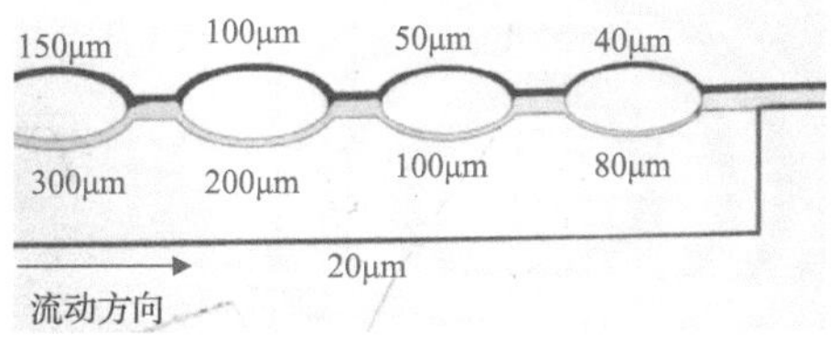

(f) 小压差作用下润湿相驱替非润湿相

图 3-29 考虑孔隙含水分布特征下的润湿相驱替非润湿相特征

(a)～(d)为并联毛细管水驱油，(e)、(f)为连通系统(存在旁通管)润湿相驱替非润湿相；图中蓝色代表润湿相，蓝色代表润湿相，气相非润湿相

润湿相过程，在小压差驱替的条件下，注入的润湿相流体主要沿着旁通管中的连续水相或者是孔隙中的水相流动，对非润湿相流体没有驱替作用，润湿相流体因此滞留于孔隙中。实际储层中的孔隙网络四通八达，当驱替压力不足时，注入水则可能沿着连续水相流动，对储层中的原油没有驱替作用，一定区域内的原油被卡断滞留在储层中。

5）三角形孔隙油驱水特征

特低渗储层的实际孔隙形状以及配位数等参数是非常复杂的，并不是规则的形状，这里将孔隙形状简化为不同角度、形状、尺度和配位数的三角形，研究驱替卡断等现象。首先模拟油藏充注过程，先将孔隙完全饱和水，进行油驱水过程，模拟油藏孔隙中的原始油水分布状态(图 3-30)。

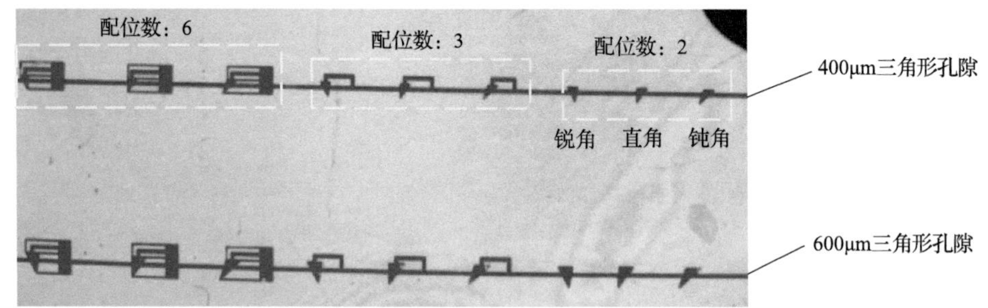

图 3-30　孔隙完全饱和水状态

图 3-31 为不同形状不同尺度三角形中的油水稳定分布特征，可以看出，在三角形孔隙中普遍存在角隅水，油相主要分布孔隙中心，而实际特低渗油藏的孔隙形状更为复杂，角隅水所占孔隙体积更大。对于小尺度三角形，趋向于形成三个独立的角隅水，角度越小，形成的角隅水面积越大；而随着尺度的增大，两个角隅水可能会连在一起，增大水相所占比例，而直角三角形中的角隅水的增大幅度最大。同一尺度下不同形状的三角形，钝角三角形的角隅水面积普遍较小，而直角三角形中容易形成大面积的角隅水。在实际特低渗油藏中，孔隙的边角越小，

(a) 400μm，钝角

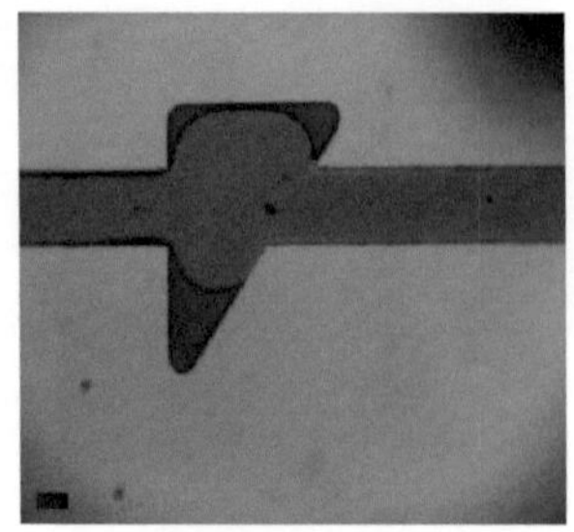

(b) 400μm，直角

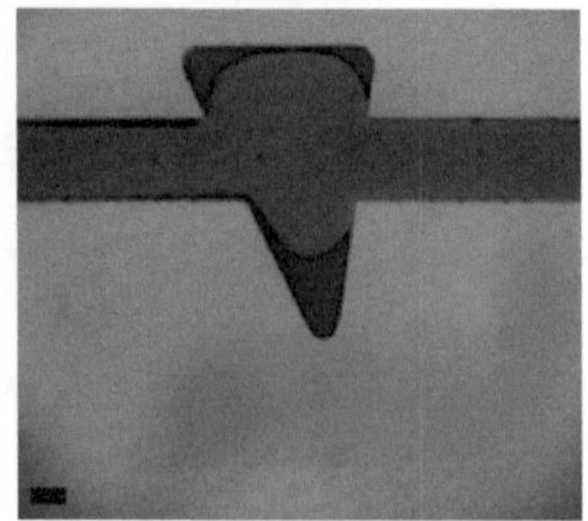

(c) 400μm，锐角

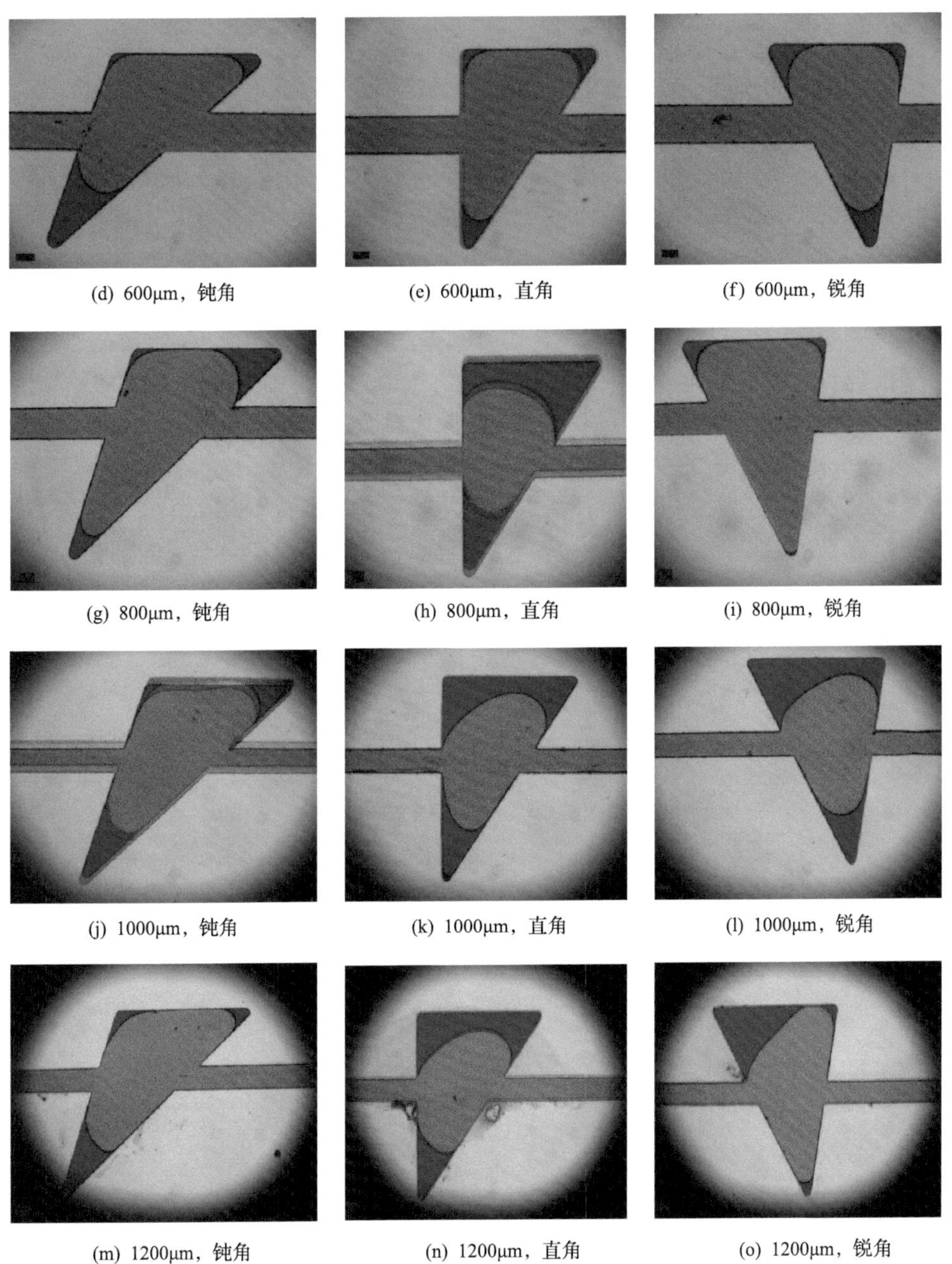

(d) 600μm，钝角　(e) 600μm，直角　(f) 600μm，锐角

(g) 800μm，钝角　(h) 800μm，直角　(i) 800μm，锐角

(j) 1000μm，钝角　(k) 1000μm，直角　(l) 1000μm，锐角

(m) 1200μm，钝角　(n) 1200μm，直角　(o) 1200μm，锐角

图 3-31　不同尺度不同形状三角形孔隙的油水分布形态

蓝色为甲基蓝，代表水；粉红色为原油代表油

形成的角隅水越多，接近于直角的越容易形成大面积角隅水，而锐角处的角隅水较小，类似于孔隙形状越接近于圆，孔隙中的水相所占比例越小。

6) 三角形孔隙水驱油特征

不同形状和不同连通通道的三角形，水驱油过程中的运移规律普遍遵循水相沿着水膜运移、水膜逐步增厚、将油相挤出推动运移的规律，如图 3-32 所示。对于有多条孔道出口的三角形孔隙，即孔隙的配位数较大，水相主要沿着毛细管力作用较大的小孔道运移发生绕流，在大孔道中有部分油驱替出来，剩余油主要分布在中、大孔隙中。这是因为在原始状态下，小孔道中的水相较多，而大孔道中基本都是油相，再加上毛细管力的作用，水相优先沿着渗流阻力小的小孔道运移。对于该类剩余油，可以通过增大驱替压差的方法来推动中大孔隙中的剩余油产出。对于配位数为 2 的三角形孔隙，水膜沿着孔隙周边运移，逐渐加厚推动油相产出，当周边水膜相遇后容易在孔隙中形成油相圈闭剩余。

此外，结合图 3-31 和图 3-32 还可以分析储层内压力系统特征。对于连通且可以传递压力的含水小孔隙而言，水相静压为一常数且处处相等，在注水开发过程中，注入水可以沿孔隙水道渗流；在含有油相的大孔隙中，连通的油相静压为

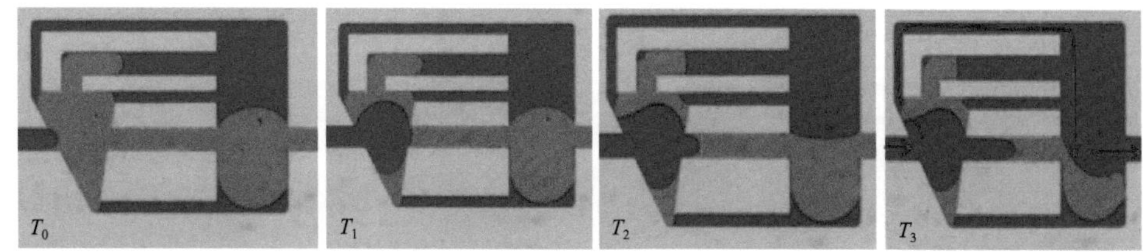

(a) 配位数为6的三角形孔隙的水驱油过程

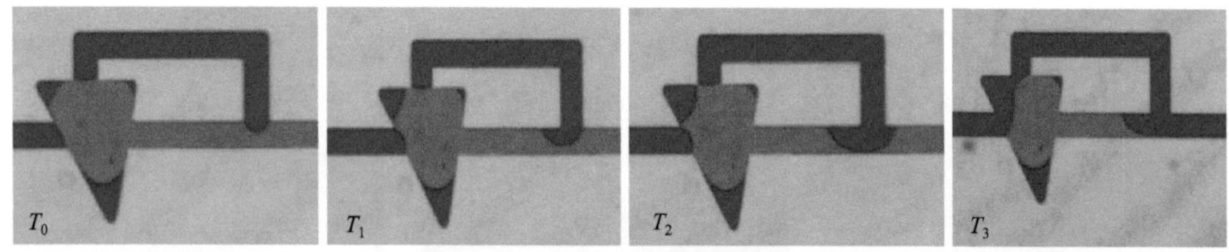

(b) 配位数为3的三角形孔隙的水驱油过程

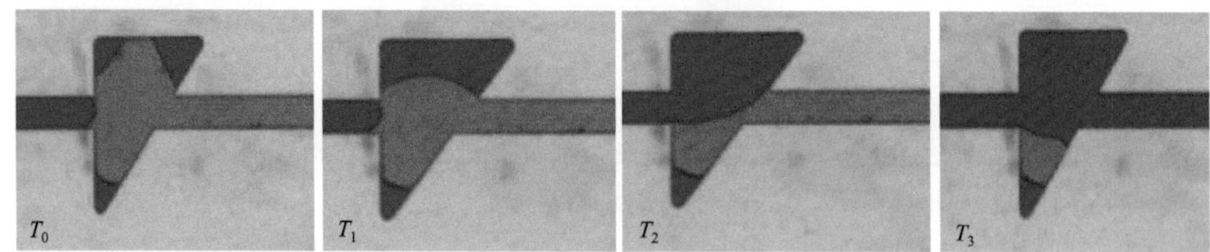

(c) 配位数为2的三角形孔隙的水驱油过程

图 3-32 不同配位数孔隙的水驱油过程

蓝色为甲基蓝，代表水；粉红色为原油，代表油；T_0 时刻水开始进入孔隙，T_1、T_2 时刻是水驱油过程，T_3 时刻水驱油结束后的油水分布

一常数且处处相等；如果角隅处水相可以传递流体压力，则角隅水相压力也相等，油相和水相的压力差即对应于各角隅处的界面压降，因此各角隅处油水界面的曲率相等，同时由于各角隅处水相连通，注入水也可沿着角隅水流动；另外，如果含油孔隙水膜不能与众多的连通孔隙水传递压力，则水膜压力与孔隙水压力不相等，如果同一孔隙中各角隅处水相不连通，则油水界面的曲率互不相等。

3.2 裂缝性油藏自发渗吸作用

3.2.1 渗吸的基本概念及发展历程

1. 渗吸的含义

渗吸主要指自发渗吸。自发渗吸过程是润湿相依靠两相界面上产生的毛细管力进入孔隙中将非润湿相排出，涉及润湿相饱和度的增加和流体的重新分布等复杂作用机理，其动力为毛细管力。渗吸作用是自然界中的一种普遍存在的自然现象，与土木、建筑、土壤、油气田开发等诸多工程应用领域都密切相关，渗吸所涉及的基本静力学和动力学问题，在理论、实验及应用上都受到了广泛的关注和应用。

在石油开发领域，渗吸采油被认为是特低渗或者裂缝性油藏的主要开采机理之一。裂缝性油藏往往具有储层岩石结构复杂、孔隙度较低、渗透性较差、裂缝系统相对发育等特征，通常被认为是双重介质，从储存系统和渗流特征来看，可将其归纳为两大类系统，即基质系统和裂缝系统。两大系统在油水的渗流和疏导能力上存在极大差异，使得精确预测和描述其渗流规律十分困难。裂缝系统具有较高的导流能力，是流体(注入水和储层原油)的主要流动通道，在开发过程中，注入水极易沿着裂缝水窜，油层水淹后，仍然有大量的剩余油富集于基质岩块中难以开采。研究表明，渗吸作用能够促使裂缝中的水吸入到储集层基质进行驱油。如果油藏介质是亲水的，水在毛细管力的作用下从裂缝或大孔隙进入基质中，基质岩块中的原油将被吸入的水置换到裂缝系统或大孔隙中，裂缝中的原油则被注入水驱替到生产井。基于渗吸采油的机理，国内外一些典型的亲水性裂缝性油藏，都曾通过此方式达到了提高采收率的目的。如伊拉克东北部的 Kirkuk 灰岩油田、波斯湾地区的 Dukhan 油田、美国德克萨斯州西部的 Spraberry 砂岩油田等，其中最为经典的当属 20 世纪 80 年代中期投入开发的北海 Ekofihs 油田，该油田以自然渗吸物理模拟实验结果为依据，将渗吸采油方式应用于油田实际生产中，采收率得到明显提高。

2. 渗吸类型

根据润湿相吸入和非润湿相排出的方向差异性，渗吸可分为同向渗吸和逆向渗吸。润湿性的吸入方向与非润湿性被排出的方向相同，称之为同向渗吸（图 3-33(a)）；润湿性的吸入方向与非润湿性被排出的方向相反，称之为逆向渗吸（图 3-33(b)）。对于实际裂缝性储层注水开发，往往以逆向渗吸为主，注水过程中，裂缝中水的推进速度常常大于基质岩块的渗吸速度时，此时基质岩块中的剩余油还没有来得及排出，周围裂缝中的水已经将岩块包围，此时水的侵入方向和油的排出方向相反。

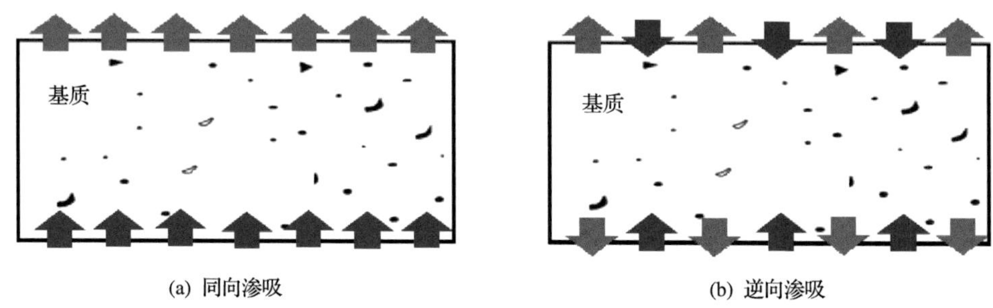

图 3-33　同向渗吸与逆向渗吸示意图

蓝色箭头表示水进入基质；红色箭头表示油从基质中流出

3. 渗吸动力机制判别

渗吸机理不单仅是润湿性影响下的毛细管力影响的结果，而且是各种力学特征作用的综合结果，最显著的就是重力作用会对渗吸产生明显影响。所以需要确定一个能表现出这种共同作用的判别参数来描述自然渗吸的机理。Schechter 等认为渗吸是毛细管力、重力等因素的综合作用，同向和逆向渗吸的两种渗吸的相对强弱及重要性，依赖于边界条件和重力与毛细管力的比值，由 Bond 数的倒数表示：

$$N_{\mathrm{B}}^{-1} = C\frac{\sigma}{\Delta\rho g H}\sqrt{\frac{\phi}{K}} \tag{3-15}$$

式中：H 为岩心高度，cm；σ 为油水界面张力，mN/m；ϕ 为岩心孔隙度；K 为岩心渗透率，$10^{-3}\mu m^2$；$\Delta\rho$ 为油水密度差，g/cm^3；g 为重力加速度，cm/s^2；C 为与多孔介质的几何尺度相关的参数。

Schechter 等进一步利用 N_{B}^{-1} 对渗吸过程中的力学特征进行了量化评价，认为当 $N_{\mathrm{B}}^{-1}>5$ 时，毛细管力是自然渗吸的主要驱动力，在渗吸过程中起支配作用，此时渗吸的主要方式为逆向渗吸；当 N_B^{-1}<0.2 时，重力成为自然渗吸的主要驱动力，此时主要的渗吸方式为同向渗吸；在这范围之间时，渗吸作用由毛细管力和重力共同支配。进一步分析表明，润湿性在渗吸过程中起着重要的作用，在渗吸过程中，润湿性大小制约着毛细管力的大小。因此原有的表达式仅表明重力或毛细管力是渗吸驱油的必要条件，并不能说明渗吸作用能否发生，还需要考虑介质润湿性的影响。为此，黄延章等进一步引入了润湿角，对上述渗吸机理判别方程进行了修正：

$$N_B^{-1} = C\frac{\sigma\cos\theta}{\Delta\rho hH}\sqrt{\frac{\phi}{K}} \tag{3-16}$$

式中：θ 为润湿角。

基于式(3-16)，首先能够判断渗吸作用是否发生，再进一步判断渗吸作用中毛细管力和重力的相对重要性，使得 N_B^{-1} 的物理意义更为全面、明确。

4. 渗吸的发展历程

1)渗吸在工业界的应用

1906 年，Bell 和 Cameron 通过实验表明固体在压差驱动下流经毛细管的距离与时间的平方根关系成正比。Green 和 Ampt 与 1911 年基于 Hagen-Poiseulle 定律，发现了垂直方向及水平方向的流体流动表达式，从理论和实验的角度统一了孔隙介质的流体流动问题。1921 年，Lucas 和 Washburn 分析了单根毛细管中水自发渗吸的动力学因素，并基于泊肃叶定律建立了经典渗吸模型 Lucas-Washburn(LW)方程，在该模型中渗吸的动力是毛细管力，阻力是水相流动时的黏滞力，上述即为 20 世纪初期关于自发渗吸最早的研究结果，同时也是后来研究渗吸现象的理论基础。单管渗吸主要以机理研究为主，在 LW 模型的基础上，单管渗吸理论进一步得到了多元化的发展。随后，Rideal 在 1922 年认识到了惯性力在渗吸早期的重要性，随后 Bosanquet 等结合惯性力的因素，提出了包含有惯性力、毛细管力、黏性拖动力的渗吸力学系统，建立了 Bosanquet 方程。Kim 和 Whitesides 等研究了微米尺度的非圆形(方形)毛细管自吸动力学特性，结果表明，利用 LW 模型表征非圆形孔的渗吸存在较大的误差，润湿相沿着角隅处的流动是造成差异的主要原因。相比于直毛细管而言，渗吸流线通常是弯曲的。蔡建超等基于弯曲流线的分形特征，进一步发展了 LW 模型，对于弯曲毛细管中的渗吸，由于考虑了流线的弯曲效应，增加了流动阻力，迂曲度越大，阻力就越大。

2)渗吸油气田开发上的应用

从 20 世纪 50 年代开始，人们对多孔介质渗吸驱油规律和机理作了大量的研究，为渗吸理论在油田提高采收率方面的应用奠定了理论基础。Aronofsky 等对裂缝中油水界面以下所有岩块的采收率求和，计算了水面上升后总的原油采收率。同时，Aronofsky 等认为，单一岩块的自然渗吸驱油效率随时间呈指数下降，建立了相应的指数式渗吸经验模型，该模型也被诸多学者用于计算裂缝与基质之间的流体交换量。Handy 等将多孔介质岩心的渗吸类比单管的渗吸，并假设渗吸过程中水的渗吸为活塞式驱替，建立了 Handy 模型来表征渗吸体积与时间的关系，在此基础上，李克文等进一步考虑重力和原始饱和度的影响，修正了该模型。Mattax 和 Kyte 于提出了裂缝性水湿油藏自发渗吸采油的标度方程，并得到了采出程度和无因次时间的关系曲线，该方法能够比较各种性质(孔隙度、岩心尺度、流体黏度、界面张力等)对渗吸驱油的影响，是目前应用较广的理论，基于此研究后续学者开展了一系列的改进，主要围绕着两方面：一是油水交换过程中的流动阻力的修正，即油水两相共同流动时阻力的确定；二是结合实际实验条件，对边界条件进行修正，如引入特征长度修正不同端面开启的渗吸等。

在多孔介质渗吸机理方面，受其孔隙结构(孔隙尺度、迂曲度、连通性等因素)的影响，作用特征显得更为复杂。Jess Milter 等在总结前人研究成果的基础上，综合考虑多孔介质孔隙结构的复杂性，将渗吸机理概括为：润湿相在毛细管力的作用下进入多孔介质中，岩样的孔隙系统呈现瞬时的封闭状态。此时，孔隙系统中的非润湿相能量增大，具有向岩样外部流出的趋势。当润湿液进一步由喉道(小孔隙)进入大孔隙，由于界面增大，吸入能量降低，非润湿相即可向岩样外部溢出。当润湿相重新进入第二个喉道时，切断了非润湿相，这部分被切断的非润湿相将残留在孔隙系统中构成残余非润湿相的一部分。当岩样喉道大小的分布不均一时，细喉道吸入润湿相而粗喉道排出非润湿相的过程可同时发生，这种能量不平衡使非润湿相流体从大孔隙中排出也是一种重要的现象。

实验也是研究渗吸驱油规律及相应影响因素的重要手段之一。传统的渗吸实验方法主要包括体积法和质量法，主要进行影响因素的量化研究和表征，是国内研究渗吸规律的主要手段。诸多研究表明岩石的润湿性、渗透率、非均质性、岩心长度、岩心裂缝接触面大小、位置、岩心裂缝中不同流体条件、油水密度差、初始饱和度、老化时间等都对渗吸有影响。

对于特低渗储层来讲，由于其具有渗透率低、孔隙尺度小等特征，导致其毛细管力大，渗吸作用更为明显。低渗透油藏的这些特征决定了油水等多相流体在低渗透储层中的渗流和渗吸流动与中高渗介质不同：一方面，低渗致密储层大量发育微纳米孔隙，在这种尺度上，固体壁面往往存在一定的边界层，成为影响渗吸过程中的阻力，大量的实验表明当孔隙尺度下降到 100nm 以内，流体的流动阻力会增加数倍仍至数十倍，相比于 LW 理论，渗吸速率出现明显减缓；另一方面，渗吸驱油过程中渗吸驱油动力能否有效起作用取决于两个条件，一是需要克服裂缝系统与基质系统之间的毛细管力末端效应，二是毛细管半径应大于液膜在岩石固体表面的吸附厚度，如果孔隙半径等于和小于吸附层厚度，孔道因液膜吸附层而成为无效渗流空间，毛细管力在这类无效渗流空间中没有实际的驱油价值。另外，低渗介质具有小孔细喉或细孔微喉的特点，孔喉比很高，毛细管渗吸驱油过程中产生大量油珠，油珠变形而产生贾敏效应，成为孔隙介质中不可忽略的渗流阻力。如果油珠较大，通过喉道时变形能力弱，就会阻碍毛细管渗吸-驱替，降低驱油效率。

3.2.2 自发渗吸的方式

1. 单毛细管自发渗吸

对于自发渗吸，最简单的理解就是将一毛细管插入液体中，如果液体能够润湿毛细管壁表面，则液体会在毛细管力的作用下上升至一定的高度，直到上升的力被毛细管中液体的重力所平衡。从更微观的角度讲，液体分子之间存在的相互吸引力称之为内聚力，但毛细管内壁表面与液体接触时，液体分子和固体分子之间也会产生相互的吸引力，即为黏附力，对于亲水性壁面而言，黏附力大于内聚力，使进入毛细管的液体的四周高于中间部分，形成凹液面，产生的界面张力推动液体的上升，直到液体的表面张力无法克服液体的重力，液体才会达到平衡，如图 3-34 所示。

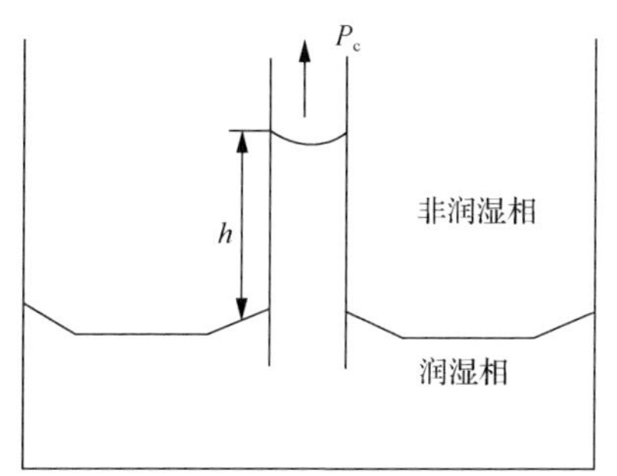

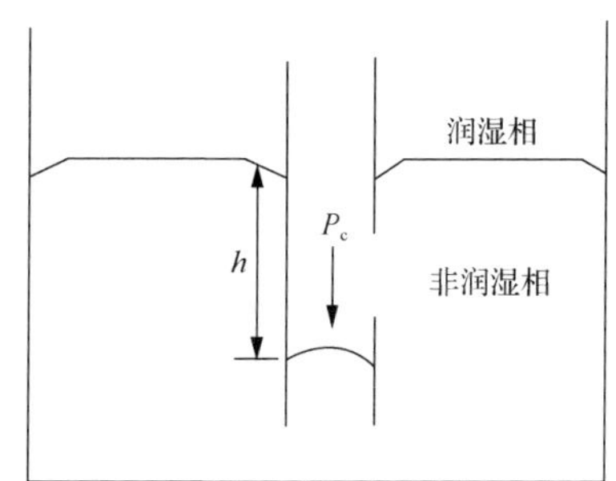

图 3-34 毛细上升现象

Kim和Whitesides等研究了微米尺度的非圆形(方形)毛细管自吸动力学特性，结果表明，利用LW模型表征非圆形孔的渗吸存在较大的误差，原因在于对于正方形和三角形等其他形状的孔隙，润湿相先会沿着孔隙边角处形成水膜，如图3-35所示。

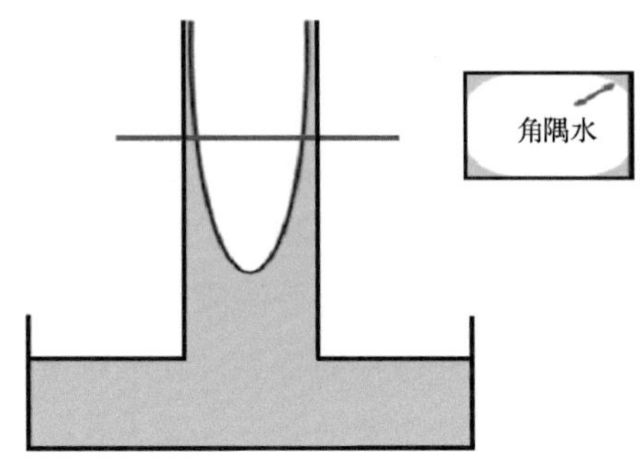

图3-35　正方形孔隙渗吸现象

而在微尺度上，对毛细管内壁有润湿性的液体接触到毛细管端口，液体会立刻在整个管壁内形成一层液膜，形成液膜的速度快于驱替速度，因此，这层液膜被称为前驱膜，如图3-36所示。毛细管内壁如果具有棱角，在整个毛细管内壁形成前驱液膜的同时，在棱角处也会形成较厚的残余液膜。由于其厚度和毛细管管径的大小在一个数量级上，这层液膜必定会造成毛细管内壁润湿性的不均一，也必定会严重影响流体驱替行为，特别是互不相溶的液一液两相驱替行为。此外，由于单个孔隙中沿程孔隙的变化出现的卡断现象，也是影响渗吸的一大因素。目前，人们已从实验、理论和模拟等各方面对这种现象及其影响进行了深入研究。

图3-36　前驱膜现象

2. 一维孔隙自发渗吸

利用单管模型能够较好的观察毛细管现象，但将这些毛细管直接用于分析孔隙中的渗吸现象则过于简单，相比于单毛细管的渗吸，一维孔隙的渗吸显得更为复杂，某些微观效应更为显著。对于孔隙而言，其并不像毛细管孔隙那样呈简单均一的分布，而是存在管径尺度的变化；对于实际储层中的孔隙而言，存在配位数、孔隙和喉道等，而孔隙和喉道的串联连接构成了变径的孔隙。对于这种孔隙而言，微观现象更为显著。Roof 等在单个毛细管中引入了一个收缩颈来研究卡断机理，流体在管径变化处失去连续性主要是由于卡断导致的。Li 和 Wardlaw 开展了变径孔隙的相关实验，观察到准静态条件下吸吮过程中孔隙与喉道的直径比对非润湿性卡断的作用。润湿相流体可以通过沟槽和边角提供给喉道，最终形成卡断现象。Tuller 等则对变径孔隙的渗吸过程进行了更加详细的描述，其将储层中的孔隙认为是一个大孔隙(尺度为微米级)和两个小孔隙(尺度远小于大孔隙)相连接的单元，在渗吸过程中，润湿相流体沿着小孔隙进入该单元中，在该单元的大孔隙中，润湿相流体先沿着边角或者是预先残留的水膜流动，最终在另一小孔隙中聚并，将非润湿相流体卡断在大孔隙中(图 3-37)。

(a) 孔隙三维立体结构

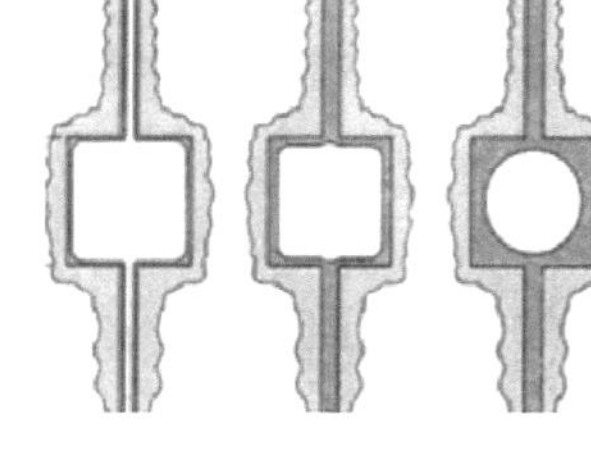

(b) 孔隙平面结构

图 3-37 变径孔隙示意图

3. 一维岩心自发渗吸

在单管孔隙渗吸理论的基础上，发展了多孔介质的一维渗吸理论。多孔介质由于存在多个接触面，因此实验或理论分析时，通常只留下两个端面。润湿相流体从一端进入，非润湿相流体如果从另一端出来，则是同向渗吸；如果从同一端出来，则称之为逆向渗吸，见图 3-38。对于同向渗吸，Lucas 和 Washburn 在考虑单管渗吸问题的同时，将多孔介质的渗吸等效为液体向 n 根毛细管的渗吸，渗吸体积就是 n 根毛细管渗吸体积的总和，然而实际多孔介质孔隙结构复杂，这种理想的假设与实际相差甚远。在此基础上，Hammecker，Lundblad 和 Leventis 等提出相应的参数(有效孔隙半径，迂曲度，孔隙几何形状等)对 LW 方程进行修正，但预测结果和实验结果仍有较大的差距。除此之外，Handy 等将多孔介质岩心的渗吸类比单管的渗吸，并假设渗吸过程中水的渗吸为活塞式驱替，建立了 Handy 模型来表征渗吸体积与时间的关系。在此基础上，李克文等进一步考虑重力和原始饱和度的影响，修正了该模型。然而，这些模型都没有考虑多孔介质的孔隙结构特征。

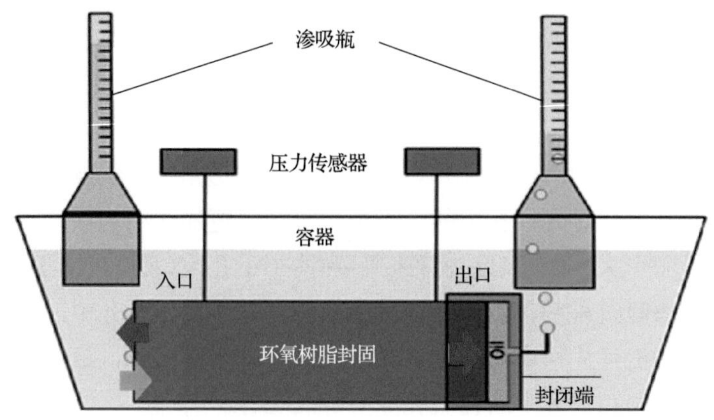

图 3-38　岩心一维渗吸示意图

圆柱面被环氧树脂封固，蓝色箭头为水进入方向，红色箭头为油流出方向

而在多孔介质渗吸机理的解释上，受其孔隙结构(孔隙尺度、迂曲度、连通性等因素)的影响，其渗吸机理显得更为复杂。Jess Milter 等在总结前人研究成果的基础上，综合考虑多孔介质孔隙结构的复杂性，将渗吸机理概括为：润湿相在毛细管力的作用下进入多孔介质中，当渗吸在多孔介质周边都进行时，岩样的孔隙系统呈现瞬时的封闭状态。此时，孔隙系统中的非润湿相能量增大，具有向岩样外部流出的趋势。当润湿液进一步由喉道(小孔隙)进入大孔隙，由于界面增大，吸入能量降低，非润湿相即可向岩样外部溢出。当润湿相重新进入第二个喉道时，切断了非润湿相，这部分被切断的非润湿相将残留在孔隙系统中构成残余非润湿相的一部分。当岩样喉道大小的分布不均一时，细喉道吸入润湿相而粗喉道排出非润湿相的过程可同时发生，这种能量不平衡使非润湿相流体从大孔隙中排出也是一种重要的现象。当润湿相吸入，切断了排出通道时，非润湿相就会被捕集下来而形成残余饱和度。

4. 二维孔隙自发渗吸

一维渗吸无法很好的模拟实际储层中复杂的孔隙结构，二维渗吸模型受到了许多的学者的关注，其中树状结构经常被用于表征储层的复杂孔隙结构。早在 19 世纪初，Thompson 等就提出生物体内存在着树状分叉结构，为了使血液或者养分能及时供给到体内，通常会表现为选择最小阻力和最优化路径，这与多孔介质中流体渗流的最小渗流阻力较为一致。通常，油气藏可以视为是由一些尺度不一的孔隙和裂缝网络组成，其中前者主要作为流体储集通道，而后者由于渗流阻力小，常作为主要的流动通道，其形态依然满足树状分叉结构，如图 3-39 所示。

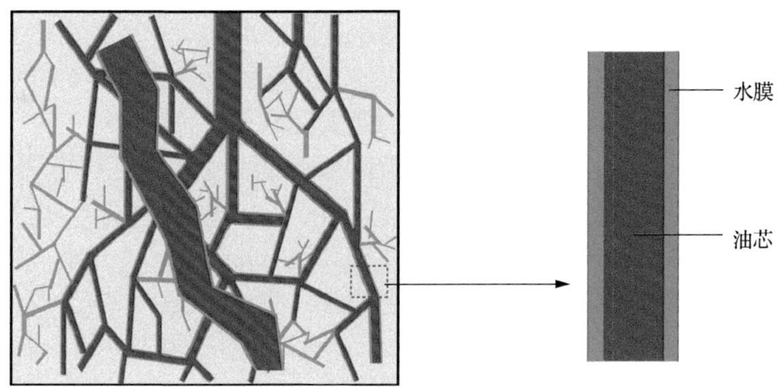

图 3-39 树状分叉结构示意图

树状分叉结构最大的特点就是具有自相似性，可以通过简单的规则不断分叉出更多的分支。假设每一个分叉都是圆形的直管，管壁厚度忽略不计，则可以将树状分叉结构简化为无数个相同分叉单元组成的模型。

对于这种分叉型的垂直孔隙，渗吸开始后，流体在毛细管压力作用下流经 k 级分支而进入两个分叉子管中，流体先是迅速上升，然后逐渐减慢，最后达到平衡位置而停止上升，此时流体所受到的毛细管压力和静水压力相等，进而可分析得到平衡高度的大小。同时，不同孔隙的尺度差异，分叉角度等诸多因素也是影响分叉型渗吸的主要因素之一。

实际储层中，孔隙的分布比笔直的树状分叉模型要复杂许多。因此构建更复杂的贴近实际的树状分支模型是很有必要的。其分叉将是不对称，且分叉角将是随机的，每一段分叉将不再笔直而是拥有不一样的迂曲度，且分叉的长度将大小不一。目前这类模型还没有数值解，且由于模型复杂，机理叙述也不统一。

二维渗吸模型解决了一维渗吸模型过于理想的问题，其形状更符合实际孔隙的形状，然而二维渗吸模型仍然存在着局限性。二维模型研究的对象仍然位于同一个平面上，而实际孔隙中孔道的延伸方向是三维的，此时孔隙内流体的受力因为流向的改变而不同。其次，二维孔隙模型假设的形状是以分叉和树状基础的，但真实孔隙中孔道可能是相互网状连通的。

5. 三维储层自发渗吸

一维的渗吸主要用于研究渗吸过程中的力学特征、界面效应等，二维的自发渗吸主要用于研究平面上的渗吸特征，但这些研究要直接应用于实际油藏的开发还存在一定的距离，也不能很好的反映储层的渗吸特征，其主要原因在于实际储层具有三维的特征(图 3-40)。一方面，实际储层的流体的分布特征会影响渗吸；

实际储层在一定含水饱和度下，部分的微小孔隙被水充填，该类孔隙成为无效渗流空间，毛细管力在这类无效渗流空间中没有实际的驱油价值，而随着含水饱和度的增加，这类充填水孔隙的尺度逐渐的增大。另一方面，实际三维储层渗吸过程中流体具有多种流动通道，可优先渗流阻力小的通道流动。在同一接触点，有许多不同尺度的孔隙相连，直径大的孔隙，由于入口压力小，首先被进行渗吸，然后是中等大小的孔隙渗吸。水还来不及进入较小的孔隙，就开始下移到下一层进行渗吸，然后逐步下移。在每一层，那些较小的孔隙都被水绕过去，从而产生绕流现象。对喉道而言，也有类似的现象。目前，针对模拟实际储层的三维渗吸，特别是考虑实际含水分布下的三维渗吸研究还较为匮乏，推动这方面的研究，有助于将渗吸理论更好的应用于实际油田开发。

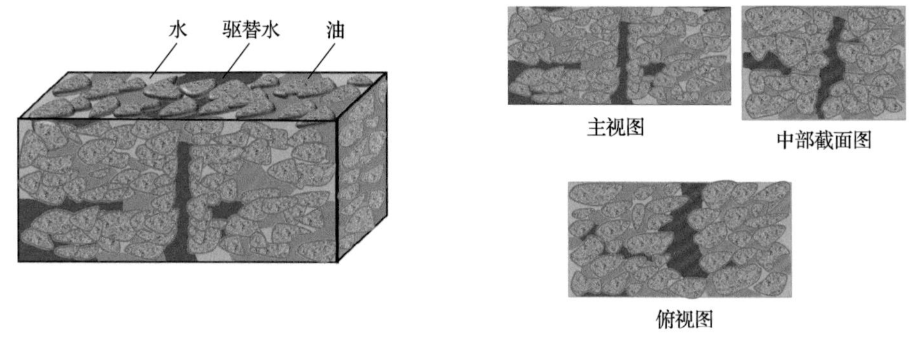

图 3-40　三维储层原始流体分布

3.2.3　自发渗吸的数学模型

1. 单孔隙渗吸数学模型

单根毛细管的渗吸过程可以看作是在毛细管力的作用下，不同黏度两相流体在单一毛细管中的单向流动。湿润液体在毛细管力作用下被吸入到毛细管或者裂缝渠道是一种普遍存在的自然现象，在地下水工程、石油工程、土木工程、土壤物理、工程地质和建筑材料等领域，关于自吸的基本静力学和动力学问题，从实验和理论上都受到了持续的关注和重视。1921 年，Lucas 和 Washburn 分析了单根毛细管和多孔介质中水自吸的动力学因素，建立了 LW 方程，假设条件为：①直径为 r 的毛细管接触到湿润液体，液体为不可压缩牛顿流体；②在静水压力 $P_{\mathrm{h}}=g\rho h$、毛细管力 $P_{\mathrm{c}}(P_{\mathrm{c}}=4\sigma\cos\theta/r)$ 和大气压 P_{A} 共同作用下，该液体发生层流，流动遵循 Hagen-Poiseuille 定律；③忽略流动过程中气体流动的阻力。该模型物理示意图如图 3-41 所示。

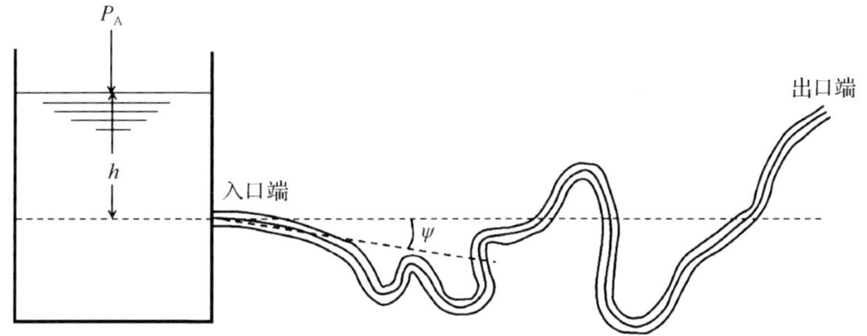

图 3-41 Washburn 所建立的物理模型图

依据该假设，可推导得出如下关系式：

$$\frac{\mathrm{d}l}{\mathrm{d}t}=\frac{\left[P_{\mathrm{A}}+g\cdot\rho(h-l_{\mathrm{s}}\sin\psi)+\frac{2\sigma}{r}\cos\theta\right](r^2+4\varepsilon r)}{8\mu l} \tag{3-17}$$

式中：l 为渗吸距离，mm；t 为渗吸时间，s；P_{A} 为大气压，Pa；g 为重力加速度，9.8 m/s^2；ρ 为密度，g/cm^3；σ 为表面张力，N/m；r 为毛细管半径，mm；μ 为黏度，Pa · s；ε 为滑移系数；θ 为接触角，(°)；ψ 为毛细管与水平方向夹角，(°)；h 为入口端到顶面的距离，mm。

此时可以得到两种特殊的流体流动方程，即毛细管垂直（ψ=90°）和水平（ψ=0°）两种情况。

在垂直情况下，单管孔隙中流体的流动可表示为

$$\frac{(r^2+4\varepsilon r)\rho g}{8\mu}t+l=\frac{-\left[P_{\mathrm{A}}+Dgh+\frac{2\sigma}{r}\cos\theta\right]}{\rho g}\ln\left[1-\frac{\rho gl}{P_{\mathrm{A}}+\rho gh+\frac{2\sigma}{r}\cos\theta}\right] \tag{3-18}$$

在水平情况下，单管孔隙中流体的流动可表示为

$$l^2=\frac{\left(P_{\mathrm{A}}+\rho gh+\frac{2\sigma}{r}\cos\theta\right)(r^2+4\varepsilon r)t}{4\mu} \tag{3-19}$$

如果单纯考虑在毛细管力作用下的流动，此时对于两端开口的毛细管来说 $P_{\mathrm{A}}=0$，不考虑额外的压力 $P_{\mathrm{h}}=\rho gh$，同时对于润湿毛细管的流体来说滑移系数为 0，即可得到流体在毛细管力作用下的（渗吸）流动方程

$$\frac{\mathrm{d}l}{\mathrm{d}t}=\frac{\left(-g\rho l\sin\psi+\dfrac{2\sigma}{r}\cos\theta\right)r^2}{8\mu l} \tag{3-20}$$

同样，该模型也可以分为垂直和水平两种特殊情况来讨论，在垂直情况下，单管孔隙中流体的渗吸(流动)方程可表示为

$$\frac{r^2\rho g}{8\mu}t+l=\frac{-\dfrac{2\sigma}{r}\cos\theta}{\rho g}\ln\left(1-\frac{\rho gl}{\dfrac{2\sigma}{r}\cos\theta}\right) \tag{3-21}$$

在水平情况下，单管孔隙中流体的渗吸距离可表示为

$$l^2=\left(\frac{\sigma}{\mu}\frac{\cos\theta}{2}\right)rt \tag{3-22}$$

2. 多孔介质渗吸数学模型

1) 归一化采收率经验模型

裂缝性油藏的油气采收率(从基质中)通常采用传递函数描述。基于这个目标，很多学者提出了一些特殊的函数，即描述自吸驱替采收率的裂缝-基质输运函数。这些函数大致可分为 4 类：①基于基本石油物理特性的标度关系；②基于毛细管力和相对渗透率的标度关系；③经验函数；④基于扩散方程解的函数。

标度自吸输运过程应用最广泛的是 Aronofsky 指数模型。Aronofsky 等首先提出了适用于双重孔隙介质指数形式的裂缝和基质传递函数。作出如下假设：①基质中的采收率是时间的单调函数且趋于有限值；②收敛率变化的性质在自吸过程中不影响自吸率或其限度。其基质中的归一化采收率 η 与时间 t 的关系为

$$\eta=1-e^{-\beta t} \tag{3-23}$$

式中：η 为目前原油采收率与原油最终采收率的比值；β 为与储层物性相关的经验常数。

2) 基于活塞驱替的渗吸数学模型

对于硅藻土、白垩岩、贝雷砂岩等中高渗的多孔介质，CT 扫描和实验数据分析结果表明其渗吸前缘接近于活塞式驱替，基于此特征，结合常规渗流理论，李克文等建立了相应的渗吸理论数学模型。模型假设流体为刚性，在自发渗吸过程中满足达西定律，水相和油相的流动速度可表示为

$$v_{\mathrm{w}}=-\frac{k_{\mathrm{w}}}{\mu_{\mathrm{w}}}\left(\frac{\partial P_{\mathrm{w}}}{\partial x}+\rho_{\mathrm{w}}g\right),\qquad v_{\mathrm{o}}=-\frac{k_{\mathrm{o}}}{\mu_{\mathrm{o}}}\left(\frac{\partial P_{\mathrm{o}}}{\partial x}+\rho_{\mathrm{o}}g\right)\tag{3-24}$$

式中：v_{w} 和 v_{o} 分别为水相和油相速率；μ_{w} 和 μ_{o} 分别为水相和油相黏度；P_{w} 和 P_{o} 分别为水相和油相压力；ρ_{w} 和 ρ_{o} 分别为水相和油相密度。

根据毛细管力的定义，可知

$$P_{\mathrm{c}}=P_{\mathrm{o}}-P_{\mathrm{w}}\tag{3-25}$$

式中：P_{c} 为毛细管力。

因此水相速度可表示为

$$v_{\mathrm{w}}=M_{\mathrm{w}}\left(\frac{\partial P_{\mathrm{c}}}{\partial x}-\frac{\partial P_{\mathrm{o}}}{\partial x}+\rho_{\mathrm{w}}g\right)\tag{3-26}$$

式中：M_{w} 为水的流度，$M_{\mathrm{w}}=k_{\mathrm{w}}/\mu_{\mathrm{w}}$。

在油藏中，根据两相流体的流动方向可将渗吸分为同向渗吸和逆向渗吸，同向渗吸时，油相和水相两者速度大小和方向一致。对于逆向渗吸，两者速度之和为 0，可分别表示为

$$v_{\mathrm{w}}=v_{\mathrm{o}},\quad v_{\mathrm{w}}+v_{\mathrm{o}}=0\tag{3-27}$$

如果渗吸前缘水的推进为活塞式，则毛细管力在渗吸方向的压降为线性，可表示为

$$\frac{\partial P_{\mathrm{c}}}{\partial x}=\frac{P_{\mathrm{c}}}{x}\tag{3-28}$$

同时，对应于时间 t，岩心的渗吸量可表示为

$$N_{\mathrm{w}}=A\cdot x\cdot\phi\cdot(S_{\mathrm{wf}}-S_{\mathrm{wi}})\tag{3-29}$$

式中：N_{w} 为渗吸的体积量；A 为岩心横截面积；ϕ 为岩心孔隙度；S_{wf} 为前缘含水饱和度；S_{wi} 为原始含水饱和度。

结合式(3-26)～式(3-29)，推导得出了自发渗吸过程中水的渗吸量和采收率之间的线性关系式：

$$Q_{\mathrm{w}}=a_0/R-b_0\tag{3-30}$$

其中：

$$a_0 = \frac{AM_e^*(S_{wf} - S_{wi})P_c^*}{L} \tag{3-31}$$

$$b_0 = AM_e^*\Delta\rho g \tag{3-32}$$

$$M_e^* = \frac{KK_{re}^*}{\mu_e} = \frac{M_o^* M_w^*}{M_o^* - M_w^*} \quad （同向渗吸） \tag{3-33}$$

$$M_e^* = \frac{KK_{re}^*}{\mu_e} = \frac{M_o^* M_w^*}{M_o^* + M_w^*} \quad （逆向渗吸） \tag{3-34}$$

式中：M_e^* 为两相流体的有效流度，可从自吸实验数据中计算得到；K_{re}^* 和 P_c^* 分别为 S_{wf} 时的两相相对渗透率拟函数和毛细管力；μ_e 为油水有效黏度。

3）无因次标度时间模型

当油饱和岩心浸入盐水，被驱替的油体积会随时间变化。为了比较界面张力、流体黏度、岩心形状、岩石孔隙度和渗透率以及尺寸和边界条件对实验结果的影响，很多学者发展了水–油逆向自吸的无因次时间标度理论，并在不同边界条件下作了测试。Mattax 和 Kyte 提出了裂缝性水湿油藏自吸采油的标度方程（MK 模型），推导过程中提出以下假设：①样品形状和边界条件是统一的；②油/水黏度比具有可重复性；③重力因素可忽略；④初始液相分布必须具有可重复性；⑤毛细管力函数必须正比于界面张力；⑥相对渗透率函数是一样的。条件④至⑥暗示湿润性必须相同，孔隙结构必须类似。在此基础上将描述自吸的无因次时间参数 t_D 定义为

$$t_D = \sqrt{\frac{K}{\phi}} \frac{\sigma t}{\mu_w L^2} \tag{3-35}$$

式中：t 为渗吸时间，s；K 为润湿相渗透率，$\times 10^{-3}\mu m^2$；ϕ 为孔隙度；μ_w 为水（润湿性）的黏度，Pa · s；σ 为表面张力，N/m。

Mattax 和 Kyte 利用饱和油的砂岩开展岩心渗吸实验验证了上式的有效性，在 MK 模型提出之后，许多学者根据考虑的因素不同，提出了不同的无因次时间表达式。

3.2.4 自发渗吸实验

低渗油田的开发实践表明储层通常偏水湿，毛细管力渗吸作用是提高这类油藏采收率可能的有效方法，对于储层深处，渗吸作用往往以静态的方式进行，研

究影响静态渗吸的影响因素则为低渗油藏提高采收率提供了基础。

1. 自发渗吸实验方法

1) 体积法

体积法主要通过测量渗吸流体的体积来研究渗吸规律，主要原理是用带刻度的毛细管与装有岩心的容器相连，通过观察渗吸前后毛细管内液面变化来测量岩心渗吸量的大小。体积法实验是将岩心完全浸没在液体里，由于渗吸作用岩心内的非润湿相被润湿相驱替出来，在重力作用下汇聚在容器顶部的细管中，通过测量容器顶部的液体或气体体积，得到渗吸采收率。该法适用于高孔隙度、高渗透率的岩石样品，对于致密、孔渗性差的样品，由于岩样的总孔隙体积小，吸入的水量少，加之渗吸时间长，温度变化而使得液体蒸发，给实验带来误差，该方法主要描述静态渗吸规律，可用作定性分析，但由于体积的测量误差较大，此方法相比于质量法已较少使用。

2) 质量法

质量法即利用天平称取岩心样品吸水过程中质量的变化，从而求得该时刻吸入的润湿流体占总孔隙的体积分数。在传统的实验中，常利用人工操作对渗吸前后岩心的质量进行称量。该方法效率不高，由于岩样初始渗吸速度很快、重量变化快而无法准确的称出渗吸重量。在该方法的基础上，进一步发展成了电子式全自动渗吸仪，该方法能够自动记录读数，绘制出渗吸量随时间的变化曲线，操作方便，精度较高，是目前较为常见的一种实验方法。除此之外，利用该方法还方便进行其他相应影响因素的研究，如可通过将岩心的某一端面浸入水中或者将岩心整体浸入水中来研究不同接触面对渗吸的影响。

2. 自发渗吸实验流程

静态渗吸实验对于定性评价低渗储层的渗吸能力、分析影响渗吸规律的因素具有重要的作用，以质量法静态渗吸为例，简要介绍自发渗吸实验的流程。

(1) 实验器材：自动计量的渗吸实验装置主要包括：笔记本电脑一台；数据接收系统一套；高精度电子分析天平一个。将渗吸过程中的数据传入电脑，进而对渗吸数据进行实时记录。

(2) 实验步骤：①将岩心编号并用刻度尺量取各岩心的几何尺度(长度和直径)；②清洗残留在岩心中的杂质(原油、沥青等)，直到清洗液的颜色不发生变化为止；③清洗干净后，在高温下烘烤岩心8h以上，让其冷却干燥后，取出称重，直到前后两次的质量差小于0.01g，取平均值为岩心干重；④岩心烘干称重后，测量岩心的相关性质，如渗透率、孔隙度、压汞曲线测孔径分布，润湿性等；

⑤制造不同含水饱和度岩心实验：先将岩心浸入含水烧杯中，使水完全淹没岩心，浸泡一段时间，排出岩心中的气体，此时的岩心饱和水；然后将饱和水的岩心放入岩心夹持器中，以一定的驱替速率进行驱替，制造不同含水饱和度下的岩心；⑥进行渗吸实验：将该岩心悬挂于分析天平之下，完全浸没于测试液体中，进行渗吸实验(图 3-42)，此时岩心质量随时间的变化则会通过数据传输系统自动记录在电脑上，该实验进行到岩心质量不再增加为止，同时在渗吸过程中对岩心的边界条件进行处理(用环氧树脂和固化剂将岩心柱面和一个端面封固；岩心不封固，即多个接触面，对应于裂缝更为发育的情况)；⑦在此基础上进行含油岩心的渗吸，即在饱和水的条件下进行油驱水的实验，形成不同含水(含油)饱和度下的岩心，再按照步骤⑥的方法进行岩心水驱油的实验。

3. 渗吸实验结果评价及影响因素分析

1)渗透率的影响

选用大小、形状相同但渗透率存在差异的特低渗岩心开展静态渗吸实验，研究渗透率对渗吸驱油的影响，实验岩心的具体参数见表 3-3。不同渗透率下特低渗岩心的静态渗吸曲线如图 3-42 所示。实验结果表明，所用岩心渗吸驱油效率介于 19.48%～30.23%，在实验的初始阶段，渗吸速度快，驱油效率高，随着渗吸时间的增加，进入比较平缓的驱油阶段，渗吸速度变缓，最后当渗吸前缘抵达非渗透边界之后，渗吸速率降为 0，渗吸置换效率保持在一个稳定值。在早期渗吸阶段，毛细管力起着最主要的作用，随着渗吸过程的进行，毛细管力与重力、黏滞力等作用逐渐达到平衡，渗吸速度下降。

图 3-42、图 3-43 反映了渗吸采出程度和渗透率的关系。在此范围内，自然渗吸驱油效率随着渗透率的增加而增大。随着渗透率的降低，储层的孔隙性质较差，孔隙尺度范围下降，在毛细管力增加的同时，大幅减小了孔喉的流动能力，也增大了静态渗吸排驱采油的阻力，原油很容易被阻断在孔喉处，静态渗吸的效果变差。另外，即使在孔隙尺度分布差异并不大的条件下，渗透率低表明孔喉的连通性差，渗吸排油时油滴被卡断的概率更高，自发渗吸驱油的效果也会变差。针对渗透率对自发渗吸驱油效果的影响，有的研究认为渗吸驱油效率随着渗透率的增加而增大，但当渗透率达到某一数值后，采收率反而有下降的趋势，原因是随着渗透率的增加，平均孔隙半径增大，毛细管力下降的同时，孔喉的流动阻力也下降。综上所述，可能会导致存在最佳的自然渗吸驱油效率对应的岩心渗透率。

表 3-3 不同渗透率下特低渗砂岩渗吸实验岩心基础数据

编号	长度/cm	直径/cm	渗透率/$10^{-3}\mu m^2$	孔隙度/%	渗吸采出程度/%
A1	8.02	2.54	0.500	11.4	30.23
A2	8.00	2.54	0.310	12.6	29.08
A3	8.06	2.54	0.220	13.2	27.34
A4	8.04	2.54	0.100	13.8	25.31
A5	8.05	2.53	0.054	10.0	21.67
A6	8.06	2.54	0.028	11.3	20.94
A7	7.99	2.54	0.041	12.0	20.55
A8	7.96	2.54	0.035	10.6	20.53
A9	8.01	2.54	0.025	9.5	19.48

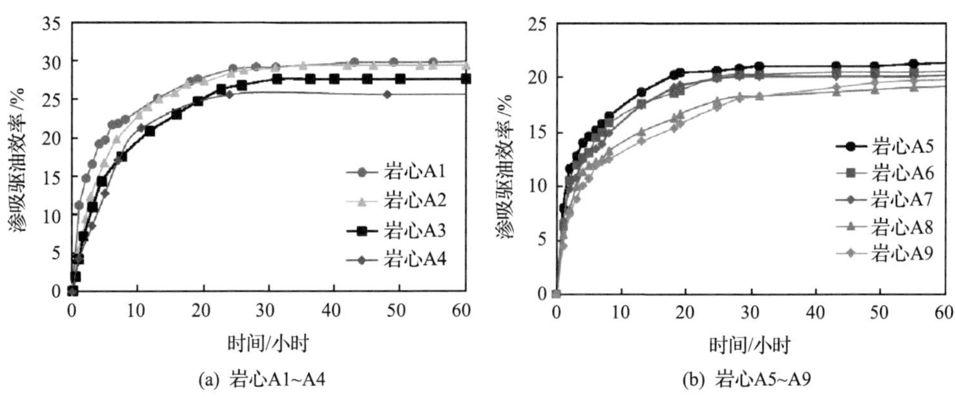

图 3-42 不同渗透率特低渗砂岩(岩心 A1～A9)渗吸驱油效率随时间的变化曲线

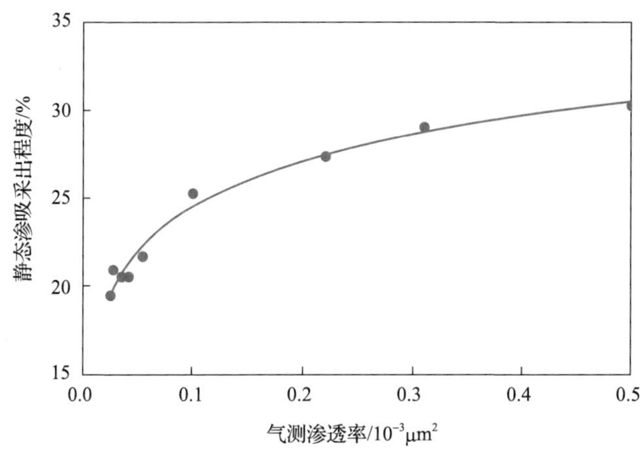

图 3-43 特低渗透率砂岩(岩心 A1～A9)静态渗吸渗透率与采出程度关系曲线

2) 油水黏度的影响

选用物性相近的 4 块岩心进行不同黏度下的静态渗吸实验，基本参数见表 3-4。其中，水的黏度为 1mPa·s，实验用油的黏度分别为 0.82mPa·s、2.50mPa·s、4.90mPa·s 和 10mPa·s。不同黏度原油低渗砂岩自发渗吸采出程度曲线如图 3-44 所示。实验结果表明：岩心渗吸速度、达到平衡时所需的时间，以及最终渗吸采收率均随着油黏度的增加而降低。主要原因是黏度的增大增加了渗吸排驱过程中流体流动的阻力，进而影响了渗吸速度和最终的采出程度。同时也表明对于特低渗砂岩，油藏中油的黏度越低越有利于渗吸作用的发挥，在实际生产的过程中，可通过降低原油黏度来改善特低渗油藏渗吸驱油的效果。

表 3-4　不同原油黏度下特低渗砂岩渗吸实验岩心基本参数

编号	长度/cm	半径/cm	渗透率/$10^{-3}\mu m^2$	孔隙度/%	水相黏度/(mPa·s)	油相黏度/(mPa·s)	渗吸采出程度/%
B1	4.53	2.50	0.5454	14.1	1	0.82	33.1
B2	4.50	2.48	0.5306	13.2	1	2.50	28.9
B3	4.52	2.50	0.5142	13.5	1	5.00	27.1
B4	4.50	2.51	0.5781	13.3	1	10.00	19.5

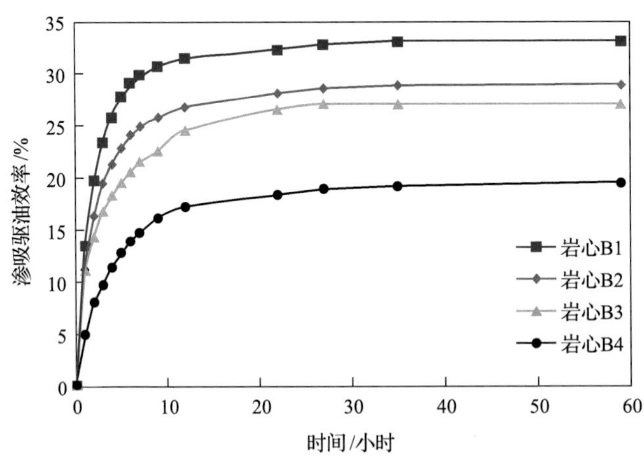

图 3-44　不同原油黏度下特低渗砂岩（岩心 B1～B4）渗吸驱油效率随时间变化曲线

3) 润湿性的影响

润湿性是表征储层中油、水与岩石之间的相互作用的重要参数，是控制油藏流体在储层中的分布、运移的重要参数。开展润湿性对渗吸作用影响的实验比常规自发渗吸实验更为复杂，在实验进行之前，往往需要对岩心进行润湿性的处理（老化处理）和测试。岩心润湿性的标定往往是利用自吸法测定岩心的相对润湿指

数，要确定相对润湿指数，首先要确定水湿指数和油湿指数，计算公式分别为

$$W_w = \frac{V_{o1}}{V_{o1} + V_{o2}} \tag{3-36}$$

$$W_o = \frac{V_{w1}}{V_{w1} + V_{w2}} \tag{3-37}$$

$$I = W_w - W_o \tag{3-38}$$

式中：W_w 为水湿指数；W_o 为油湿指数；V_{o1} 为岩样自吸水排油量，mL；V_{o2} 为岩样水驱排油量，mL；V_{w1} 为岩样自吸油排水量，mL；V_{w2} 为岩样油驱排水量，mL；I 为相对润湿指数。

岩心的自吸水排油量将由自然渗吸实验测得，水驱排油量将在自然渗吸实验完成之后，将岩心放入岩心夹持器内用水驱替测得。润湿性判别标准如表 3-5 所示。

表 3-5　润湿性判别表

类别	润湿性				
	亲油	弱亲油	中性	弱亲水	亲水
水湿指数	0～0.2	0.3～0.4	0.5 左右	0.6～0.7	0.8～1
油湿指数	0.8～1	0.6～0.7	0.5 左右	0.3～0.4	0～0.2

选用物性相近的特低渗砂岩岩心进行老化处理，并利用自吸法进行润湿性的标定，数据见表 3-6。利用这三块岩心开展自发渗吸实验，不同润湿性条件下的静态渗吸采出程度如图 3-45 所示。实验结果表明，岩心的渗吸速度和最终采出程度随亲水性的增强而增加。实验中强亲水岩心渗吸采出程度比弱亲水岩心高约 10%，弱亲油的岩心几乎不吸水。且在岩心物性相近时，致密砂岩岩心越亲水，达到静态渗吸平衡状态的时间越短，渗吸效率越高。原因在于毛细管力是低渗致密油藏静态渗吸排驱采油的主要动力，岩心亲水性越强，相同条件下毛细管力越大，渗吸排油的效果越明显。因此，润湿性是影响低渗砂岩油藏渗吸作用的主要因素之一，油藏越亲水则渗吸驱油效果越好，对于亲油性的低渗致密油藏，则可改变岩石的润湿性来提高储层静态渗吸排驱采油效果。

表 3-6　不同润湿性特低渗岩心基本参数及渗吸实验结果

编号	长度/cm	半径/cm	渗透率/$10^{-3}\mu m^2$	孔隙度/%	相对润湿指数	润湿性	渗吸采出程度/%
C1	5.20	2.50	1.780	10.8	0.95	强亲水	27.33
C2	4.98	2.50	1.780	11.0	0.12	弱亲水	19.52
C3	5.07	2.50	1.549	10.8	–0.09	弱亲油	1.82

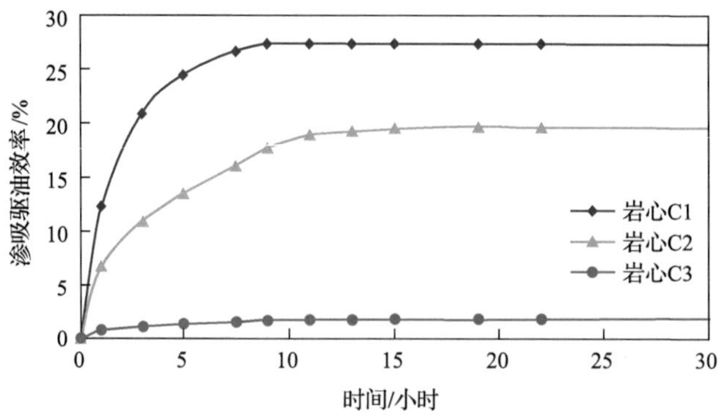

图 3-45 不同润湿性特低渗砂岩(C1～C3)渗吸驱油效率随时间的变化曲线

4)不同岩心长度

选用两块物性参数相近但长度不一致的岩心 D1 和 D2 进行自发渗吸实验，岩心具体参数见表 3-7。实验结果如图 3-46 所示。渗吸实验结果表明：岩心长度对渗吸采油速度影响较为明显，但对最终的采出程度影响不大，短岩心的渗吸采收率稍高于长岩心。岩心 D1 的长度近似为岩心 D2 长度的 2.5 倍，渗吸平衡时间约为岩心 D2 的 1.5 倍。相比而言，短岩心静态渗吸比表面积较大，毛细管力的作用能够得到充分的发挥，渗吸采油速率较快；另一方面，在相同的毛细管力作用下，岩心长度越长，渗吸压力梯度越小，岩心中原油通过渗吸输运速度越慢，再加上长

表 3-7 不同长度特低渗岩心基本参数及渗吸实验结果

编号	长度/cm	直径/cm	渗透率/$10^{-3}\mu m^2$	孔隙度/%	渗吸采出程度/%
D1	9.9	2.54	0.028	9.9	20.39
D2	4.15	2.53	0.027	8.8	21.70

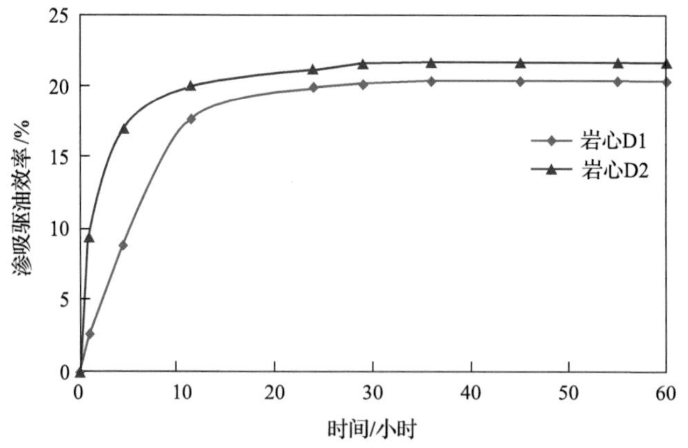

图 3-46 不同长度特低渗砂岩(D1～D2)渗吸驱油效率随时间的变化曲线

度效应，导致完成渗吸采油所需时间增加，渗吸速度下降。对于实际储层而言，如果裂缝系统越发育，则表明基质块的长度越小，则基质与裂缝的渗吸速度越快，油水交换的时间更短，有利于渗吸作用的发挥和水驱油的效率。同时，在压裂的过程中，要尽可能多造缝，切割储层，从而增加接触面积，提高渗吸效率，促使基质中的原油渗吸到裂缝中，增强开发效果。

5) 不同边界条件的影响

选取物性相同的岩心开展不同边界条件对静态渗吸的影响，岩心的基本参数如表 3-8 所示。四种边界条件分别为：①完全打开的岩心系统(AFO)；②两端关闭的岩心系统(TEC)；③侧面封闭的岩心系统(TEO)。④一端打开的岩心系统(OEO)。边界条件的示意图见图 3-47。

表 3-8 不同边界条件下特低渗砂岩渗吸实验岩心基本参数及实验结果

编号	长度/cm	直径/cm	渗透率/$10^{-3}\mu m^2$	孔隙度/%	边界条件	渗吸采出程度/%
E1	4.90	2.50	2.02	10.61	AFO	32.3
E2	5.07	2.49	2.20	10.06	TEC	28.66
E3	5.20	2.50	1.93	11.3	TEO	26.90
E4	4.98	2.50	1.82	11.4	OEO	18.90

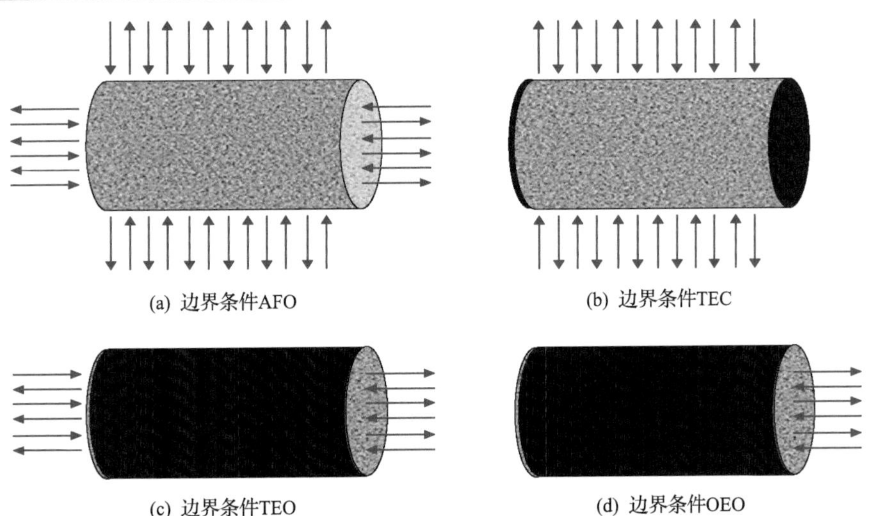

图 3-47 圆柱形岩心不同边界条件示意图

在自发渗吸的过程中，将其中一块岩心完全置于盛满蒸馏水的烧杯中，AFO 条件下岩心的各个表面都能参与渗吸过程，而在其他条件下，只有岩心的端面或者是柱面能接触到蒸馏水发生渗吸作用。不同条件下的静态渗吸曲线如图 3-48 所示。比较几种边界条件：AFO 边界条件下的采出程度最高，渗吸达到平衡的时间最短；OEO 边界条件下的采出程度最小，达到静态渗吸平衡的时间最长。分析认为，岩心开启端面位置不同，渗吸过程中流体流动的方向不同。当圆柱形岩心的两端封闭时，岩心内部为径向流动，圆柱形岩心的侧面被封闭时，岩心内流体为线性流动；渗吸过程中流体的流动方向不同，导致渗吸速率、最终采出程度均存在差异。其他实验条件相同时，AFO 条件下的静态渗吸效果明显高于其他三种；TEO 和 TEC 两种条件下的静态渗吸速率与采出程度也不同，表明静态渗吸过程与渗吸发生的位置相关。因此，在低渗油藏的开发过程中，可采用水平井等方式人为加大上下开启面，当注水开发时，水在重力的作用下沿着裂缝运移，增加渗吸作用，提高开发效果。

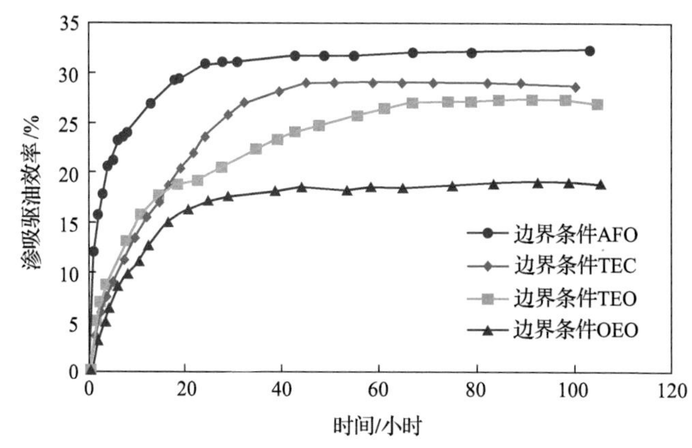

图 3-48　不同边界条件下特低渗岩心渗吸驱油效率随时间的变化曲线

6) 不同含水饱和度

实际低渗油藏往往具有一定的含水饱和度，研究含水饱和度对自发渗吸的影响规律对于渗吸驱油理论具有更现实的意义。选取相应的岩心，通过模拟油驱水过程制造不同的含水饱和度，再进一步开展不同含水饱和度下的自发渗吸实验，实验基本参数及实验结果分别见表 3-9 和图 3-49。随着含水饱和度的增加，渗吸采出程度降低，渗吸达到平衡的时间减小，在高含水饱和度下，岩心的自发渗吸采出程度小于 5%，渗吸采油潜力较小。在相同的条件下，含水饱和度增加，毛细管力减小，渗吸动力下降，渗吸速率和最终采出程度都会下降。从微观上分析，含水饱和度的分布特征也会影响自发渗吸过程。根据前文对油水分布特征的分析，在一定的驱替压差下，小于临界尺度的孔隙充填水而成为无效的渗吸驱油孔隙，大于临界尺度的孔隙表现为“油芯水膜”。当含水饱和度很低时，大量的小孔隙还未被水充填，参与自发渗吸的小毛细管较多，孔隙尺度越小，毛细管力越大，渗吸速度和采出程度较高。随着含水饱和度的增加，尺度更大、数量更多的孔隙被毛细管水充填，有效孔隙的数量减小、尺度增大，毛细管力减小，渗吸速率和最终采出程度下降。

表 3-9 不同含水饱和度下渗吸实验岩心基本参数

编号	长度/cm	直径/cm	渗透率/$10^{-3}\mu m^2$	孔隙度/%	油黏度/(mPa·s)
F1	5.2	2.5	1.93	14.3	2.5

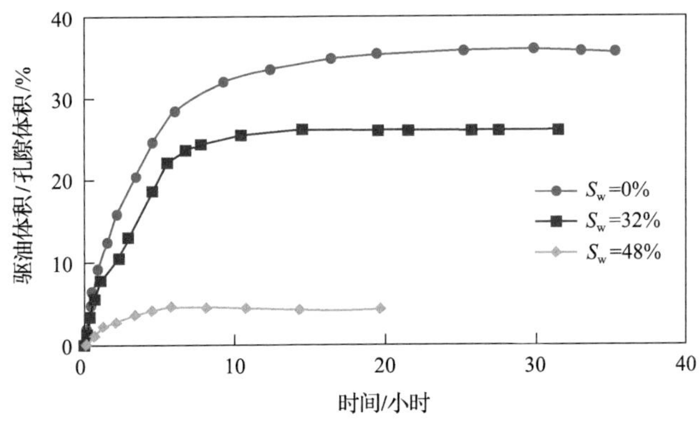

图 3-49 不同含水饱和度特低渗砂岩渗吸驱油效率随时间的变化曲线

3.3 水驱油两相渗流机理与模型

3.3.1 油水相渗对应特低渗油藏注水开发特殊的含义

1) 油水相渗的定义

某一相流体的相对渗透率是指在多孔介质两相渗流中，该相流体的有效渗透率与绝对渗透率的比值。当岩石为油水两相流体饱和渗流时，油、水两相流体的相对渗透率分别是油相有效渗透率与岩石绝对渗透率的比值、水相有效渗透率与岩石绝对渗透率的比值。

2) 影响油水渗透率主要因素

(1) 孔隙结构特征。

流体饱和度的分布及流动渠道直接与岩石孔隙大小、几何形态及其组合特征有关，直接影响相渗曲线。高渗、大孔隙砂岩两相共渗区范围大，共存水饱和度低，端点相对渗透率高；孔隙小、连通性好的岩心共存水饱和度高，两相流覆盖饱和度范围较窄，端点相对渗透率也较低；孔隙小、连通性又不好的岩心两相区和端点相对渗透率都低。

(2) 孔隙填隙物含量。

储层孔隙系统中的填隙物含量越高，则相对渗透率曲线表现为两相流动范围较窄，残余油饱和度较高，两相渗流阻力大。

(3) 储层岩石的润湿性。

油水在岩石孔隙中的分布影响其润湿性。亲水性岩石表面被水膜附着，油占据着孔道的中间"宽敞"部位， 原油含油饱和度较高，而一些边角死角由于岩石的亲水而被水所占据，造成了水相对油不易流动的情况，水的相对渗透率比油相的相对渗透率低。

3) 中高渗油藏油水相渗特征

相对渗透率曲线特征主要有几个关键内容：两条曲线、三个区域和四个特征点。

(1) 两条曲线：主要包括润湿相相对渗透率曲线和非润湿相相对渗透率曲线，两条相对渗透率曲线交叉相交。

(2) 三个区域：包括单相油流区、油水同流区和纯水流动区。单相油流区是 S_w 很小，$K_{rw}=0$，K_{ro} 略低于 1 范围内，这一曲线特征主要是由岩石中油水分布和流动情况决定的。油水同流区表现为随着含水饱和度的增大，水相相对渗透率随之增大，油相相对渗透率随之减小。油水相对渗透率之和大大降低，小于 1，并且两条曲线的交点处相对渗透率之和达到最小值。

(3) 四个特征点：分别是束缚水饱和度点 S_{wi}、残余油饱和度点 S_{or}、残余油饱和度下的水相相对渗透率点 K_{rw} 和两条曲线的交点(等渗点)。

中高渗油层的相对渗透率曲线明显特征表现为：①两相共渗区范围大，束缚水饱和度低，原始含油饱和度较高；②油相渗透率下降速度较慢，水相渗透率曲线增大速度较快；③驱油效率高，最终采收率较高。

4) 低渗–特低渗油藏油水相渗特征

如图 3-50 所示，与中高渗透油层相比，低渗–特低渗油藏在相渗透率曲线上表现出以下主要特征：①束缚水饱和度高，原始含油饱和度低；②两相流动范围窄；③驱油效率低；④油相渗透率下降快；⑤水相渗透率上升慢，最终值低，无水期采收率和最终采收率低。

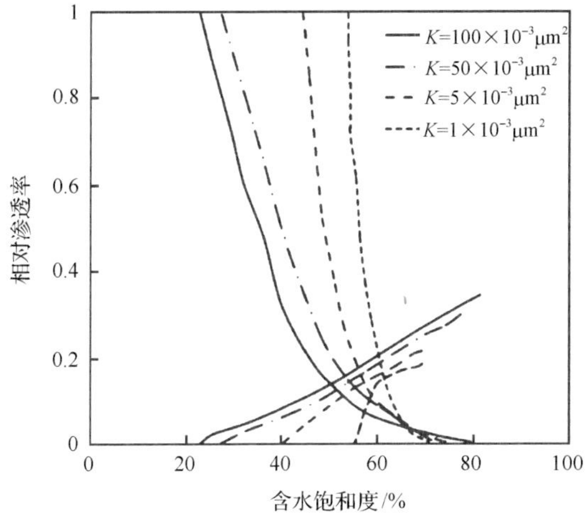

图 3-50 不同渗透率砂岩的相对渗透率曲线

3.3.2 常规油水相渗实验方法与计算模型

周成勋等指出，实验室测定有效渗透率通常是对有代表性的、保存在岩心衬套内的岩样进行一种特殊的岩心分析实验。非稳态相对渗透率实验能够模拟油藏中非混相流体的驱替过程。在不均质的样品中可能出现严重的错误。对于非均质性比较严重和具有混合润湿的油藏，应该优选稳态法。毛细管力基本上可以忽略，而主要困难是确定每个阶段的饱和度。建立相渗曲线通常需要 5～10 个阶段(或实验点)。在大多数实验室实验中，一般都使黏性流动压力大于毛细管力和重力，因此速度对残余油饱和度的影响不大。在油田上这可能不符合实际。毛细管力的影响主要取决于润湿性，毛细管力是在孔隙大小而不是井间大小来施加影响的。

1. 稳态法

1) 测量主要步骤

(1) 将油水以一定的比例恒速泵入混合室后进入岩心入口端；
(2) 当出口油水流量约等于注入端时视为稳定；
(3) 完成设计的所有油水比例后实验结束。

2) 计算方法

$$K_{ew} = Q_w \times \mu_w \times L / (A \times \Delta P_w) \times 10^{-2} \tag{3-39}$$

$$K_{eo} = Q_o \times \mu_o \times L / (A \times \Delta P_o) \times 10^{-2} \tag{3-40}$$

假设忽略毛细管力对渗流的影响，即 $P_o = P_w$，则油相、水相相对相渗率可按下式计算，

$$K_{ro} = K_{eo} / K \tag{3-41}$$

$$K_{rw} = K_{ew} / K \tag{3-42}$$

式中：K 为绝对渗透率，$10^{-3}\mu m^2$；K_{eo} 和 K_{ew} 分别为一定的含水饱和度下，油相和水相绝对渗透率，$10^{-3}\mu m^2$；K_{ro} 和 K_{rw} 分别为一定的含水饱和度下，油相和水相相对渗透率，小数；Q_w 和 Q_o 为水相和油相的流量，mL/s；L 为岩心长度，cm；A 为岩心截面积，cm^2；μ_w 和 μ_o 分别为水相和油相的黏度，mPa·s；ΔP_w 和 ΔP_o 分别为水相和油相的驱替压差，MPa。

平均含水饱和度 S_w 的计算方法为

$$M = D_M + S_w \times V_p \times \rho_w + (1 - S_w) \times V_p \times \rho_o \tag{3-43}$$

$$S_w = (M - D_M - V_p \times \rho_o) / [V_p \times (\rho_w - \rho_o)] \tag{3-44}$$

式中：D_M 为干燥岩心的质量，g；V_p 为岩心孔隙体积，mL；M 为岩心和其他流体的总质量，g；ρ_w 和 ρ_o 分别为水相和油相的密度，g/cm^3。

3）方法适应性

稳态法适用于胶结砂岩岩样中两相流体相对渗透率的测定，适用于空气渗透率大于 $50 \times 10^{-3}\mu m^2$ 的岩样的相渗测定。

2. 非稳态法

1）实验原理

非稳态法比稳态法测量的快，由贝克莱和列维尔特发展的，后来由 Welge 推广的理论被应用于非稳态条件求解相对渗透率。公式推导过程考虑了毛细管力与重力作用，但是在应用中给予忽略。假设两相流体不互溶且不可压缩，岩样均值。

2）测量主要步骤

（1）建立束缚水饱和度；

（2）注水驱替，驱替压差根据相似定律计算，恒压（恒速驱替类似）驱替，计量产出的累积油水量；

（3）当产出流体不含油时或达到一定注水体积后停止实验。

3）计算方法

为了使在实验室测定油-水相对渗透率时，减少末端效应影响，使所得相对渗

透率曲线能代表油层内油水渗流特征，除了所用岩样、油水性质、驱油历程等与油层条件相似外，在选择水驱油速度或驱替压力试验条件方面，还应满足以下关系：

(1) 当水驱油采用恒速法时，按下式确定注水速度：

$$L\mu_{\mathrm{w}}v_{\mathrm{w}} \geqslant 1 \tag{3-45}$$

式中：L 为岩样长度，cm；μ_{w} 为在测定温度下水的黏度，mPa · s；v_{w} 为水流速度，cm/min；$v_{\mathrm{w}}=\dfrac{Q}{A}$，$Q$ 为流量，mL/min；A 为岩样横截面积，cm^2。

(2) 当水驱油采用恒压法时，按照 $\pi_1 \leqslant 0.6$ 确定初始驱替压差 ΔP_0，π_1 原则按照下式确定：

$$\pi_1=\frac{10^{-3}\sigma_{\mathrm{ow}}}{\Delta P_0\sqrt{K_{\mathrm{a}}/\phi}} \tag{3-46}$$

式中：π_1 为毛细管压力与驱替压差之比；σ_{ow} 为油、水界面张力，mN/m；ΔP_0 为初始驱替压差，MPa；K_{a} 为岩样的气测渗透率，$\mu\mathrm{m}^2$；ϕ 为岩样的孔隙度。

(3) 非稳态法油-水相对渗透率和含水饱和度计算公式：

$$f_{\mathrm{o}}\left(S_{\mathrm{w}}\right)=\frac{\mathrm{d}\bar{V}_o\left(t\right)}{\mathrm{d}\bar{V}\left(t\right)} \tag{3-47}$$

$$K_{\mathrm{ro}}=f_{\mathrm{o}}\left(S_{\mathrm{w}}\right)\frac{\mathrm{d}\left[1/\bar{V}\left(t\right)\right]}{\mathrm{d}\left[1/I\bar{V}\left(t\right)\right]} \tag{3-48}$$

$$K_{\mathrm{rw}}=K_{\mathrm{ro}}\frac{\mu_{\mathrm{w}}}{\mu_{\mathrm{o}}}\frac{1-f_{\mathrm{o}}\left(S_{\mathrm{w}}\right)}{f_{\mathrm{o}}\left(S_{\mathrm{w}}\right)} \tag{3-49}$$

$$I=\frac{Q\left(t\right)}{Q_{\mathrm{o}}}\frac{\Delta P_0}{\Delta P(t)} \tag{3-50}$$

$$S_{\mathrm{we}}=S_{\mathrm{ws}}+\bar{V}_{\mathrm{o}}\left(t\right)-\bar{V}\left(t\right)f_{\mathrm{o}}\left(S_{\mathrm{w}}\right) \tag{3-51}$$

式中：$f_{\mathrm{o}}\left(S_{\mathrm{w}}\right)$ 为含油率；$\bar{V}_{\mathrm{o}}\left(t\right)$ 为无因次累积采油量；$\bar{V}\left(t\right)$ 为无因次累积采液量；K_{ro} 为油相相对渗透率；K_{rw} 为水相相对渗透率；I 为相对注入能力，又称流动能力比；$Q(t)$ 为 t 时刻岩样出口端面产液流量；Q_{o} 为初始时刻岩样出口端面产油流量，cm^3/s；ΔP_0 为初始驱替压差，MPa；$\Delta P(t)$ 为 t 时刻的驱替压差，恒压法试验时，为常数，MPa；S_{we} 为岩样出口端面的含水饱和度；S_{ws} 为束缚水饱和度。

4) 方法适应性

非稳态法适用于胶结砂岩岩样中两相流体相对渗透率的测定，适用于空气渗透率大于 $5\times10^{-3}\mu m^2$ 的岩样的两相相渗测定。

3.3.3 考虑毛细管力的油水相渗实验方法

1. 实验目的

低渗-特低渗油藏渗透率低，孔喉细小，孔隙结构复杂，非均质性较强，毛细管力对渗流的影响不可忽略。常规不稳态测相渗的实验方法一般不把毛细管力的作用考虑进去，这对于低渗-特低渗油藏的渗流描述误差较大。本节将毛细管力对渗流的影响考虑进去，减小实验求取的低渗-特低渗油藏的相渗曲线对油水两相渗流描述带来的误差。

2. 实验原理及方法

考虑毛细管力测油水相渗实验以非稳态法测相渗实验为依托，以将毛细管力考虑进去修正的贝克莱-列维尔特水驱油理论(B-L 理论)为基础。油水在孔隙介质中的相对渗透率随饱和度和驱替压差的变化而变化，在某一岩石横断面上的流量也同样随时间而变化。准确测量出恒定压力下的油、水流量(恒压法)，或恒流量下的水驱油过程中的压力变化值(恒流法)，从而计算得出相对渗透率曲线。

在忽略毛细管力测相渗的不稳定实验法中，为了减小多孔介质中毛细管力对实验结果的影响，要求驱动条件大于 π_1 原则临界压力或大于临界速度。如果考虑毛细管力对渗流的影响，就要求实验驱动条件小于 π_1 原则临界压力或者临界速度。而且由于低渗-特低渗岩心存在一定的流体启动压力梯度，如果实验驱替压差太小则无法驱动流体移动，所以这里考虑毛细管力的油水相渗试验驱替压差大于启动压力梯度，且小于 π_1 原则临界压力。

3. 实验设计

实验除了测定考虑毛细管力的低渗-特低渗岩心的相渗曲线，同时也研究实验中驱替压差对相渗曲线的影响，为此在该实验中选择三个驱替压差分别进行相渗测试，比较分析三个不同驱替压差下测得的相渗曲线。

结合水相启动压力梯度曲线和恒压法(π_1 原则)来确定临界压力：①比启动压力梯度稍大；②π_1 原则临界压力的 1/3，确保比启动压力梯度大；③π_1 原则临界压力的 2/3。

4. 实验步骤

(1)将岩心抽真空，饱和蒸馏水；

(2)用油驱水的方法建立束缚水饱和度，首先用低驱替压差进行油驱水，然后逐渐增加驱替压差直至岩心末端不再出水为止。束缚水饱和度计算公式：

$$S_{\mathrm{ws}} = \frac{V_{\mathrm{p}} - V_{\mathrm{w}}}{V_{\mathrm{p}}} \times 100\% \tag{3-52}$$

式中：V_{p} 为孔隙体积，mL；V_{w} 为岩石内被驱出水的体积的数值，mL。

(3)测定束缚水饱和度下的油相相对渗透率 K_{o}，连续测定 3 次，相对偏差小于 3%。记录束缚水饱和度下两端压力、油相流量。

$$K_{\mathrm{o}} = \frac{q_{\mathrm{o}}\mu_{\mathrm{o}}L}{A\Delta P} \times 10^2 \tag{3-53}$$

(4)利用恒压法进行水驱油测油-水相渗实验，首先用小驱替压差向岩心注入水进行水驱油。准确记录产油量、产水量、见水时间、见水时的累积产油量、累积产液量以及对应的岩样两端的驱替压差。在见水初期，产油量和产水量变化比较大，加密记录，随出油量的下降，延长记录时间间隔。含水率达到 99.95%时或注水 30 倍孔隙体积后，测定残余油下的水相渗透率，结束实验。

(5)计算最终平均含水饱和度 $\overline{S}_{\mathrm{w}}$。

(6)改变驱替压差(根据驱替压差的确定原则②～③)，将岩心重新洗油，重复上述步骤(1)～(4)。

5. 实验数据处理方法

在建立油水相渗计算模型时，以贝克莱–列维尔特方程(B-L 方程)为基础，将毛细管力和启动压力梯度考虑进去，建立相应的相渗数学模型。

1)运动方程

考虑低渗-特低渗储层多孔介质流体渗流特性，则油、水相非达西流运动方程为

$$v_{\mathrm{o}} = -\frac{KK_{\mathrm{ro}}}{\mu_{\mathrm{o}}}\left(\frac{\partial P_{\mathrm{o}}}{\partial x} - \lambda_{\mathrm{o}}\right) \tag{3-54}$$

$$v_{\mathrm{w}} = -\frac{KK_{\mathrm{rw}}}{\mu_{\mathrm{w}}}\left(\frac{\partial P_{\mathrm{w}}}{\partial x} - \lambda_{\mathrm{w}}\right) \tag{3-55}$$

根据毛细管力定义：

$$P_c(S_w) = P_o - P_w \tag{3-56}$$

毛细管力时含水饱和度的函数。

式(3-54)结合式(3-56)可得

$$v_o = -\frac{KK_{ro}}{\mu_o}\left(\frac{\partial P_w}{\partial x} + \frac{\partial P_c}{\partial x} - \lambda_o\right) \tag{3-57}$$

储层多孔介质中流体总流速为

$$v = v_w + v_o \tag{3-58}$$

油、水分流量分别为

$$f_w = \frac{v_w}{v},\quad f_o = \frac{v_o}{v} \tag{3-59}$$

式(3-54)、(3-55)、(3-56)和(3-59)结合得

$$\frac{vf_w\mu_w}{K_{rw}} - \frac{vf_o\mu_o}{K_{ro}} = K\left(\frac{\partial P_c}{\partial x} + \lambda_w - \lambda_o\right) \tag{3-60}$$

结合 $f_o = 1 - f_w$，式(3-60)变形得

$$f_w\left(\frac{\mu_w}{K_{rw}} + \frac{\mu_o}{K_{ro}}\right) = \frac{\mu_o}{K_{ro}} + \frac{K}{v}\left(\frac{\partial P_c}{\partial x} + \lambda_w - \lambda_o\right) \tag{3-61}$$

式(3-61)变形可得

$$f_w = \frac{\dfrac{\mu_o}{K_{ro}} + \dfrac{K}{v}\left(\dfrac{\partial P_c}{\partial x} + \lambda_w - \lambda_o\right)}{\dfrac{\mu_w}{K_{rw}} + \dfrac{\mu_o}{K_{ro}}} \tag{3-62}$$

式中：K 为岩心绝对渗透率；K_{ro} 和 K_{rw} 分别为油相、水相相对渗透率；μ_o 和 μ_w 分别为油相、水相黏度；λ_o 和 λ_w 分别为油相、水相启动压力梯度；v_o 和 v_w 分别为油相、水相流动速度；S_w 为含水饱和度；P_c 为毛细管力；P_o 和 P_w 分别为油相、水相压力；v 为流体总速度；f_o 和 f_w 分别为油相、水相分流量。

2) B-L 方程

忽略流体的压缩性，一维均质地层水驱油过程中的油、水连续性方程为

$$\frac{\partial v_o}{\partial x}+\phi\frac{\partial S_o}{\partial t}=0 \tag{3-63}$$

$$\frac{\partial v_w}{\partial x}+\phi\frac{\partial S_w}{\partial t}=0 \tag{3-64}$$

结合式(3-59)和式(3-64)可得

$$v(t)\frac{\partial f_w}{\partial x}+\phi\frac{\partial S_w}{\partial t}=0 \tag{3-65}$$

由式(3-65)变形整理可得等含水饱和度面在储层多孔介质中的移动速度为

$$\left.\left(\frac{\mathrm{d}x}{\mathrm{d}t}\right)\right|_{S_w}=\frac{v}{\phi}\frac{\mathrm{d}f_w}{\mathrm{d}S_w} \tag{3-66}$$

式中：S_o 和 S_w 分别为含油饱和度、含水饱和度；x 为流体渗流距离；t 为时间；ϕ 为孔隙度。

3) 油-水相对渗透率计算公式

式(3-55)变形求解压差与相对渗透率的关系，得

$$\frac{\partial P_w}{\partial x}=-\frac{v_w\mu_w}{KK_{rw}}+\lambda_w \tag{3-67}$$

将式(3-59)代入式(3-67)得

$$\frac{\partial P_w}{\partial x}=-\frac{vf_w\mu_w}{KK_{rw}}+\lambda_w \tag{3-68}$$

岩心多为水湿，从而岩心两端压力用水相压力参数来表示更为合理，则

$$\Delta p=\int_0^L\frac{\partial P_w}{\partial x}\mathrm{d}x \tag{3-69}$$

依据等含水饱和度面推进速度，由式(3-66)可推出

$$\mathrm{d}x=\frac{L}{f'_{w2}}\mathrm{d}f'_w \tag{3-70}$$

$$f'_{w2} = \frac{1}{\bar{Q}_{1w}} = \frac{AL\phi}{Q_{1w}(t)} \tag{3-71}$$

式中：f'_{w2}为在岩心末端的水相分流量对含水饱和度的导数；f'_w为水相分流量对含水饱和度的导数；$\bar{Q}_{1w}$为累积注入孔隙体积倍数；$Q_{1w}(t)$为累积注入水量，m^3；A为岩心横截面面积，m^2。

将式(3-68)和(3-70)代入式(3-69)得

$$\Delta P = \int_0^{f'_{w2}} \left(\frac{v f_w \mu_w}{K K_{rw}} - \lambda_w \right) \frac{L}{f'_{w2}} \mathrm{d}f'_w \tag{3-72}$$

将式(3-71)代入式(3-72)并两端进行求导，整理得水相相对渗透率为

$$K_{rw2} = f_{w2} \frac{\mathrm{d}\left(\dfrac{1}{\bar{Q}_{1w}} \right)}{\dfrac{K\left(\mathrm{d}\Delta P - \lambda_w L \bar{Q}_{1w}{}^{-1} \mathrm{d}\bar{Q}_{1w} \right)}{v \mu_w L \bar{Q}_{1w}}} \tag{3-73}$$

联立式(3-72)和式(3-62)可得油相相对渗透率为

$$K_{ro2} = \frac{\mu_o (1 - f_{w2})}{\dfrac{\mu_w f_{w2}}{K_{rw2}} - \dfrac{K}{v} \left(\dfrac{\mathrm{d}P_c}{\mathrm{d}S_w} \dfrac{\mathrm{d}S_w}{\mathrm{d}x} + \lambda_w - \lambda_o \right)} \tag{3-74}$$

式中：下标“2”代表岩心末端处。

4）含水饱和度及梯度计算公式

由油-水相对渗透率计算公式可知，必须先求取岩心末端的含水饱和度及其梯度才能得到油水相对渗透率。

根据物质平衡原理可得

$$S_{wa} = S_{wc} + \frac{\sum Q_o}{A\phi L} \tag{3-75}$$

式中：S_{wa}为平均含水饱和度；S_{wc}是束缚水饱和度；$\sum Q_o$为累积产油量。

岩心末端的含水饱和度可表示为

$$S_{w2} = S_{wa} - \frac{Q_{1w}(t)}{A\phi L} f_{o2} \tag{3-76}$$

式中：S_{w2} 为岩心末端含水饱和度；f_{o2} 为岩心末端油相分流量。

由偏导数基本性质可得

$$\frac{\partial S_w}{\partial x}=-\frac{\dfrac{\partial S_w}{\partial t}}{\dfrac{\mathrm{d}x}{\mathrm{d}t}} \tag{3-77}$$

结合式(3-66)，式(3-77)变形为

$$\frac{\partial S_w}{\partial x}=-\frac{A\phi}{f_w'}\frac{\partial S_w}{\partial Q} \tag{3-78}$$

式中：Q 为累积总产液量，其与累积注入水量 $Q_{1w}(t)$ 几乎相等。

根据物质平衡关系，岩心中含水饱和度变化的比例等于累积产液量变化的比例，即

$$\frac{\partial \overline{S}_w(x,t)}{S_w(x,t)-\overline{S}_w(x,t)}=-\frac{\partial Q}{Q} \tag{3-79}$$

将式(3-79)变形整理得

$$S_w(x,t)=\overline{S}_w(x,t)-Q\frac{\partial \overline{S}_w(x,t)}{\partial Q} \tag{3-80}$$

式中：$S_w(x,t)$ 为 t 时刻岩心 x 处含水饱和度；$\overline{S}_w(x,t)$ 为 t 时刻岩心[0，x]区间内的平均含水饱和度。

对式(3-80)两边求导可得

$$\frac{\partial S_w(x,t)}{\partial Q}=-Q\frac{\partial^2 \overline{S}_w(x,t)}{\partial Q^2} \tag{3-81}$$

岩心中水驱油时，有

$$\overline{S}_w(x,t)=S_{w2}+\frac{\left[1-f_w(x,t)\right]Q}{A\phi} \tag{3-82}$$

对式(3-82)连续两次求导并代入式(3-93)得

$$\frac{\partial S_w(x,t)}{\partial Q}=\frac{Q}{A\phi}\left(2\frac{\partial f_w(x,t)}{\partial Q}+Q\frac{\partial^2 f_w(x,t)}{\partial Q^2}\right) \tag{3-83}$$

将式(3-83)代入式(3-90)，求出岩心末端含水饱和度梯度为

$$\left.\frac{\partial S_{\mathrm{w}}}{\partial x}\right|_{x=L}=-\frac{Q^2}{A\phi L}\left(2\frac{\mathrm{d}f_{\mathrm{w}2}}{\mathrm{d}Q}+Q\frac{\mathrm{d}^2 f_{\mathrm{w}2}}{\mathrm{d}Q^2}\right) \tag{3-84}$$

联系式(3-73)、(3-74)、(3-76)和式(3-84)就可以求出计算低渗–特低渗储层多孔介质中油水渗流时考虑启动压力梯度和毛细管力影响的油水相对渗透率曲线。

6. 实验结果及认识

表3-10中是做相渗实验的3块岩心的基本参数，包括2块天然岩心7号和3号，以及1块人造岩心3-5号，7号岩心的束缚水饱和度为67.6%，3号岩心的束缚水饱和度为40.03%，3-5号人造岩心的束缚水饱和度为36.14%，束缚水饱和度随岩心渗透率的增大而减小。

表 3-10　非稳态相渗实验的岩心基本参数

编号	渗透率/$10^{-3}\mu m^2$	孔隙度/%	束缚水饱和度/%
7	0.921	13.22	67.6
3	1.934	14.30	40.03
3-5	10.125	24.70	36.14

1) 岩心驱替实验生产曲线

表3-11以及图3-51～图3-53是3块实验岩心在不同驱替压差下的生产数据特征，表3-11说明了在不同驱替压差下开始见水以及完全见水时的注水量，和采收率情况。

表 3-11　非稳态相渗实验岩心的生产参数列表

编号	驱替压差/MPa	开始见水时注水量/PV	完全见水时注水量/PV	采收率/%
7	0.6	0.090	0.245	74.03
	1.3	0.280	0.693	80.49
3	0.4	0.105	0.331	49.10
	1.8	0.216	1.237	61.30
3-5	0.4	0.051	0.349	15.10
	0.9	0.090	1.108	22.60
	1.5	0.084	1.349	26.40

(1)7 号岩心(图 3-51)：在 0.6MPa 驱替压差下，在注水量 0.09PV(PV 代表孔隙体积)时，开始有微少的水产出，产水率稳定在 3%左右，一直到注水量 0.240PV 时，含水率急剧增大，注水量 0.245PV 时，完全产水。最终采出程度为 74.03%。1.3MPa 驱替压差下，在注水量 0.28PV 时，开始产水，之后产水量增加，产油量降低，含水率逐渐增大，到注水量 0.312PV 后含水率达到 95%以上，一直到注水量 0.693PV 后完全见水。最终采出程度为 80.49%。

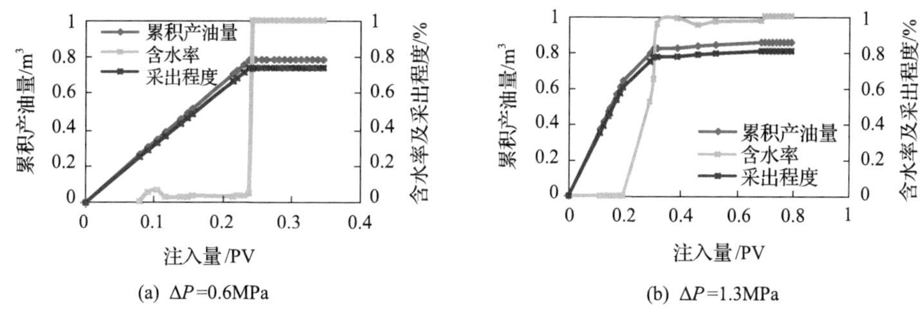

图 3-51　7 号岩心不同驱替压差下的生产曲线

(2)3 号岩心(图 3-52)：在 0.4MPa 驱替压差下，在注水量 0.105PV 时开始有少量水产出，一直到注水量 0.312PV，含水率保持在 11%以下，之后含水率急剧增大到 100%，注水量 0.331PV 时完全见水。最终采出程度为 49.1%。1.8MPa 驱替压差下，在注水量 0.216PV 时开始有少量水产出，之后含水率持续稳定增加，一直到注水量 1.237PV 时完全见水。最终采出程度为 61.3%。

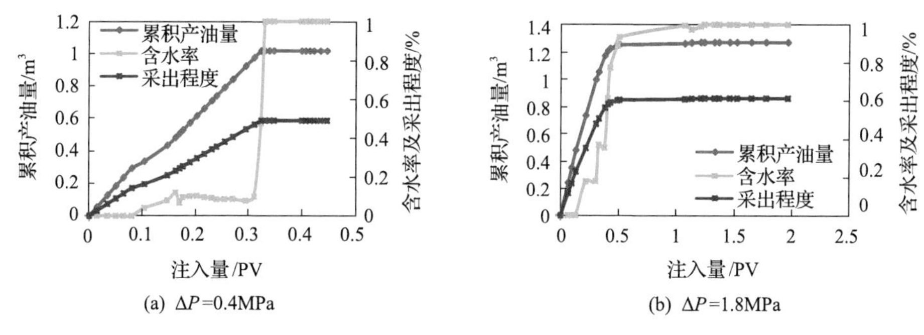

图 3-52　3 号岩心不同驱替压差下的生产曲线

(3)3-5 号岩心(图 3-53)：在 0.4MPa 驱替压差下，在注水量 0.051PV 时开始有少量水产出，之后含水率逐渐增加，一直到注入量 0.3494PV 时完全出水。最终采出程度 15.1%。0.88MPa 驱替压差下，在注水量 0.090PV 时开始有水产出，之后含水率逐渐增加，一直到注入量 1.108PV 时完全出水。最终采出程度 22.6%。

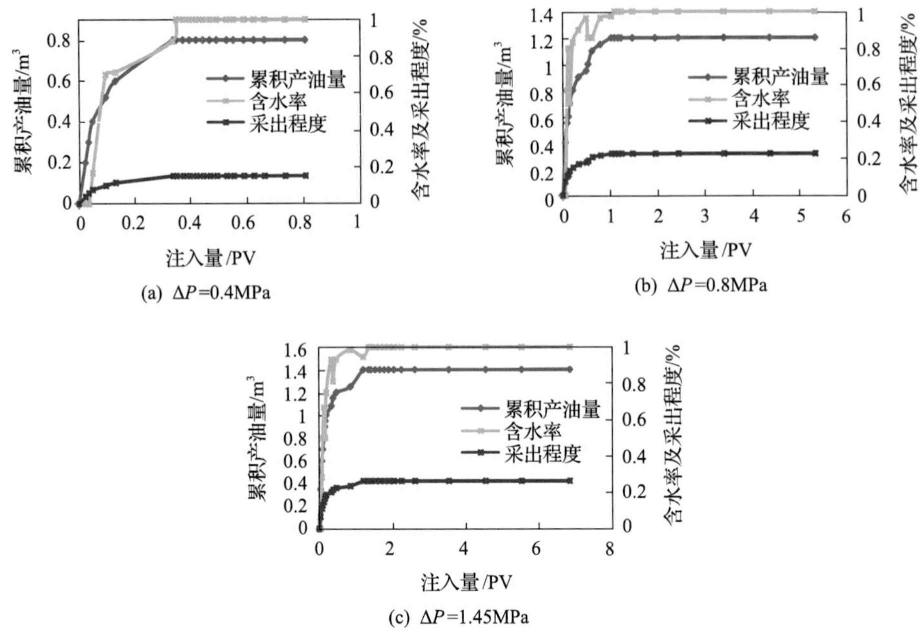

图 3-53　3-5 号岩心不同驱替压差下的生产曲线

7 号和 3 号岩心在低驱替压差下生产时，岩心的含水率变化有一个急剧增大的过程，而在高驱替压差下，含水率增加缓慢；在同一注水量下，高驱替压差下的采出程度略微高于低驱替压差下的采出程度；高驱替压差见水晚于低驱替压力；高驱替压差的采收率略高于低驱替压差的采收率。3-5 号岩心在三个不同的驱替压差下，开始见水时的注水量接近；完全见水之前，同一注入量下，驱替压差越大，采出程度越高。完全见水时，注水量随着驱替压差的增大而增大，最终采出程度随着驱替压差的增大而增大。

2）室内实验相渗曲线

以束缚水下油相渗透率为基准计算两种情况下的油水相对渗透率，不考虑毛细管力的常规计算和考虑毛细管力的计算方法，不同驱替压差下的相渗曲线特征如图 3-54～图 3-56 所示。根据前面描述的考虑毛细管力和启动压力梯度的计算相对渗透率公式，毛细管力和启动压力梯度的综合作用会使得油相相对渗透率增大，作用程度随含水饱和度的增大而减小，与毛细管力-含水饱和度关系一致；只受启动压力梯度作用的水相相对渗透率有所减小。

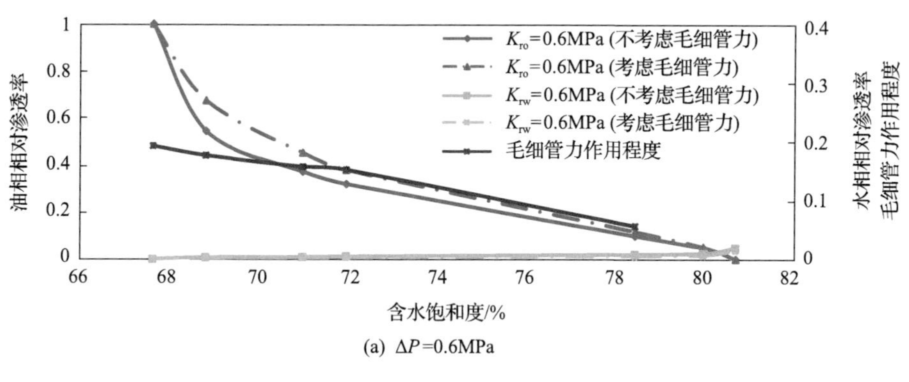

(a) ΔP=0.6MPa

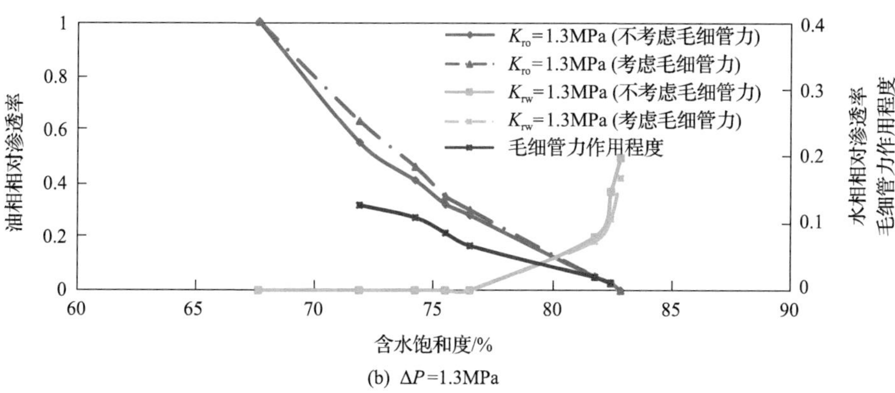

(b) ΔP=1.3MPa

图 3-54 7 号岩心不同驱替压差下的相渗曲线

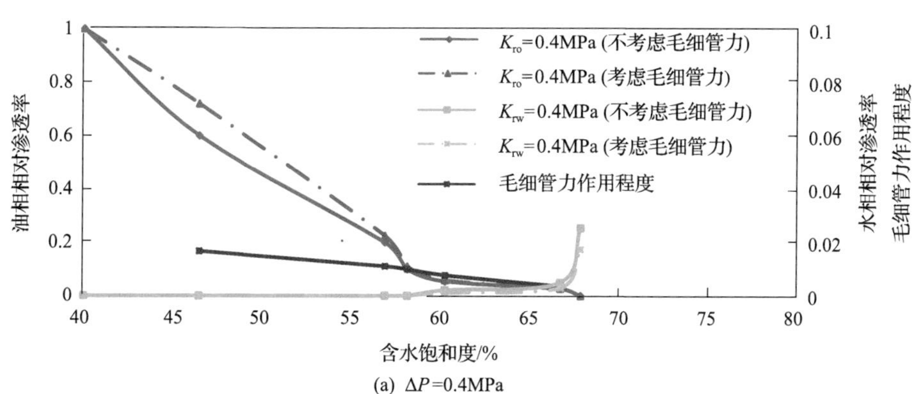

(a) ΔP=0.4MPa

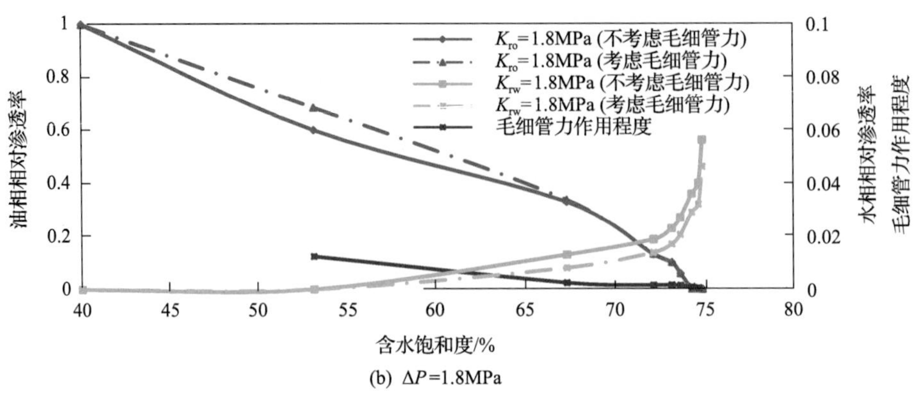

(b) ΔP=1.8MPa

图 3-55　3 号岩心不同驱替压差下的相渗曲线

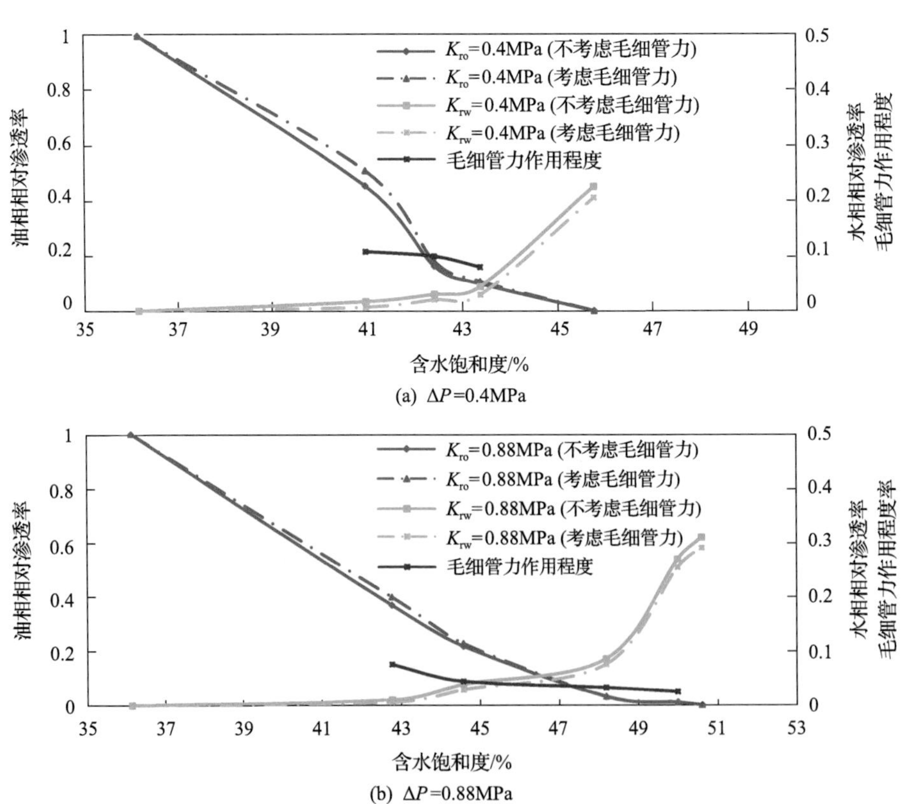

(a) ΔP=0.4MPa

(b) ΔP=0.88MPa

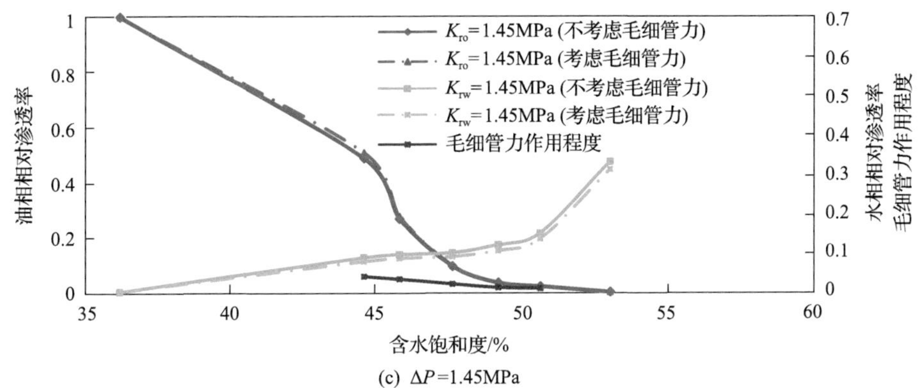

(c) ΔP=1.45MPa

图 3-56　3-5 号岩心不同驱替压差下的相渗曲线

图 3-54～图 3-56 反映了随着驱替压差的增大，残余油饱和度随之减小，即两相渗流区范围增大，说明产出的累积油量越大，与图 3-51～图 3-53 的生产曲线特征对应。油相相对渗透率和水相相对渗透率都随着驱替压差的增大而有所增大，这是由于随着驱替压差的增大，参与流动的孔隙尺度范围增大，可动用的油增多。通过对不同驱替压差下毛细管力作用程度曲线对比，低驱替压差下毛细管力对油相相对渗透率的作用程度相对较大，因为在低驱替压差下，流体渗流速度较慢，对于亲水储层，水相与油相有足够的时间进行流体交换，发生渗吸作用，增大油相渗流速度。

3.3.4　常用水驱油两相渗流模型

1. B-L 理论

对于中高渗油藏，初期储层中含油饱和度较高，而含水饱和度较低。水驱开发过程驱替水相运移规律不同于油相，油相可能会以“喷射”形式流出孔隙，流动速度很快，而水相是逐渐渗流进入多孔介质，占据油相流出的孔隙。随着水驱开发的进行，储层中含水饱和度增加，含油饱和度随之降低。前期注入的水相对油相的驱替效果显著，而后期随着含水饱和度的增加，驱替水相的驱替效果减弱。储层的采收率与累积注水量、水相注入速度都有一定的关系。

1) 水驱开发动态描述

图 3-57 显示了砂岩中水和油的初始垂直分布，通过毛细管压力和饱和度之间的实验确定的关系计算，并假设如下：砂岩渗透率为 $1\times10^{-3}\mu m^2$；砂岩孔隙度 25%；油水界面张力 0.35mN/m；油水密度差 $0.3g/cm^{-3}$。

一定量的水 Q_1 进入砂岩后，通过式(3-97)计算砂岩中任何一点的含水饱和度 S_w 的位置变化量，并在原始曲线上对应的饱和度点，作水平线，延长 Δu 长度的距离，确定其所在的位置 u，在一系列这样的线的末端用平滑曲线连接就得到了表示含水饱和度与距离的新曲线。新的计算曲线是 S 形的，在其一部分长度上对应三个值，显然是物理上不可能的。正确的解释是曲线的一部分是虚构的，实际的饱和度–距离曲线是不连续的。曲线的虚部在图 3-57 中用虚线表示，真实的分布曲线由标为 Q_1 的实线表示，其在 u_1 处是不连续的。u_1 的位置由物质平衡决定，原始饱和度曲线与新饱和曲线之间的阴影面积等于 $\frac{Q_1}{A}$。

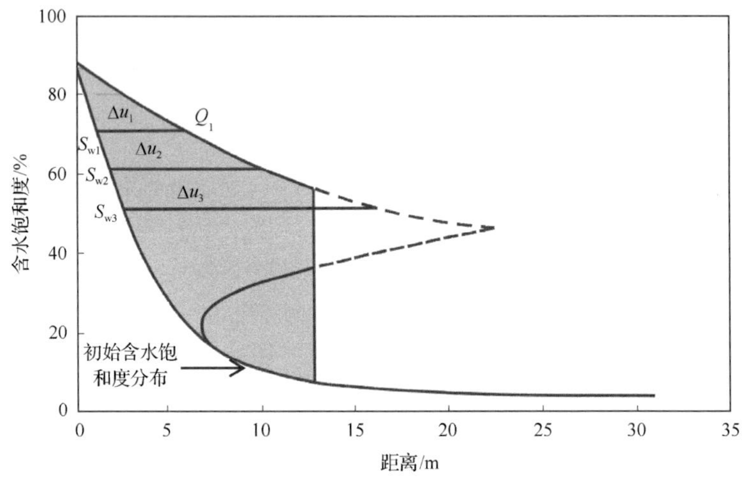

图 3-57　砂岩水驱饱和历史计算

真实砂岩的水驱油不存在如图 3-57 所示的饱和度不连续性。油和驱替流体之间的界面张力引起的毛细管力以及砂岩中界面的曲率在任何情况下趋于在任何连续的均质砂体中保持均匀的饱和度。所获得的均衡程度取决于毛细管压力梯度，重力压力梯度和外加压力梯度的综合影响。

尽管在饱和度随距离逐渐过渡的地区，毛细管压力梯度与其他力相比可能较小，但在任何饱和度不连续处，毛细管压力梯度将变得非常大，结果是饱和不连续面将被转换进入饱和度更平缓过渡的区域，区域的宽度主要取决于给定系统的驱替速率。

2) 驱替过程中的初始阶段和第二阶段

图 3-58 表明，在距离水进入一定距离的砂岩中的某一个截面上，当水首先进入时，水饱和度没有实质性的变化；然后当过渡区达到并通过该截面时，水饱和度发生非常迅速的上升，这一时期可能被认为是驱替的初始阶段，驱替相当有效，大部分到达该截面的水都留在砂岩中，从而产出油；这段时间之后，含水饱和度的进一步增加更为缓慢，这一逐渐注水的最后阶段可以被称为驱替的第二阶段，在此期间，水比油更容易流动，因此流过砂岩的相对大量的水只能驱出少量且持

续减少的油量；随着含油饱和度的降低，砂岩的油相渗透率与水相渗透率之比接近于零，油的流动最终停止，残余的油不可流动，不可流动的石油被称为剩余油。

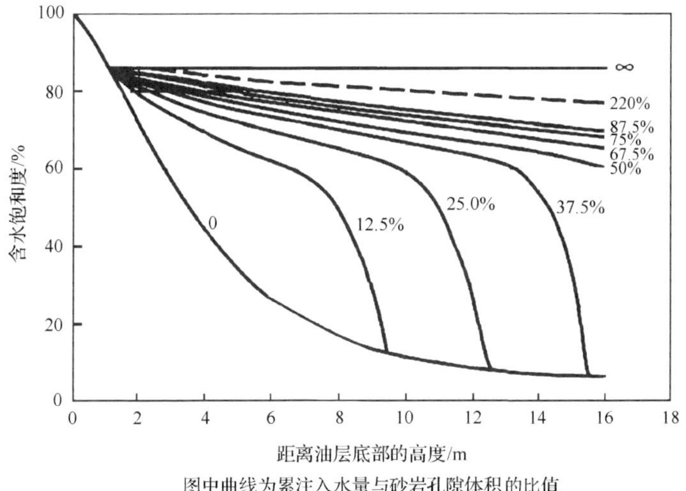

图 3-58 砂岩水驱下的含油砂岩的饱和历史

3) 影响驱替过程初始阶段和第二阶段的相对大小的条件

由于给定含水饱和度的截面的推进速度是直接正比于 df_w / dS_w，又因为 f_w 与油水黏度比以及砂岩中油和水的相对渗透率有关，所以水饱和度与距离曲线受油黏度的影响。油越黏稠，在给定的压力梯度下越不容易流动。因此，在驱替的初始阶段和第二阶段，油黏度的增加导致含水饱和度降低、剩余油饱和度增加。图 3-59

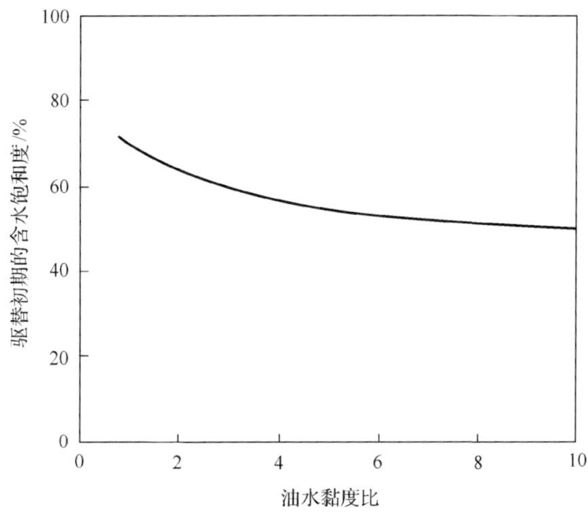

图 3-59 典型砂岩水驱第一阶段油黏度对驱替效率的影响

显示了典型砂岩中油的黏度与水的黏度之比对驱替初期所达到的含水饱和度的计算结果。

2. B-L 方程

1) 基本假设

①一维均质模型；②忽略毛细管力和重力的影响；③油相和水相均不可压缩；④油、水的黏度保持不变。

2) 油水两相运动方程

油水两相在一维单向渗流中，运动方程可写成以下形式：

水相：
$$v_{\mathrm{w}}=-\frac{KK_{\mathrm{rw}}\left(S_{\mathrm{w}}\right)}{\mu_{\mathrm{w}}}\frac{\partial P}{\partial x} \tag{3-85}$$

油相：
$$v_{\mathrm{o}}=-\frac{KK_{\mathrm{ro}}\left(S_{\mathrm{w}}\right)}{\mu_{\mathrm{o}}}\frac{\partial P}{\partial x} \tag{3-86}$$

式中：v_{w} 和 v_{o} 分别为水相、油相渗流速度；K 为绝对渗透率；K_{rw} 和 K_{ro} 分别为水相、油相相对渗透率；S_{w} 为含水饱和度；μ_{w} 和 μ_{o} 分别为水相、油相黏度；P 为压力；x 为渗流距离。

3) 油水两相连续方程

油相、水相的连续相方程在一维渗流情况下写成以下形式：

水相：
$$-\frac{\partial v_{\mathrm{w}}}{\partial x}=\phi\frac{\partial S_{\mathrm{w}}}{\partial t} \tag{3-87}$$

油相：
$$-\frac{\partial v_{\mathrm{o}}}{\partial x}=\phi\frac{\partial S_{\mathrm{o}}}{\partial t}=-\phi\frac{\partial S_{\mathrm{w}}}{\partial t} \tag{3-88}$$

式中：ϕ 为孔隙度。

4) 求解方法

水驱油过程中，渗流总速度等于两相渗流速度之和：

$$v(t)=v_{\mathrm{o}}+v_{\mathrm{w}} \tag{3-89}$$

将式(3-85)、(3-86)和式(3-89)结合，可得

$$-\frac{\partial P}{\partial x}=\frac{v(t)}{K\left[\dfrac{K_{\mathrm{rw}}\left(S_{\mathrm{w}}\right)}{\mu_{\mathrm{w}}}+\dfrac{K_{\mathrm{ro}}\left(S_{\mathrm{w}}\right)}{\mu_{\mathrm{o}}}\right]} \tag{3-90}$$

将式(3-90)带入水相运动方程式(3-85)中，消去压力梯度项$\dfrac{\partial P}{\partial x}$，从而可得

$$v_{\mathrm{w}}=v(t)\frac{K_{\mathrm{rw}}/\mu_{\mathrm{w}}}{\dfrac{K_{\mathrm{rw}}}{\mu_{\mathrm{w}}}+\dfrac{K_{\mathrm{ro}}}{\mu_{\mathrm{o}}}}=v(t)\frac{1}{1+\dfrac{\mu_{\mathrm{w}}K_{\mathrm{ro}}}{\mu_{\mathrm{o}}K_{\mathrm{rw}}}}=v(t)f\left(S_{\mathrm{w}}\right) \tag{3-91}$$

式(3-91)中的函数$f\left(S_{\mathrm{w}}\right)$称为分流量函数，表示液流中的含水率，其值与油、水的黏度比有很大关系。油、水的黏度比越大，式(3-91)第二项分母越小，其值越接近 1，说明饱和度相同的情况下，水驱效果差。

将式(3-91)带入连续性方程，可以得到饱和度随距离x和时间t变化的微分方程：

$$vf'\left(S_{\mathrm{w}}\right)\frac{\partial S_{\mathrm{w}}}{\partial x}+\phi\frac{\partial S_{\mathrm{w}}}{\partial t}=0 \tag{3-92}$$

式(3-92)描述的是水驱油过程中含水饱和度变化的基本方程，是一个一阶偏微分方程。由于系数中含有$f'\left(S_{\mathrm{w}}\right)$这一饱和度的函数，所以函数具有很强的非均质性，但是仍可以进行求解。传统的求解方法是用特征线方法。该偏微分方程的特征方程为

$$\frac{\mathrm{d}x}{vf'\left(S_{\mathrm{w}}\right)}=\frac{\mathrm{d}t}{\phi} \tag{3-93}$$

式(3-93)有两个无关的解：

$$S_{\mathrm{w}}=C_1 \tag{3-94}$$

$$x-\frac{vf'\left(S_{\mathrm{w}}\right)}{\phi}=C_2 \tag{3-95}$$

式(3-95)还可以写成以下形式：

$$x\left(S_{\mathrm{w}},t\right)=x\left(S_{\mathrm{w}},0\right)+\frac{vt}{\phi}f'\left(S_{\mathrm{w}}\right) \tag{3-96}$$

式中：$x\left(S_{\mathrm{w}},0\right)$是初始饱和度的分布。

由式(3-96)可以看出，这一解的表达形式是某一饱和度点 S_w 在某一时刻所移动的距离。另外还需指出，假如总流速(或注入速度)是随时间变化的，则式(3-96)中的 vt 应该改写成 $\int_0^t v(t)\mathrm{d}t$，即累积注入量。这说明水驱油过程中，某一最终饱和度分布状态决定于最终的累积注入量，而与注入过程无关。由式(3-93)和式(3-96)可以看出，某一饱和度点的移动速度是分流函数的导数，即与 $f'(S_w)$ 密切相关的。在水驱油理论中导数函数 $f'(S_w)$ 更为重要，它表示水驱油过程的实质，而函数 $f(S_w)$ 只表示水驱油的结果。

3.3.5 特低渗油藏水驱油两相渗流模型

1. 注采井间压力梯度分布特征

对于特低渗油藏，其特有的渗透率极低、喉道细小和孔喉比较大特征，造成在水驱开发过程中注采井间压降梯度分布不均匀，如图 3-60 所示。在注水井附近压力较大，储层流体动用程度较大，压降梯度也较大；在生产井附近区域，井底流压较低，弹性能和水驱补充能量使得该区域储层动用程度也比较大，生产井附近的压降梯度也较大。而在注采井间的中部区域，距离注水井和生产井距离都较远位置，压降梯度较小，该范围内由毛细管力产生的油水置换渗吸作用较明显。水驱开发过程中，压降梯度较大时，驱替作用较强，毛细管力作用不明显，可忽略不计；而在压降梯度较小时，毛细管力和驱替压差共同作用。

根据驱替压力梯度的不同，可以将一个 1/4 五点注采单元的地层分成 3 个部分，如图 3-60(b)所示，每个部分的驱替压差不同，水驱两相数学模型在不同驱替压差范围内采用的相渗曲线也有区别。

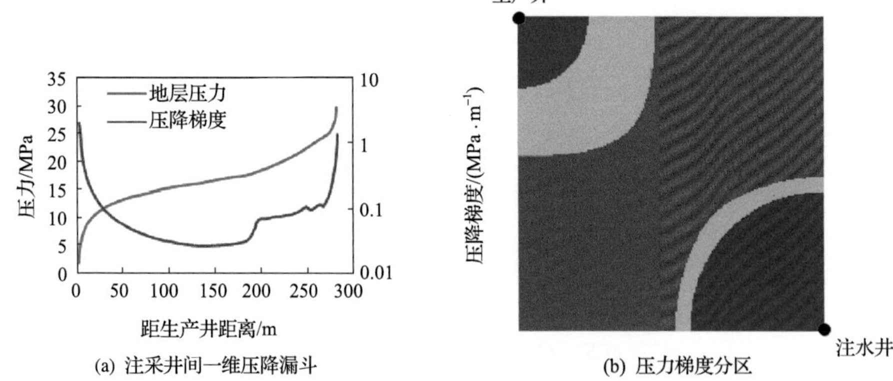

(a) 注采井间一维压降漏斗

(b) 压力梯度分区

图 3-60 特低渗油藏压力梯度分布示意图

图中红色、绿色和蓝色分别代表小压力梯度、中压力梯度和大压力梯度区

2. 考虑毛细管力作用的两相水驱油模型

在特低渗油藏水驱开发数学描述中，常采用简化的黑油模型进行说明，同时将毛细管力对渗流的影响考虑进去。

1) 三维黑油模型(质量守恒方程)

油相：
$$\nabla\left[\frac{KK_{\mathrm{ro}}}{\mu_{\mathrm{o}}}\left(\nabla P_{\mathrm{o}}-\lambda_{\mathrm{o}}\right)\right]=\phi\frac{\partial S_{\mathrm{o}}}{\partial t} \tag{3-97}$$

水相：
$$\nabla\left[\frac{KK_{\mathrm{rw}}}{\mu_{\mathrm{w}}}\left(\nabla P_{\mathrm{w}}-\lambda_{\mathrm{w}}\right)\right]=\phi\frac{\partial S_{\mathrm{w}}}{\partial t} \tag{3-98}$$

式中：K 为岩心绝对渗透率；K_{ro} 和 K_{rw} 分别为油相、水相相对渗透率；μ_{o} 和 μ_{w} 分别为油相、水相黏度；λ_{o} 和 λ_{w} 分别为油相、水相启动压力梯度；S_{o} 和 S_{w} 分别为含油饱和度、含水饱和度；P_{o} 和 P_{w} 分别为油相、水相压力；ϕ 为孔隙度；t 为时间。

2) 辅助方程

$$S_{\mathrm{o}}+S_{\mathrm{w}}=1 \tag{3-99}$$

$$P_{\mathrm{c}}\left(S_{\mathrm{w}}\right)=P_{\mathrm{o}}-P_{\mathrm{w}} \tag{3-100}$$

$$K_{\mathrm{ro}}=K_{\mathrm{ro}}\left(\nabla P_{\mathrm{o}},S_{\mathrm{w}}\right) \tag{3-101}$$

$$K_{\mathrm{rw}}=K_{\mathrm{rw}}\left(\nabla P_{\mathrm{w}},S_{\mathrm{w}}\right) \tag{3-102}$$

3) 一维两相模型

以一维水驱油水两相数学模型为例，考虑毛细管力和启动压力梯度的影响，对 B-L 方程进行改进。

一维两相连续性方程：

水相：
$$-\frac{\partial v_{\mathrm{w}}}{\partial x}=\phi\frac{\partial S_{\mathrm{w}}}{\partial t} \tag{3-103}$$

油相：
$$-\frac{\partial v_{\mathrm{o}}}{\partial x}=\phi\frac{\partial S_{\mathrm{o}}}{\partial t}=-\phi\frac{\partial S_{\mathrm{w}}}{\partial t} \tag{3-104}$$

运动方程方程：

水相：
$$v_{\mathrm{w}}=-\frac{KK_{\mathrm{rw}}\left(S_{\mathrm{w}}\right)}{\mu_{\mathrm{w}}}\left(\frac{\partial P_{\mathrm{w}}}{\partial x}-\lambda_{\mathrm{w}}\right) \tag{3-105}$$

油相：
$$v_{\mathrm{o}}=-\frac{KK_{\mathrm{ro}}\left(S_{\mathrm{w}}\right)}{\mu_{\mathrm{o}}}\left(\frac{\partial P_{o}}{\partial x}-\lambda_{\mathrm{o}}\right) \tag{3-106}$$

毛细管力方程：

$$P_{\mathrm{c}}\left(S_{\mathrm{w}}\right)=P_{\mathrm{o}}-P_{\mathrm{w}} \tag{3-107}$$

由于储层为水湿的，因此以水相压降梯度来描述油藏的压降梯度分布。联立式(3-103)～式(3-107)，可解出压力梯度方程为

$$\frac{\partial P_{\mathrm{w}}}{\partial x}=\frac{V(t)}{K\left(C_{1}+C_{2}\right)}+\frac{C_{2}}{C_{1}+C_{2}}P_{\mathrm{c}}'\frac{\partial S_{\mathrm{w}}}{\partial x} \tag{3-108}$$

$$C_{1}=K_{\mathrm{rw}}/\mu_{\mathrm{w}} \tag{3-109}$$

$$C_{2}=K_{\mathrm{ro}}/\mu_{\mathrm{o}} \tag{3-110}$$

液流$V(t)$中水的分流(分流率)由于毛细管压力的存在，f_{w}为

$$f_{\mathrm{w}}=\frac{V_{\mathrm{w}}}{V}=f_{\mathrm{o}}\left(S_{\mathrm{w}}\right)+\frac{K}{V}\frac{K_{\mathrm{ro}}}{\mu_{\mathrm{o}}}f_{\mathrm{o}}\left(S_{\mathrm{w}}\right)\frac{\partial P_{\mathrm{c}}\left(S_{\mathrm{w}}\right)}{\partial x} \tag{3-111}$$

$$f_{\mathrm{o}}\left(S_{\mathrm{w}}\right)=\frac{1}{1+\frac{K_{\mathrm{ro}}}{K_{\mathrm{rw}}}\frac{\mu_{\mathrm{w}}}{\mu_{\mathrm{o}}}} \tag{3-112}$$

式中：P_{c}为毛细管力；v_{o}和v_{w}分别为油相、水相流动速度；P_{c}'为毛细管力对含水饱和度的导数；V为流体总流量；V_{w}为水相流量；f_{o}和f_{w}分别为油相、水相分流量。

相对于忽略毛细管力的含水率方程，增加了含有毛细管压力梯度的项。对于水湿油藏，在水驱油过程中由于毛细管力的存在，水相流速比忽略毛细管力时有所增加。而对于油湿油藏，情况相反。

4)模型处理方式

特低渗油藏注采井间压降梯度分布不均匀，在近井地带高压降梯度区间和远井地带低压降梯度区间，选用不同的相渗曲线来进行数学模拟，以描述特低渗油藏渗流的过程。由以往的单一相渗曲线变成复合分段相渗：

$$K_{rw}(\nabla P_w, S_w)=\begin{cases}K_{rw1}, 当\nabla P_w \leqslant \nabla P_{cp}\\ K_{rw2}, 当\nabla P_w > \nabla P_{cp}\end{cases}$$

$$K_{ro}(\nabla P_w, S_w)=\begin{cases}K_{ro1}, 当\nabla P_w \leqslant \nabla P_{cp}\\ K_{ro2}, 当\nabla P_w > \nabla P_{cp}\end{cases} \tag{3-113}$$

式中：∇P_{cp} 为临界压力梯度，当 $\nabla P_w \leqslant \nabla P_{cp}$ 时，相对渗透率选用 K_{ro1}、K_{rw1}（$\nabla P_{w,} S_w$）；而当 $\nabla P_w > \nabla P_{cp}$ 时，相对渗透率选用 K_{ro2}、K_{rw2}（$\nabla P_{w,} S_w$）。K_{ro}、K_{rw} 和 ∇P_w 的求解过程中相互影响，这里应用显式方法来进行处理。

3.3.6 特低渗油藏水驱油两相渗流特征

对比考虑驱替压差和不考虑驱替压差下的油水两相相渗，能够更深入的了解特低渗油藏水驱油两相渗流的特征。本节分别建立了这两种情况的典型数值模拟模型开展研究。

1. 考虑相渗随驱替压差改变情况下的典型数值模拟模型

选用两种不同驱替压差测定的相渗曲线对模型进行改进，高压降梯度采用的相渗曲线如图3-61(a)所示，低压降梯度采用的相渗曲线如图3-61(b)所示。

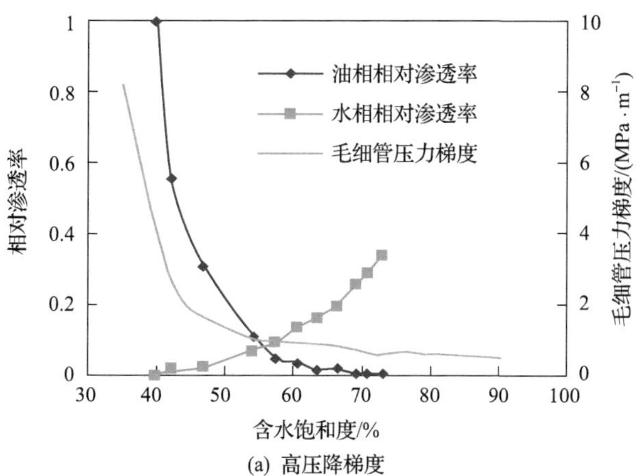

(a) 高压降梯度

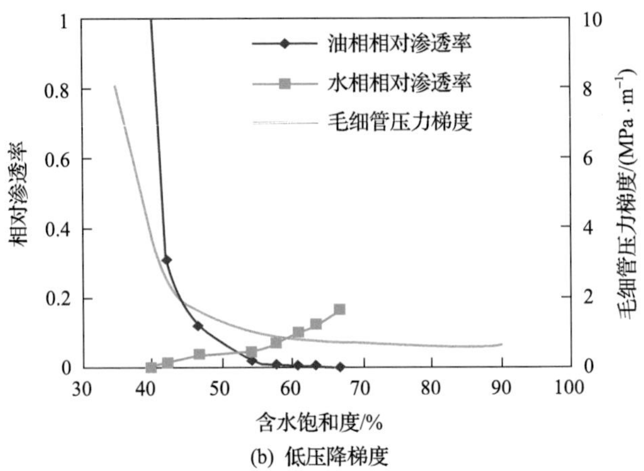

(b) 低压降梯度

图 3-61 特低渗油藏不同压降梯度区域相渗曲线

2. 考虑相渗随驱替压差改变时水驱前缘运动规律

1) 不考虑相渗随驱替压差变化时的水驱规律

图 3-62 是不考虑相渗随驱替压差改变情况下的水驱油饱和度变化图，其中 T1 表示注水前缘突破时的情形。可以明显看出，油井刚见水时，地层内水驱油出现了典型的舌进前缘，但总体上看水驱油的波及范围比较广。

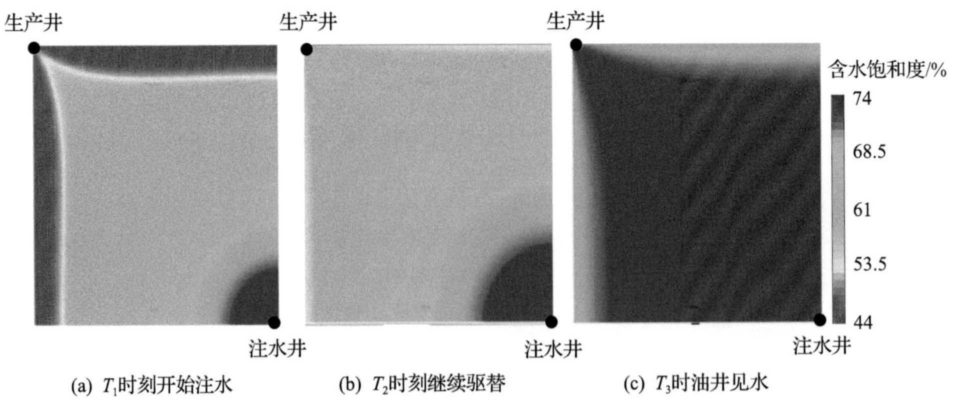

(a) T_1时刻开始注水 (b) T_2时刻继续驱替 (c) T_3时油井见水

图 3-62 不考虑相渗随驱替压差变化的含水饱和度分布图

2) 考虑相渗随驱替压差变化时的水驱规律

图 3-63 为根据压降梯度分区使用不同相渗曲线计算得到的水驱油含水饱和度分布图。可以看出，在注水井和采油井附近含水饱和度较高，而在距离注采井较

远的中间区域的含水饱和度较低，说明近井地带的采出程度较高，而中间区域的采出程度较低，驱替效果较差。这更符合实际油藏的开采特征，近井地带的压降梯度较大，渗流能力较强，从而采出程度较高，而远井区域的压降梯度较小，渗流能力弱，驱替效果差，采出程度低。

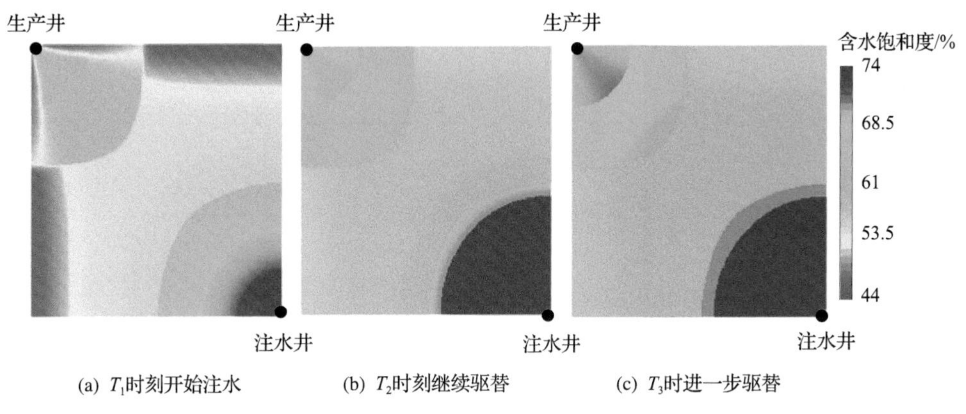

(a) T_1时刻开始注水　(b) T_2时刻继续驱替　(c) T_3时进一步驱替

图 3-63　考虑相渗随驱替压差变化的含水饱和度分布图

3. 注采压差对水驱油规律的影响

注采压差不同，意味着地层中压力梯度的分布范围不同，因此可以得到不同的相渗分布区域。当油井压力为 2.5MPa 时，分别考察注入压力为 15MPa、20MPa、25MPa 和 30MPa 情况下的压力梯度分布区域，从而得到不同的相渗区域(图 3-64)。显然，注采压差越大，低压区相渗的范围也就越小。从水线推进的速度可知，低压区相渗范围越大，生产井见水时间越早，最终的采收率也最低(图 3-65)，所以低渗油藏注水开发时要尽量采用较高的注入压力，或者采用较小的井距，以获得较高的压力梯度。

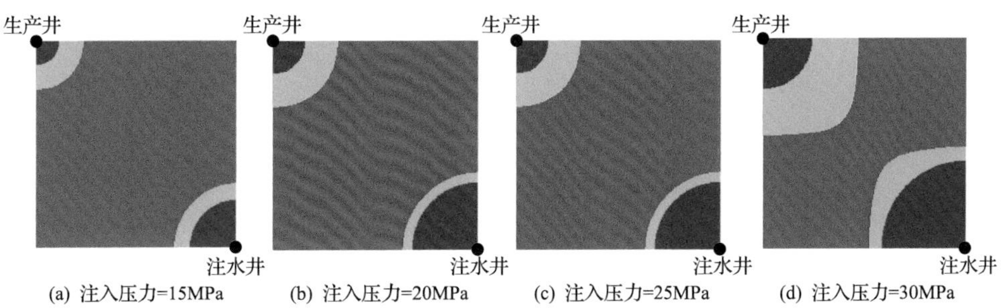

(a) 注入压力=15MPa　(b) 注入压力=20MPa　(c) 注入压力=25MPa　(d) 注入压力=30MPa

图 3-64　理论模型相渗分布区域

红色表示低压区相渗，蓝色为高压区相渗，绿色为中间区相渗

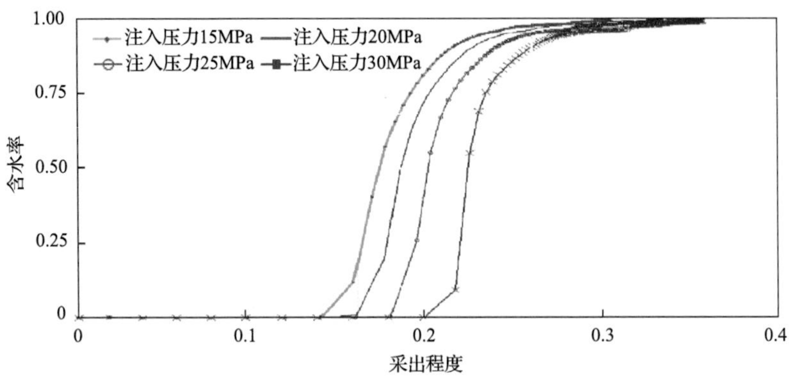

图 3-65　理论模型不同注采压差下采出程度与含水率曲线

4. 相渗两相区范围对水驱油规律的影响

分别考察 4 种不同情况的两相区范围(图 3-66)，从图 3-67 对 4 种两相区范围的模拟结果可以看出，油水相渗两相区范围越窄，水在其中运行速度越快，从而油井见水时间越早。

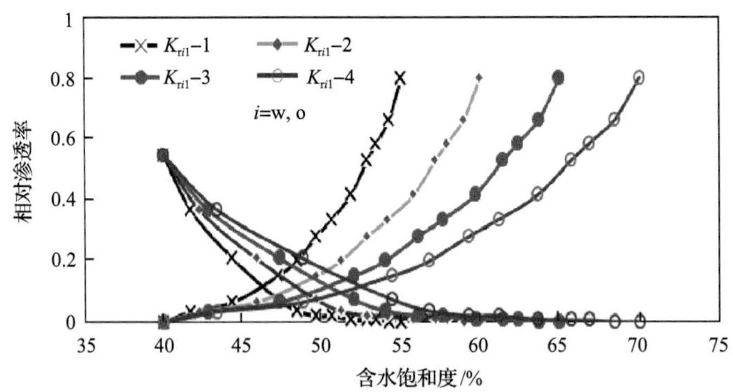

图 3-66　理论模型不同两相区范围相渗曲线

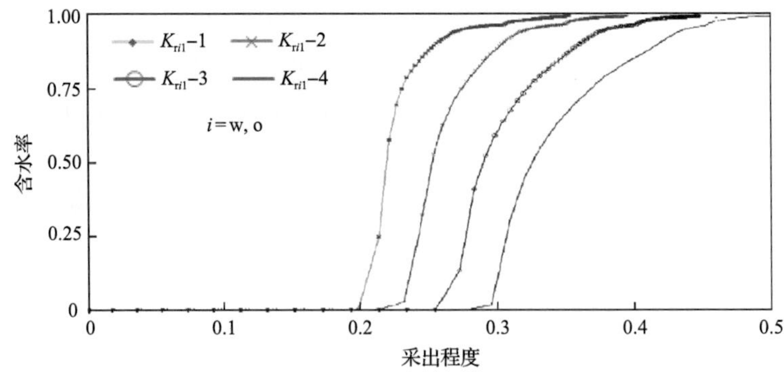

图 3-67　理想模型不同两相区含水率与采出程度关系曲线

5. 水相相渗对水驱油规律的影响

通常情况下，岩石越亲水，水相相渗越低(图 3-68)，但从图 3-69 的模拟结果可以看出，岩石的水相渗透率的大小对水驱规律有一定影响，但影响程度不大。

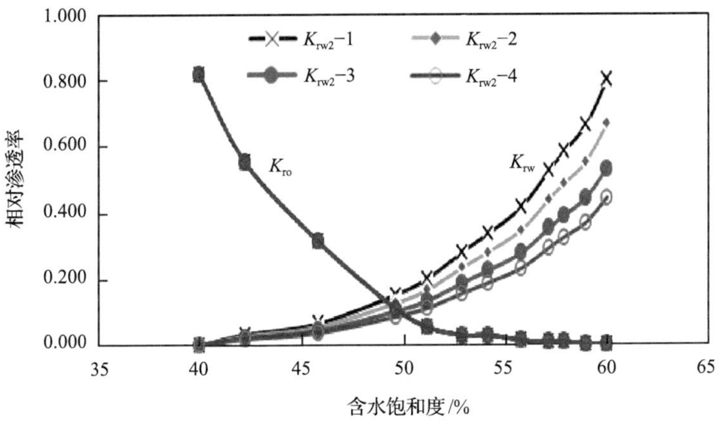

图 3-68 理想模型不同水相渗透率曲线

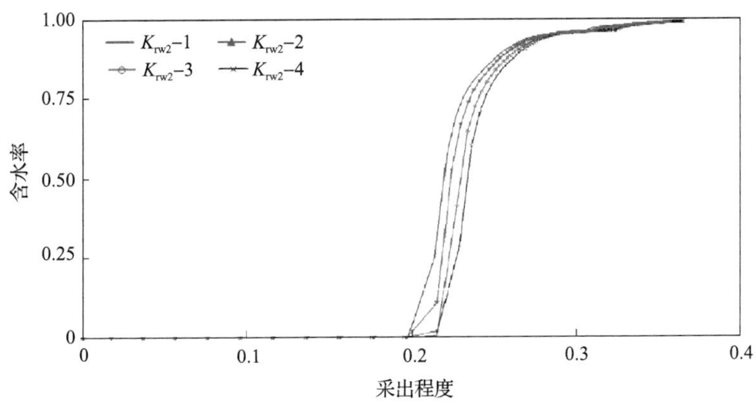

图 3-69 理想模型不同水相渗透率采出程度与含水率关系曲线

6. 油相相渗对水驱油规律的影响

分析 4 种不同大小的油相相渗情况(图 3-70)，从图 3-71 中对 4 种油相渗的模拟结果可以看出，油相相渗越高，油井见水时间越短。

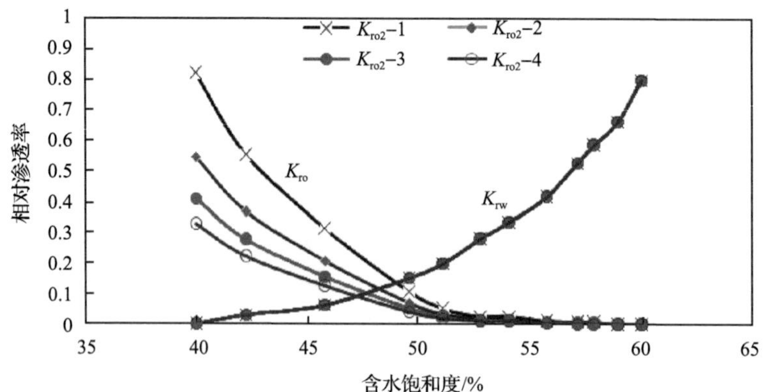

图 3-70　理想模型不同油相渗透率曲线

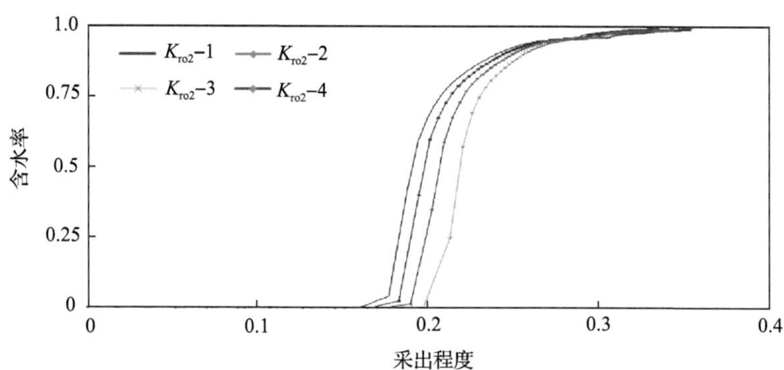

图 3-71　理想模型不同油相渗透率含水率和采出程关系曲线

3.4　裂缝性油藏渗吸–驱替渗流作用机理

3.4.1　典型双重介质双孔单渗裂缝性油藏渗吸–驱替作用

裂缝性油藏具有较为复杂的储渗空间，一般情况下，含有孔隙介质的储渗空间为基质系统，含有裂缝介质的为裂缝系统，前者储集能力强，是油气聚集的主要场所，但其渗透性往往较低；后者储集空间较小，但具有较高的渗流特性，是油气运移的主要通道。裂缝和基质的渗透率往往存在数量级的差异，因此裂缝性油藏可被视为双重介质油藏。对于双重介质裂缝性油藏，由于基质和裂缝渗流特征的差异性，在实际注水开发过程中，注入水主要沿着渗透率较高的裂缝流动。一方面，这种极易导致油井出现暴性水淹的现象；另一方面，水在裂缝中流动的同时，在毛细管力、重力的作用下，从裂缝进入渗透率相对较低的基质中并置换出原油，置换出的原油进入导流能力强的裂缝从而被采出。因此，在注水开发过程中，呈双重介质特征的裂缝性油藏表现为渗吸-驱替双重作用特征。

1. 问题的提出

油藏开发之前储层处于毛细管力平衡的状态，在同一水平面上，所有砂体中毛细管力相同，并与重力相互平衡，但是含水饱和度却不相同，在同一水平面上，对于孔隙越小，渗透率越低的砂体其含水饱和度越高。当油井生产后，油水平衡面上升，砂体的含水饱和度增加以实现新的平衡(毛细管力和重力)。但对于不同孔隙、不同渗透率的砂体，其上升规律存在差异。如图 3-72 所示，在某一水驱油藏中存在一低渗透镜体区域，该区域孔渗较小。在水驱过程中，如果生产速度足够小，则生产压差很小，则油水接触面的上升很缓慢，孔隙较大、渗透率较高的区域水位同时上升，在高渗区域含水饱和度上升的同时，致密的透镜体区域还通过渗吸排油等作用使该区域的含水饱和度进一步增加，表现为其水位高于高渗区域，有利于该透镜体中的原油产出。

而当生产速度很快时，在水驱油的过程中，不会出现缓慢的连续的含水饱和度增加的现象，在驱替过程中水会沿着渗透率高的通道迅速流动，形成水淹。在这种情况下，生产初期致密的透镜体区域并没有机会去缓慢的接触水形成渗吸，而是迅速的被水所完全包围，致密透镜体中的原油只能通过和周围高渗透层中的水交换，才能排出，且这个过程十分缓慢。因此，注水速度过高，并不有利于生产。实际储层的(渗透率差异大的)非均质砂体很常见，特别是裂缝性储层，这种油藏的采出程度和注水速度有紧密的联系。

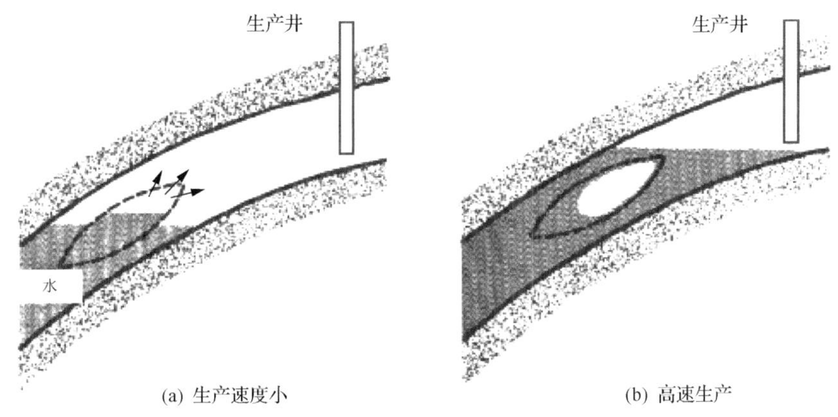

图 3-72 底水上升时非均质不同导致含水上升速度不同的作用机制示意图

Mattax 据此建立了临界速度的概念。如图 3-73 所示，当注水速度等于临界速度时，基质块中的油水接触面和裂缝中相同；当注水速度高于临界速度时，裂缝中的油水界面推进速度比基质块；低于临界速度则与之相反。出现这种现象的原因在于，尽管基质块的流动阻力相比裂缝较大，但在驱替过程中，其不仅受到驱替压差的作用，还受到毛细管力的影响发生渗吸，这两种效应使基质块中的油水界面在低注水速度下能和裂缝中的油水界面保持一致。且当两者速度一致时，渗吸作用最显著，此即对应于裂缝性油藏的最佳注水速度。

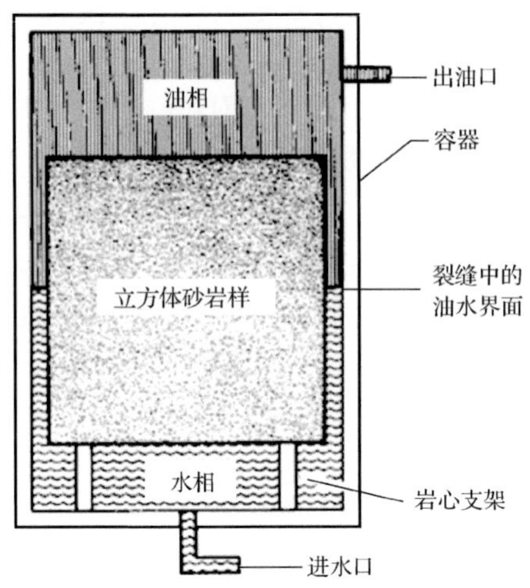

(a) 水驱油三维流动实验

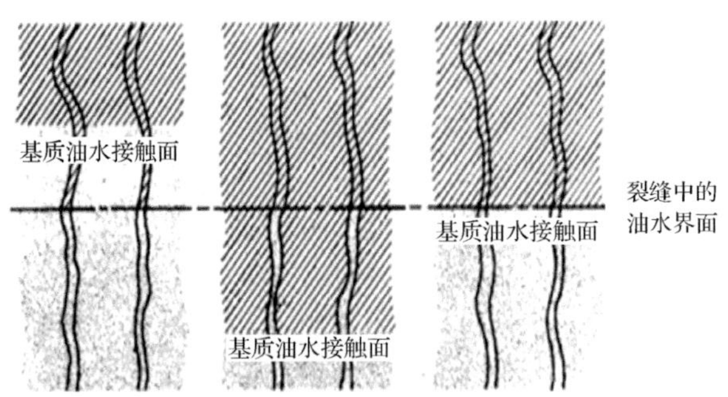

(b) 裂缝中油水界面与基质中油水界面的对比

图 3-73　双孔单渗裂缝性油藏水驱油最佳驱替速度

对于裂缝系统，主要靠注水驱替压差排出原油，在垂直裂缝发育、基质岩块高度大或流体密度差较大的情况下，重力也起重要作用。在双重介质中，由于裂缝宽度远大于一般孔隙尺寸，毛细管力的作用可以忽略，水驱油过程接近于活塞式推进，其束缚水和残余油饱和度很低，驱油效率高。但在水驱过程中也极易出现沿裂缝水窜等现象，因此需合理的控制注水和采油速度；同时，合理的驱替速度还有利于扩大注入水对裂缝系统的波及效率，有利于提高裂缝系统的最终采收率。

对于基质岩块系统，由于其渗透率极低，赋存在细小孔隙中的原油很难被注入水驱出。基质中的原油主要是依靠毛细管力的渗吸作用进入裂缝中，再被注入水驱出。此外，当基质岩块较大时，重力也可能起到一定作用。

在两者共存且裂缝系统处于主导地位的实际储层中，依靠毛细管力作用的渗吸排油是裂缝性油藏基质在水驱开发条件下的重要驱油机理。研究影响渗吸采油的作用机理，如基质岩块大小、基质岩块的物性(孔隙度、渗透率)、流体性质(密度、黏度和界面张力)、润湿性、初始饱和度以及边界条件等，对提高水驱开发效果具有重要的作用。另一方面，为了模拟双重介质裂缝性油藏的实际开发过程，则需开展渗吸-驱替的研究，寻找最佳的驱替速度，提高油田整体的开发效果。

2. 物理模型

针对双重介质型裂缝性油藏，研究其渗吸-驱替特征，一方面需研究单个基质岩块的渗吸特征，主要以静态渗吸物理模型为主(图 3-74)，另一方面需结合实际，建立渗吸-驱替的物理模型(图 3-75)。

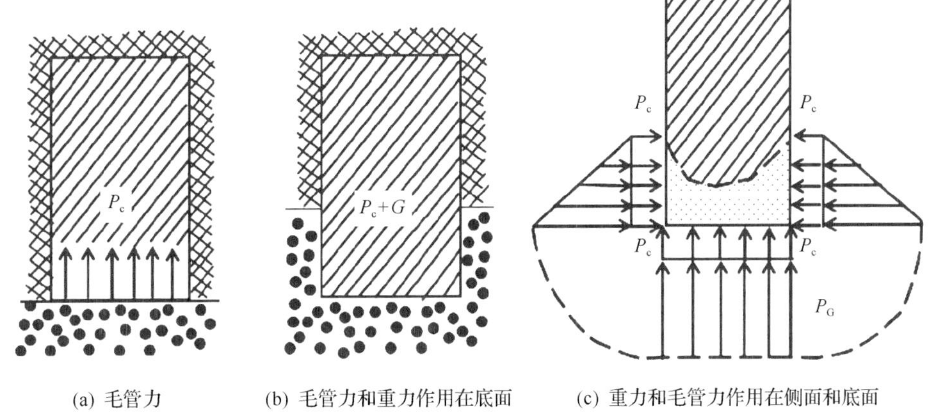

(a) 毛管力　(b) 毛管力和重力作用在底面　(c) 重力和毛管力作用在侧面和底面

图 3-74　双重介质裂缝性油藏自发渗吸模型示意图

(a)、(b)侧面为不渗透面；(c)侧面为渗透面

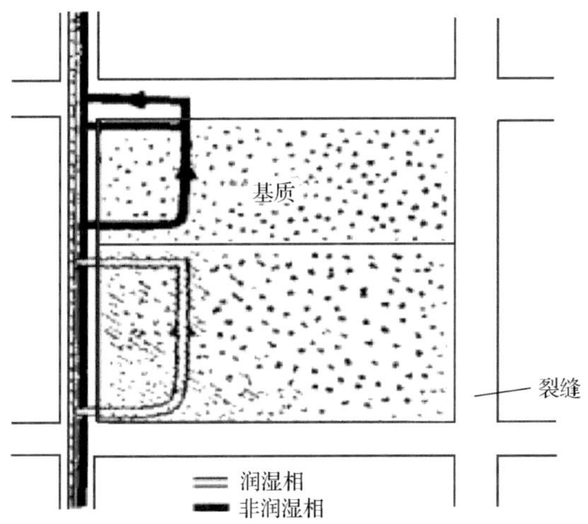

图 3-75　双重介质裂缝性油藏渗吸-驱替模型示意图

基质岩块仅下端面保持与水接触(图 3-74(a)),渗吸动力仅是毛细管力。当水面增高(图 3-74(b)),岩块横侧面仍不渗透时,毛细管力和重力两者均对底面的驱替作用有利。侧向渗透面上毛细管力保持不变,而重力则是在裂缝中油–水界面下随深度而按比例地增大(图 3-74(c))。一方面由于毛细管力在油–水接触处各个带中均匀分布,而重力则随深度改变,因此最大的重力将作用在岩块底面;另一方面,重力越往上越小,在裂缝中油–水界面处为零。这都将对按压力分布状况而形成的油–水驱替界面形状产生影响。

3. 数学模型

1)整体垂直浸泡在水中的含油岩块

周围是水的含油岩块(图 3-76)边界条为

$$Z=0\text{；}\ \ \phi_{\mathrm{w}}=\phi_{\mathrm{w}1} \tag{3-114}$$

$$Z=H^{-}\text{；}\ \ \phi_{\mathrm{o}}=\phi_{\mathrm{o}2} \tag{3-115}$$

式中:Z 为岩块内部底面至水面的高度;ϕ_{w} 和 ϕ_{o} 分别为水相和油相相位能;下标 1 和 2 分别代表岩心底端和顶端;H^{-} 指岩块介质内部的高度(H^{+} 表示岩块外边岩块高度),数字 1 和 2 表示进入及排出面。以式(3-114)、(3-115)为边界可得

$$\phi_{\mathrm{w}1}-\phi_{\mathrm{w}2}=u\frac{\mu_{\mathrm{w}}}{K_{\mathrm{w}}}Z \tag{3-116}$$

$$\phi_{\mathrm{o}z}-\phi_{\mathrm{o}2}=u\frac{\mu_{\mathrm{o}}}{K_{\mathrm{o}}}(H^{-}-Z) \tag{3-117}$$

公式 $\phi_Z=P+\rho gZ$ 分别以水相和油相形式代入式(3-117)并相加可得

$$\phi_{\mathrm{w}1}-\phi_{\mathrm{o}2}+P_{\mathrm{c}}-gZ\Delta Q=u\left[\frac{\mu_{\mathrm{w}}}{K_{\mathrm{w}}}Z+\frac{\mu_{\mathrm{o}}}{k_{\mathrm{o}}}(H-Z)\right] \tag{3-118}$$

$$\Delta Q=Q_{\mathrm{w}}-Q_{\mathrm{o}} \tag{3-119}$$

式中:Q_{w} 为岩心进水量;Q_{o} 为岩心出油量。

岩块内部 H^{-} 处的位能 $\phi_{\mathrm{o}2}$ 与岩块高度(H)出口处水的位能 $\phi_{\mathrm{w}2}$ 的关系式为

$$\phi_{\mathrm{o}2}=\phi_{\mathrm{w}2}+P_{\mathrm{c}}'-gH\Delta Q \tag{3-120}$$

式中:P_{c}' 代表岩块生产面的毛细管力。

当岩块周围是水达到静力平衡时，$\phi_{w2}=\phi_{w1}$，可将式(3-120)代入式(3-118)得

$$u=\frac{P_c-P_c'+f(H-Z)\Delta Q}{\frac{\mu_w}{KK_{rw}}Z+\frac{\mu_o}{KK_{rw}}(H-Z)} \tag{3-121}$$

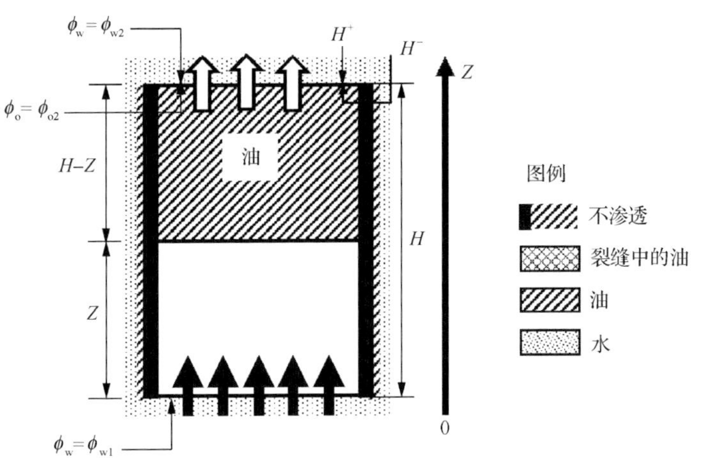

图 3-76 一岩块全部浸泡于水中时驱替面的推进示意图

当岩样整体全部浸泡在水中时，可在岩块上表面观察油珠，随着时间的增加，油珠体积增大，当浮力大于毛细管力时油珠便离开基质。事实上毛细管力 P_c' 是时间的函数。开始时最大，此时 $P_c=P_c'$，然后岩块中毛细管力随油珠体积增加而很快变小。由此可知，出口处形成油珠的产油过程是一个间歇的过程。在一个油珠的生产周期中，P_c' 接近 P_c 的时间相当短，如图 3-77 所示。因而 P_c' 对于 P_c 来说可以忽略不计。

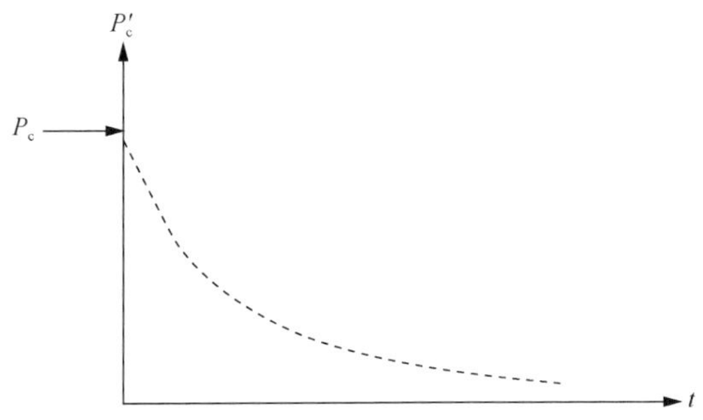

图 3-77 油珠毛细管力(P_c')的变化与时间的关系曲线

2)部分垂直浸泡在水中的含油岩块

当含油岩块部分垂直浸泡在水中时(图 3-78)，相当于裂缝中的水向上推进，即岩块中油水界面高于裂缝中的油水面。对此作出简单假设：对比岩块中油水上升速度和裂缝中的油水界面上升速度可以被忽略，即 H_w 为常数。

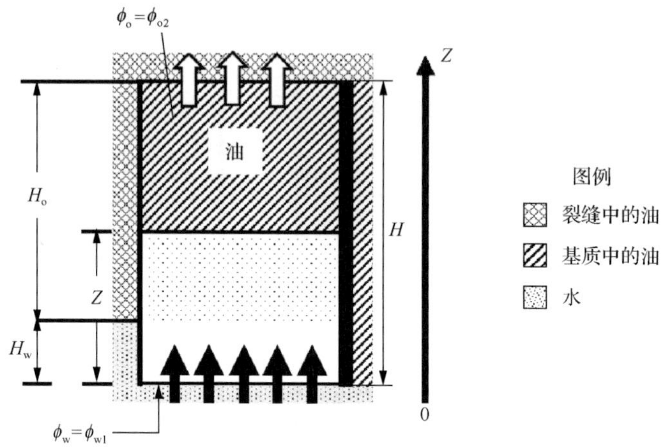

图 3-78 部分浸泡于水中的岩块驱替面推进示意图

在此情况下，岩块上表面处于在充满油的环境中生产，位能 ϕ_{w1} 和位能 ϕ_{o2} 的相互关系以裂缝中的毛细管力来表示：

$$\phi_{w1}-\phi_{o2}=-P_{cf}+gH_w\Delta\rho \tag{3-122}$$

综上可以推出：

$$u=\frac{P_c-P_{cf}-g(Z-H_w)\Delta\rho}{\frac{\mu_w}{KK_{rw}}[MH+(1-M)Z]} \tag{3-123}$$

式中：P_{cf} 为裂缝毛细管力；H_w 为裂缝中水的高度；M 为流度比；$\Delta\rho$ 为油水密度差；K 为岩块绝对渗透率；K_{rw} 为水相相对渗透率。

因为裂缝中的毛细管力 P_{cf} 是常数且远远小于岩块中的毛细管力(P_c)，故可忽略，则有

$$u=\frac{P_c+g(H_w-Z)\Delta\rho}{\frac{\mu_w}{KK_{rw}}[MH+(1-M)Z]} \tag{3-124}$$

当 $Z<H_w$ 时，重力对驱油有利；但在 $Z>H_w$ 的情况下，重力会阻碍驱替过

程。因此在周围完全被水包围的岩块中驱油时，驱替速度比部分水侵的岩块高。

这种现象与Mattax的实验相符合。当外界油水界面上升速度高于临界速度时，采收率与上升速度有关。反之，低于临界值时，采收率保持不变(该速度可以理解为裂缝中的油水界面上升速度)。

3) 倾斜油藏岩块

在如图3-79所示的模型中，我们可以看到基质中活塞式驱替前缘的推进情况。在驱替前缘后面，含水饱和度和残余油饱和度的值不变，可计算出此时从基质中驱替出来的油量：

$$V_o=\phi(S_w-S_{wi}) \tag{3-125}$$

式中：V_o 为驱出的油相体积。

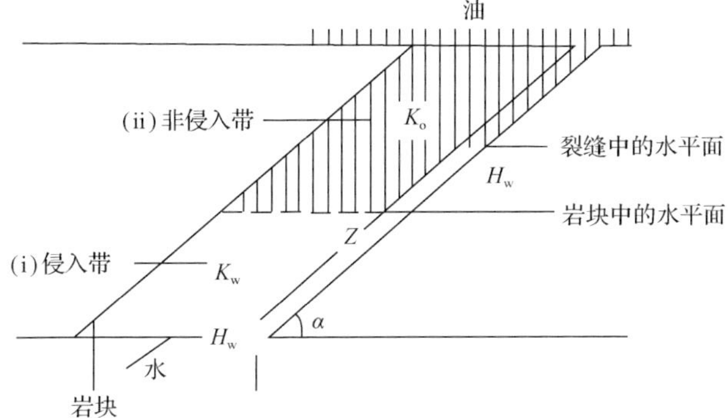

图 3-79　水在基质岩块和裂缝中的推进情况

水在图 3-79 所示的倾斜油藏基质中的推进速度可表示为

$$v=\frac{\mathrm{d}Z}{\mathrm{d}t}=\frac{1}{\Delta S_w\phi}\frac{P_c+\Delta\rho(H-Zg\sin\alpha)}{\dfrac{\mu_w}{K_w}Z+\dfrac{\mu_o}{K_o(H-Z)}} \tag{3-126}$$

式中：$\Delta S_w=S_w-S_{wi}$；$\Delta Q=Q_w-Q_o$；Z 表示岩块内由底部至水面的高度；α 为基质与水平面的倾角。则可计算采出程度：

$$R=\frac{Z\times\phi\times\Delta S_w}{H\phi}=\Delta S\times\frac{Z}{H}=\Delta S_w Z_D \tag{3-127}$$

式中：R 为水驱过程中的采出程度；Z_D 为无因次高度。

4）Mattax 的比例相似实验

Mattax 在实验室中进行的渗吸-驱替实验采用岩样模型代表油藏基质岩块。岩样的基础数据（K、ϕ、S_{wi}、σ）与油藏相同，但岩块的几何形状和流体性质不同（表 3-12）。

表 3-12　Mattax 实验模型和对应油藏的数据表

参数	符号	模型	油藏
渗透率	K	$1.9\times10^{-3}\mu m^2$	$24.3\times10^{-3}\mu m^2$
孔隙度	ϕ	9.1%	9.1%
原始饱和度	S_{wi}	24.3%	24.3%
界面张力	σ	35mN/m	35mN/m
形状	—	立方体	立方体
高度	H	0.076m	2.74m
水黏度	μ_w	0.9 mPa·s	0.6mPa·s
油黏度	μ_o	2.7 mPa·s	1.8 mPa·s

相同作用下，模型时间和油藏时间的转化关系为

$$t_R=\left(\frac{\sigma\sqrt{K/\phi}}{\mu_w H^2}\right)_m\left(\frac{\mu_w H^2}{\sigma\sqrt{K/\phi}}\right)_R \tag{3-128}$$

或

$$t_R=t_m\frac{H_R^2}{H_m^2}\frac{\mu_{w,R}}{\mu_{w,m}}=864t_m \tag{3-129}$$

式中：t_R 为模型时间；脚标 m 代表模型；脚标 R 代表油藏，H_R 和 H_m 分别为油藏高度和模型高度，$\mu_{w,R}$ 和 $\mu_{w,m}$ 分别为油藏中水相黏度和模型中水相黏度。

水相推进速度之间的转换关系可表示为

$$v_R=v_m\frac{H_m}{H_R}\frac{\mu_{w,m}}{\mu_{w,R}}=0.04v_m \tag{3-130}$$

式中：v_R 为油藏中水相推进速度；v_m 为模型中水相推进速度。

依据式（3-128）～式（3-130），Mattax 等利用比例关系将模型的实验结果转化到实际储层。对于模型而言，大约 4h 后裂缝中的水到达岩块顶部；对应于实际油藏，则需 0.4a，此时原油的采收率达到 60%。

3.4.2 呈均质特征的双孔双渗裂缝油藏渗吸–驱替渗流作用机理

1. 问题的提出

当特低渗油藏砂岩的孔隙相对比较发育，微裂缝较广泛均匀地分布于砂岩中，或者说虽发育一定的裂缝，但多数被充填或半充填时，砂岩储集层因流体在裂缝系统的渗流能力与在基质孔隙中的渗流能力差别不大，因而储集层的动态特征反映了单一均匀介质特点，这类储集层的地质模型可视为均质模型。

由于这类储集层本质上仍然是由裂缝与孔隙两个系统构成的双重介质，只是两者的水动力场特征因其渗透率的差别不大而表现出了单一介质的特点，故有人也将其称为视单一介质，或者是以孔隙为主的裂缝-孔隙双重介质。

2. 微观物理模型

对于这种呈均质特征的特低渗裂缝油藏（图 3-80），这类储层以基质孔隙为主，搭配有一定数量的裂缝，裂缝尺度较小，与孔隙多在同一数量级，同时从微观上分析，裂缝之间缺乏连通性（图 3-81），孔隙和裂缝均作为渗流通道。从原始流体

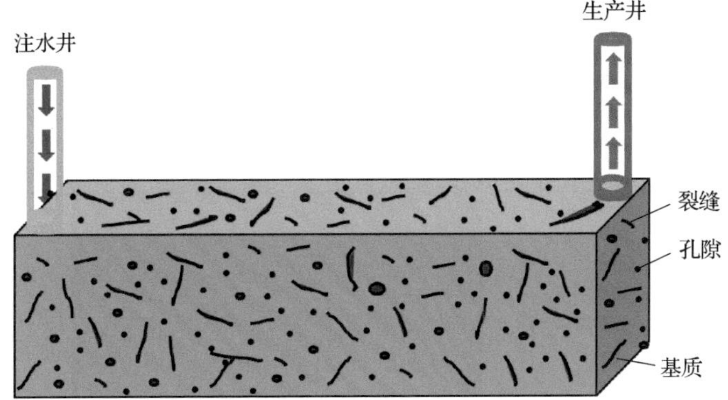

图 3-80 呈均质特征的双孔单渗裂缝油藏注采单元

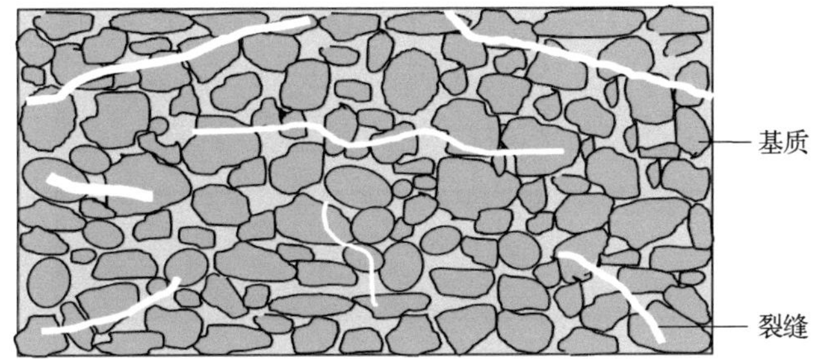

图 3-81 储层微观孔隙裂缝分布示意图

图 3-81 是图 3-80 的局部微观结构

上分析，原始储层油相主要分布在裂缝、连通的大中孔隙中，水相主要赋存在微小孔隙及水膜和部分角隅处。在注水开发时，水相存在三种流动通道：①推动裂缝及大孔隙油相运移；②增加水膜厚度，并驱动油相运移；③与微小孔隙水相混合渗流。

注入水在微裂缝流速快，裂缝水在毛细管力作用下将渗吸到较小孔隙，同时将部分孔隙的油相置换到局部的裂缝中(图 3-82)，除此之外，在没有微裂缝的地方，注入水优先进入大孔隙，在毛细管力的作用下，中小孔隙中的原油通过渗吸作用置换到大孔隙中，在压差的作用下置换出的原油从微裂缝或者是大孔隙中被压差驱替出。在这一过程中，注入压力及流速对渗吸会产生以下影响：①过大，注采井之间形成水线，生产井见水后，产生无效注水，此时水的渗吸作用发挥较少；②过小，渗吸发挥充分，但是油相驱替动力不足，产水量少，但是产油量也少；③存在一个最佳速度。

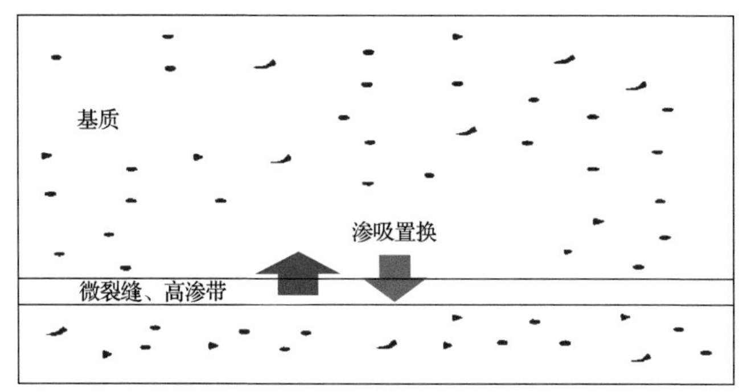

图 3-82　微裂缝局部发生的油水置换作用

3. 渗吸-驱替流体运动理论

1) 干燥毛细管中的渗吸-驱替

如图 3-83 所示，以水平放置的毛细管为例，毛细管为水湿，在初始时刻，毛细管中饱和非润湿相流体(原油)模拟水驱油过程，在入口端以一定的压差注入润湿相流体(水)，同时，当油水接触时渗吸作用发生，水也会在毛细管力的作用下进入毛细管并将原油驱替，在此过程中形成了渗吸-驱替的双重作用。

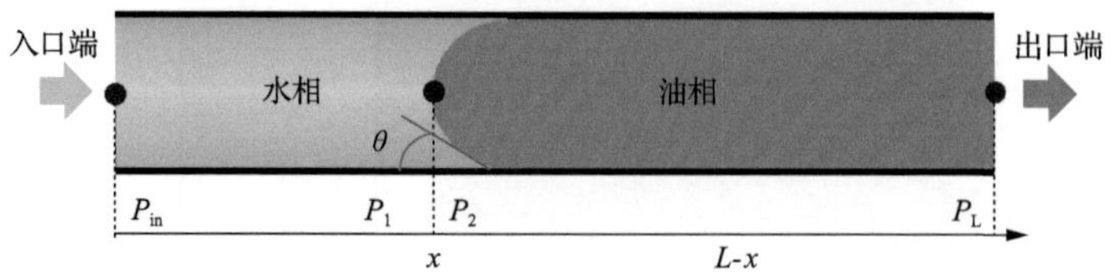

图 3-83　单管孔隙渗吸-驱替示意图

根据流体运动规律，水相和油相的运动规律可分别表示为

$$v_{\mathrm{w}}=\frac{r^2}{8\mu_{\mathrm{w}}}\left[\frac{P_{\mathrm{in}}-P_1}{x-0}\right] \tag{3-131}$$

$$v_{\mathrm{o}}=\frac{r^2}{8\mu_{\mathrm{o}}}\left[\frac{P_2-P_{\mathrm{L}}}{L-x}\right] \tag{3-132}$$

式中：v_{w}，v_{o}分别为油相和水相的速度；r为毛细管半径；μ_{w}，μ_{o}分别为水相和油相的黏度；P_{in}，P_{L}分别为入口端和出口端的压力；P_1和P_2分别为油水界面水相和油相的压力；L为毛细管长度；x为油水界面距入口端的距离。

油水界面两端的压力差即为毛细管压差，可表示为

$$P_2-P_1=P_{\mathrm{c}}=\frac{2\sigma\cos\theta}{r} \tag{3-133}$$

式中：σ为油水界面张力；θ为接触角。

作用在毛细管两端的压力差ΔP可表示为

$$\Delta P=P_{\mathrm{in}}-P_{\mathrm{L}} \tag{3-134}$$

由于油水两相在同一毛细管中流动，如果忽略两相流体的压缩性，则在同一个管内水相和油相两者速度一致，有

$$v_{\mathrm{m}}=v_{\mathrm{w}}=v_{\mathrm{o}} \tag{3-135}$$

结合式(3-131)～(3-135)，在驱替渗吸作用下的单毛细管中流体的运动速度可表示为

$$\frac{\mathrm{d}x}{\mathrm{d}t}=v_{\mathrm{m}}=\frac{r^2(\Delta P+P_{\mathrm{c}})}{8(\mu_{\mathrm{w}}x+\mu_{\mathrm{o}}(L-x))} \tag{3-136}$$

将上式积分可得

$$4(\mu_{\mathrm{w}}-\mu_{\mathrm{o}})x^2+8\mu_{\mathrm{o}}Lx-r^2(\Delta P+P_{\mathrm{c}})t=0 \tag{3-137}$$

利用式(3-137)可进行各种条件下毛细管中渗吸驱油的理论分析。

(1)当$\Delta P=0$时，即为油水体系的自发渗吸，式(3-137)可转化为

$$4(\mu_w - \mu_o)x^2 + 8\mu_o Lx - r^2 P_c t = 0 \tag{3-138}$$

式中：x 即为在渗吸过程中润湿相侵入的距离。从方程中还可以看出，渗吸驱油过程受流体性质(原油黏度和水相黏度)以及毛细管特征(毛细管半径)的控制。图3-84所示即为典型的毛细管渗吸驱油曲线。

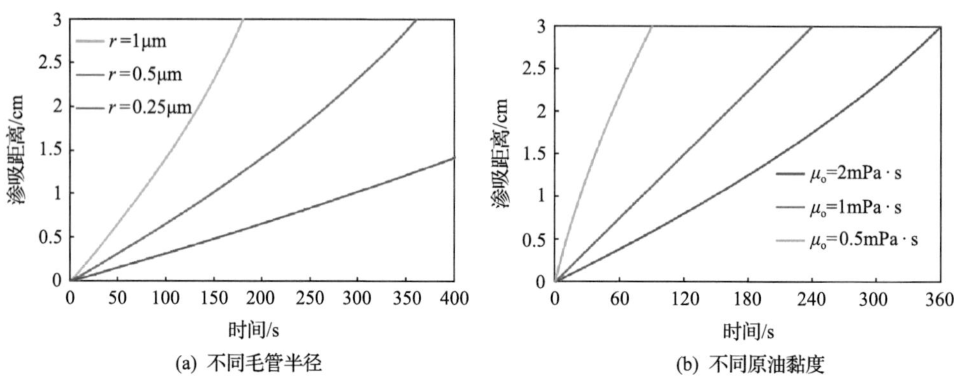

图3-84　典型毛细管渗吸曲线

对于单毛细管模型，渗吸过程主要为活塞式推进，如果渗吸完成(时间达到最大值)，则油水界面完全达到末端，式(3-138)可表示为

$$4(\mu_w - \mu_o)L^2 + 8\mu_o L^2 - r^2 P_c t_{max} = 0 \tag{3-139}$$

如果进行无量纲化处理，则用式(3-137)与式(3-138)相除：

$$\frac{t}{t_{max}} = \frac{1}{\mu_o + \mu_w}\left[2\mu_o \frac{x}{L} - (\mu_o - \mu_w)\left(\frac{x}{L}\right)^2\right] \tag{3-140}$$

方程左端 t/t_{max} 即为无因次时间，方程右端 x/L 对于单毛细管而言则是原油的采出程度(E)，上式可进一步转化为

$$\frac{t}{t_{max}} = \frac{1}{\mu_o + \mu_w}\left[2\mu_o E - (\mu_o - \mu_w)E^2\right] \tag{3-141}$$

从式(3-141)中可以看出影响单毛细管中油水两相渗吸驱替的主要因素为油水两相的黏度，图3-85所示为不同油水黏度比下的采出程度与无因次时间的关系曲线。

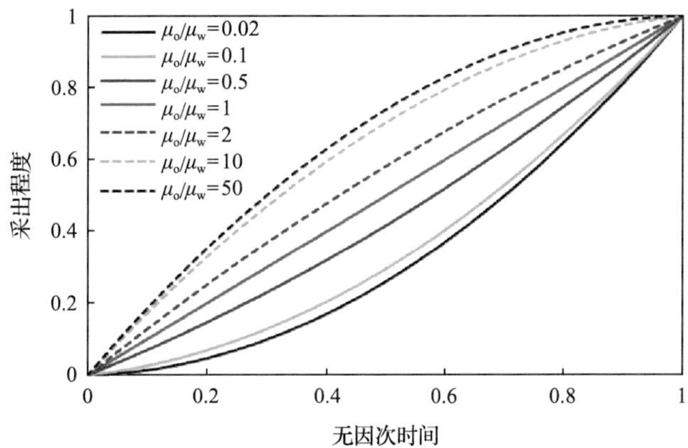

图 3-85 不同油水黏度比下的采出程度与无因次时间的关系

从图 3-85 中可以看出油水黏度比对两相间的交互作用有明显的影响。油水黏度比越大，早期渗吸速率小，晚期渗吸速率较高；油水黏度比越小，早期渗吸速率大，晚期渗吸速率较低。当油水黏度相等时，采出程度与归一化时间呈线性关系。

(2) 当 $\Delta P \neq 0$ 时，即为渗吸-驱替过程，采出的原油中一部分来自于渗吸作用的贡献，有另一部分则来自于外界驱替压差的贡献。同时考虑渗吸作用及外界驱替压差的作用，式(3-137)可进一步得到润湿相侵入距离的解析表达式

$$x = \frac{-2\mu_o L + \sqrt{4{\mu_o}^2 L^2 + (\mu_w - \mu_o) r^2 (\Delta P + P_c) t}}{2(\mu_w - \mu_o)} \tag{3-142}$$

基于以上分析，进一步探讨渗吸驱替过程中毛细管力和驱替压差各自的贡献。为了便于分析，表面张力取值 40mN/m，原油黏度取值 4mPa · s。从图 3-86 中可以看出，孔隙尺度越小，渗吸驱油量的贡献程度越大，在 0.05MPa 的驱替压差下，孔隙半径小于 100nm 的孔隙中，渗吸作用的贡献程度超过了 85%；在驱替压差为 0.5MPa 的条件下，在半径小于 100nm 的孔隙中，渗吸作用的贡献程度接近 50%。而随着孔隙尺度的增大，毛细管力减小，渗吸作用减弱，当孔隙半径超过 1000nm 时，在 0.5MPa 的驱替压差作用下，渗吸作用的贡献程度约为 5%，且贡献程度还会随着驱替压差的增大而减弱。对于常规储层，其孔隙尺度较大，无论驱替压差作用的大小，采油过程中渗吸作用的贡献程度均较弱，基本可以忽略。而对于低渗、致密储层，其纳米孔隙发育，毛细管力作用强，驱替过程中渗吸作用贡献程度较大因而其驱替采油过程中驱替压差的贡献程度随压差的增大而增大，也随孔隙尺度的增大而增大。

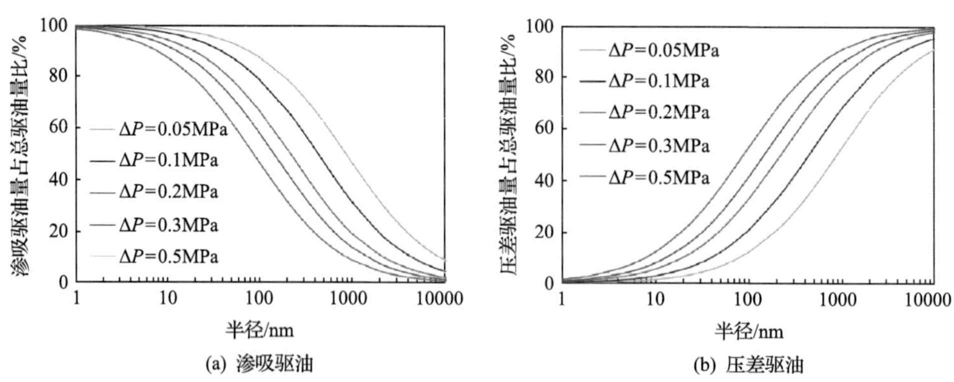

图 3-86 渗吸驱油量和压差驱油量随毛细管半径的变化

为了进一步对比驱替作用和渗吸作用的相对强弱，定义 β 表示渗吸驱油量和压差驱油量的相对比值，β 随压差和孔隙尺度的变化如图 3-87 所示。孔隙尺度越小，β 越大，表明渗吸驱油的贡献程度就越大，在一定条件下，渗吸作用的贡献程度甚至比驱替作用高出一个数量级，进一步强调了渗吸作用在低渗致密油藏中的作用。

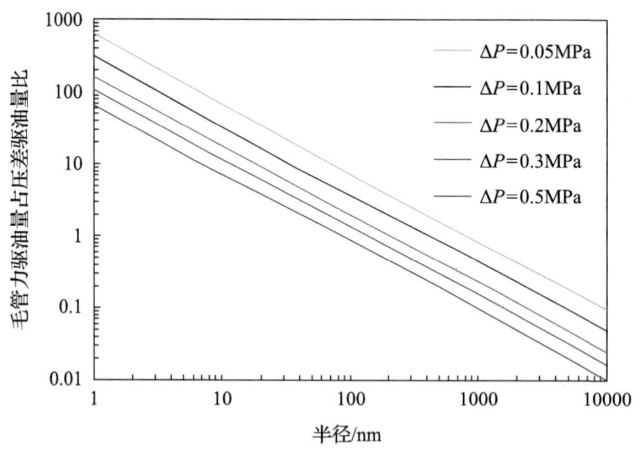

图 3-87 毛细管力驱油随毛细管半径的变化曲线

另外，针对延长油田特低渗油田实际开发中渗吸作用和驱替作用的相对强弱，物理模拟实验研究(图 3-88)表明：①随着平均孔喉半径的增加驱替作用驱油效率增加，渗吸作用驱油效率减弱，总驱油效率增加；②平均孔喉半径为 0.3μm 左右时，渗吸作用与驱替作用驱油效率相当，当平均孔喉半径小于 0.3μm 时渗吸作用起主导作用，当孔喉半径大于 0.3μm 时驱替作用起主导作用；③平均孔喉半径小于 0.1μm 时驱替作用驱油效率微弱可以忽略不计，平均孔喉半径大于 1.0μm 时，渗吸作用驱油效率微弱可以忽略不计。

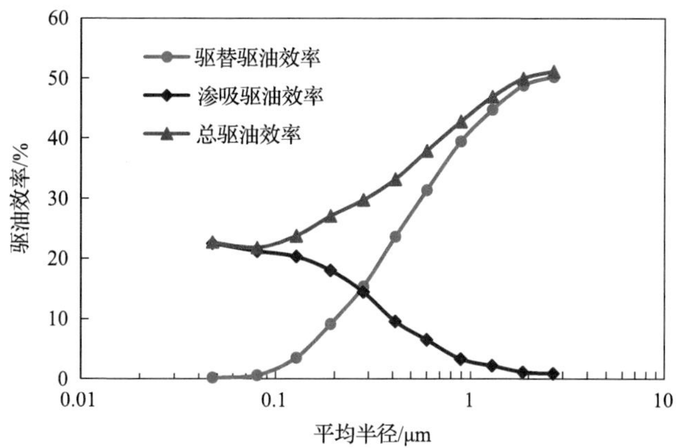

图 3-88 不同孔喉半径岩心驱油效率

理论分析和物理模拟结果在数值上存在一定的差异，主要是因为理论分析反映的是单一毛细管中的渗吸–驱替现象，物理模拟实验反映的是一定孔隙网络结构下的渗吸-驱替现象。但是，两者均反映了相同的规律：随着孔隙尺度的减小，压差作用驱油效率减弱，渗吸作用驱油效率增加。对于延长特低渗油田，其孔喉半径成双峰态分布，平均孔喉半径为 0.373μm，孔喉范围主要集中在 0.1～0.3μm 和 0.5～1.0μm(图 3-89)，平均孔喉半径小于 1.0μm 储层占比 92.2%，小于 0.3μm 储层占比 61.4%，说明在延长油田实际开发的过程中，61.4%的储层在注水开发中以渗吸作用为主，渗吸作用在延长油田注水开发中发挥着重要的作用。

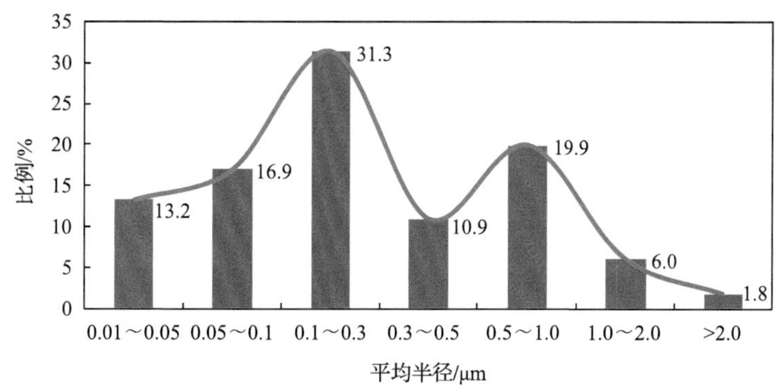

图 3-89 延长油田平均孔喉半径分布图

2) 含水毛细管中的渗吸-驱替

以上的分析都基于理想条件下的干燥毛细管渗吸驱油。事实上，对于实际低渗储层而言，根据前面油水分布特征分析，原始状态下小孔隙被毛细管水充填，对储层渗吸作用没有贡献；对于中大尺度的孔隙，即使原油能够充注，但由于储层岩石表面普遍亲水，因此充注后孔隙仍有一定厚度的水膜。该水膜的存在使得油水体系的渗吸和干燥下的渗吸理论存在一定的差异：一方面减小了渗吸过程中油、水的有效渗流空间；另一方面，水膜的存在对现有的润湿性的认识提出了挑战，传统意义上，润湿角定义为液相与固相的接触点液固界面和液态表面切线的夹角，但在水膜存在的条件下，实际固相并不存在。实验表明，无论干燥条件下孔隙壁面的润湿角有多大，在水膜存在的条件下，润湿角都可视作 0。

基于此两点可对考虑水膜存在情况下的油-水体系渗吸理论进行校正。式(3-137)可转化为

$$4(\mu_{\rm w}-\mu_{\rm o})x^2+8\mu_{\rm o}Lx-(r-h)^2(\Delta P+P_{\rm c})t=0 \tag{3-143}$$

式中毛细管力可表示为 $P_{\rm c}=2\sigma/(r-h)$，考虑到实际储层的含水分布特征，对实际储层的渗吸特征进行更具有针对性的分析(图 3-90)。

随着水膜厚度的增加，要使非润湿相(原油)移动相同的距离，则需要更多的时间，即实际储层的渗吸作用比室内理想状况复杂得多。

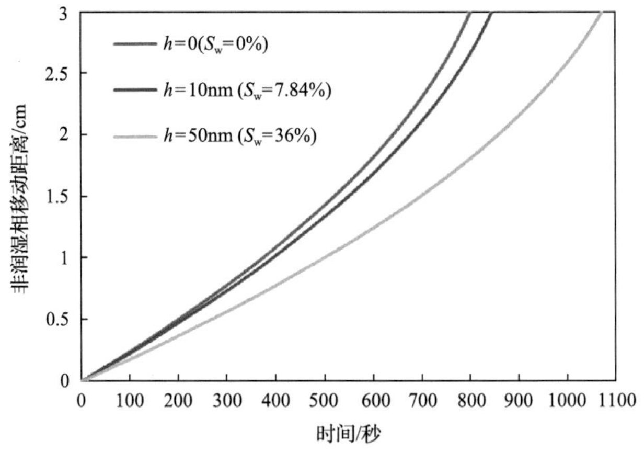

图 3-90　不同水膜厚度(含水饱和度)非润湿相移动距离与时间的关系曲线

3) 多孔介质中的渗吸-驱替

实际岩心往往是由大小及数量不同的孔隙与粗细及数量不同的喉道相互连通而形成的错综复杂的网络系统。但在实际的理论计算和实验中，通常假设其为一系列尺度不相等但平行的毛细管组成，如图 3-91 所示。

图 3-91　理想毛细管模型

以图 3-91 毛细管模型为例，分析多孔介质中的渗吸-驱替规律及影响因素。模型有如下的假设条件：①对于多孔介质而言，以毛细管束模型对其进行理论分析；②相比于单毛细管孔隙，多孔介质中的孔隙存在着一定的迂曲度 τ，对渗流特征和渗吸作用会产生一定的影响；③压差作用于多孔介质的一端，出口端压力为大气压；④岩心水平放置，忽略重力的作用；⑤以图 3-92 所示的实际岩心压汞结果为例进行分析；⑥相关参数如下：岩心直径 2.52cm，岩心长度 3cm，孔隙度 10%，迂曲度 2.0，原油黏度 2mPa · s，油水界面张力 30mN/m，接触角 0°。

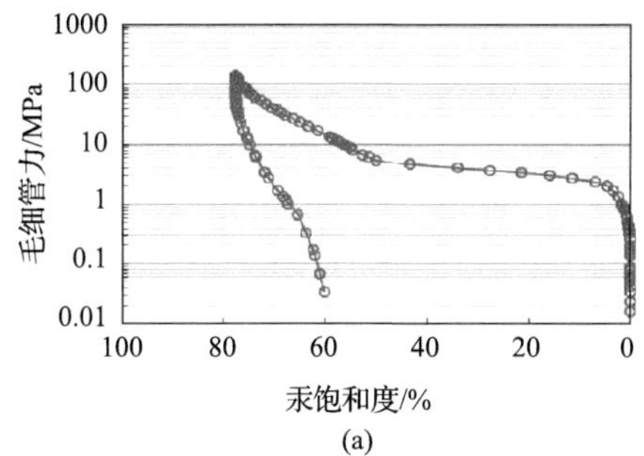

(a)

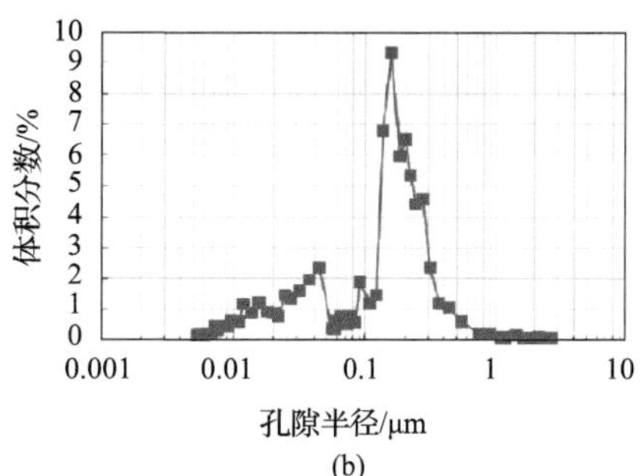

(b)

图 3-92　某岩心实际压汞曲线(a)和孔径分布曲线(b)

(1) 干燥条件的渗吸-驱替作用。

如图 3-93 所示，干燥条件下的渗吸-驱替具有以下特征：①润湿相驱替非润湿相发生在所有的孔隙中；②渗吸-驱替过程中，非润湿相驱替润湿相的速度随孔隙尺度的变化而变化，孔隙尺度越大，润湿相完全驱替非润湿相所用的时间越短。以 E 代表采出油相的体积与总的孔隙体积之比，则 E 可表示为

$$E = \frac{\sum_{i}^{N} f(r_i) X(r_i)}{\sum_{i}^{N} f(r_i) \tau L} \tag{3-144}$$

式中：$f(r_i)$ 为半径为 r_i 的孔隙所占的体积分数；τ 为迂曲度；L 为岩心的水平长度；$X(r_i)$ 是半径为 r 的孔隙中润湿相运动距离，可根据单毛细管的渗吸-驱替方程得到，在干燥情况下，具体可表示为

$$X(r_i) = \frac{-2\mu_{\mathrm{o}}\tau L + \sqrt{4\mu_{\mathrm{o}}^2\tau^2L^2 + (\mu_{\mathrm{w}} - \mu_{\mathrm{o}})r_i^2(\Delta P + P_{\mathrm{c}})t}}{2(\mu_{\mathrm{w}} - \mu_{\mathrm{o}})} \tag{3-145}$$

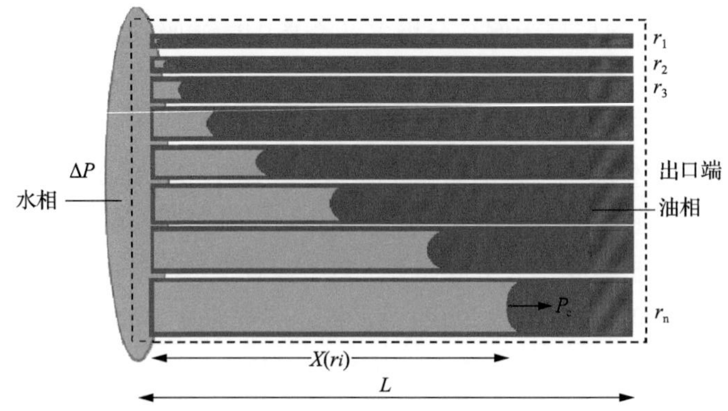

图 3-93　干燥条件下多孔介质渗吸-驱替示意图

图 3-94 所示为驱替压差 ΔP =0MPa、0.5MPa 和 1MPa 下，采出油体积与总孔隙体积比值随时间的变化规律，其中 ΔP =0MPa 即对应于自发渗吸。其曲线特征表明：随着驱替压差的增大，在相同的时间下原油采出程度有所增加，即相比于自发渗吸，外界驱替压差还补充了额外的能量，促使驱油效率提高；另一方面，随着时间的增加，驱出的油量随时间的增加先增加后逐渐趋于稳定，此时岩心中的大部分原油均被采出，而由于小孔隙中渗吸-驱替过程速率较慢，所以还有部分原油残留在小孔隙中。

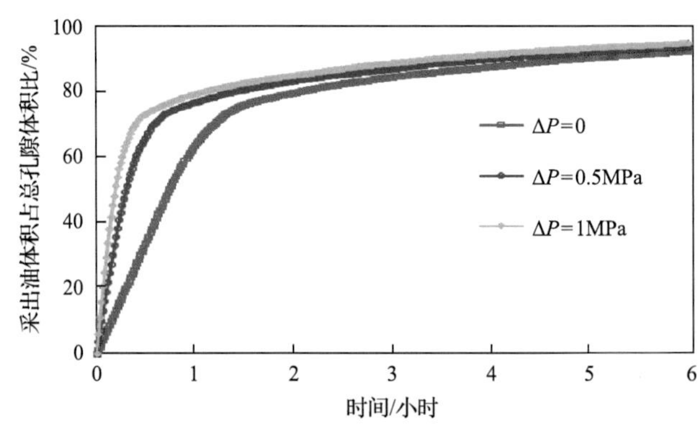

图 3-94　干燥岩心不同驱替压差下采出油体积占总孔隙体积随时间的变化规律

(2)含水条件下的渗吸-驱替作用。

在实际的低渗致密储层中，含水饱和度是一个不容忽视的影响因素，油水的分布特征对外来流体的走向具有十分重要的影响。原始储层油水的微观分布一是取决于充注压力的大小，二是受充注孔隙尺度大小的影响。以毛细管模型为基础，基于油气充注理论及毛细力学理论，实际储层的油水分布特征大致可分为两大类：①r 小于临界充注半径($r<r_c$，其中 r_c 由充注压力决定)，这类小毛细管不能形成有效的充注，孔隙仍被地层水充填；②r 大于临界充注半径($r>r_c$)充注压力能够克服这类孔隙的毛细管阻力，能够形成有效的充注，但由于岩石壁面的强亲水性，最终形成了“油芯水膜”的分布特征。对于前者而言，孔隙被毛细管水充填而成为无效的渗流空间，毛细管力在这类无效渗流空间中没有实际的驱油价值。对于后者而言，由于水膜的存在，导致其有效渗流空间减小。

基于以上的理论分析，实际多孔介质的含水饱和度可表示为

$$S_{\mathrm{w}}=\sum_{i=1}^{c} f(r_i)+\sum_{i=c+1}^{n} f(r)\frac{r_i^2-(r_i-h)^2}{r_i^2} \tag{3-146}$$

式中：S_{w} 为多孔介质的含水饱和度；$f(r_i)$ 为半径为 r_i 的孔隙所占的体积分数；c 为临界充注孔隙 r_{c} 对应的脚标。式(3-146)的第一项即为小孔隙中充填水所占的比例，第二项即为水膜所占的比例。

在一定的含水饱和度下，毛细管力只有在第二类孔隙中才有实际的驱油价值。此时采出油相的体积与总的孔隙体积之比 E 可表示为

$$E=\frac{\sum_{c}^{N} f(r_i)X(r_i)}{\sum_{i}^{N} f(r_i)\tau L(r_i)} \tag{3-147}$$

式中：$X(r_i)$ 是半径为 r_i 的孔隙中润湿相的渗吸距离，可根据单毛细管的渗吸-驱替方程得到，在考虑水膜厚度的条件下，可表示为

$$X(r_i)=\frac{-2\mu_{\mathrm{o}}\tau L+\sqrt{4\mu_{\mathrm{o}}^2\tau^2L^2+(\mu_{\mathrm{w}}-\mu_{\mathrm{o}})(r_i-h)^2(\Delta P+P_{\mathrm{c}})t}}{2(\mu_{\mathrm{w}}-\mu_{\mathrm{o}})} \tag{3-148}$$

据此可分析在不同含水条件下多孔介质渗吸-驱替规律，当 $\Delta P=0$ 时，即为含水岩心的自发渗吸驱油。图 3-95 即为不同含水饱和度下的岩心自发渗吸驱油特征曲线。

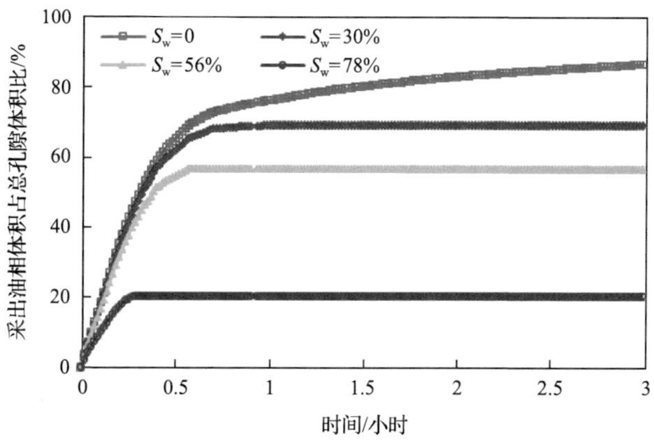

图 3-95 不同含水饱和度下采油体积占总孔隙体积比随时间变化规律

图 3-95 曲线特征表明，随着含水饱和度的增加，多孔介质中的剩余油减少，渗吸采出的油量也自然减少。同时，随着含水饱和度的增加，渗吸达到平衡的时间相应减小；在中低含水饱和度条件下，渗吸初期曲线的斜率基本相同，表明此阶段渗吸速率差异不大。从微观含水分布特征上解释，含水饱和度越高，表明更多的孔隙被水充填，且充填的孔隙尺度由小到大，而渗吸驱油达到平衡所需的时间理论上和最小孔隙相关，因此，随着含水饱和度的增加，平衡时间会减小；同时，初期的渗吸速率主要由大孔隙控制，在中低含水饱和度下，大孔隙中仍然是“油芯水膜”的分布状态，孔隙仍能够渗吸驱油，所以初期的渗吸速率差异不大。

另外在含水条件下，驱替压差也是原油采出效率的重要因素，如图 3-96 所示。图中曲线特征表明，在一定的含水饱和度下，多孔介质中剩余可采出的原油量一定，但驱替压差的增大能够加快多孔介质中原油的采出，提高效率。

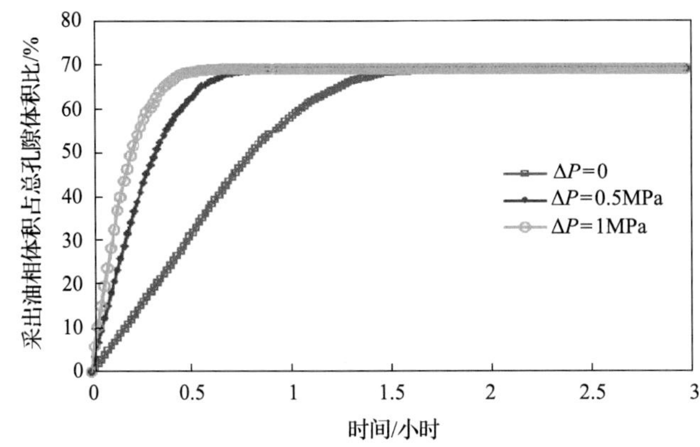

图 3-96 不同驱替压差下采油体积占总孔隙体积比的变化(S_w=30%)

3.4.3 裂缝性油藏非线性渗流特征

1. 启动压力梯度

采用高压驱动仪对延长特低渗储层启动压力梯度进行测试，测定得到的启动压力梯度如图 3-97 所示。

根据测试结果，经过回归得到启动压力梯度 G_s 与渗透率 K 之间的关系

$$G_s = 0.0561K^{-1.3245} \tag{3-149}$$

启动压力梯度与渗透率关系曲线如图 3-98 所示，利用式(3-149)可以求取油水井间任意一点的压力梯度。假设注采井间 x 点的驱动压力梯度为 G_x，要使该点的流体开始流动，其驱动压力梯度必须大于或等于该点的启动压力梯度 G_{sx}，即 $G_{sx} \geqslant G_x$。由式(3-150)拟启动压力梯度与渗透率的关系，可求出该点的渗透率

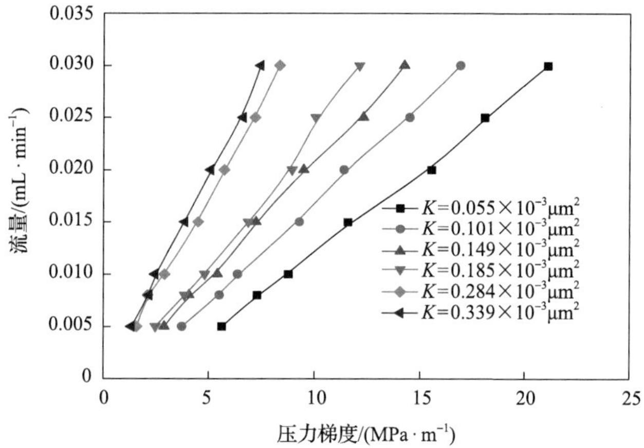

图 3-97 不同渗透率岩心的渗流曲线

K_{sx}，将这个渗透率值定义为临界启动渗透率，即只有该点的渗透率值大于该值时，该点储层流体才能开始流动，表达式为

$$K_{sx}=\left(\frac{0.0561}{G_{sx}}\right)^{\frac{1}{1.3245}} \tag{3-150}$$

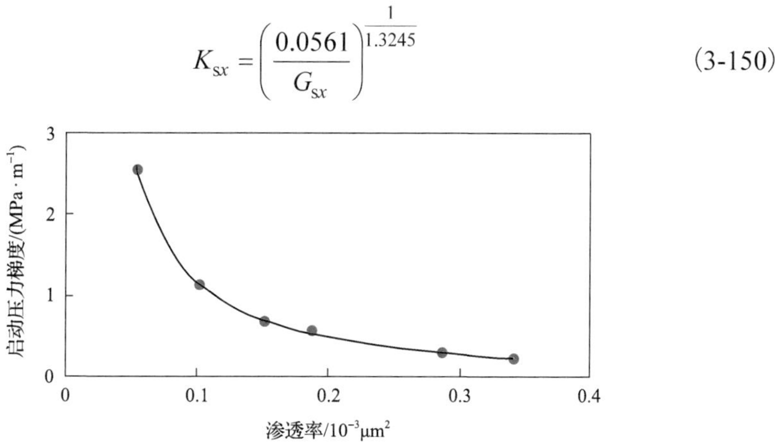

图 3-98 启动压力梯度随渗透率的变化曲线图

2. 基质应力敏感

1) 基质压敏实验新方法

传统的压敏实验是通过驱替方式，在岩心的周围加围压，然后通过岩心两端的压力和流量，应用达西定律计算得到渗透率的，测试得到的应力敏感性较强。这里提出了新的三轴应力压实法测试方法。

(1) 测试的原理：应用三轴应力测试仪，把岩石固定在岩心夹持器上，然后三个方向加压或者减压，测试岩石三个方向上的应力变化，根据应力变化，可以计算得到岩心孔隙度、渗透率随应力变化情况。

(2)实验设备：岩石三轴应力实验设备为中国地质大学(北京)改进的全自动岩石三轴应力实验测试仪器(图3-99)。该设备能实时记录实验进行时的围压、轴压、径向变形、轴向变形、应力、应变等多组数据，为实验数据的分析提供了保障。仪器主要对岩心夹持器进行改进，将岩心夹持器改成可以在岩心中充满流体且保持一定的压力，这样测试可得到岩石变形时岩心中含流体情况下的孔隙度、渗透率变化情况。

图3-99　岩石三轴应力实验仪器图

(3)测试方法：选择一定的孔隙压力后，加载围压，然后多级加载轴压，轴压不断增大，然后再卸载，测试得到不同压力下的三个方向上的应变曲线。

应用新的测试方法，新建立了计算孔隙度、渗透率随应力变化的计算公式，应用力学原理，推导得到的计算公式如下：

$$\varepsilon_v = \frac{1-2\mu}{b(1-q)}[\sigma_x^{-q} + \sigma_y^{-q} + \sigma_z^{-q}] \tag{3-151}$$

式中：ε_v为体积应变；σ_x、σ_y、σ_z分别为x、y、z方向的应力应变；μ、b、q为拟合参数。

在加载应力过程中，孔隙度随体积应变的关系式如下：

$$\frac{\partial(1-\phi)}{\partial t} + (1-\phi)\frac{\partial \varepsilon_{\mathrm{v}}}{\partial t} = 0 \tag{3-152}$$

进一步推导，得到渗透率与体积应变之间的关系式如下：

$$\frac{k}{k_0} = \frac{1}{(1+\varepsilon_{\mathrm{v}})^2}\left(1+\frac{\varepsilon_{\mathrm{v}}}{\phi_0}\right)^2 \tag{3-153}$$

式中：k 为有效渗透率；k_0 为原始渗透率；ϕ_0 为原始孔隙度。

由式(3-152)和(3-153)可以看出，只要知道岩心的体积应变，就可以计算得到岩石岩心的孔隙度和渗透率。

2)流动驱替的岩石变形实验

前面介绍了三轴应力实验方法，这里用流动驱替实验的方法，测试得到了延长油田不同岩心的应力敏感情况。随围压的变化，渗透率曲线形态表现出随着围压的增大而降低，在初期下降明显，后期下降趋缓(图 3-100(a))。

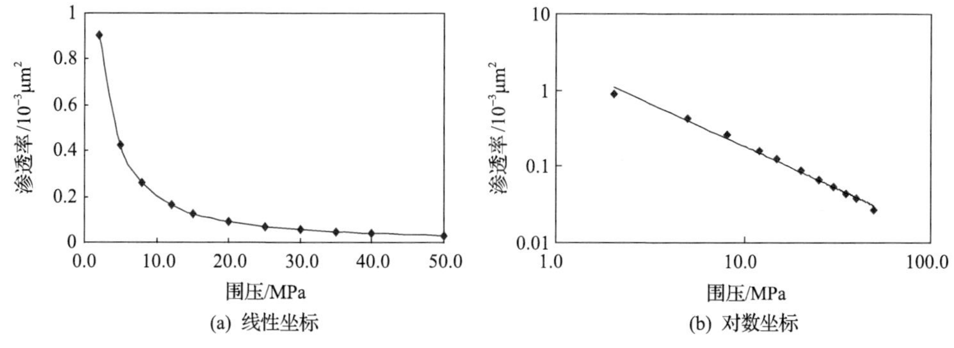

图 3-100 yc102-1 号岩样渗透率随围压曲线

对围压和渗透率取对数坐标见图 3-100(b)，可以看到渗透率与围压 P 满足乘幂关系：$k = 2.3647P^{-1.1117}$。

当有效应力从 20MPa 上升到 30Mpa 时，渗透率下降了 38.11%；当有效应力从 30MPa 上升到 40MPa 时，渗透率下降了 31.43%，说明渗透率的下降是非常快速的。

将孔隙度随应力的变化绘制成了曲线(图 3-101(a))，对围压和孔隙度取对数坐标(图 3-101(b))，可以看到孔隙度与围压呈很好的乘幂关系：$\phi = 26.305P^{-1.1117}$。

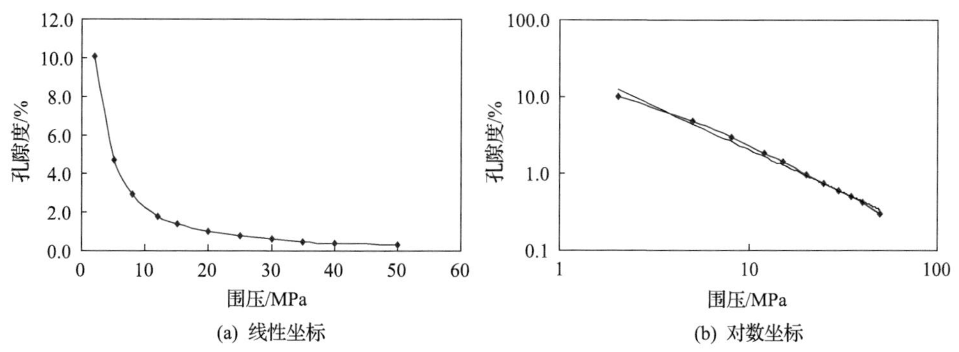

图 3-101 yc102-1 号岩样孔隙度随围压变化曲线

3. 裂缝应力敏感

用实验的方法测试了人工裂缝在开发过程中变化特征，从理论和实验两方面分析了裂缝的变化规律。

1)支撑剂排列模型推导及导流能力推导

(1)岩石模型孔隙度计算。

这里选择两种裂缝中支撑剂最典型的排列方式(图 3-102)来求取支撑剂间孔隙度大小。

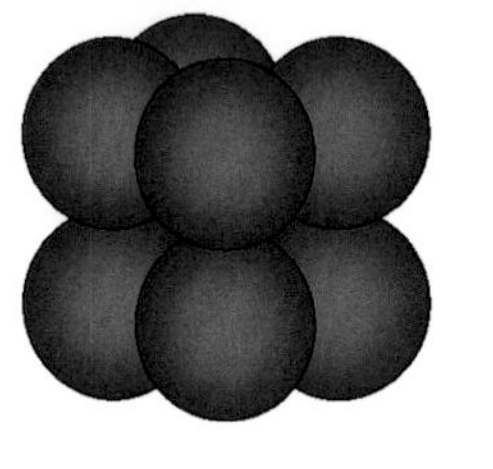

(a) 正排列

(b) 菱形排列

图 3-102　等径球形颗粒岩石模型

设颗粒的半径为 r，则等径球形颗粒正排列单元体(图 3-102(a))孔隙度为

$$\begin{aligned}\phi &= \frac{V_\mathrm{p}}{V_\mathrm{f}} = \frac{V_\mathrm{f} - V_\mathrm{s}}{V_\mathrm{f}} = \frac{8r^3 - \dfrac{4\pi r^3}{3}}{8r^3} \\ &= 1 - \frac{\pi}{6} = 0.477 = 47.7\%\end{aligned} \tag{3-154}$$

式中：V_f 为岩石总体积；V_p 为岩石孔隙体积；V_s 为岩石骨架体积。

等径球形颗粒菱形排列单元体(图 3-102(b))孔隙度为

$$\begin{aligned}\phi &= \frac{V_\mathrm{p}}{V_\mathrm{f}} = \frac{V_\mathrm{f} - V_\mathrm{s}}{V_\mathrm{f}} = \frac{4\sqrt{2}r^3 - \dfrac{4\pi r^3}{3}}{4\sqrt{2}r^3} \\ &= 1 - \frac{\sqrt{2}\pi}{6} = 0.302 = 26.0\%\end{aligned} \tag{3-155}$$

(2)裂缝导流能力推导过程。

根据Kozeny的毛细管岩石模型,可以把理想模型转化为右边的导流束(图3-103),假想岩石的孔隙由 N 根半径为 r 的毛细管构成的毛细管束，便可以根据模型求出渗透率与孔隙度、比面的关系。

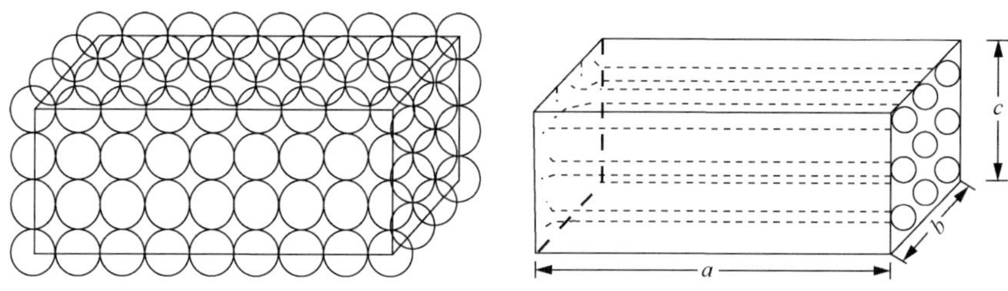

图 3-103 Kozeny 的毛细管岩石模型图

$$K = \frac{\phi r^2}{8} \tag{3-156}$$

由于前面的模型已经求得颗粒各排列的孔隙度 ϕ，这里只需要求得毛细管束的半径 r 。模型的顺导流方向的长为 a，截面的宽和高分别为 b 和 c，截面上的毛细管束的根数 N，由排列的颗粒数量而定。由图 3-103 截面上看，把球中间的孔隙当作毛细管束。所以可以得截面线上的毛细管束数量 N 与截面上颗粒的数量 n_1 关系。

设小球颗粒的直径为 D，求毛细管束半径的解如下过程：

截面上的颗粒数量为

$$n_1 = \frac{bc}{D^2} \tag{3-157}$$

由于立方体的体积 $V = abc$，前面求得其孔隙度 ϕ，所以得孔隙体积为

$$V_{\mathrm{p}} = \phi abc \tag{3-158}$$

又由于孔隙体积是由 N 根毛细管束构成，所以也可以得

$$V_{\mathrm{p}} = Na\pi r^2 \tag{3-159}$$

将式(3-158)、式(3-159)结合得

$$N = \frac{\phi bc}{\pi r^2} \tag{3-160}$$

因为正方形排列 $N = n_1$，所以得

$$\frac{bc}{D^2} = \frac{\phi bc}{\pi r^2} \tag{3-161}$$

$$r^2 = \frac{\phi D^2}{\pi} \tag{3-162}$$

代入式(3-156)可以求得正方形排列渗透率关系式为

$$K = \frac{\phi^2 D^2}{8\pi} \tag{3-163}$$

菱形排列时 $N = 2n_1$，其渗透率 $K = \dfrac{\phi^2 D^2}{16\pi}$。

此方法求的渗透率是完全理想状态的值，比实际值会偏大，因为没考虑孔隙里的充填物基质，没考虑地层因素、流体因素等对渗透率的影响。为了求得更接近的关系数据，现引进充填物系数 ∂，则

正排列岩石模型 $K = \partial \dfrac{\phi^2 D^2}{8\pi}$ (3-164)

菱形排列岩石模型 $K = \partial \dfrac{\phi^2 D^2}{16\pi}$ (3-165)

当 $\partial_1 = \partial / 8\pi$ 时，等径球形颗粒正排列岩石模型的渗透率为

$$K_1 = \partial_1 \phi_1^{\ 2} D^2 \tag{3-166}$$

当 $\partial_2 = \partial / 16\pi$ 时，等径球形颗粒菱形岩石模型的渗透率为

$$K_2 = \partial_2 \phi_2^{\ 2} D^2 \tag{3-167}$$

根据实验数据进行线性回归，求得充填系数 ∂，便可得到理论推导的支撑剂颗粒在裂缝中的导流能力关系。

裂缝导流能力 K_{fw} 定义为平均支撑剂裂缝的宽度 w_{f} 与支撑裂缝渗透率 K_{f} 的乘积。

$$K_{\text{fw}} = w_{\text{f}} K_{\text{f}} = w_{\text{f}} \partial \phi^2 D^2 \tag{3-168}$$

在压裂裂缝闭合过程中，闭合压力会逐渐加压到支撑剂充填层上，一是使支撑剂破碎，降低压裂裂缝的渗透率，二是支撑剂压实使得孔隙度减小。这里不考虑裂缝宽度的变化，所以导流能力变化规律与裂缝渗透率一致。

高闭合压力时，支撑剂破碎现象明显，裂缝导流能力可以根据支撑剂破碎后的孔隙度 ϕ 和颗粒粒径 D 值决定，由式(3-168)求得。

2) 实验数据回归

根据排列方式的不同，孔隙度取得不同值，根据实验数据(如表 3-13)可以通过回归法求得对应的铺砂浓度和粒径大小下的充填系数值∂。再利用对应的充填系数值∂和孔隙度ϕ，求得粒径在 0.2mm 到 1.2mm 范围下的裂缝导流能力值(缝宽 w=10mm)(表 3-14)。

表 3-13 两种铺砂浓度下不同粒径在 60MPa 压力时的渗透率大小实验数据

铺砂浓度/(kg · m^{-2})	粒径范围/目	平均粒径/mm	60MPa 时渗透率/μm^2
5	30～50	0.693	150.24
	40～70	0.495	98.72
10	30～50	0.693	170.21
	40～70	0.495	126.43

表 3-14 粒径从 0.2～1.2mm 范围下导流能力与粒径的关系

粒径大小/mm	裂缝导流能力/(μm^2 · cm)					
	铺砂浓度 5kg/m^2			铺砂浓度 10kg/m^2		
	正排列	菱形排列	绝对差值	正排列	菱形排列	绝对差值
0.20	13.49	13.46	0.029	16.34	16.36	0.02
0.29	30.35	30.28	0.057	36.77	36.82	0.05
0.38	53.95	53.84	0.114	65.36	65.46	0.10
0.48	84.30	84.13	0.171	102.13	102.27	0.14
0.57	121.39	121.14	0.247	147.07	147.27	0.20
0.67	165.22	164.89	0.333	200.17	200.45	0.28
0.76	215.80	215.36	0.437	261.46	261.81	0.35
0.86	273.13	272.57	0.551	330.90	331.36	0.45
0.95	337.20	336.51	0.684	408.53	409.08	0.55
1.05	408.01	407.18	0.829	494.32	494.99	0.67
1.14	485.56	484.58	0.988	588.28	589.08	0.80

图 3-104(a)可以看出，裂缝导流能力随着支撑剂粒径的减小而减小，在 60MPa 高闭合压力下，支撑剂的粒径越小，裂缝导流能力越小，等价于高闭合压力下，破碎率越大，裂缝导流能力越小。当粒径大小成 2 倍关系时，相应的导流能力成 4 倍关系。以 D=0.8mm 粒径颗粒为例，粒径缩小 50%时，裂缝导流能力下降的绝对值为 170.37 μm^2 · cm，导流能力下降的相对值为 75%。

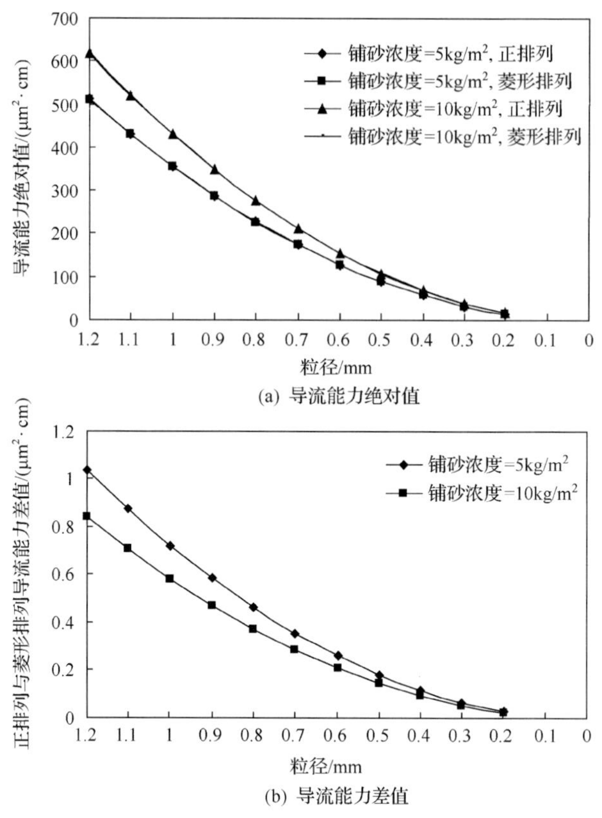

图 3-104　导流能力和粒径大小关系图

从两种排列的导流能力差值与粒径的关系曲线图 3-104(b)可以看出，两种排列的导流能力差值很小，这是由于理论推导的不严密性造成的。但可以看出粒径较大时，两种排列的导流能力差值相对较大，粒径减小时，两种导流能力的差值减小。也就是说，较大粒径颗粒时，排列方式的影响相对较大。

由图 3-104(b)还可以看出，铺砂浓度增加时，裂缝导流能力增加，但导流能力与粒径大小的关系未变，仍然是随之减小而减小。同时，当颗粒为大粒径时，不同铺砂浓度的导流能力差值相对较大，随着粒径的减小，导流能力的差值也减小。

3) 支撑剂不同损害率条件下裂缝导流能力的变化规律

理想化认为破碎就是支撑剂粒径缩小为原粒径的一半，也就是转换为粒径对裂缝导流能力的变化规律影响。利用上面的 5kg/m^2 铺砂浓度等径球形颗粒正排列数据，利用加权平均方法求得各破碎率 δ 下的裂缝导流能力。此处取缝宽 $w=10\text{mm}$。所以得裂缝导流能力公式为

$$K_{\text{fw}} = w_{\text{f}} K_1 (1-\delta) + w_{\text{f}} K_2 \delta \tag{3-169}$$

当破碎率从 0 到 100%时，得到的裂缝导流能力大小为见表 3-15。

表 3-15 裂缝导流能力与破碎率的变化规律数据表

破碎率/%	裂缝导流能力/($\mu m^2 \cdot cm$)		
	原始值	变化绝对值	变化相对值
0	227.16	0	0
10	210.12	17.04	0.08
20	193.09	34.07	0.15
30	176.05	51.11	0.23
40	159.01	68.15	0.30
50	141.98	85.19	0.38
60	124.94	102.22	0.45
70	107.90	119.26	0.53
80	90.86	136.30	0.60
90	73.83	153.33	0.68
100	56.79	170.37	0.75

图 3-105(a)为裂缝导流能力与破碎率的曲线，图 3-105(b)为裂缝导流能力随破碎率的差值变化。由图 3-105 可以看出，裂缝导流能力随着支撑剂的破碎率的增加，导流能力下降。随着支撑剂的破碎率的增加，裂缝导流能力下降的绝对值越大，相对值越大，呈一定斜率增加。

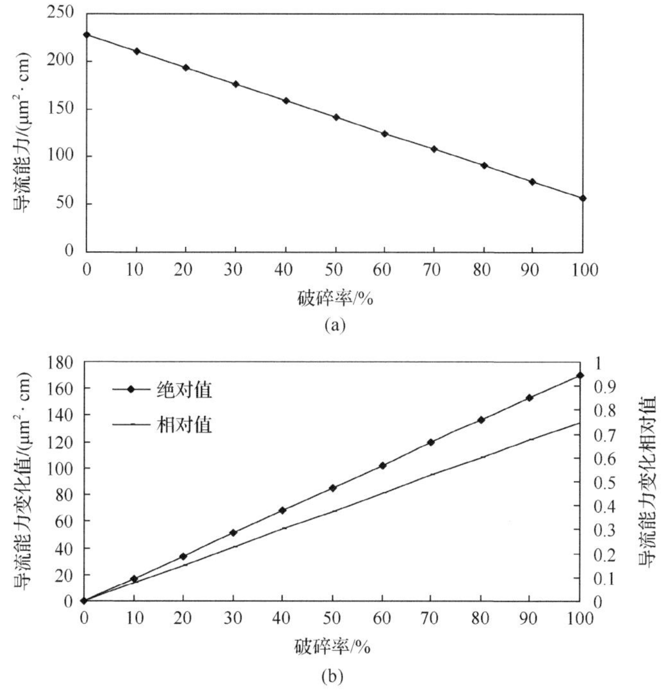

图 3-105 裂缝导流能力绝对值(a)及其变化值(b)与破碎率的关系

3.4.4 裂缝性油藏渗吸-驱替数值模拟

为了将室内研究应用于矿场注水开发实践，建立了考虑渗吸作用的渗吸-驱替数值模拟新方法。注水开发过程中的驱替与渗吸作用是采收率的两个主要制约因素，反映到储层中即为两个主要参数：裂缝渗透率大小和裂缝与基质之间的交换能力。裂缝与基质之间的交换能力是提高油藏采收率最主要的因素，对改善低渗油田注水开发效果起重要作用。

1. 渗吸-驱替数值模型的建立

图 3-106 为双孔双渗物理模型示意图，基质与裂缝之间渗吸渗流和非达西渗流同时存在，由毛细管力和驱替压差共同控制，裂缝之间为达西渗流。

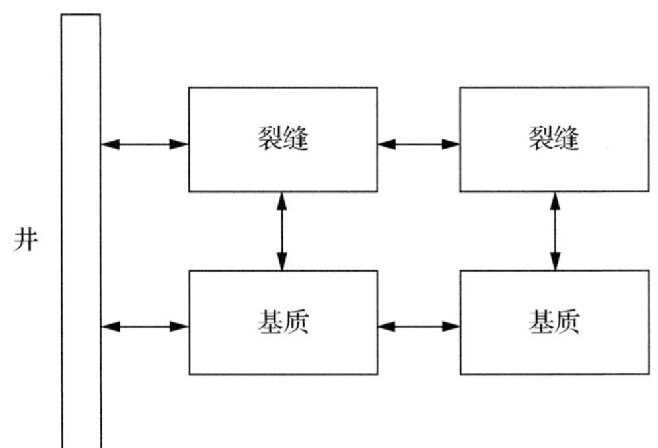

图 3-106 双孔双渗物理模型示意图

1) 模型假设条件

(1) 油藏中的流体流动是等温渗流；
(2) 油藏中只有油、水两相，油相和水相渗流遵循达西渗流定律；
(3) 油、水之间不互溶；
(4) 岩石微可压缩，考虑渗流过程中毛细管力作用。

2) 基质渗吸-驱替渗流数学模型

水相：

$$\begin{aligned}&\pm\frac{\partial}{\partial x}\left[\rho_{\mathrm{w}}\frac{K'K_{\mathrm{rw}}}{\mu_{\mathrm{w}}}\left(\frac{\partial P_{\mathrm{w}}}{\partial x}-G_{\mathrm{w}}\right)\right]_{\mathrm{m}}\pm\frac{\partial}{\partial y}\left[\rho_{\mathrm{w}}\frac{K'K_{\mathrm{rw}}}{\mu_{\mathrm{w}}}\left(\frac{\partial P_{\mathrm{w}}}{\partial y}-G_{\mathrm{w}}\right)\right]_{\mathrm{m}}\\&\pm\frac{\partial}{\partial z}\left[\rho_{\mathrm{w}}\frac{K'K_{\mathrm{rw}}}{\mu_{\mathrm{w}}}\left(\frac{\partial P_{\mathrm{w}}}{\partial z}-G_{\mathrm{w}}\right)\right]_{\mathrm{m}}+q_{\mathrm{wfm}}+q_{\mathrm{wm}}=\frac{\partial\left(\phi\rho_{\mathrm{w}}S_{\mathrm{w}}\right)_{\mathrm{m}}}{\partial t}\end{aligned}\tag{3-170}$$

式中：G_{w} 为水相启动压力梯度。

油相：

$$
\begin{aligned}
&\pm\frac{\partial}{\partial x}\left[\rho_{\mathrm{o}}\frac{K'K_{\mathrm{ro}}}{\mu_{\mathrm{o}}}\left(\frac{\partial P_{\mathrm{o}}}{\partial x}-G_{\mathrm{o}}\right)\right]_{\mathrm{m}}\pm\frac{\partial}{\partial y}\left[\rho_{\mathrm{o}}\frac{K'K_{\mathrm{ro}}}{\mu_{\mathrm{o}}}\left(\frac{\partial P_{\mathrm{o}}}{\partial y}-G_{\mathrm{o}}\right)\right]_{\mathrm{m}}\\
&\pm\frac{\partial}{\partial z}\left[\rho_{\mathrm{o}}\frac{K'K_{\mathrm{ro}}}{\mu_{\mathrm{o}}}\left(\frac{\partial P_{\mathrm{o}}}{\partial z}-G_{\mathrm{o}}\right)\right]_{\mathrm{m}}-q_{\mathrm{ofm}}+q_{\mathrm{om}}=\frac{\partial\left(\phi\rho_{\mathrm{o}}S_{\mathrm{o}}\right)_{\mathrm{m}}}{\partial t}
\end{aligned}
\tag{3-171}
$$

式中：G_{o} 为油相启动压力梯度；P_{mo} 为原始基质动力；P_{m} 为当前基质压力。

考虑基质渗透率应力敏感影响：

$$
K_{\mathrm{m}}'=K_{\mathrm{m}}\mathrm{e}^{-\alpha_{\mathrm{m}}\left(P_{\mathrm{mo}}-P_{\mathrm{m}}\right)}
\tag{3-172}
$$

式中：K_{m}' 和 K_{m} 分别为考虑应力敏感的基质有效渗透率和原始渗透率。

考虑基质启动压力影响：

$$
\frac{\partial P}{\partial x}-G=\begin{cases}\dfrac{\partial P}{\partial x}-G & \dfrac{\partial P}{\partial x}>G\\[2ex] 0 & \dfrac{\partial P}{\partial x}<G\end{cases}
\tag{3-173}
$$

式中：G 为启动压力梯度；P 为压力。

3）裂缝系统渗吸-驱替渗流数学模型

水相：

$$
\begin{aligned}
&\pm\frac{\partial}{\partial x}\left(\rho_{\mathrm{w}}\frac{K'K_{\mathrm{rw}}}{\mu_{\mathrm{w}}}\frac{\partial P_{\mathrm{w}}}{\partial x}\right)_{\mathrm{f}}\pm\frac{\partial}{\partial y}\left(\rho_{\mathrm{w}}\frac{K'K_{\mathrm{rw}}}{\mu_{\mathrm{w}}}\frac{\partial P_{\mathrm{w}}}{\partial y}\right)_{\mathrm{f}}\\
&\pm\frac{\partial}{\partial z}\left(\rho_{\mathrm{w}}\frac{K'K_{\mathrm{rw}}}{\mu_{\mathrm{w}}}\frac{\partial P_{\mathrm{w}}}{\partial z}\right)_{\mathrm{f}}-q_{\mathrm{wfm}}+q_{\mathrm{wf}}=\frac{\partial\left(\phi\rho_{\mathrm{w}}S_{\mathrm{w}}\right)_{\mathrm{f}}}{\partial t}
\end{aligned}
\tag{3-174}
$$

油相：

$$
\begin{aligned}
&\pm\frac{\partial}{\partial x}\left(\rho_{\mathrm{o}}\frac{K'K_{\mathrm{ro}}}{\mu_{\mathrm{o}}}\frac{\partial P_{\mathrm{o}}}{\partial x}\right)_{\mathrm{f}}\pm\frac{\partial}{\partial y}\left(\rho_{\mathrm{o}}\frac{K'K_{\mathrm{ro}}}{\mu_{\mathrm{o}}}\frac{\partial P_{\mathrm{o}}}{\partial y}\right)_{\mathrm{f}}\pm\frac{\partial}{\partial z}\left(\rho_{\mathrm{o}}\frac{K'K_{\mathrm{ro}}}{\mu_{\mathrm{o}}}\frac{\partial P_{\mathrm{o}}}{\partial z}\right)_{\mathrm{f}}+q_{\mathrm{ofm}}+q_{\mathrm{of}}\\
&=\frac{\partial\left(\phi\rho_{\mathrm{o}}S_{\mathrm{o}}\right)_{\mathrm{f}}}{\partial t}
\end{aligned}
\tag{3-175}
$$

考虑裂缝渗透率变化：

$$
K_{\mathrm{f}}'=K_{\mathrm{f0}}\mathrm{e}^{-\alpha_{\mathrm{f}}\left(P_{\mathrm{f0}}-P_{\mathrm{f}}\right)}
\tag{3-176}
$$

式中：K_{f}' 为考虑渗透率变化的裂缝有效渗透率；K_{f0} 为考虑渗透率变化的裂缝原

始渗透率；α_f 为裂缝压力敏感系数；P_f 为当前裂缝压力；P_{f0} 为原始裂缝压力。

4）流体交换数学模型

建立考虑启动压力和应力敏感条件下，分别建立驱替作用和渗吸作用产生的基质与裂缝之间流体交换数学模型。

压差作用产生的基质与裂缝之间窜流量（考虑启动压力梯度、应力敏感）：

$$q_{fm1}=\frac{A_{fm}}{l_{fm}}K'_m\frac{k_{rp}\rho_p}{\mu_p}\left(P_m-P_f-Gl_{fm}\right) \tag{3-177}$$

式中：P_m 为基质压力；l_{fm} 为基质到裂缝的距离；A_{fm} 为裂缝与基质接触面积。

渗吸作用产生的基质与裂缝之间的窜流量：

$$q_{fm2}=\rho_p v'_{im}S_{mf} \tag{3-178}$$

式中：v'_{im} 为考虑含水饱和度的自发渗吸流体运动速度；S_{mf} 为渗吸交换面积。

上述数学模型用数值求解方法，可以获得油藏中压力、饱和度、产量随时间的变化数据，这里采用传统的有限差分方法求解。

模型中渗吸速度模型的建立借鉴于 LW 模型，可得到油水两相渗吸速度理论计算方法。模型以水平放置管为例，毛细管半径为 r，长度为 L，初始条件为毛细管完全充满非润湿相流体。当两相流体接触时，渗吸作用发生，在毛细管力作用下润湿相流体进入毛细管并将非润湿相驱替出去。

利用泊肃叶方程对毛细管中的流体进行动力学分析，就可以得到油水两相流体运动速度 v_m：

$$v_m=\frac{r^2(\Delta P+P_c)}{8\sqrt{(\mu_w L)^2-(\mu_w-\mu_o)\left[\dfrac{r^2t}{4}(\Delta P+P_c)+2\mu_w LL_t-L_t^2(\mu_w-\mu_o)\right]}} \tag{3-179}$$

式中：L_t 为 t 时刻油，水两相接触距离。

当驱替压差为 0 时，即为油水体系的自发渗吸，式(3-179)可变化为

$$v_{im}=\frac{r^2P_c}{8\sqrt{(\mu_w L)^2-(\mu_w-\mu_o)\left[\dfrac{r^2t}{4}P_c+2\mu_w LL_t-L_t^2(\mu_w-\mu_o)\right]}} \tag{3-180}$$

式中：v_{im} 为油水自发渗吸时的流体运动速度。

通过动态渗吸影响因素实验发现：润湿性、储层品质指数、模型尺寸、油水黏度、含水饱和度是影响渗吸速度主要因素，式(3-180)渗吸速度表达公式考虑了

润湿性、储层品质指数、模型尺寸、油水黏度的影响，没有考虑到油藏含水饱和度的不同，因此通过对实验数据拟合(图 3-107)，引入含水饱和度修正项可得

$$v'_{\mathrm{im}}=\frac{r^2P_{\mathrm{c}}a(1\text{-}S_{\mathrm{w}})^n}{8\sqrt{(\mu_{\mathrm{w}}L)^2-(\mu_{\mathrm{w}}-\mu_{\mathrm{o}})\left[\dfrac{r^2t}{4}P_{\mathrm{c}}+2\mu_{\mathrm{w}}LL_{\mathrm{t}}-L_{\mathrm{t}}^2(\mu_{\mathrm{w}}-\mu_{\mathrm{o}})\right]}} \tag{3-181}$$

式中：v'_{im} 为考虑含水饱和度的自发渗吸流体运动速度。

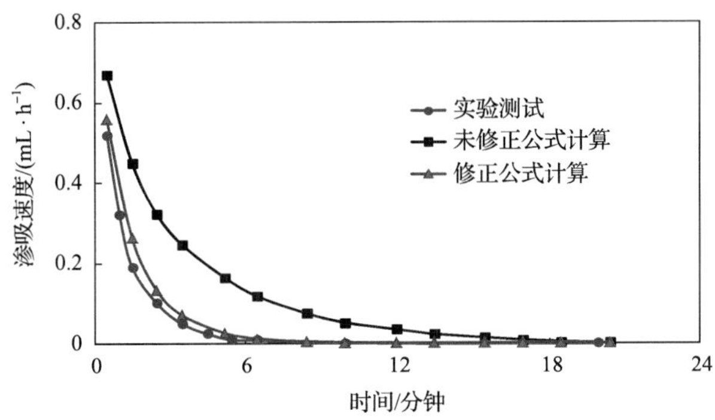

图 3-107　修正渗吸速度与实验测试对比

2. 渗吸-驱替数值模拟分析

以延长油田南部长 8 某区块油藏数据为例进行渗吸-驱替数值模拟分析，地质模型为块中心网格(图 3-108)，网格数 D_i=100，D_j=100，D_k=2，网格尺寸 10m×10m×8m，菱形反九点直井注采井网。模型参数取值见表 3-16，油水相渗曲线见图 3-109。

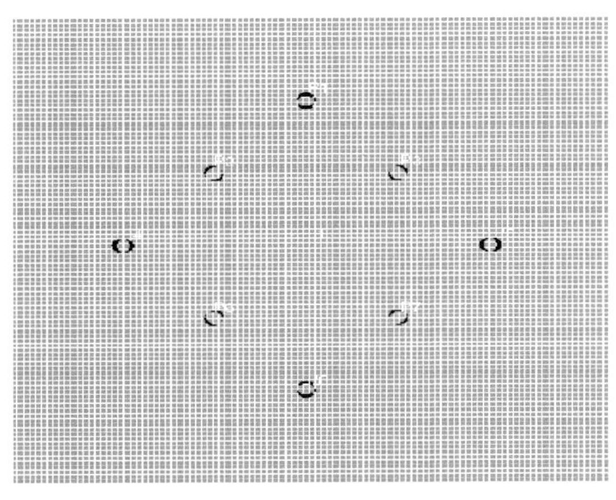

图 3-108　模型网格设置

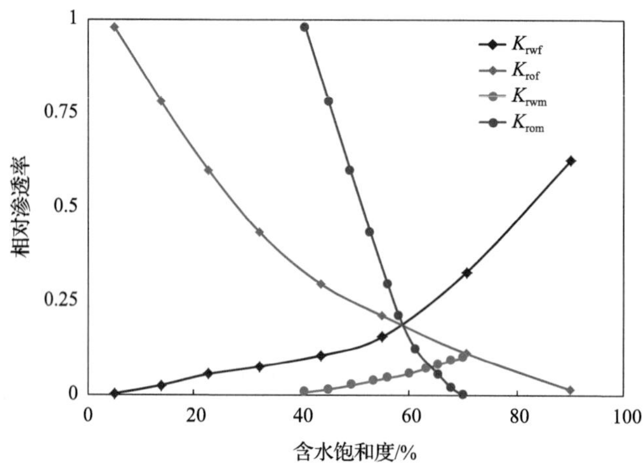

图 3-109　模型相对渗透率曲线

表 3-16　模型参数取值

参数名称	参数值	参数名称	参数值
基质孔隙度/%	4.58	主力油层	长 8
基质渗透率/$10^{-3}\mu m^2$	0.25	油层厚度/m	8
裂缝孔隙度/%	0.1	含油饱和度/%	0.58
裂缝渗透率/$10^{-3}\mu m^2$	500	水密度/$(g\cdot cm^{-3})$	1.01
原油密度/$(g\cdot cm^{-3})$	0.86	油水黏度比	3.5
原始地层压力/MPa	12	油水界面张力/$(mN\cdot m^{-1})$	40
油相启动压力梯度/$(MPa\cdot m^{-1})$	0.04	水相启动压力梯度/$(MPa\cdot m^{-1})$	0.01
基质渗透率应力敏感系数/MPa^{-1}	0.017	裂缝渗透率应力敏感系数/MPa^{-1}	0.065
定注水量/$(m^3\cdot d^{-1})$	10	定采油井井底压力/MPa	3.5

图 3-110 为模拟生产 15 年后渗吸作用对含油饱和度的影响。可以看出当不考虑渗吸作用时，裂缝系统含油饱和度不断降低，当水线推进到采油井底时，裂缝系统含油饱和度很低，而基质中大量剩余油富集。与不考虑渗吸作用相比，考虑渗吸作用后，基质系统含油饱和度会降低，裂缝系统含油饱和度相对增加。原因在于，特低渗油藏与常规油藏在水驱开发过程存在显著不同，在渗吸作用下基质中原油不断流向裂缝，使裂缝中含油饱和度上升，含水饱和度下降。

图 3-111 为渗吸作用对单井日产油的影响。在生产的初期，考虑渗吸作用与未考虑渗吸作用的产量均快速递减，反映了该阶段流体流动以裂缝渗流为主。在

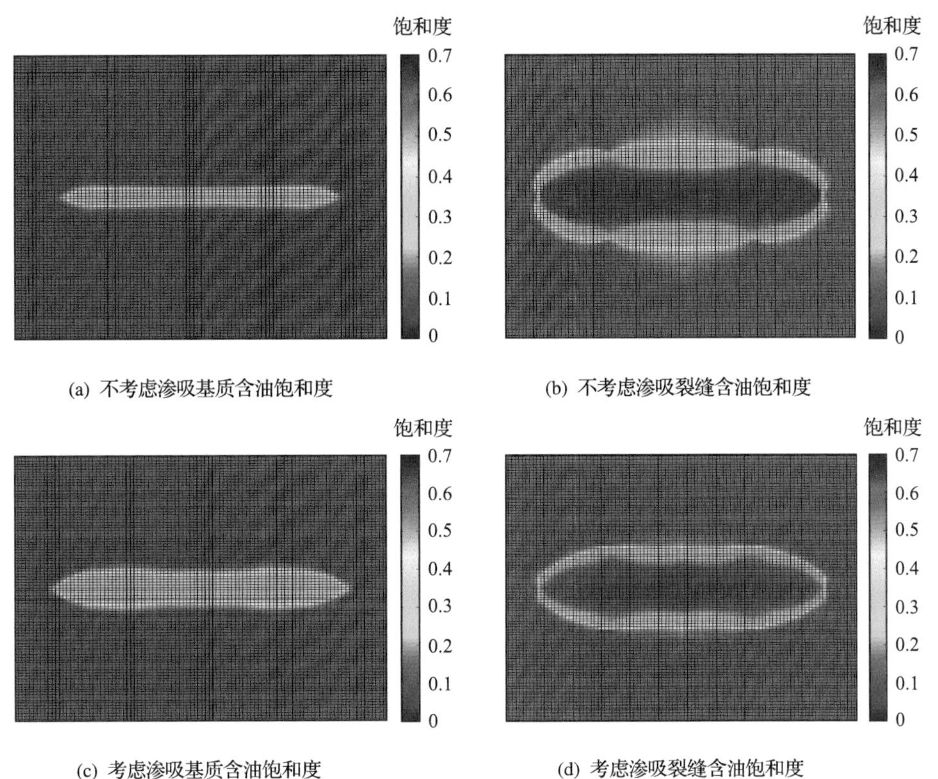

图 3-110　渗吸作用对模型含油饱和度的影响

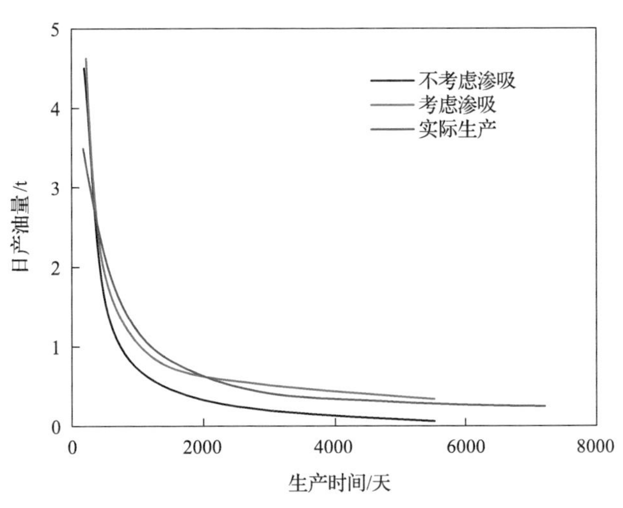

图 3-111　渗吸作用对日产油的影响

生产后期，考虑渗吸作用的条件下产量在低产水平长期保持稳定，而未考虑渗吸作用的条件呈现不断递减趋势，直到不再产油。预测生产 15 年时，考虑渗吸作用平均单井日产油 0.32t/d，不考虑渗吸平均单井产油仅 0.06t/d，实际平均单井日产油 0.28t/d。考虑渗吸作用的油井产量预测值与实际注水井组生产数据更加相符，验证了考虑渗吸-驱替模型的数值模拟结果更佳符合裂缝性特低渗油藏的开发实际，也表明了渗吸作用机理在裂缝性特低渗油藏注水开发后期发挥着重要作用。

第4章 特低渗油藏"适度温和"注水开发技术

注水开发是目前提高油田产量和采收率的有效手段，具有举足轻重的作用。但对于特低渗油藏来说，制约注水开发因素很多，启动压力、压力敏感、微裂缝发育等影响注水开发的效果，如何制定合理的注水开发技术政策是特低渗油藏成功开发的关键。本章针对特低渗油藏地质特征，基于渗吸-驱替理论基础，提出了特低渗油藏"适度温和"注水开发技术，并结合实例分析展示了该技术在延长油田的成功实践。

4.1 "适度温和"注水开发的概念及机理

特低渗油藏因其微观孔隙结构特征的不同，影响渗吸和驱替作用的主控因素也不尽相同。前述研究表明，在同时发挥二者作用的情况下才能取得最佳的水驱采收率。对于确定的油藏，润湿性、渗透率、含水饱和度、流体性质和油藏温度等是不可变的储层因素，因此，水驱采收率与影响渗吸-驱替效果的注水压力、注水强度、注水速度等注水参数密切相关。

在特低渗油藏渗吸-驱替双重渗流作用基础理论指导下，通过实验研究并利用数值模拟对井网参数和注入参数进行模拟优化，认为要获得较高的水驱采收率，生产过程中就需要达到最佳的注水压力、驱替速度和注水强度，这三个最优参数有两个共同点：一是当注水压力、驱替速度、注水强度的数值小于最优取值时，水驱采收率是逐渐提高，而当该数值大于最优取值时，水驱采收率则是呈下降趋势的；二是注水压力、驱替速度、注水强度的最优取值均在低值范围内，其主要原因是特低渗储层长石、石英等脆性物质含量高，随着注水压力的升高而不断产生裂缝，容易发生水淹，并且随着驱替强度的升高，突进现象增强，水驱波及体积下降，最终导致水驱采收率的降低。

针对特低渗储层的特点，最优的注水参数取值均在合理低值范围内，相对于中高渗油藏的强化注水技术而言，属于"适度温和"注水范畴，并且考虑到注水后的动态裂缝等因素，为充分发挥渗吸作用，驱替速度动态调整时还应降低，因此形成了特低渗油藏"适度温和"注水技术，也明确了与之适应的特低渗油藏"适度温和"注水技术参数体系。

4.1.1 “适度温和”注水的概念

所谓“适度温和”注水，是指在温和注水基础上，适度控制水驱前缘推进速度，增加油水交换时间，充分发挥毛细管的自发渗吸作用，进而提高采收率的一种注水开发方式。其主要机理一方面是有效利用同向渗吸作用，通过控制注水强度和注水压力，使得水驱前缘尽可能的均匀推进，避免水窜、水淹的发生；另一方面充分发挥逆向渗吸交换作用，基于亲水多孔介质的吸水排油机理，合理控制注水驱替速度，采出更多基质孔隙原油。与传统温和注水理念相比，“适度温和”注水更加强调对注水速度的控制，达到以“时间换空间”的效果，充分发挥渗吸排油的作用。

4.1.2 “适度温和”注水的作用机理

特低渗油藏更广泛更严重的非均质性，使得“适度温和”注水技术有了用武之地。一般来说，油藏的非均质性体现在三个方面：一是构造的起伏不定，断层的随机分布；二是储层物性的非均质分布，包括层间、平面、层内和微观四种非均质性；三是流体的非均质性，压力分布不同时，原油的黏度、含油气性等都各自不同。这些非均质性不仅造成微观上流体分布的不同，更造成了宏观上剩余油的分布不同，这些剩余油就构成了油藏挖潜、二次采油、三次采油的重点，也是“适度温和”注水技术提高采收率的物质基础。

1）对层间非均质的作用机理

多数研究认为，宏观上剩余油一般分布在渗透率相对比较低的区域，如图 4-1 所示。

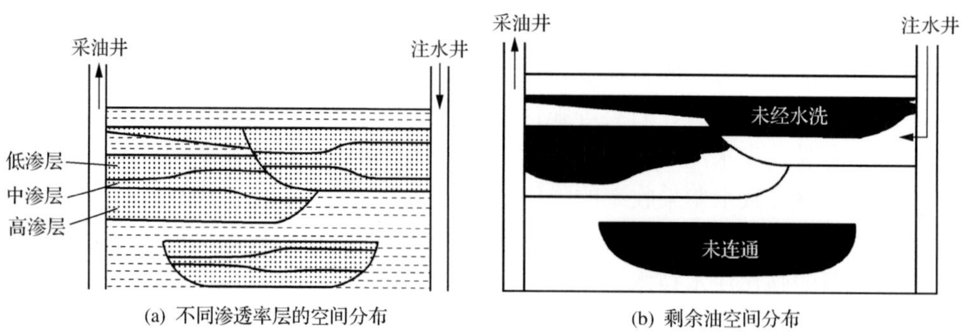

图 4-1 砂体分布与剩余油分布示意图

这种剩余油形成的主要原因非常清楚，由于层间非均质造成的层间吸水差异(图 4-2)，注入水单层突进是形成此类型剩余油分布的主要原因。

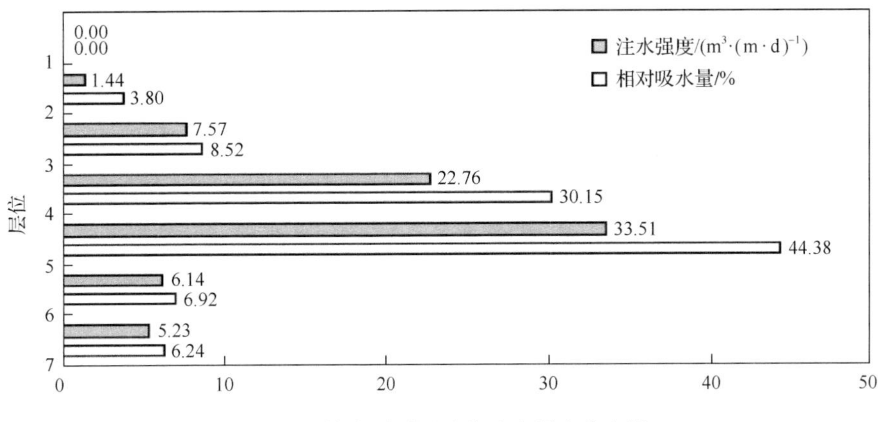

图 4-2　某地层不同砂体吸水强度分布图

显然，对于层间非均质性明显的油藏，依靠调整注入量和采出量能够起到一定的调控作用。例如，多层砂岩油藏开采时，如果降低采油井的井底流压，可以使低渗层也得到一定程度的动用。但根据理论和实践分析，对于层间非均质明显的油藏，重组开发层系才是根本解决之道。

2) 对平面非均质性的作用机理

与微观情况类似，宏观上平面非均质性可能造成低渗区域内剩余油的相对富集(图 4-3)，或者也存在另外一种可能性，由于小孔隙的毛细管力比较大，作为注入水的运移动力，使得低渗区内的水运移速度较快而造成了低渗油藏内的“甜点”区域剩余油被圈闭滞留(图 4-4)。这两种剩余油的形成可能都和注采强度、射孔位置、井网部署等因素相关。

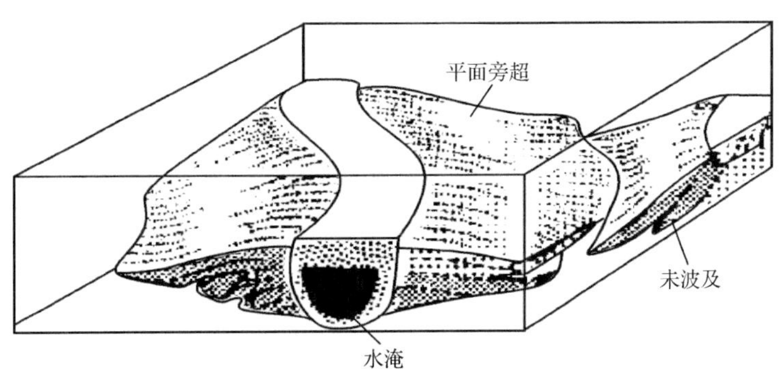

图 4-3　条带状高渗带形成的剩余油

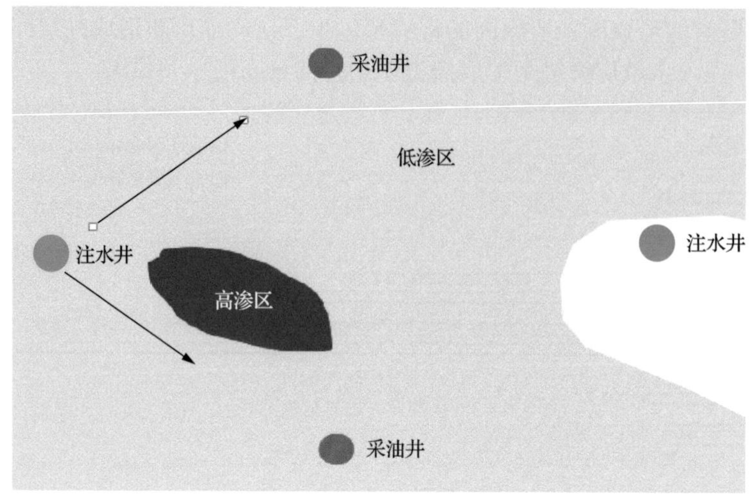

图 4-4 特低渗油藏内“甜点”区域示意图

“甜点”(相对高渗)区之所以会形成剩余油的富集，其主要机理在于特低渗区域内水的毛细管力比较大，当比驱替压力梯度大而成为储层内水运动的主要动力时，此时进入“甜点”区的水变少，从而形成了高渗区的原油反而富集的现象。

3) 对裂缝与基质间的作用

裂缝和基质具有明显的差别，注入水之后水一定是在裂缝里面优先流动，但由于裂缝和基质存在压力差和毛细管力差，所以注入水会被吸入基质中而替换出原油。但这种替换作用仍然会导致基质出现较多的剩余油，因此提高采收率的关键是把基质的剩余油采出。如图 4-5 所示，在水湿条件下，注入水在裂缝与基质之间进行吸水排油的介质交换，通过毛细管力作用将润湿相(水)渗吸到基质内，将基质中的非润湿相(油)置换到裂缝中，然后在注入水压差作用下将裂缝中的油驱替到出口端，这种裂缝与基质之间流体的置换作用就是渗吸采油和驱替作用的交互机制，这也是裂缝性油藏适应于“适度温和”注水最主要的理论基础。

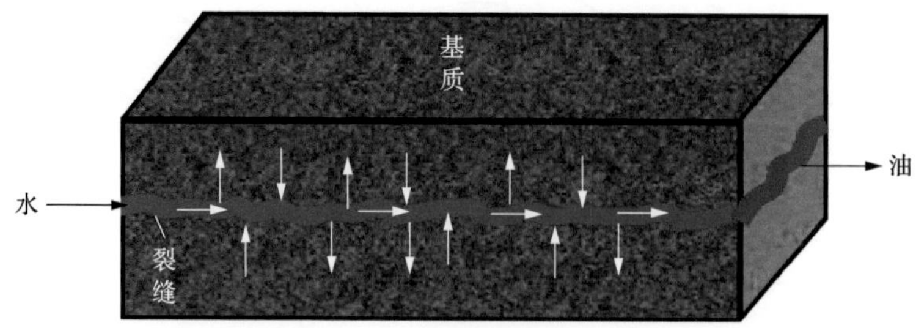

图 4-5 裂缝与基质流体交换的物理模型示意图

基于图 4-5 所示裂缝与基质模型，开展了注水速度对水驱采收率影响的室内实验研究(图 4-6)。实验结果表明：注水速度从 0.6m/d 增加到 3.0m/d，渗吸采收率先升高后降低，存在最优驱替速度使渗吸采收率达到最高，且该驱替速度随着岩心渗透率的降低而降低；储层渗透率分别为 $0.058\times10^{-3}\mu m^2$、$0.18\times10^{-3}\mu m^2$ 和 $0.23\times10^{-3}\mu m^2$ 时，最优注水驱替速度分别为 0.9m/d、1.2m/d 和 1.4m/d，得到其最高渗吸采收率分别为 11.34%、16.17%和 19.32%。最优驱替速度时毛细管力和黏性力二者协同驱油效果最好，当驱替速度小于最优驱替速度时，毛细管力发挥主要作用，小孔隙原油更容易被采出，当驱替速度大于最优驱替速度时，压差驱动发挥主要作用，大孔隙原油更容易被采出，因此存在一个最优驱替速度，使尽可能多孔隙中的原油均被采出。

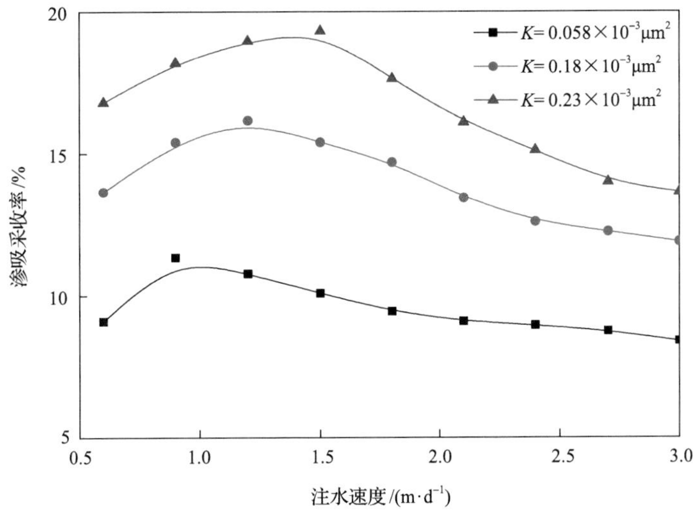

图 4-6 注水速度对渗吸驱油效率的影响

综上所述，注水速度过高和过低都不利于非均质区域内的原油采出，而恰当的注入速度(“适度温和”注水)显然能够起到促使不同渗透率区域原油共同被采出的作用。

4.2 “适度温和”连续注水技术

本节对“适度温和”连续注水技术进行参数优化，在连续注水条件下通过适度控制注水速度可充分发挥渗吸-驱替作用，是实现“适度温和”注水理念和精细化高效注水开发的重要方式。通过不同注采井组不同注水阶段差异化注水实践，研究了不同砂体位置在不同开发阶段下的连续注水工程参数优化，为注水开发调整提供理论依据。

4.2.1　“适度温和”连续注水基本概念

“适度温和”连续注水是“适度温和”注水的一种主要方式，其注水方式为连续不间断注水。

4.2.2　“适度温和”连续注水技术参数确定

特低渗油藏“适度温和”注水是在合理注采井网确定的基础上，对关键参数，即适度注水压力、适度注水强度、适度注水速度及适当的地层压力进行优化确定。

1. 合理井网形式的确定

特低渗储层投产全部需要压裂，考虑到裂缝水窜的问题，为减缓沿裂缝方向油井过早见水的矛盾。研究了排状井网、五点井网、反七点井网、菱形反九点井网的适应性，典型井网形式见图 4-7。

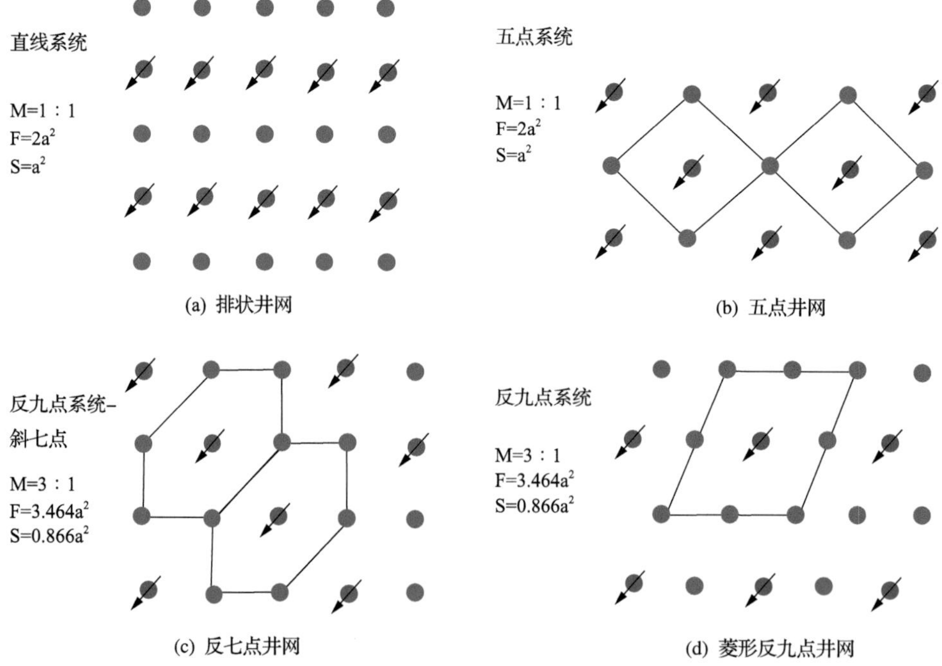

图 4-7　四种典型井网示意图

M-生产井与注水中井数之比；F-每口注水井的控制面积；S-每口采油井控制的面积；a-井间距离

注水井　　采油井

以延长油田为例，利用考虑渗吸作用的特低渗油藏数值模拟软件，模拟得到(排状井网、五点井网、反七点井网、菱形反九点井网)的日产油量对比、累积产油量对比，见图 4-8。

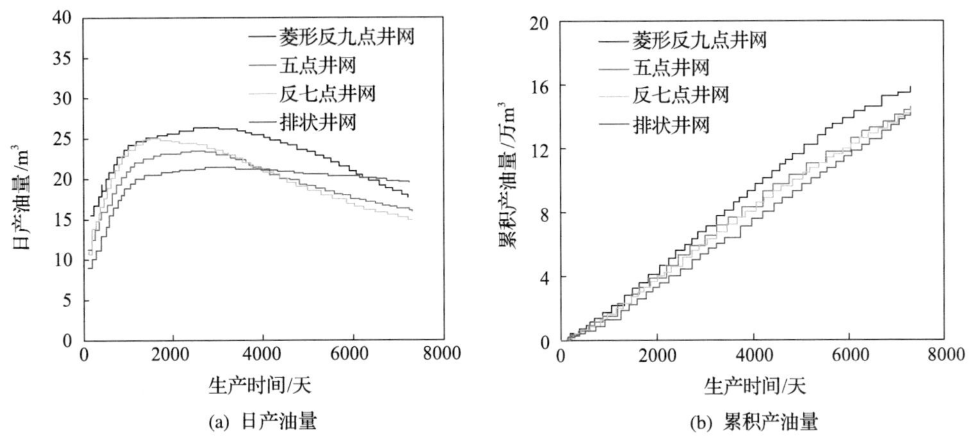

(a) 日产油量　(b) 累积产油量

图 4-8　注水开发典型井网形式优化结果

由图 4-8，可知菱形反九点井网与反七点井网生产初期日产油量较高；中后期反七点井网与五点井网日产油量有相似的下降变化趋势，而反七点井网的递减率最大；排状井网初期日产油量上升最慢，但是中后期产量趋于稳定且长时间保持稳定，递减率低。对比不同井网的累积产油量，菱形反九点井网的累积产油量最高，排状井网的累积产油量最小。综上所述，菱形反九点井网为最优井网。

实践和研究表明，菱形反九点井网是特低渗油藏最优基础井网，菱形反九点井网人工压裂，由于菱形长轴的方向平行于裂缝方向，使注水井与角井连线平行于裂缝方向，相应地增加裂缝方向上的井距，缩小垂直于裂缝方向上的排距，有效改善了平面上各油井的均匀受效程度，延缓了角井见水时间，同时边井的受效程度加大，而且当角井含水率较高时后期可以转注，从而形成矩形五点注采井网系统。根据最大累积产量和经济最大化的原则，得到最优井网形式是菱形反九点井网。

2. 合理井网参数的确定

利用复杂介质渗流理论模型，以长 6 油藏为例，对特低渗油藏井网参数进行了优化。

1) 排距优化

从菱形反九点井网下不同排距对日产油量的影响可以看出：150m 排距时的日

产油量最大，180m 和 120m 排距时的日产油量次之，210m 排距时的日产油量最小；不同排距的日产量递减率相似，产量都较为平稳，稳产期较长。不同排距的累积产油量呈现出与日产油量相似的特征：150m 排距时的累积产油量最大，180m 排距次之。综合评价认为，150～180m 排距最优。

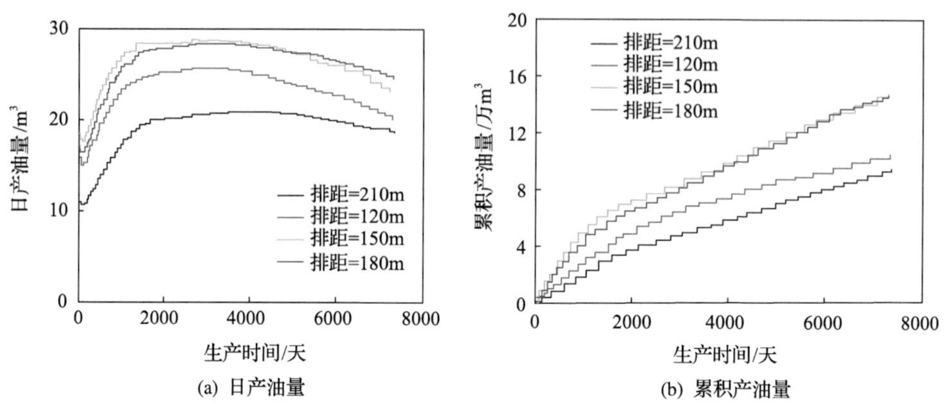

图 4-9　菱形反九点井网井排距优化

2) 井距优化

对比菱形反九点井网不同井距的日产油量和累积产油量(图 4-10)。日产油量指标对比结果表明：480m、540m 与 600m 井距对应的日产油量呈现出随着井距的增加而均匀下降的趋势，井距为 420m 时的初始日产量显著增加，表明井距小容易建立有效驱替系统，初产较高但稳产能力较差。累积产油量指标对比结果表明：540m 与 600m 井距对应的累积产油量较低，420m 和 480m 井距对应的最终累积产油量基本相同。综合评价认为，420～480m 井距最优。

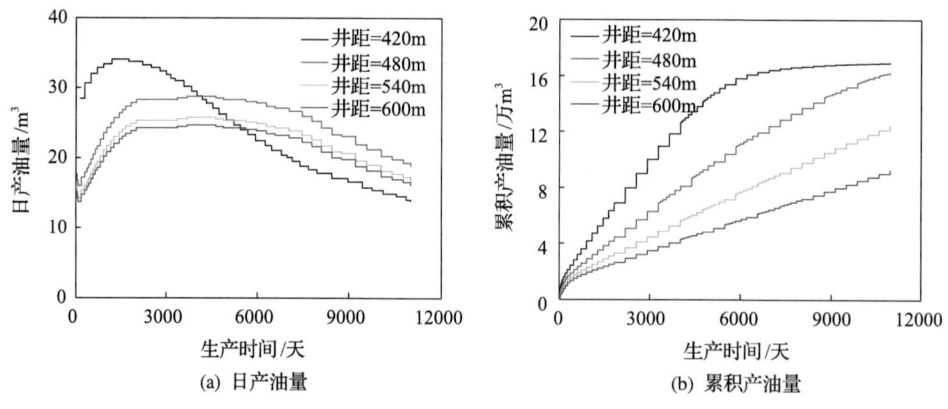

图 4-10　菱形反九点井网不同井距下开发曲线对比图

3. 合理裂缝穿透比确定

针对菱形反九点井网生产井中的边井，分别设置裂缝穿透比为0.1、0.2、0.3、0.4来模拟不同模型的累积产油量和含水率的变化，从而优化裂缝的长度。模拟结果见图4-11。

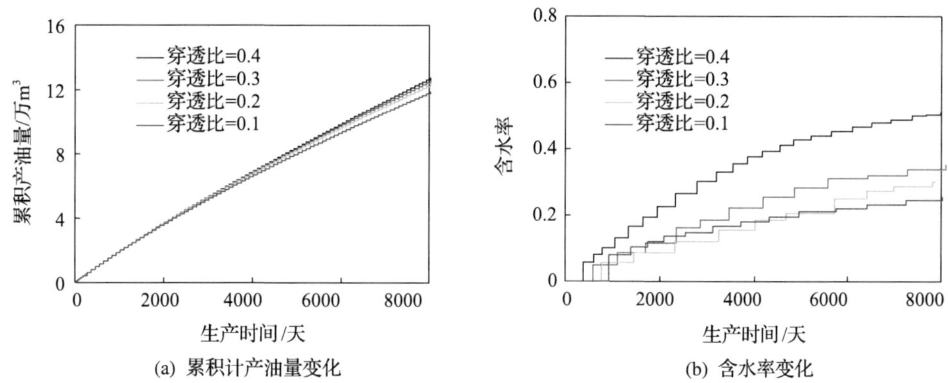

(a) 累积计产油量变化

(b) 含水率变化

图4-11 菱形反九点井网裂缝穿透比优化

通过水力压裂边井措施可以发现，随着穿透比的增加，累积产油量有所增加但增加幅度较小，含水率变化显著。从累积产油的变化可以看出，穿透比0.2优于0.1，但是穿透比0.2、0.3和0.4时的累积产量相差不大；从含水率变化可以看出，随着穿透比的增大含水率上升增大，穿透比0.4含水率上升显著高于穿透比0.3。综合产油能力和含水控制两方面，优化得到合理穿透比为0.2～0.3。

4. 合理注水压力的确定

合理单井注水压力既要保证克服一定的启动压力梯度，满足合理配注要求，又要避免压力过高而产生次生裂缝，导致注入水沿裂缝发生水窜、水淹。因此，合理单井注水压力的确定遵循以下三个原则：①注水压力大于注水启动压力；②注水压力小于裂缝延伸压力；③满足单井合理配注所需的最小压力。

其中，启动压力可以通过定期测试单井吸水指示曲线(图4-12)获得；裂缝延伸压力根据井组所有油井实际压裂施工压力值(图4-13)统计得到，单井合理配注所需的最小压力根据现场实际情况进行调整。

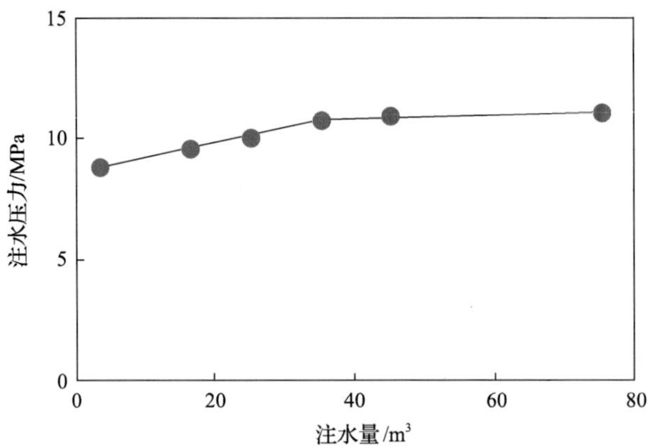

图 4-12　注水井注水指示曲线

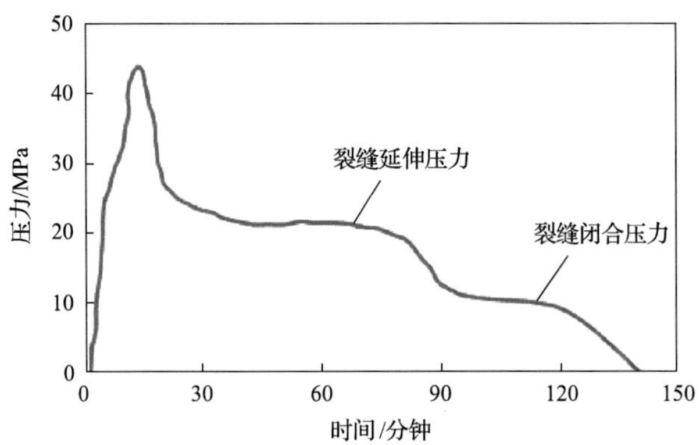

图 4-13　采油井压裂施工曲线

5. 合理地层压力的确定

地层压力保持水平以地层平均压力与地层原始压力比值 P_R 作为评价标准，主要分为以下两类(表 4-1)：

(1) 一类：地层压力为保持在原始饱和压力的 85%以上，能满足油井不断提高排液量的需要，也不会造成油层脱气；

(2) 二类：地层压力为保持在原始饱和压力的 70%以上，虽未造成油层脱气，但不能满足油井提高排液量的需要。

表 4-1　合理地层压力保持水平评价标准

类别	一类		二类
	好	较好	合适
P_R	>0.9	0.9～0.8	0.8～0.7

鄂尔多斯盆地的特低渗油藏均为低压油藏，理论上需要保持较高的地层压力水平，可以克服启动压力梯度，从而实现高效的驱替开发，但是延长特低渗储层脆性物质含量高，过高的地层压力会产生较多次生裂缝，沟通天然裂缝和人工裂缝，容易造成注入水沿裂缝发生水窜。因此，地层压力保持水平并不是越高越好，而是要在合理的范围之内。

利用地层压力保持水平和阶段注采比两个参数来实现矿场“适度温和”注水技术参数。遵循既要保持注采平衡、又要长期稳定生产。实践表明，延长油田特低渗油藏油层压力保持水平为 85%左右，考虑部分注水的外溢，累积注采比略高一些，但不宜过大。通过数值模拟得出注采比最佳范围 0.9～1.1，模拟结果见图 4-14。

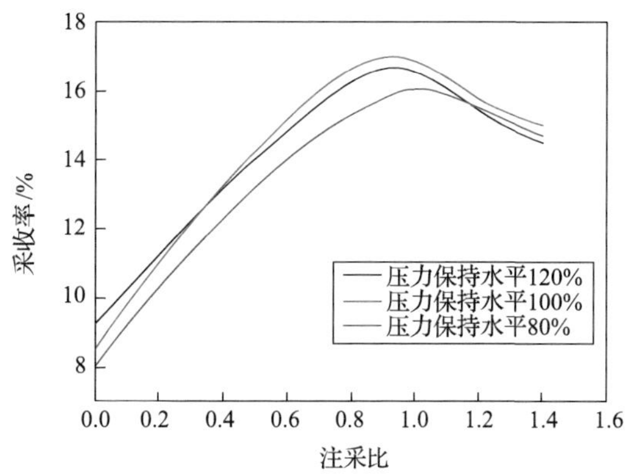

图 4-14 不同压力保持水平下注采比对采出程度的影响

6. 合理注水强度的确定

特低渗油藏非均质性现象严重，非均质性对驱油效率的影响较大，影响程度一般大于 30%，适度控制注水强度可以减缓非均质性对驱油效率的影响，达到最终提高水驱采收率。岩心水驱油实验表明，储层非均质性对驱油效率影响较大，甚至超过物性的影响。颗粒分选程度与驱油效率呈正相关关系(图 4-15)，随分选系数的增大，喉道分布区间变宽，驱油效率显著增加。

通过现场大量生产数据统计，得到见水速度与注水强度关系(图 4-16)及考虑非均质性后的最佳注水强度与渗透率关系图版(图 4-17)。根据延长油田合理生产制度，见水速度控制在 2m/d，得出合理注水强度小于 $2.5\mathrm{m}^3/(\mathrm{m}\cdot\mathrm{d})^{-1}$，而根据延长油田储层渗透率分布及特征，得出合理注水强度应小于 $1.8\mathrm{m}^3/(\mathrm{m}\cdot\mathrm{d})^{-1}$。不同区块由于物性的差别，需要结合矿产生产实际情况及室内实验确定合理注水强度。

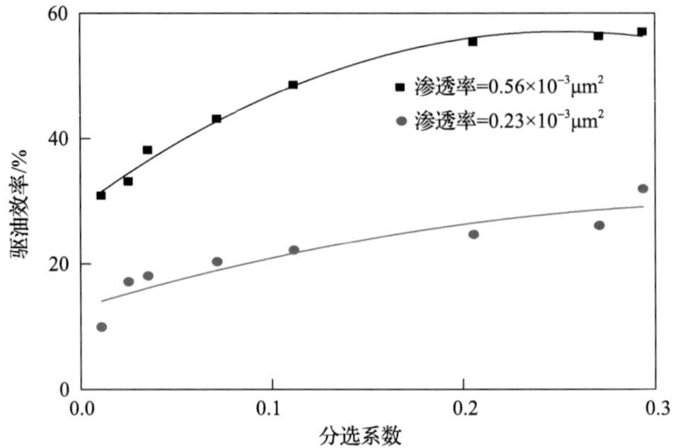

图 4-15 分选系数与驱油效率的关系曲线

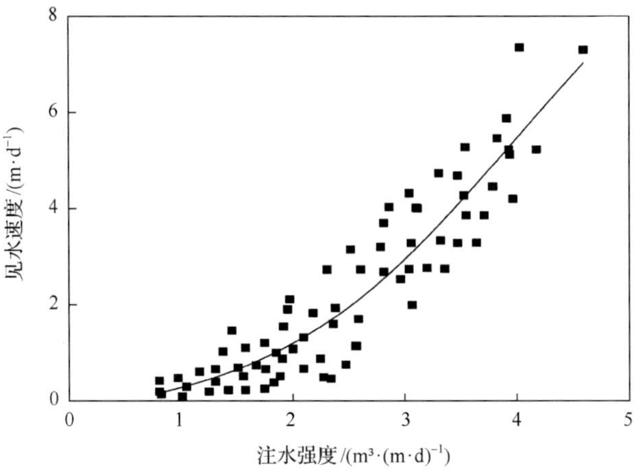

图 4-16 见水速度与注水强度关系

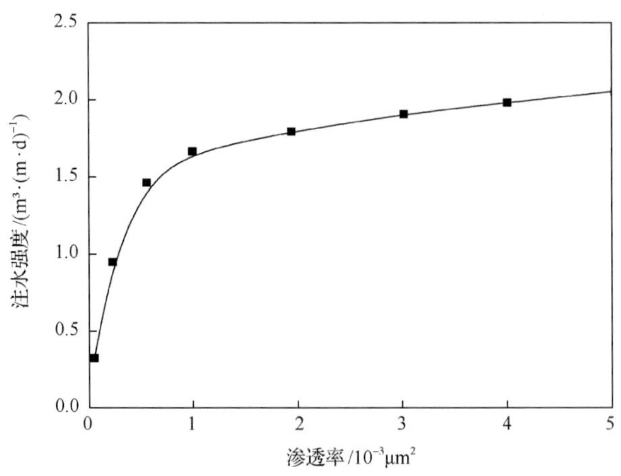

图 4-17 注水强度与渗透率关系图版

7. 合理注水速度的确定

利用考虑渗吸-驱替双重作用的特低渗油藏数值模拟技术，以含水率 95%时采出程度为对比目标，进行注水速度参数优化(图 4-18)。日注水量取值 7.5m^3/d 时模拟采出程度最高(17.4%)。当日注水量小于合理注水量时，注水速度小于合理注水速度，驱替作用没有充分发挥；当日注水量大于合理注水量时，注水速度大于合理注水速度，注水速度过快渗吸作用不能充分发挥而影响水驱采收率。

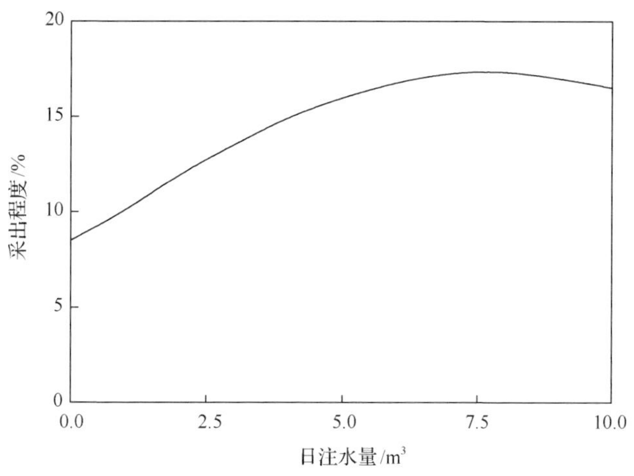

图 4-18 日注水量对采出程度的影响

利用以上“适度温和”注水技术关键参数及注水井网技术参数确定方法，确定了延长油田特低渗油藏不同区域的主力开发层位，以及常规井(斜井)“适度温和”注水开发的技术政策和参数范围。表 4-2 中的理论注采比、地层压力保持水平、注水压力参数确定采用单因素指标优化得出，在实际油田应用中应结合实际情况尽可能满足各指标要求。

表 4-2 的模拟结果是整个油藏在整体开发历程中一个宏观的技术参数优化，在矿场生产实践井组注水调控中具有局限性，因此通过渗吸-驱替特低渗油藏数值模拟方法，开展不同砂体位置不同含水阶段注采比优化。优化共设计了顺河道砂体方向和垂直河道砂体方向七个不同含水率阶段的注采比优化，以生产 15 年采出程度为优化目标，模拟结果见图 4-19 和图 4-20。可以看出，相同含水率下不同砂体位置注采比不同，相同含水率下(含水率为 30%)，垂直河道砂体位置井组最优注采比(0.91)略大于顺河道砂体位置(0.86)，在相同注采比条件下，垂直河道砂体位置井组采出程度(16.5%)小于顺河道砂体位置(17.4%)。根据图 4-20 图版可以实现井组差异化注采比调整。

表 4-2　特低渗油藏常规井“适度温和”注水技术政策

区域	油层	井网	油水井数比	井排角度/(°)	井网参数/m	理论注采比	地层压力保持水平	注水强度/$(m^3\cdot(m\cdot d)^{-1})$	压裂裂缝穿透比	注水压力情况
新区	长 2	不规则菱形反九点	3∶1	平行于最大主应力方向(60°～75°)	(120～150)×(300～375)	0.9～1.2	80%～100%	1.2～1.5	边井 0.15～0.25 角井 0.40～0.50	$P_{延伸}>P_{注水}>P_{启动}$，定期测试吸水指示曲线，监测裂缝开启情况
	长 6	不规则菱形反九点	3∶1	平行于最大主应力方向(60°～75°)	(120～150)×(480～600)	0.8～1.0	75%～95%	1.0～1.2	边井 0.10～0.20 角井 0.25～0.35	
老区	长 2	不规则注采井网	4∶1	平行于最大主应力方向(60°～75°)	(100～120)×(250～300)	0.9～1.2	70%～90%	1.2～1.8	边井 0.10～0.20 角井 0.30～0.40	
	长 6	不规则注采井网	4∶1	平行于最大主应力方向(60°～75°)	(110～150)×(300～450)	0.8～1.0	70%～85%	0.8～1.2	边井 0.1～0.15 角井 0.2～0.3	

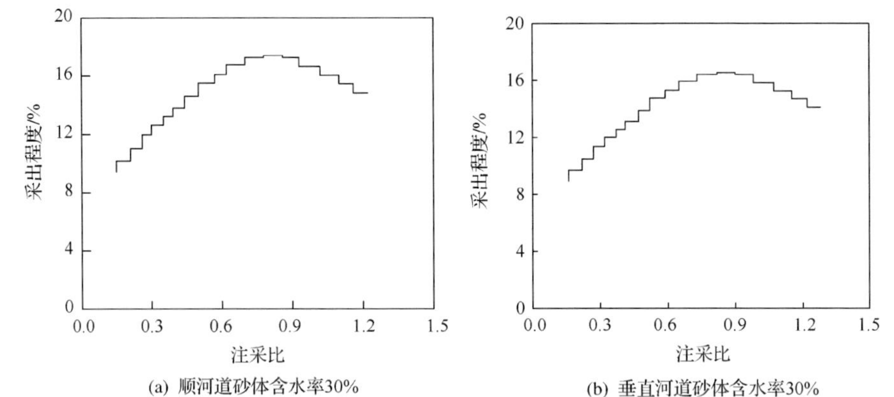

图 4-19　不同砂体位置注采比优化

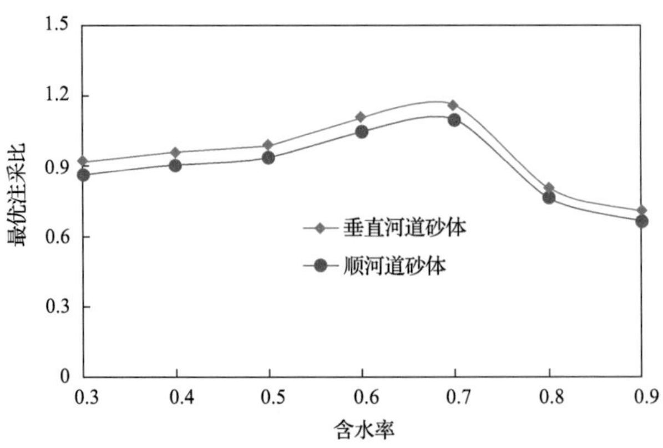

图 4-20　不同砂体位置不同含水率阶段注采比变化

4.3 “适度温和”不稳定注水技术

本节主要阐述对“适度温和”不稳定注水技术及其参数的优化。不稳定注水技术可充分发挥渗吸-驱替作用，同样是体现“适度温和”注水理念的重要方式。结合延长油田实际生产实践，研究不稳定周期注水方式，实现不同注采井组不同注水阶段差异化实施，为注水开发调整措施提供理论依据。

4.3.1 不稳定注水的基本概念

裂缝性油藏及非均质性较强的油藏注水开发过程中，常规的稳定注水方式使得注入水往往沿高渗透层或裂缝推进而绕过低渗层。在确定的注采井网条件下，容易形成较固定的压力场和流场分布，尤其是在已经形成水窜通道的中、高含水期，注入水很难扩大波及体积，大部分水沿着已形成的水窜通道采出地面，使注入水的利用率越来越低，无效注水严重。通过长期大量的矿场实验、室内实验和数值模拟研究，发现与稳定注水相比，不稳定注水是改善高含水期油田注水开发效果的一项简单易行、经济有效的方式。

不稳定注水是指通过周期注水、间歇注水、改向注水、脉冲注水等方式改变液流方向的注水模式，在这种模式下注入水能够较多的进入基质岩块内、低渗岩层，明显减少水窜程度，从而提高注入水的波及系数与驱油效率。

不稳定注水技术在 20 世纪 60 年代的俄罗斯开始应用较多，其他国家也有成功的应用。国内在 20 世纪 80 年代开始有目的地推行不稳定注水技术，在理论及应用上都取得了较好的进展。

近年来，延长油田针对不稳定注水中的周期注水与改向注水进行了较多研究，表明这两种方法对特低渗裂缝油藏注水开发具有重要的应用价值。

4.3.2 “适度温和”周期注水技术

1. 周期注水基本概念和特征

周期注水是指利用周期性提高和降低注水压力或注入量的办法来增加生产层系的弹性能量，从而在油层内产生不稳定压力扰动，使高、低渗部分产生相应的交换渗流作用；由于地层非均质性引起的不均衡压降和毛细管滞留作用，使水流入并滞留在低渗层，而其中的油将被水驱替出来，从而达到降低油井含水率和提高产油能力的目的。

一般适合周期注水的油藏特性：储层非均质性要强，储层润湿性为亲水性，地层原油粘度较小，周期注水前常规注水时间较短。

周期注水采油是一种不稳定的注水采油方法，如图 4-21 所示，它包括交替地注水提高油层压力和消耗压力采液两个阶段，即先对地层进行高速注水(油井关井)，使油层压力超过饱和压力并达到或接近原始地层压力，然后完全停止注水，开井消耗油层压力采油(液)，直至油层压力降到某一限定的压力为止。该过程周期性进行，称之为周期注水采油。

延长油田进行周期注水过程中，采用“适度温和”的注采理念与方式控制周期注水的强度与水驱前缘推进速度，矿场应用效果明显。

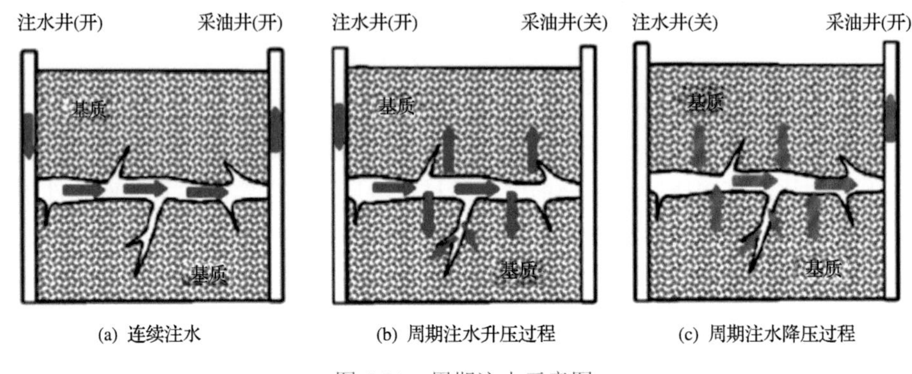

图 4-21　周期注水示意图

2. 周期注水发展历程

1) 周期注水的提出

最初，周期注水方法只是出于矿场降低油藏含水和应对井场环境温度变化等原因而提出的。苏联学者苏尔古切夫在 20 世纪 50 年代末第一次提出周期注水的概念，引起了石油界的广泛关注。此后，苏联曾先后在波克罗夫、乌克兰多林纳等近 50 个油田进行周期注水矿场试验或工业性开采，得出了周期注水对油藏开发具有有效性的结论。周期注水方法随之在苏联得到了广泛的应用，并成为 20 世纪 70、80 年代一些注水油田改善开发效果的主要方法。

美国西德克萨斯 Spraberry 油田实施了周期注水应用，1955 年 3 月到 1958 年 3 月采用五点井组进行了为期三年的周期注水试验，之后逐步扩展了试验范围，取得了较好的效果。

周期注水在我国的发展较晚，起步于 20 世纪 80 年代后期。之后在我国一些注水开发的主力砂岩油田得以广泛的推广应用。例如，在我国的江汉、玉门、扶余及大庆的太南、葡南等油田或区块，近年来也把周期注水作为注水油藏的一种后期调控方式进行矿场实验，大部分试验区块取得了一定的开发效果。

2) 周期注水的理论

岑科娃等在 20 世纪 70 年代首次建立了高、低两个渗透层组成的周期注水数学模型，并基于注入水的滞留系数估算了注水压力周期性变化条件下层间交渗流量。通过研究，认为强非均质性、层间连通程度好的油层更适合周期注水，并且周期注水越早、注水强度越大，效果越好。但该模型考虑因素过于简单，求解过程中作了大量的近似，尤其是引进了物理意义不明确的水的滞留系数概念，致使所得的结论不全面，从而不能深入说明机理问题。20 世纪 80 年代，陈钟祥等提出了裂缝-孔隙双重介质的周期注水数学模型，该模型认为周期注水加强了基质岩块毛细管力的渗吸作用。墨西哥的研究人员也提出了一个裂缝-孔隙介质的周期注水数学模型，假设流体具有对流和扩散作用，得到了饱和度分布的解析解。

大庆油田研究院以层间交渗为物理背景，基于层状非均质砂岩周期注水理论进行了研究，建立起能够分析周期注水层间交渗量的数学模型。研究认为，周期注水的机理主要是由于弹性力的作用引起高、低渗层间的附加窜流，而与毛细管力基本无关。通过数值模拟研究却认为，周期注水机理中毛细管力的作用是第一位的，弹性力的作用较小是第二位的，扰动弹性效应引起的高、低渗区间的油水交渗作用，亲水油层中毛细管力起到了强化作用。

3) 周期注水的矿场试验

从 1965 年开始，俄罗斯先后在 26 个油田的 43 个实验区实施过周期注水方案。美国在 20 世纪 60 年代在 Spraberry 油田也开展了周期注水矿场试验，获得明显效果。在德国拉印根蛤根油田，捷克的北克斯基油田都获得了一定的成功。

国外较典型的是斯普拉柏雷油田德里佛区。该区平均渗透率为 $1\times10^{-3}\mu m^2$，平均孔隙度只有 12%，属于低渗裂缝发育的油层，裂缝为“×”型系统，东北—西南走向为主。注水井排平行于斯普拉柏雷的主裂缝走向，高速注水使得注水井很快水淹，驱油效果很差。接着油田采用不稳定周期注水方式。注水井高压注水时，水沿裂缝窜流，关井时，裂缝中的水与基质中的油由于毛细管力的作用充分交换，使裂缝中充满油，一开井重新注水，这部分油就被驱替出去。实验结果表明，停注 4 天后，日产量由原来的 46.5t 上升到 140t，产量增加了 2 倍，使得原来只产水不产油或产油 3.3t 以下的油井恢复到日产油 8～16t，含水量也大大降低。采用这种注水方法，油田可采储量增加 6700×10^4t，接近一次可采储量的 2 倍。事实证明了周期性不稳定注水的有效性。

在国内，大庆、胜利、华北、吉林、江汉和玉门等油田依据自身油田的特点和自然条件，也进行了周期性不稳定注水工业应用及矿场试验，大部分实验区取得了一定的开发效果。

3. 裂缝性油藏的周期注水技术

假设周期注水与非周期注水年累积注水量不变，分析周期注水作用机理。

1) 常规注水阶段驱油机理

(1) 常规连续注水时多孔介质油水分布及渗流特征。

在常规连续注水过程中，特低渗油藏的非均质性强、孔喉细小、黏滞阻力大，在常规注水压力下波及体积与驱油效率都较小。如图 4-22 所示，水主要沿裂缝与大孔隙驱油。

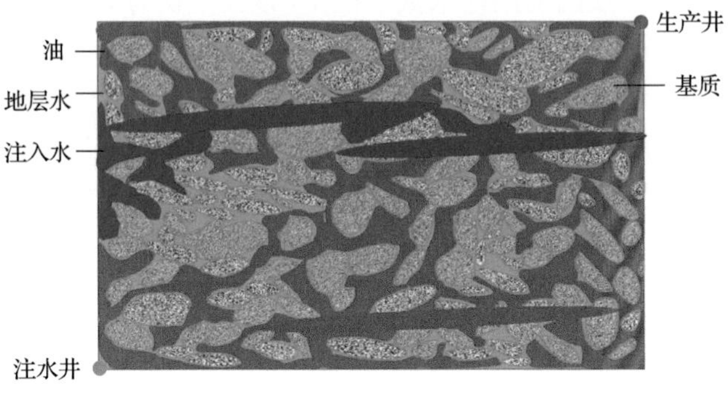

图 4-22　高压注水前驱替作用多孔介质油水分布示意图

在反五点井网中，选取注入井与一口生产井的连井区域。在常规连续注水过程中，注入水的波及面积如图 4-23 所示，水的波及体积小，波及面积不均匀，在整个区域中，注入水所波及的面积约为油藏面积的 1/3，这意味着注水对 2/3 的储层是无效的。另外，注水过程中出现明显的优势通道，尤其是注水阶段的后半段，注入水沿优势通道快速推进，在生产井附近只有一条很窄的注水波及通道，使得油井见水时间提前，此时已经形成了固定油水通道，无论再怎么调整注水强度，都很难再改变油水渗流通道，导致该区域的水驱采收率降低。

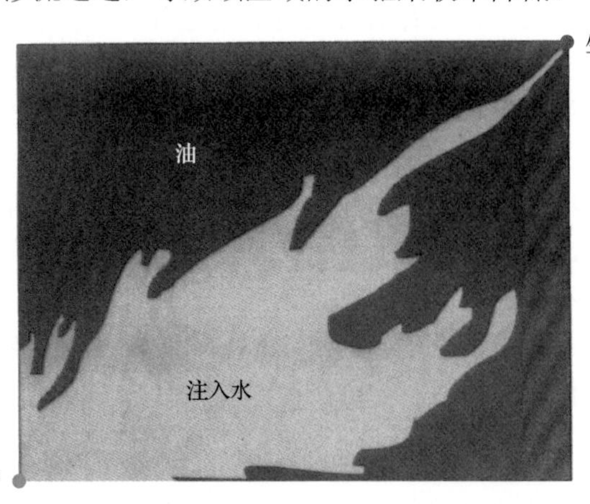

图 4-23　低压驱替作用宏观驱替效果示意图

(2) 高压注水期间多孔介质油水分布及渗流特征。

如果增加驱替压差，则在注水井附近，水能够进入更小一些的孔隙，从而波及范围更广，有利于将油推向生产井，如图 4-24 所示。

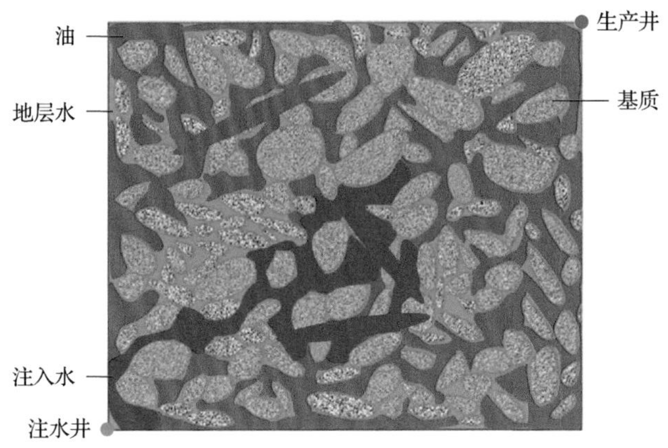

图 4-24 高压注水前驱替作用多孔介质油水分布示意图

同样以反五点井网中的注水井和某生产井的连井区域为例，如图 4-25 所示，当增加驱替压差时，在注水井附近，与常规连续注水在相同距离上的波及面积相比，可以明显得观察到高压注水期间水的波及面积更大，形状更规则。此时注入水前进的距离约为 1/3 的井距，在常规连续注水时，水的波及面积不足 1/2，而高压注水时的波及面积则扩大到了约 2/3 区域，效果明显。

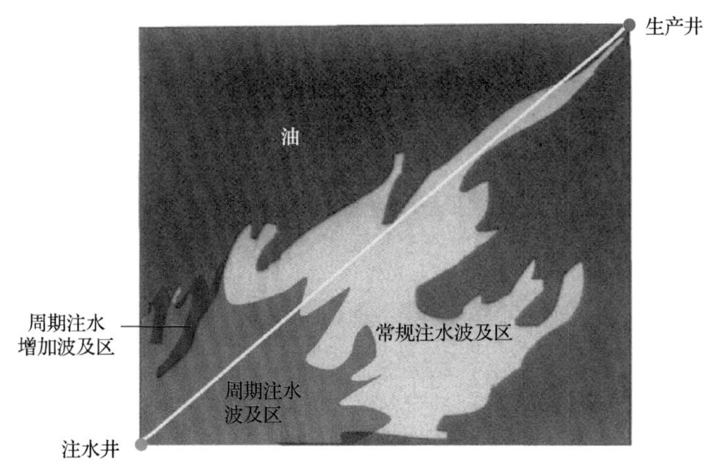

图 4-25 高压注期间驱替作用平面油水分布示意图

注水井高压注水期间与常规连续注水相比，由于驱替压差增大，注入水更易进入小孔隙，在其波及体积内，更多小孔隙的油被驱出，同样可以起到提高驱替效率的作用。

2) 停注低压阶段驱油机理

高压连续注水会导致注入水快速流向生产井而带来反作用；但适当缩短高压注水的时间，则不仅会避免水窜的产生，还会因渗吸排油作用的增强而带来产油量增加，含水率低，对应的采出程度也高。

如图 4-26 所示，即使停止注入水，而水向周边扩散渗流，改变了相邻区含油饱和度。在停注初期，注水井附近压力快速扩散，地层压力趋于平均分布，注水驱替压力作用弱化。由于注水驱替期间，注采井之间存在主流线，其两侧的等压线向外逐渐稀疏，主流线范围内的注水波及系数高、含水饱和度也比较高，但其两侧向外含水饱和度逐渐降低。由含水饱和度差异性引起渗吸作用，水向含水饱和度低的方向渗流，水相扩散距离随着时间增加而增加，同时挤压与驱替孔隙油相。与此同时，注水期间形成的较高水饱和度条带内，水在毛细管力作用下通过渗吸而扩散至周边，使得该范围内的含水饱和度降低，从而有利于油相产出。

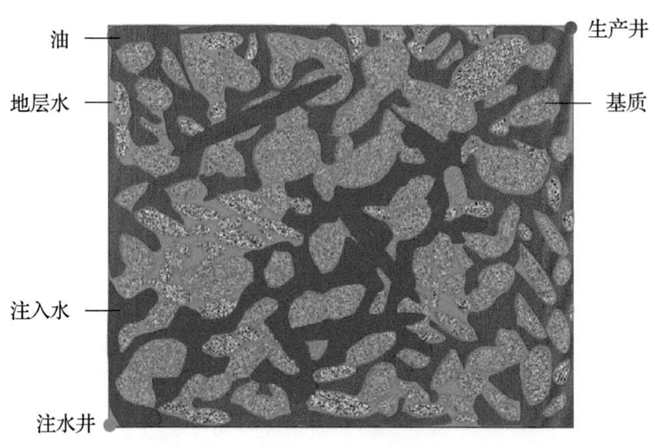

图 4-26　停注低压阶段自发渗吸作用多孔介质油水分布示意图

停注期间，上述渗吸作用主要发生在驱替波及面积的边缘部位。注水边缘相当于分界线，在注水波及区内含水饱和度较高，在未波及区域含水饱和度低，由于毛细管力的作用，此处渗吸作用格外强烈。一方面渗吸使得驱替波及面积在原有基础上向外扩散，如图 4-27 所示的黄色的前进区域即为停注期间渗吸作用的结果；另一方面，渗吸使水驱前缘变得更加规则和均匀，有效缓解了高压注水造成的窜流问题。

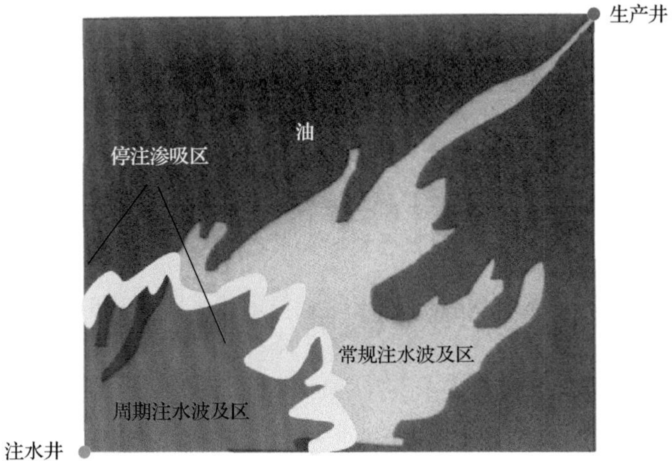

图 4-27 停注低压阶段自发渗吸作用平面油水分布示意图

3) 多周期注水阶段驱油机理

周期注水的优势在于循环进行高强度注水和关井渗吸，使两种驱替机理重复叠加，从而起到更佳的驱替效果。如图 4-28 所示，在累积年注入量不变的情况下，进行三个周期的周期注水。每个周期的注水阶段注入强度要比常规连续注入的注入强度高。图 4-28 中灰白色区域是常规连续注水时的水驱波及面积，红色实线分

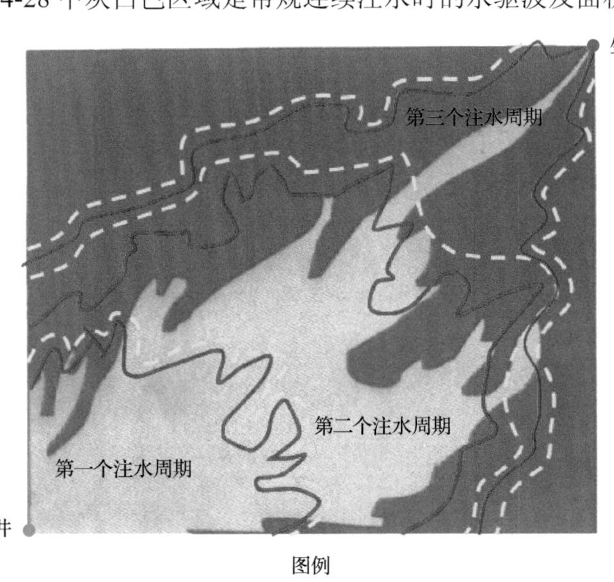

图 4-28 三周期注水后油水平面分布示意图

别为三个注水周期的注水驱替前缘，黄色虚线分别为三个周期关井期间的渗吸扩展前缘。与常规连续注水相比，周期注水主要存在以下优势：①延缓了见水时间；②扩大了注水波及体积；③减弱了优势通道的影响；④最终提高了油藏的驱替效率。

4.3.3 改向注水技术

1. 改向注水的基本概念和特征

改向注水是指改变注入水在油层中原来稳定注水时形成的固定的水流方向，使得注入水由于改变了流动方向而驱替原先不能动用的油相，把高含油饱和度区的原油驱出，或在微观上改变渗流方向引起水相渗透率的变化来提高油相渗透率，最终达到改善水驱油效果的目的。

如图 4-29 所示，在常规的反五点井网中，经过长期的常规连续注水形成了固定的油水流动通道，注入井与生产井之间存在明显的优势渗流通道，生产井见水后，该渗流通道很难被改变，需要克服极大压力梯度。

整个区域的波及面积较小，注入水波及的面积不到整个区域的 1/2，有大片的区域没有有效动用，同时由于形成固定的油水渗流通道，波及区域内仍有较高的剩余油饱和度，导致最终的驱替效率不高。

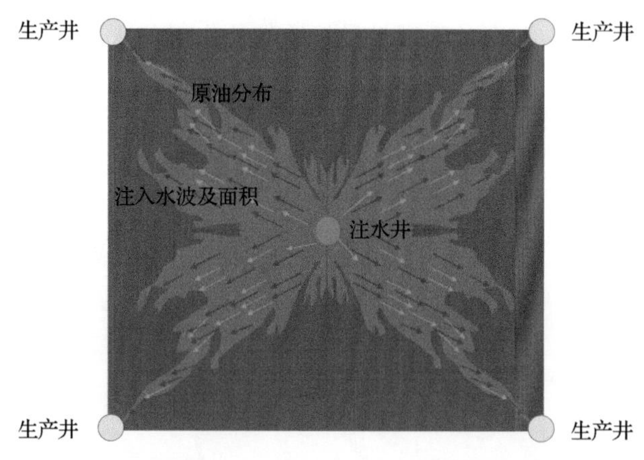

图 4-29　常规反五点井网注水波及面积分布示意图
图中蓝色箭头和红色箭头分别代表注入水和地层油流线

将上述的反五点井网中右上角的一口生产井转为注入井，其他注入井和生产井不做调整，如图 4-30 所示。在经过一定时期的注水驱替后，该区域油水分布有了极大的改善，主要体现在两个方面：①原有的渗流通道被打破，转注井周围区域的波及面积增加最为明显，整个区域的注水波及体积有了极大的提高；②原有的注水波及面积区域内，其流向也发生了改变，该波及区域内的驱替效率进一步提高，原有的死油区得到改善，更多的剩余油被驱替。

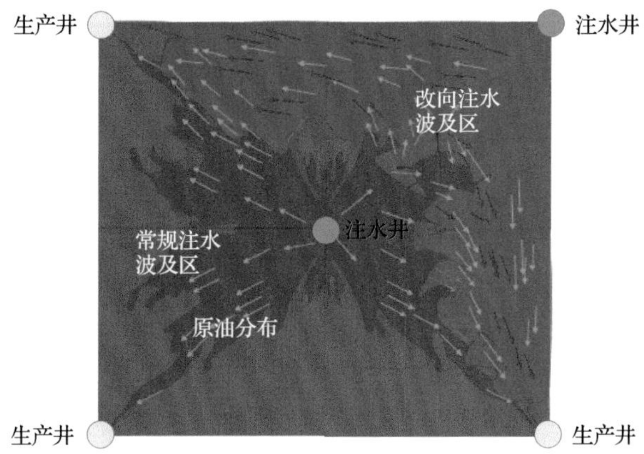

图 4-30 改向注水后注水波及面积分布示意图

图中蓝色箭头和红色箭头分别代表注入水和地层油流线

2. 改向注水的发展历程

改变液流方向作为一种水动力学方法和周期注水一样受到人们的重视。20 世纪 70 年代以来国外采用改变液流方向，通过关闭一些注水井、开注另一些井，或将注、采井换位来改变液流方向，提高注入水在油层中的波及效率，增加水驱油面积。如美国提出高含水期将反九点法、四点法等面积注水井网转变为五点法或七点法等，以增加注水强度，改变驱油方向，实践表明效果很好。1981 年阿尔兰油田采用改变液流方向的注水方法，对一个井组经过两年半的实验，含水率从 40.2%降至 37.8%。1982 年苏联纳斯塔西耶夫-特罗伊菠油田对某油层实验 15 个月，有 9 口生产井增产原油 10.28 万 t，含水率从 67.5%下降到 59.7%。

美国大坑油田波林矿区于 1959 年开始注水。注水初期，采油增加明显，注水两年后产油量明显下降，水窜严重。1970 年，该区用转化五点面积发的方式在波林矿区进行了实验。这个矿区的面积为 $2.59\times10^5m^2$，油层的平均渗透率 $49\times10^{-3}\mu m^2$，孔隙度 15.7%，有效厚度 8.51m。采用五点面积系统，在整个矿区内有 12 口生产井和 12 口注水井。实验开始后将注水井和生产井各减少一半，使注水的驱油方向改变。在实施转换井网 4 个月，产油量由 2.09t/d 上升至 3.26t/d，最高达 4.08t/d。虽然注水井减少一半，但日注水量却从 31.8～$47.7m^3$ 增加到 $63.6m^3$。截至 1973 年 3 月，已累计增产 $0.264\times10^4m^3$，效果显著。

3. 常用改向注水的主要实施方式

在改向注水中采用不同的注水方式，将对注水效果产生不同的影响。大量油藏的开发实践经验表明，以下几种改向注水方式可以不同程度的提高水驱采收率。

1)井间轮注

即同排注水井，注一口停一口，采油井持续生产。由于同一井排的新老注水井存在一定的角度，也可称之为小角度间注(图 4-31)。

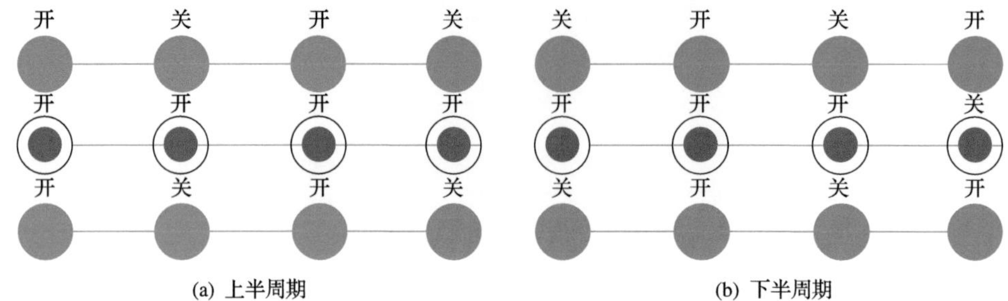

图 4-31　井间轮注示意图
图中蓝色代表注水井，红色代表生产井

2)层间轮换注水

该方法主要适用于层间渗透性、层间压力差异较大，层间矛盾突出，具有良好隔层的油层。就是指采用层段分层间注方式，分几套油层间注，主要是避免在高、低渗层间产生指进现象，控制井间过早形成水窜通道。

3)排间轮换注水

即注水井在井网控制面积内，采用排间注停的方式，注一排停一排交替进行，见图 4-32。在停注时并没彻底停注，油井还在单向水驱，脉冲作用要比全面间注时要差。因而水驱效果较全面间注要差。

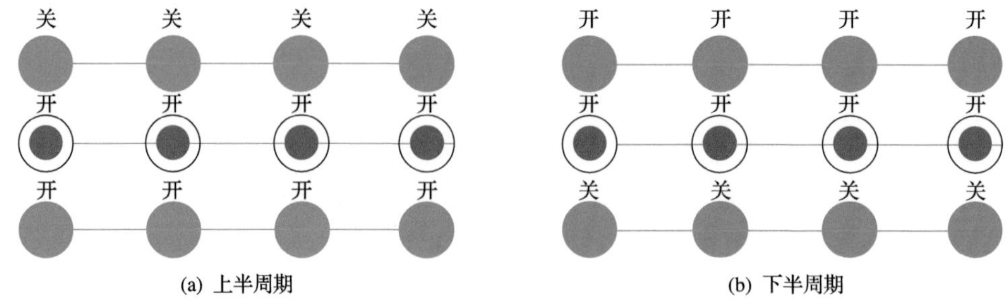

图 4-32　排间轮换注水
图中蓝色代表注水井，红色代表生产井

4)全区块(井组)间注

全区块(井组)间注是指在整个区块内或井组上采用注水井成片停注的方法，主要适用于井间连通性好、相对独立的注采单元。所有注水井同时停同时注，这样可使油水交换和压力场变化充分。该方式对改善开发效果，控制含水上升，提高注水利用率起到了积极作用，但在实际开发中也暴露出一些问题。当注水井停注时，相应的油井产液、产油、含水及压力等下降幅度相对较大，而在注水井恢复注水阶段，虽然短期内会使油井产量、液面有所回升，但同时也带来了含水上升过快的问题。

5）改变油水井别

通过注水采油换向过程使地下流体运动规律发生变化，通过压力场和流场的改变来提高驱油效果。进行这种试验的转注转采工作量大，具有一定的风险性。

6）周期注水与改变液流方向相结合

对同一井组的不同水井，通过关闭另一方向的注水井而开其他方向的注水井以改变液流方向，从而提高了注入水在油层中的波及程度，使产量、含水保持相对稳定，避免了油井生产出现较大的波动。

总之，在影响改向注水效果的因素中，有的因素是由油藏储层岩石自身的性质确定，在开发过程中要想改变其性质非常困难，如储层的非均质性、润湿性等，开发过程中应尽量避开这些因素的影响；有的因素是人为控制因素，在开发过程中起到非常重要的作用，控制得好则对最终开发效果有利，否则不利于注水开发。

4. 特低渗油藏改向注水技术

特低渗油藏注水开发往往无水采油期短，生产井一旦产水含水上升快，采出程度低。对于高含水或者水淹井，其生产井附近存在大量剩余油。选取适当时机将生产井转注，改向注水是必要的。

1）改向注水的必要条件

(1) 生产井含水率过高。由于含水率非常高，没有继续生产的价值。

(2) 对储层剩余油分布认识清楚。对于非均质性很强的储层，即使生产井含水率已经很高了，但是改向注水后如果不能有效驱替剩余油，利用价值就少了。

(3) 由采油井改为注水井具有技术与经济可行性。对于有些储层，地面注水管线、装置等具有局限性，将生产井改为注水井投资很大，因此需要对技术与经济两个方面考虑。

(4) 转注后水驱油方向明确并方便对应采油井产出。确定改向注水前，需要进行深入的油藏工程分析，必要时要进行数值模拟。综合评价新的注采关系，包括注采井网之间压力场与渗流场特征，确保改向注水驱油有效。

(5) 转注后在储层注采井网之间形成的油水饱和度分布不会影响后续开发方

式实施。选择的改向注水井尽管在某一开发时段改善了开发效果，但是从该井所处的位置，改向后对于后续的气驱、化学驱等渗流通道产生影响也会存在问题。

2) 改向注水方式及参数设计方法

(1) 改向之前首先进行注水吞吐。对于要改向注水的生产井，如果直接注水，将意味着通过注水井本井储层附近的油驱替到其他生产井生产。由于较长的注采井距，显然驱油效率会低。如果在改向注水前先进行注水吞吐，将该井附近储层的油通过吞吐产出，应该具有合理性。

(2) 推荐使用周期注水。改向注水的井组其储层含水较多，根据周期注水作用机理，在该井进行周期注水依然合理。

(3) 具体注水参数设计方法与其他注水井相同。改向注水的井与其他注水井驱替机理相同，驱替参数设计方法也一样。

4.3.4 “适度温和”周期注水技术参数确定

延长油田构造相对简单，砂体展布分布方向明显，因此将砂体所在位置主要划分为顺河道方向和垂直河道方向，根据延长油田开发阶段划分开发现状，分别在井组含水 30%、50%、70%三个阶段，运用油藏数值模拟方法进行“适度温和”周期注水技术参数优化研究。

采用油藏数值模拟方法模拟常规连续注水和“适度温和”周期注水开发效果。为了获得能够充分反映储层非均质性的三维地质模型，将考虑横向上的井网密度和纵向上的砂层厚度作为网格定义的主要依据，模型采用块中心网格，X 方向和 Y 方向步长均取 25m，Z 方向根据储层厚度而定。根据七里村油田实际数据，储层有效厚度为 10.4m，孔隙度为 10%，顶层深度为 650m。设计平面非均质模型，建立反九点注采井组单元的三维地质模型，考虑人工压裂措施对井周围油层渗透性的改造，采用 KH 值等效和局部网格加密思路。模拟时间为 10 年，工作制度为生产井定井底压力 0.2MPa 生产，注水井定注入量 $7m^3/d$，注入压力为 9～10MPa。

1. 顺河道方向砂体周期注水参数优化

1) 注水周期优化

顺河道方向砂体周期注水周期优化，共设计 16 套注水方案，模拟在不同含水阶段(含水率分别为 30%、50%、70%)，不同注水周期(注 20d 停 10d 非对称、注 20d 停 20d 对称、注 20d 停 30d 非对称、注 30d 停 20d 非对称、注 30d 停 30d 对称)的“适度温和”周期注水指标，对比不同注水周期下周期注水开发的采出程度和含水率，结果见表 4-3、表 4-4 和图 4-33～图 4-36。

表 4-3 顺河道方向砂体不同含水率下不同注水周期开发效果对比

注水方案		含水率 30%			含水率 50%			含水率 70%		
		累积注水量/m^3	综合含水率/%	采出程度/%	累积注水量/m^3	综合含水率/%	采出程度/%	累积注水量/m^3	综合含水率/%	采出程度/%
常规	连续注水	25200	77.38	7.93	25200	77.38	7.93	25200	77.38	7.93
“适度温和”周期注水	注 20d 停 10d 非对称	20370	61.74	8.58	21490	65.35	8.31	24640	75.64	7.94
	注 20d 停 20d 对称	17920	52.07	8.94	19600	57.78	8.52	24360	74.59	7.96
	注 20d 停 30d 非对称	16450	46.23	9.16	18480	53.21	8.66	24150	73.81	7.99
“适度温和”周期注水	注 30d 停 20d 非对称	19320	57.69	8.72	20720	62.29	8.39	24500	75.15	7.93
	注 30d 停 30d 对称	17850	51.70	8.94	19530	57.47	8.53	24360	74.60	7.96

表 4-4 顺河道方向砂体不同含水率阶段“适度温和”周期注水采出程度对比

注水方式	采出程度/%	
	预测 10 年	比连续注水提高值
连续注水	7.93	—
含水率 30%时开始间注(注 20d 停 30d 非对称)	9.16	1.23
含水率 50%时开始间注(注 20d 停 30d 非对称)	8.66	0.73
含水率 70%时开始间注(注 20d 停 30d 非对称)	7.99	0.06

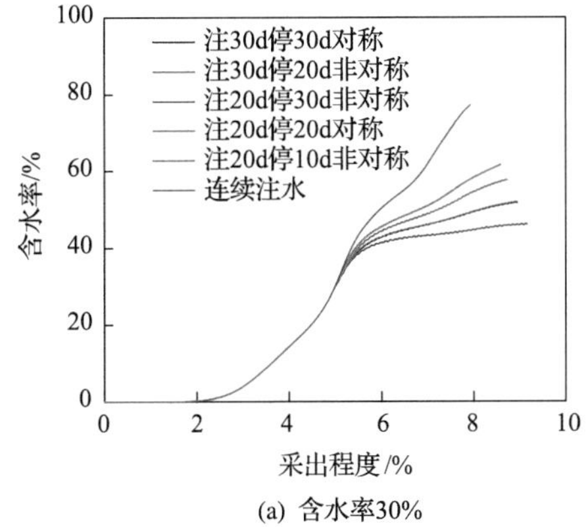

(a) 含水率30%

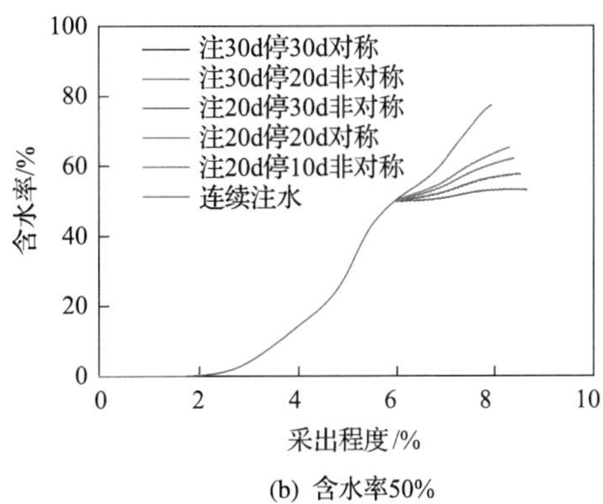

(b) 含水率50%

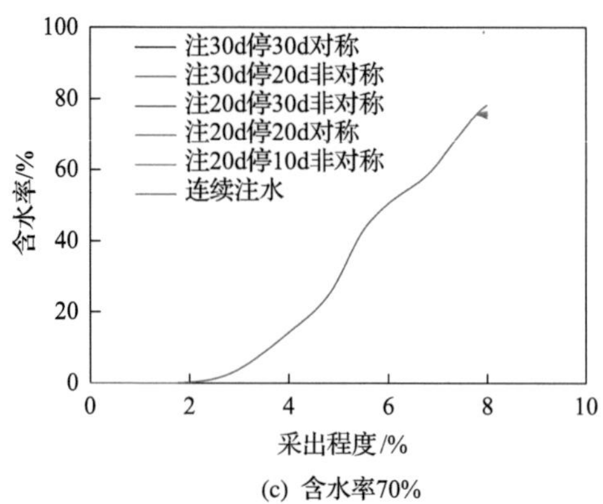

(c) 含水率70%

图 4-33 顺河道方向油藏不同注水周期的含水率随采出程度变化曲线

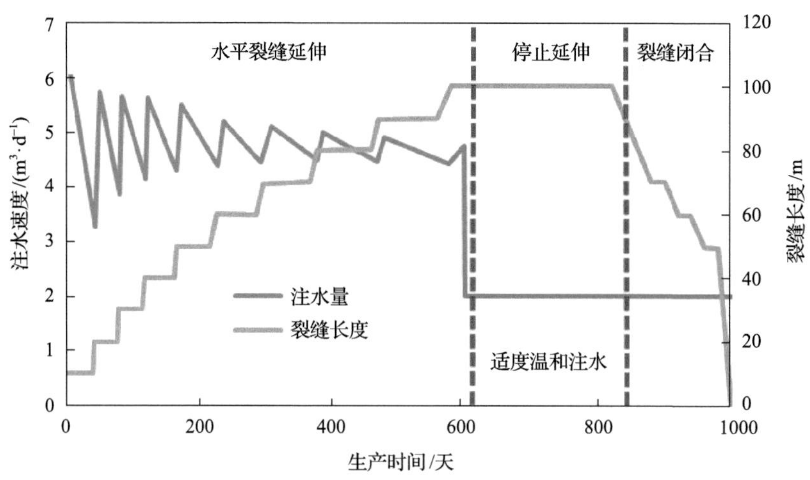

图 4-34 “适度温和”注水方式下裂缝动态变化图

从表 4-3、表 4-4 和图 4-33、图 4-34 可以看出，顺河道方向油藏不同注水周期下的不稳定周期注水效果均好于连续注水。对比不同含水阶段不同注水周期的不稳定注水开发效果，发现注水周期不同，注水效果不同，存在一个不稳定注水效果最佳的注水周期(注 20d 停 30d 非对称)，该注水周期下采出程度最大，含水率最小；而从表 4-4 可知，相比连续注水，不稳定注水时机越早，注水效果越好。

相较于连续注水，不稳定注水可保持动态裂缝较长时期内不闭合，维持较高的裂缝导流能力，增加了裂缝与基质之间的渗吸作用，提高了采出程度，降低了含水率。

2) 注水方式优化

通过注水周期优化得到顺河道方向不稳定周期注水的最佳注水周期为注 20d 停 30d 非对称，以此基础上设计 5 套注水方案。如图 4-35 所示，不同垂向错层注水方式分别为连续注水、注上采下、注下采上、注上下采中间、注中间采上下，模拟顺河道方向油藏垂向错层不稳定注水开发，对比分析不同注水方式的采出程度和含水率，结果见表 4-5 和图 4-36。

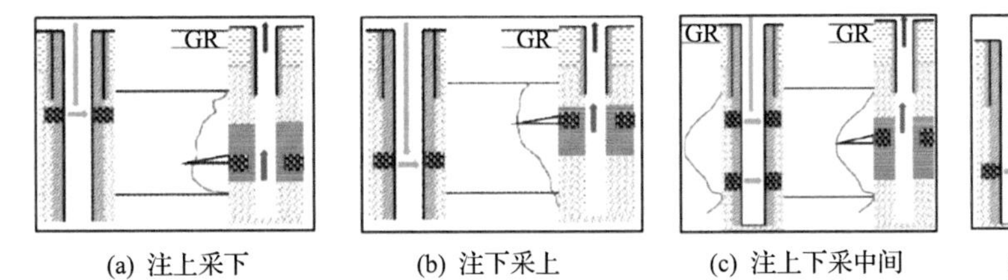

(a) 注上采下　(b) 注下采上　(c) 注上下采中间　(d) 注中间采上下

图 4-35　不同垂向错层注水方式不稳定注水示意图

表 4-5　顺河道方向油藏垂向错层“适度温和”注水指标对比

注水方案		累积注水量/m^3	综合含水饱和度/%	采出程度/%	备注
常规	连续注水	25200	79.55	7.77	油井开抽
“适度温和”周期注水(注 20d 停 30d 非对称)	注上采下	10080	10.24	5.93	
	注下采上	10080	9.92	5.89	
	注上下采中间	10080	28.33	9.98	
	注中间采上下	10080	13.76	7.72	

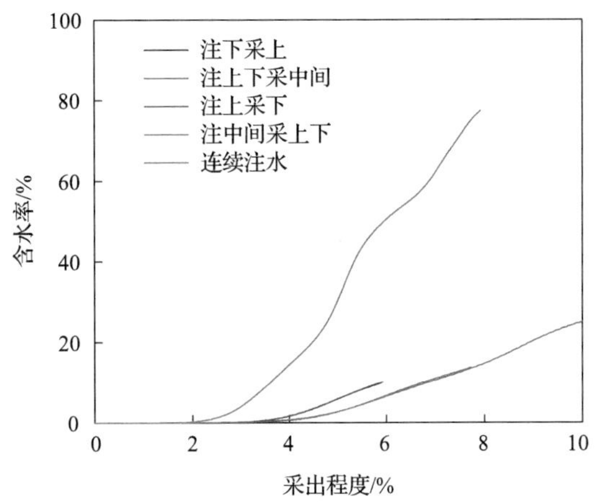

图 4-36　顺河道方向油藏不同垂向错层注水方式含水率随采出程度变化曲线

由表 4-5 和图 4-36 结果可以看出，顺河道方向，油藏不同的垂向错层注水方式对周期注水开发效果影响显著，采用注上下采中间垂向错层注水方式注水效果最佳，采出程度是连续注水开发的 1.4 倍，而含水率仅是连续注水的 25%。垂向错层注上下采中间的周期注水方式，主要是由于在开采过程形成了上、下两层压力差，加强裂缝与基质间的渗吸作用，扩大水驱波及范围，从而提高水驱采收率。因此，建议在顺河道方向油藏周期注水开发过程中，选择注上下采中间的垂向错层注水方式。

3）注采比优化

注采比决定了地层压力的保持水平，基于顺河道方向油藏周期注水的最佳周期为注 20d 停 30d 非对称，共设计 21 套注水方案，模拟不同的含水阶段（含水率 30%、50%和 70%），不同注采比（0.6、0.8、1、1.2、1.5、1.7 和 2）的周期注水，对比采出程度和含水率的变化情况，结果如图 4-37 所示。

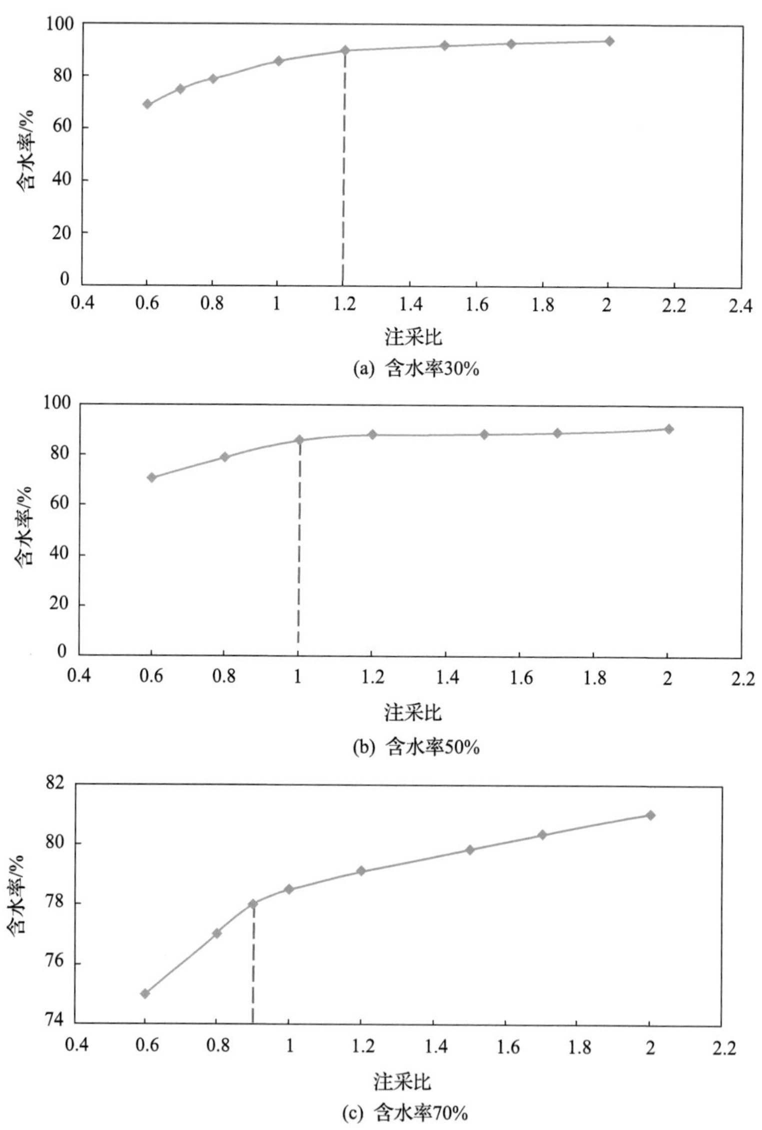

图 4-37　顺河道方向砂体含水率随注采比的变化曲线

由图 4-37 可看出，顺河道方向的砂体，注采比对含水率影响比较明显(采出程度相同)。随着注采比的增大，周期注水的含水率均增加，这主要是由于提高注采比，地层压力适当得到保持或提高，形成有效驱替，提高了油层采出程度，同时含水也随之上升。在不同含水阶段“适度温和”周期注水，保证采出程度相同，均存在一个最佳注采比(含水 30%阶段进行周期注水，最佳注采比 1.2；含水 50%阶段进行周期注水，最佳注采比 1；含水 70%阶段进行周期注水，最佳注采比 0.9)，使得含水上升速度最小。因此，在顺河道方向油藏周期注水过程中保持注采比为 0.9～1.2。

2. 垂直河道方向砂体周期注水参数优化

1) 注水周期优化

同样采用油藏数值模拟方法优化垂直河道方向油藏周期注水周期，共设计 16 套注水方案，分别模拟垂直河道方向不同含水阶段(含水率 30%、50%和 70%)，不同注水周期(注 20d 停 10d 非对称、注 20d 停 20d 对称、注 20d 停 30d 非对称、注 30d 停 20d 非对称、注 30d 停 30d 对称)周期注水，对比不同注水周期注水效果，结果见表 4-6、表 4-7 和图 4-38。

表 4-6 垂直河道方向砂体不同含水率下不同注水周期开发效果对比

注水方案		含水率 30%			含水率 50%			含水率 70%		
		累积注水量/m^3	综合含水/%	采出程度/%	累积注水量/m^3	综合含水/%	采出程度/%	累积注水量/m^3	综合含水/%	采出程度/%
常规	连续注水	25200	79.55	7.77	25200	79.55	7.77	25200	79.55	7.77
“适度温和”周期注水	注 20d 停 10d 非对称	19530	63.54	8.59	20510	66.58	8.33	23660	75.62	7.83
	注 20d 停 20d 对称	16660	53.04	9.06	18130	57.69	8.64	22820	72.83	7.86
	注 20d 停 30d 非对称	14910	46.31	9.36	16730	52.02	8.85	22400	71.24	7.88
	注 30d 停 20d 非对称	18340	59.17	8.78	19530	63.04	8.45	23310	74.51	7.84
	注 30d 停 30d 对称	16590	52.77	9.07	18060	57.34	8.65	22890	72.89	7.86

表 4-7 垂直河道砂体不同含水阶段“适度温和”周期注水采出程度对比

注水方式	采出程度/%	
	预测 10 年	比连续水驱提高值
连续注水	7.77	—
含水率 30%时开始间注(注 20d 停 30d 非对称)	9.36	1.59
含水率 50%时开始间注(注 20d 停 30d 非对称)	8.85	1.08
含水率 70%时开始间注(注 20d 停 30d 非对称)	7.88	0.11

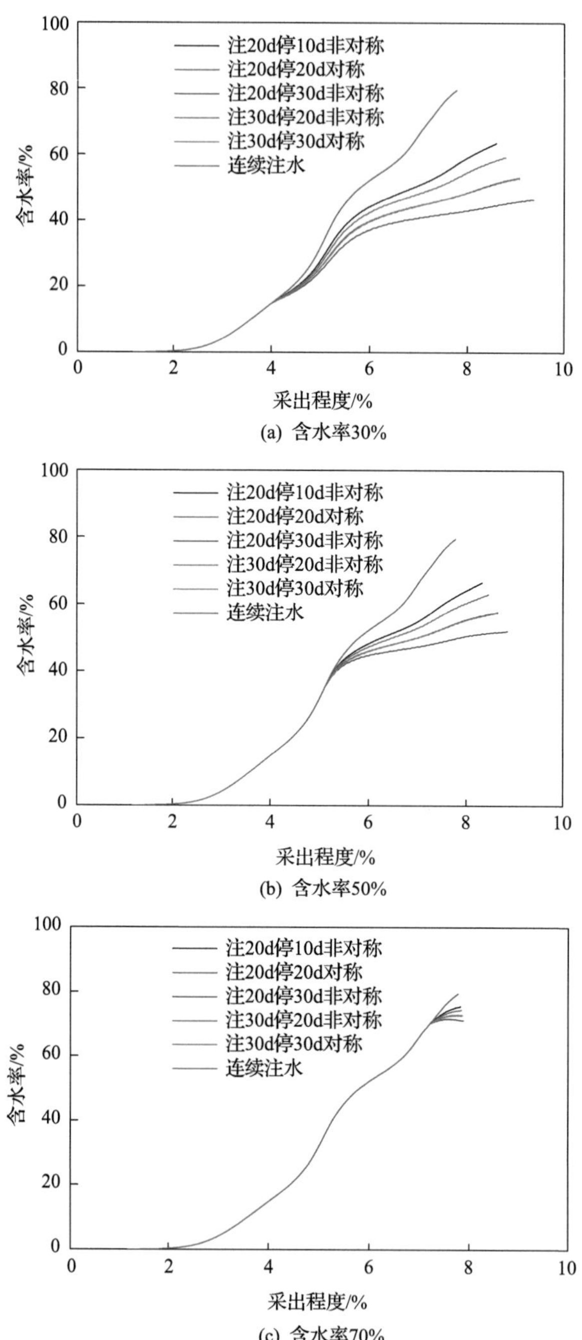

(a) 含水率30%

(b) 含水率50%

(c) 含水率70%

图 4-38 垂直河道方向油藏不同注水周期的含水率随采出程度变化曲线

从表 4-6 和图 4-38 可以看出，垂直河道方向砂体不同注水周期下的周期注水效果均好于连续注水。对比不同含水阶段不同注水周期的周期注水开发效果，发现注水周期不同，注水效果不同，存在一个周期注水效果最佳的注水周期(注 20d 停 30d)，该注水周期下采出程度最大，含水率最小。从表 4-7 可知，相比连续注水，非对称注水时机越早，同样注水效果越好。

对比分析两种河道方向砂体的周期注水效果，可知在相同注水时机、相同注水周期、相同累积注水量下，垂直河道方向砂体的注水效果优于顺河道方向砂体。

2)注水方式优化

通过注水周期优化得到垂直河道方向“适度温和”周期注水的最佳周期为注 20d 停 30d 非对称，以此基础上设计 5 套注水方案，注水方式分别为连续注水、注上采下、注下采上、注上下采中间、注中间采上下。模拟垂直河道方向井组垂向错层注水开发方式，对比分析不同注水方式的开发效果，结果见表 4-8 和图 4-39。

表 4-8 垂直河道方向垂向错层“适度温和”注水指标对比

注水方案		累积注水量/m^3	含水率/%	采出程度/%	备注
常规	连续注水	25200	79.55	7.77	油井开抽
“适度温和”不稳定注水(注 20d 停 30d 非对称)	注上采下	10080	8.54	4.24	
	注下采上	10080	8.38	4.21	
	注上下采中间	10080	30.05	9.58	
	注中间采上下	10080	11.79	6.39	

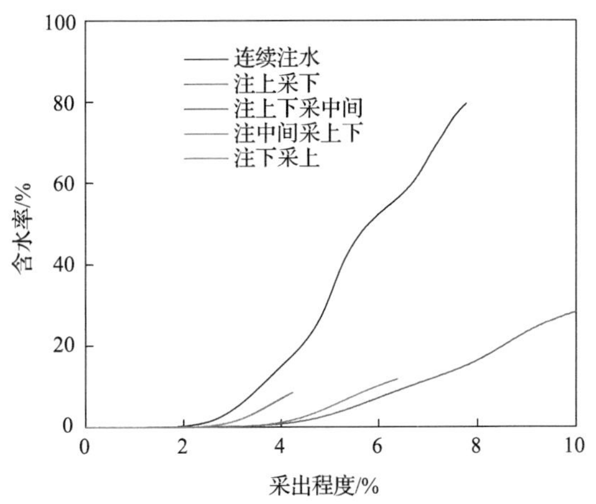

图 4-39 不同垂向错层注水方式含水率随采出程度变化

由表 4-8 和图 4-39 结果可以看出，垂直河道方向垂向错层注水方式对采出程度和综合含水率影响明显。注上下采中间注水方式开发效果最好，采出程度最大，且是连续注水开发的 1.35 倍，而综合含水仅仅是连续注水的 3/10。这主要是由于垂向错层上下注水中间开采过程，形成上、下两层压力差，加强裂缝与基质间的渗吸作用，扩大水驱波及范围，从而提高水驱采收率。因此，在垂直河道方向上，在“适度温和”周期注水开发过程中，采用注上下采中间的垂向错层的注水方式。

3）注采比优化

注采比决定了地层压力的保持水平，基于垂直河道方向油藏周期注水的最佳周期为注 20d 停 30d 非对称，共设计 21 套注水方案，模拟不同的含水阶段（含水率 30%、50%、70%），不同注采比（0.6、0.8、1、1.2、1.5、1.7、2）的不稳定注水，对比不同注采比下不稳定注水采出程度和含水率情况，结果如图 4-40 所示。

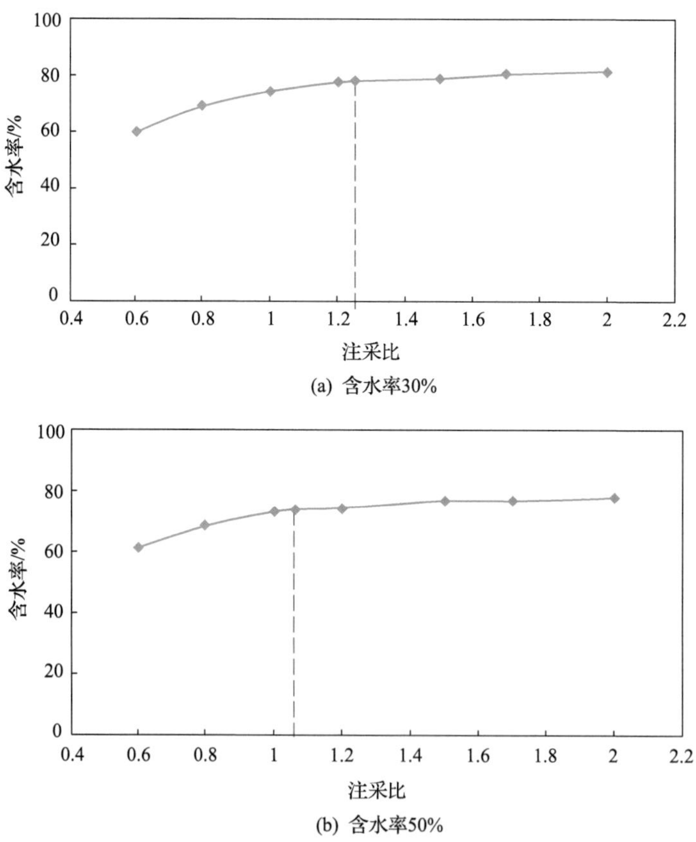

(a) 含水率30%

(b) 含水率50%

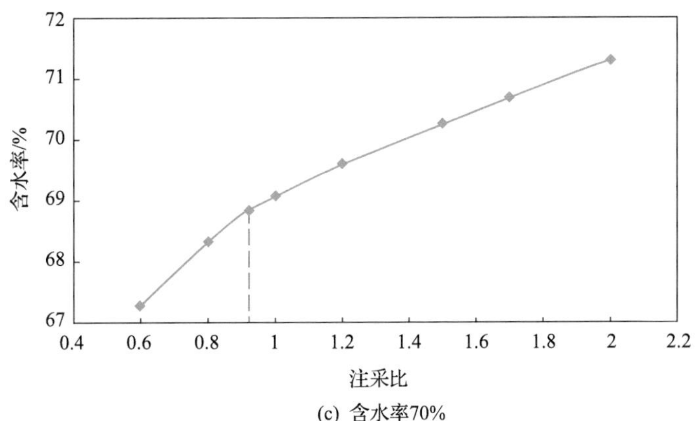

(c) 含水率70%

图 4-40 垂直河道方向砂体含水率随注采比的变化曲线

由图 4-40 可看出，垂直河道方向砂体注采比对含水率影响同样比较明显(采出程度相同)。随注采比的增大，周期注水的含水率均增加；在不同含水阶段周期注水，以采出程度相同为前提，均存在一个最佳注采比(含水率 30%阶段进行不稳定注水，最佳注采比 1.25；含水率 50%阶段进行不稳定注水，最佳注采比 1.05；含水率 70%阶段进行不稳定注水，最佳注采比 0.92)，使得含水上升速度最小。因此，在垂直河道方向砂体周期注水过程中，保持注采比 0.92～1.25。对比不同河道方向砂体的周期注水最佳注采比，发现垂直河道方向的不同含水阶段的最佳注采比均大于顺河道方向的最佳注采比。

总之，在注水初期阶段，顺河道方向砂体储层物性好，为主要渗流通道，采用连续注水易于短期内建立有效注采系统，驱替效果好于垂直河道方向砂体(物性较差)；同时，连续注水转周期注水的时机越早则效果越好，因为这样更有利于油水的充分交换。垂直河道方向砂体在 30%～50%的中低含水率阶段转周期注水，其整体效果好于顺河道方向砂体的周期注水，因为这样会使得侧向注水波及面积更大，油水置换更加充分；而在 70%的高含水率阶段进行转周期注水，则整体效果增幅不大。

4.4 "适度温和"注水矿场实践

在特低渗油田开发中，注水开发是最重要、最经济有效的手段，也是最核心的关键技术之一，油田注水开发主要经历了常规注水开发、大强度注水开发、精细注水开发。为了提高特低渗油藏开发效果，在借鉴国内外油田开发经验的基础上，经过不断探索、室内实验、矿场实践，找出了一条提高单井产量、降低含水，实现特低渗油田高效开发的新思路，即采用“适度温和”注水开发方式。该注水方式能较好地补充地层能量，提高储层平面、剖面动用程度，降低含水上升率和递减率，使油井保持较长时间稳产。同时，“适度温和”注水能缓解储层物性变差的问题，建立有效注采驱替系统，保证油井渗流通道多向受效，提高注入水波及体积和注水井综合利用率，最终实现延长油田特低渗油藏的高效开发。

延长油田处于黄土高原之中，主要开发层系为侏罗系延安组的延 4+5—延 10 油层组和三叠系延长组的长 1—长 10 油层组，延长油田依据储量规模、沉积特征及成藏条件分为 4 大类油藏，即延安组油藏、长 2 油藏、长 6 油藏、下组合油藏。其中，延安组为边底水发育的岩性-构造双重控制油藏，储层渗透率$(4.5\sim74)\times10^{-3}\mu m^2$，有效孔隙度 14%～17%；长 2 油藏主要受岩性控制，局部发育弱边底水，储层渗透率$(2\sim20)\times10^{-3}\mu m^2$，有效孔隙度 12%～14%；长 6 油藏为岩性控制下的特低渗油藏，储层物性差，纵向复合连片，储层渗透率$(0.5\sim5.0)\times10^{-3}\mu m^2$，有效孔隙度 10%～11%；下组合油藏为岩性控制下的致密性油藏，储层渗透率$(0.1\sim2.0)\times10^{-3}\mu m^2$，有效孔隙度 6%～9%。截至 2017 年底，延长油田共有注水开发区块 127 个，占到全油田开发区块的 84.7%，水驱面积占全油田动用含油面积的 57.40%，水驱储量占全油田动用储量的 63.5%，注水开发已成为延长油田千万吨增产、稳产的重要技术保障。根据延长油田注水开发效果统计看出，在“适度温和”注水条件下，储层流体以孔隙渗流为主，注水各向受效较为均衡，控制注采比在 0.9～1.2，降低注水强度，适度匹配采油速度，可有效延长油井稳产时间，抑制水线推进速度(表 4-9)。

表 4-9　延长油田“适度温和”注水主要参数统计

注水单元	开发层位	井距/m	排距/m	地层压力保持程度/%	累积注采比	注水强度/$(m^3\cdot(md^{-1}))$	注入速度/$(m^3\cdot d^{-1})$	综合含水率/%
唐 114	长 6	195	96	61.0	1.2	0.35	1.6	66.0
顾屯	长 6	220	100	82.0	1.1	0.42	2.5	61.0
麻台区	长 6	450	130	78.4	0.9	0.27	5.2	12.3
石家河	长 6	150	130	62.6	1.2	0.25	2.0	21.2
五星庄	长 8	140	140	80.0	1.0	0.68	8.0	26.2
野猪峁	长 6	150	130	61.2	0.8	0.23	3.5	27.1
王家湾南	长 2	300	150	65.7	0.9	3.35	16.7	74.0
白狼城	长 2	200～300	150～200	65.0	0.8	3.65	20.0	74.0
刘峁塬	延 9	280	140	61.0	0.8	1.14	6.4	47.1
化子坪区	长 6	450	350	65.5	0.7	0.80	5.6	87.0
郭旗寨沟	长 6	150	130	80.3	0.7	0.23	2.9	17.9

4.4.1 横山白狼城长 2 油藏“适度温和”注水实践

白狼城油区经历了 20 多年注水开发实践，通过反复认识注水开发过程中的矛盾和问题，在重构地下认识的基础上，不断优化注水政策和注水方式，创新性的提出了以注水井为中心的“水动力注采单元”“适度温和”注水理念，通过开展“适度温和”注水矿场试验和科技攻关，逐步在注水实践与探索中形成了特低渗油藏独具特色的注水模式，实现了油田持续稳产，取得了较好的开发效果和经济效益。

1. 油藏描述

1) 地理位置

横山白狼城油区位于陕西省榆林市横山县境内，东与子洲油田相连，南与子北油田相接，西与靖边油田接壤，开发面积 1500km^2，地表多为第四系黄土覆盖，植被不发育，以丘陵沟壑为主，地面海拔 1052～1491m。

2) 地质概况

横山白狼城油区位于鄂尔多斯盆地陕北斜坡中东部，区域构造为一平缓的西倾单斜，地层倾角小于 1°，局部发育鼻状构造，在平缓大单斜的背景下，发育形成大小不一的鼻状构造，油层组属于曲流河河控三角洲平原亚相沉积，主要产油层系为三叠系上统延长组长 2 油层(图 4-41)。

3) 油藏特征

白狼城油区长 2 油藏为岩性-构造控制的特低渗油藏，平均埋深 750m，储层平均有效厚度 12.7m，平均有效孔隙度 16.4%，油藏驱动类型为弹性驱动，储层为油水共储、无气顶，地层原油密度 0.871g/cm^3，黏度为 13.64mPa·s，原始气油比 2.29m^3/t，原油体积系数 1.0152， 地层温度为 32.66℃，具有一定的弱边水，油藏内边、底水运动不活跃。

2. 开发特征

截至 2017 年 12 月，白狼城油区采油井 289 口，开井 249 口，注水井 110 口，开井 107 口，平均单井日产液 6.98m^3，平均单井日产油 1.61t，综合含水率 76.9%，平均单井日注水量 21.18m^3，累积注采比 0.76，累积产油 243.5×10^{4}t，地质储量采油速度 1.15%，地质储量采出程度 19.18%(图 4-42)。

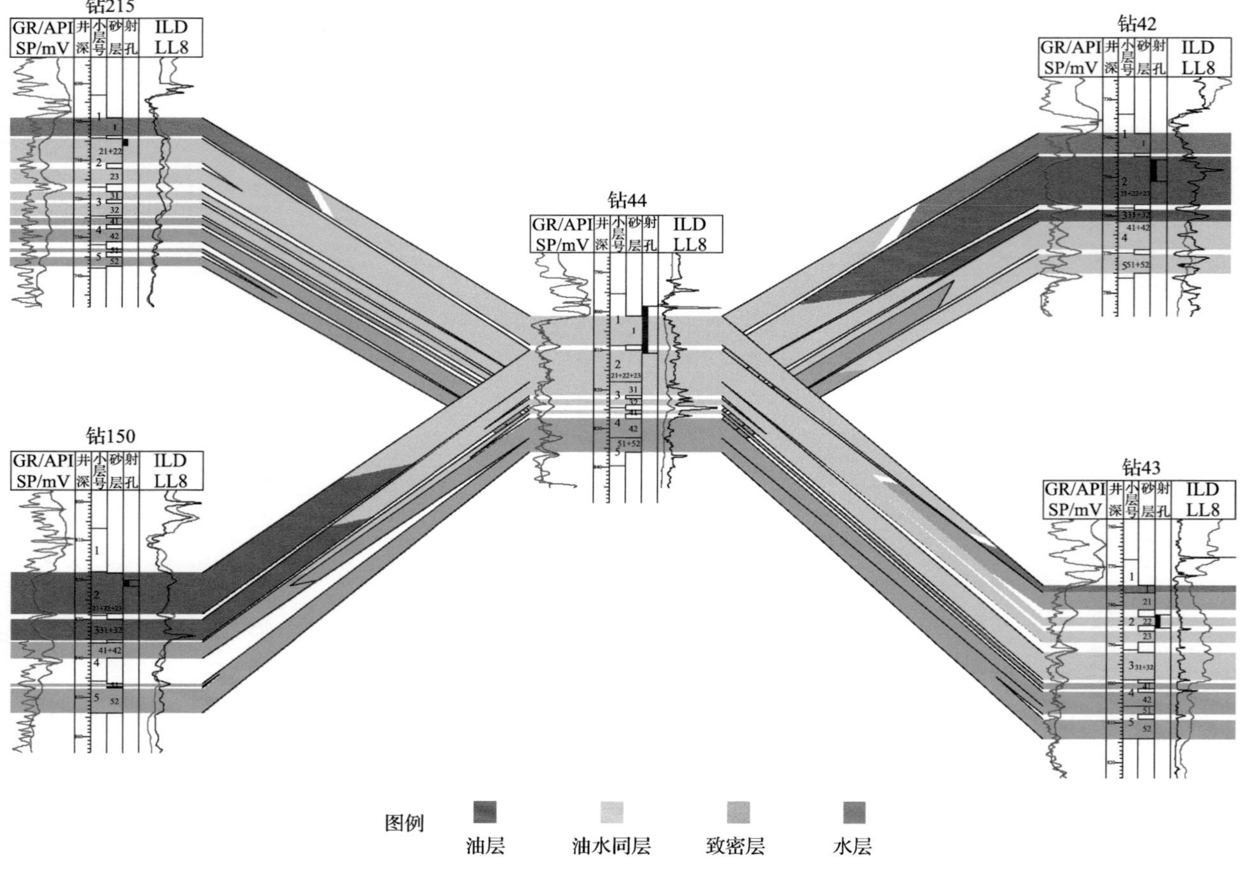

图4-41 白狼城油区油藏剖面图

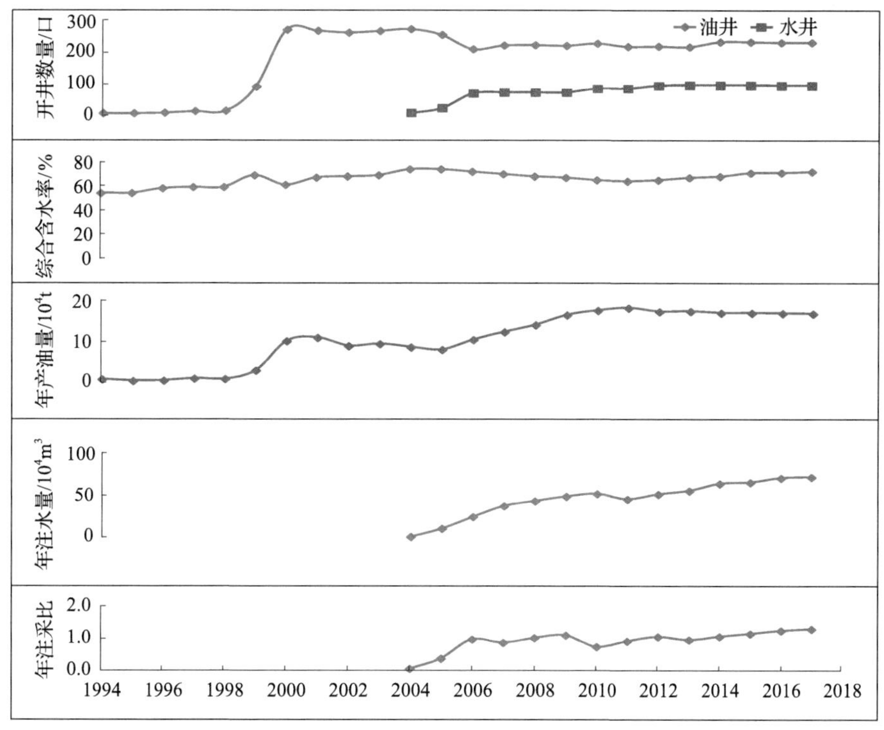

图 4-42 白狼城油区 1994—2017 年注水综合开发现状

3. 长 2 油藏“适度温和”注水

基于油藏井间连通性理论，将有明显注采动态响应的注采井组为一个基本注采调控单元，把白狼城油区划分为不同水动力注采单元。在平面上细化分出了“主流线型”注采单元、“非对称型”注采单元和“单向裂缝型”注采单元三种类型，对不同区域、不同类型的注采单元，实施不同“适度温和”注水方案调整(图 4-43)。

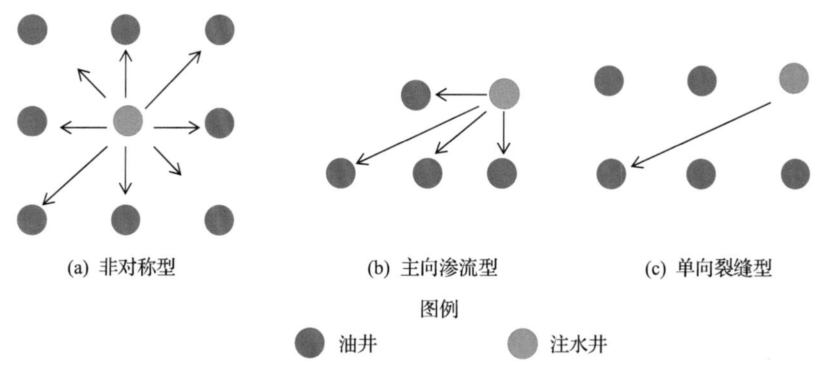

图 4-43 不同类型注采单元示意图

注采比是影响“适度温和”注水的关键因素，注采比的大小不仅与注水井和采油井井底流压高低有关，而且受含水率和采液速度控制，是影响开发效果的主控因素。基于渗吸-驱替特低渗油藏数值技术对“主流线型”注采单元、“非对称型”注采单元、“单向裂缝型”注采单元三种类型注采单元进行不同“适度温和”注水关键参数研究。结果表明(表 4-10)，“非对称型”注采单元合理注采比 1.2，“主流线型”注采单元合理注采比 1.0，“单向裂缝型”注采单元合理注采比 0.8；非对称型注采单元开发效果整体最好，可最大程度的延长油井采油期和控制注入水均匀驱替，可以提高开发效果。

表 4-10　不同注水方案预测指标对比

注水方案	注采比	累积产油量/m^3	累积注水量/m^3	日产油量/m^3	综合含水率/%	采出程度/%
“非对称型”注采单元	0.6	14531	23840	3.14	41.4	11.2
	0.7	14980	28040	3.30	43.9	11.8
	0.8	15338	32100	3.31	48.4	12.0
	1	15584	38660	3.28	56.4	12.2
	1.2	15831	41820	3.34	61.6	14.2
	1.5	15123	58440	2.99	68.4	11.9
	1.7	14732	66500	2.69	73.7	11.6
	2	13977	80320	2.16	80.3	11.1
“主流线型”注采单元	0.6	14931	23550	2.99	41.9	11.0
	0.7	15480	27160	3.15	43.4	11.3
	0.8	15838	31130	3.16	46.9	11.5
	1	16184	34700	3.22	52.9	12.1
	1.2	15931	46270	3.08	56.1	11.7
	1.5	15623	57790	2.84	58.9	11.4
	1.7	15132	65410	2.54	71.2	11.1
	2	14327	78040	2.01	76.8	10.6
“单向裂缝型”注采单元	0.6	14531	23040	2.88	43.4	10.0
	0.7	14980	26640	3.04	45.9	10.3
	0.8	15438	30600	3.06	50.4	10.6
	1	15584	38160	3.02	58.4	10.7
	1.2	15531	45720	2.97	63.6	10.7
	1.5	15123	57240	2.73	70.4	10.4
	1.7	14732	64800	2.43	75.7	10.1
	2	13977	76320	1.90	82.3	9.6

1）“单向裂缝型”注采单元“适度温和”注水对策及实施

针对部分井区裂缝发育，油井见水快，沿裂缝方向油井水淹，侧向油井长期处于低压、低产状态等问题，2016 年先后开展了沿裂缝注水。钻 72 注采井组位于白狼城油区北部构造高部位(图 4-44)，开发初期由于钻 72 井注水强度过大($3.4m^3/(m\cdot d)^{-1}$)，造成钻 72 井与钻 2 井间裂缝开启，导致钻 2 井短期内含水快速上升，含水率由初期 57%上升到 77%，单井日产油由 4.4t/d 下降到 2.4t/d，产量下降幅度达到 50%，属于典型的“单向裂缝型”注采单元。2016 年 10 月通过实施“适度温和”注水，将钻 72 井日注水量由 $40m^3/d$ 调整为 $30m^3/d$，注采比由 1.4 调整为 1.08，1 个月后钻 2 井日产量明显上升，含水率下降并稳定在 65%(图 4-45)，开发效果明显改善。

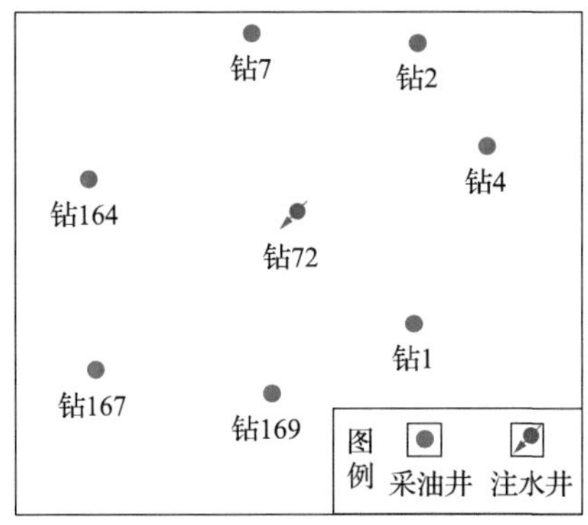

图 4-44 钻 72 井注采井组井位示意图

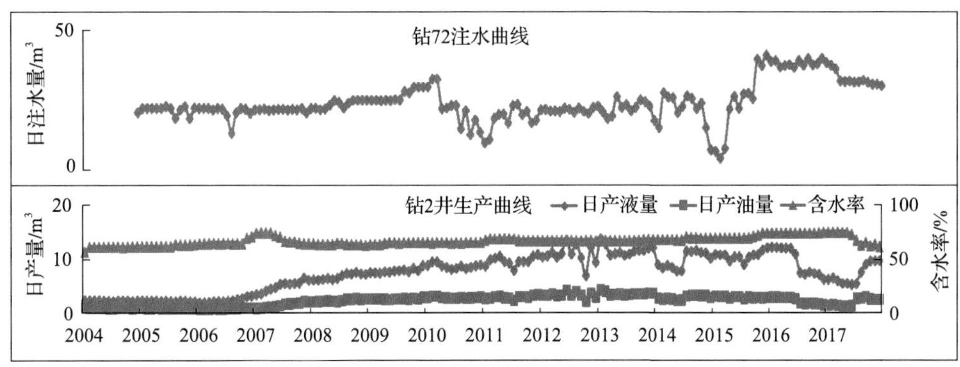

图 4-45 钻 2 井 2004—2017 年注采响应曲线

2) 非对称型注采单元“适度温和”注水对策及实施

钻 277 注采井组位于白狼城油区构造中部，开发初期由于钻 277 井注水强度过大($1.8m^3/(m\cdot d)^{-1}$)，导致钻 270 井短期内含水快速上升和水淹，2016 年含水率达到 100%后关井；钻 276 井 2016 年 6 月含水率由 34%迅速上升到 51%，造成钻 277 井与钻 270 井、钻 276 井间主向优势通道开启，侧向油井呈弱见效状态，该井组属于典型的非对称型注采单元(图 4-46)。2017 年 3 月通过实施“适度温和”注水，将钻 277 井日注水量由 $20m^3/d$ 调整为 $14m^3/d$，注采比由 1.4 调整为 1.01，1 个月后钻 278 井日油上升到 2.5t/d，含水率下降稳定在 63%(图 4-47)，开发效果明显改善。

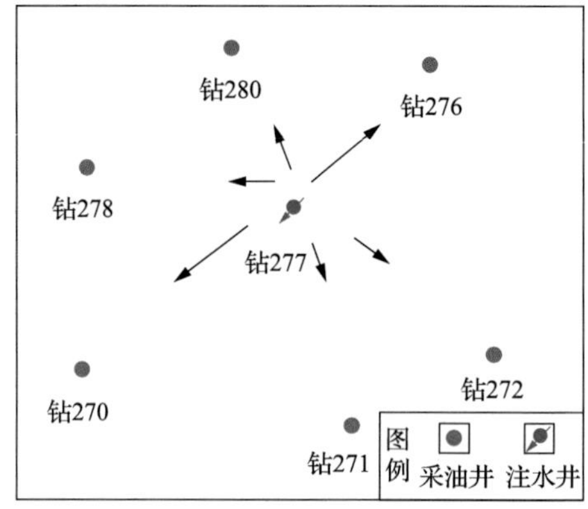

图 4-46　钻 277 注采井组井位示意图

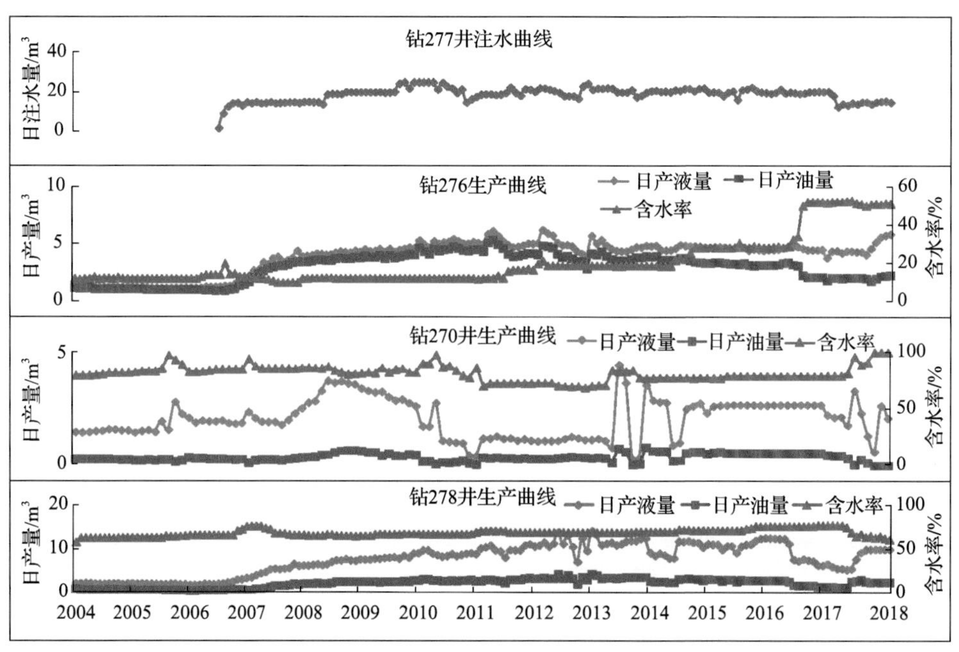

图 4-47　钻 278 井 2004—2018 年注采响应曲线

3) 主向渗流型“适度温和”注水对策及实施

钻 259 注采井组位于白狼城油区构造边部(图 4-48)，钻 256 井投产后含水率一直保持在 90.5%；开发初期由于油层边部储层物性较差，地层能量不足，采取强化注水方式，钻 259 井的注水强度保持在 $2.1m^3/(m \cdot d)$。一段时期后，钻 259 井与钻 253 井之间形成主向渗流优势通道，造成钻 253 井含水率在 2015 年 6 月由 46%迅速升至 61%。2017 年 1 月通过实施“适度温和”注水，将钻 259 井日注水量由 21m³/d 调整为 16m³/d，注采比由 1.5 调整为 1.1，钻 253 井日产油量由调整前的 0.97t/d 升至目前的 1.24t/d，含水率稳定在 61%，增油控水效果明显改善(图 4-49)。

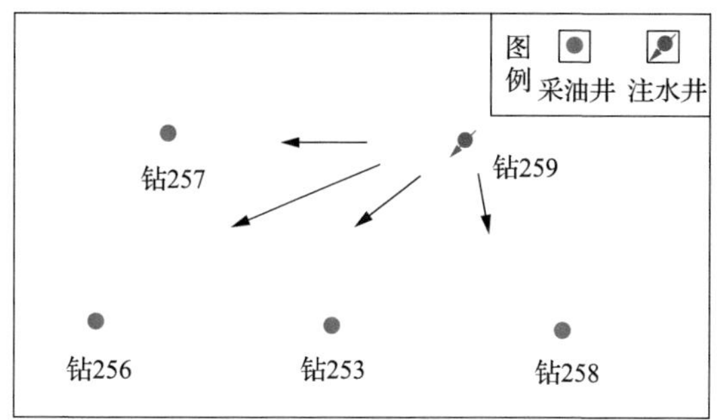

图 4-48 钻 259 注采井组井位示意图

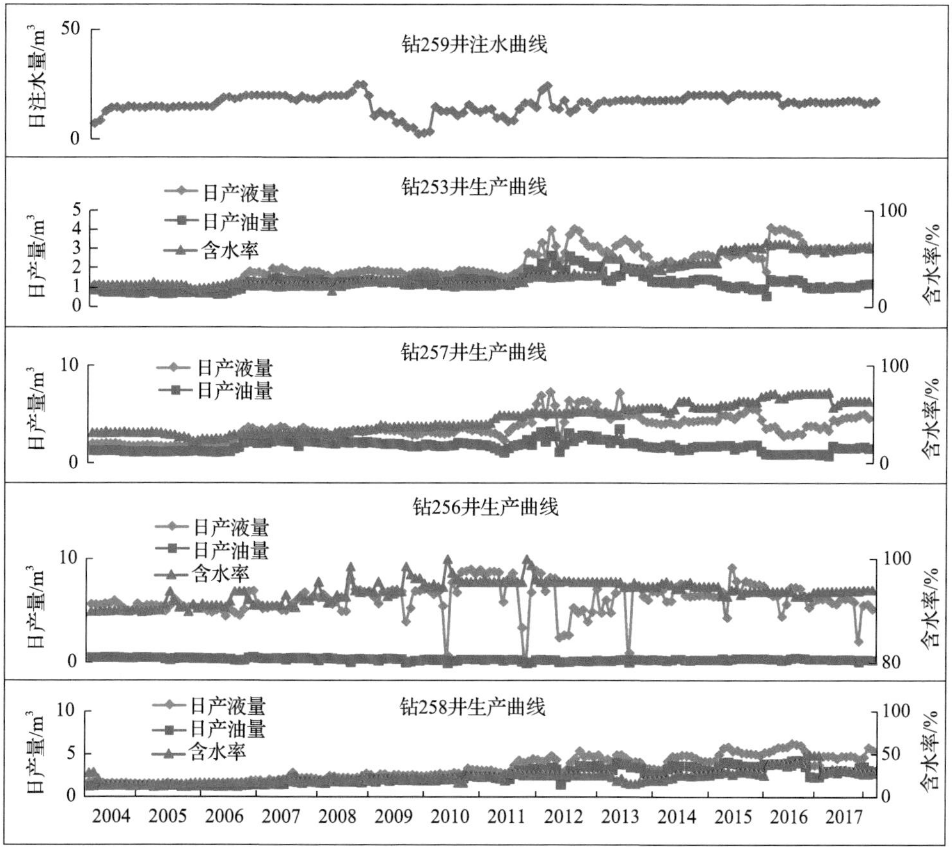

图 4-49 钻 259 井 2004—2018 年注采响应曲线

4. 白狼城注水效果

白狼城油区实施“适度温和”注水以来，取得了较好的开发效果，三向及以上受效油井增多，单井日产油 3.0t/d，含水率 57%，低于油区综合含水率 75%。地层压力由 1.9MPa 上升到 3.59MPa，含水率稳定在 72%，水驱动用程度持续增加，自然递减、含水率上升率控制在 1.5%以下，通过对油区采收率进行标定，在现有井网和技术政策条件下，实施“适度温和”注水后，油区最终采收率可达 35.9%，较常规连续注水开发提高采收率 15%(图 4-50～图 4-55)。

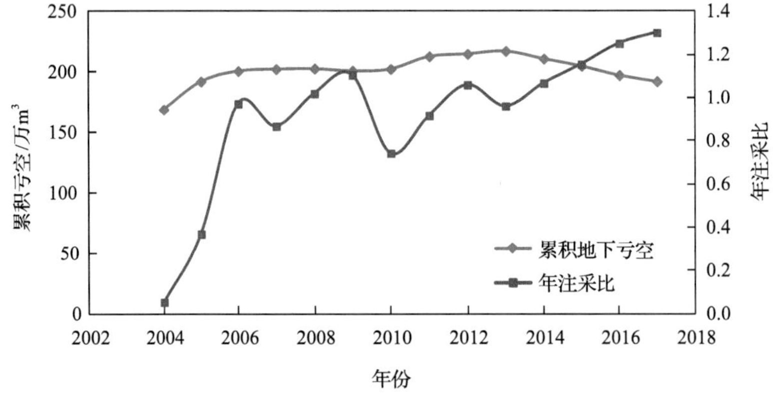

图 4-50　地下亏空与阶段注采比关系图

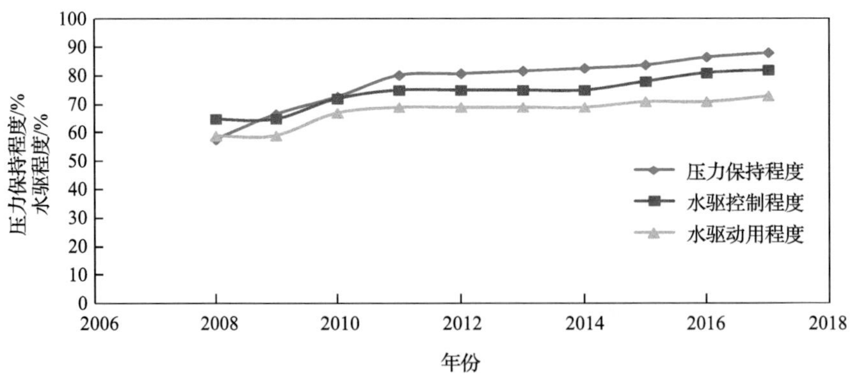

图 4-51　压力保持水平、水驱控制/动用程度曲线

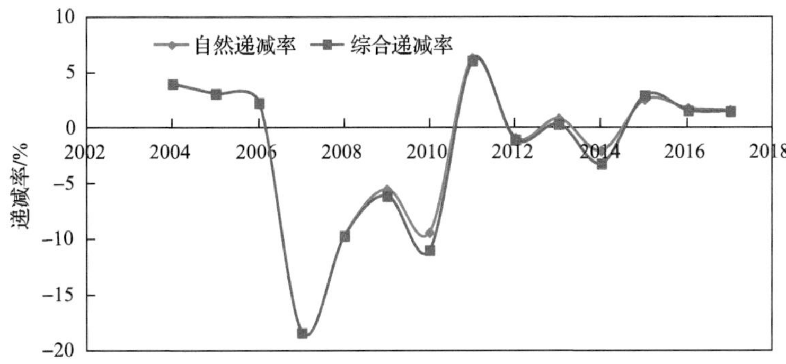

图 4-52 白狼城油区 2004—2017 年递减率变化规律

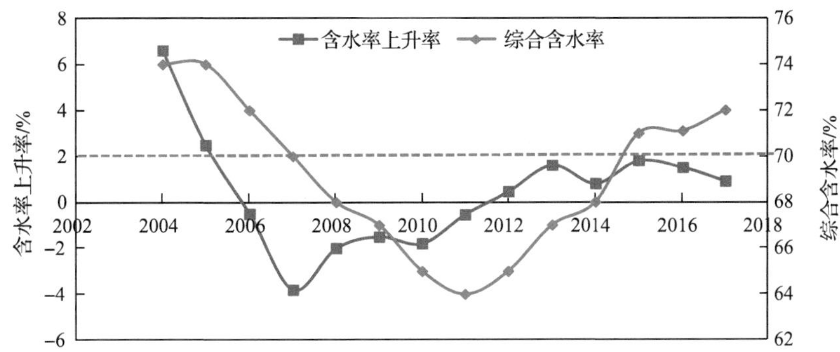

图 4-53 白狼城油区 2004—2017 年含水率上升率变化

图中虚线代表含水上升率 2%，通过“适度温和”注水调整使含水率上升保持在 2%以下，开发效果好

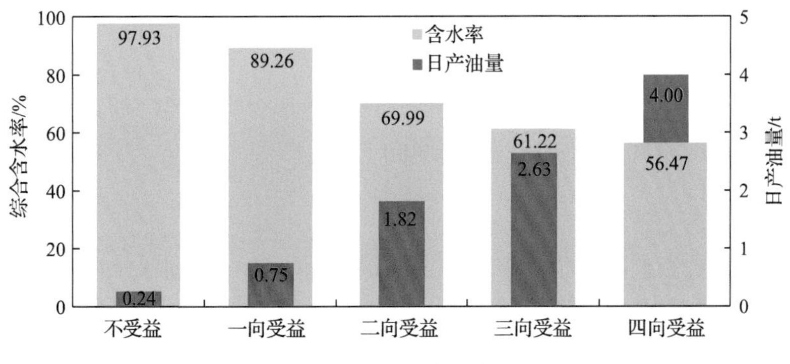

图 4-54 受益油井实施效果

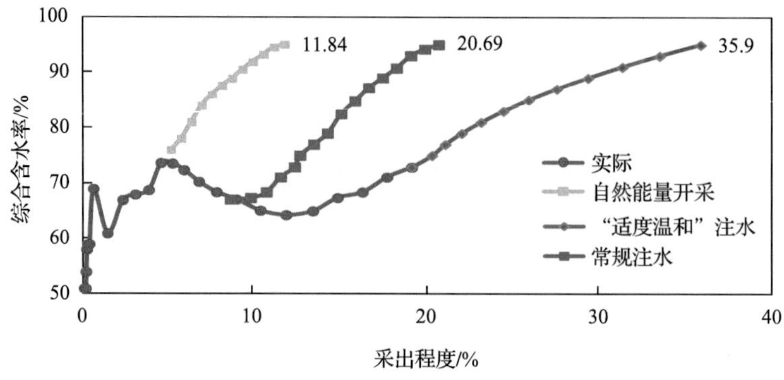

图 4-55　含水与采出程度关系曲线

4.4.2　七里村石家河长 6 油藏"适度温和"注水开发实践

石家河油区注水开发历史悠久，由于石家河油区储层纵向分布多个薄油层，各小层间存在稳定的钙质隔夹层，天然裂缝形态主要表现为水平、近水平层理缝，油田长期连续注水后，注采矛盾逐渐突出，油层高、低渗层带及裂缝主侧向压力分布极不均衡，注入水利用率低，造成油井出现短时间内快速水淹现象，且水淹方向多向化、呈连片分布，治理难度大。通过近几年技术攻关和实践，采取"低注水压力、低注采比、低注水强度"的技术政策，利用基质与裂缝间的渗吸作用，形成了不稳定周期注水、垂向错层注水技术，逐步建立了以"适度温和"注水为核心的浅层水平缝注水开发技术体系，并开展了现场调整试验，取得了较为显著的开发效果。

1. 油藏概述

1) 地理位置

石家河油区位于陕西省延长县境内，区内地形为沟、梁、峁并存的黄土残塬地貌，海拔 840～1200m，相对高差 200m 以内。

2) 地质概况

石家河油区分布在三角洲平原分流河道砂体、三角洲前缘水下分流河道砂体和河口坝砂体上，内部构造简单，为一平缓的西倾单斜，平均倾角小于 1°，地层每千米向西下降 7～10m，断层不发育，仅发育鼻状构造。储层岩性以灰色细粒长石砂岩为主，碎屑成分以长石为主，石英次之，砂岩颗粒分选较好，呈定向排列，成岩作用强烈，储层以平原分流河道及前缘水下分流河道相为主体，砂体展布方向为北北东走向，呈带状发育。石家河油区为弹性-溶解气驱油藏，油层埋藏浅，油藏深度 300～600m，储层油水分异不明显，无明显油水界面，平均有效孔隙度

8%，平均有效渗透率 $0.50\times10^{-3}\mu m^2$，原油密度 $0.83g/cm^3$、黏度 4.44mPa·s(50℃下测得)。

3) 天然裂缝发育特征

根据野外露头和岩心观察，石家河油区长 6 储层裂缝为多期构造运动形成，受到溶蚀与褶皱作用，主要发育在泥质粉砂岩和粉砂质泥岩岩性较脆的过渡岩性段，砂体之间沉积间歇面清晰，稳定性好(图 4-56、图 4-57)；根据郑 067 井阵列声波成像显示，裂缝在北东南西向 60°/240°展布较大，其垂直方向上裂缝展布较小，主要形成椭圆形水平缝，大致为北西、北东方向，呈带状、近片状分布，微裂缝面密度达到 0.078mm/mm，水平缝高度 0.02～1cm，裂缝宽度主要集中在 0.5～1mm，裂缝分布有向河道侧缘和河间砂体发育的趋势，裂缝大部分未被填充，部分裂缝为钙质充填，延伸长度主要分布范围为 10～80cm，是油气聚集与运移的良好空间。

图 4-56 石家河天然裂缝露头剖面发育特征

图 4-57 郑 067 井天然岩心水平缝产状

2. 开发现状

石家河油区储层物性差，是一个典型的低渗、低压、低含油饱和度及强非均质性于一体的边际油田，单井产量低、产量递减幅度大，自 1984 年投入开发，截至 2017 年底，该区探明含油面积 $12.17km^2$，地质储量 596.33×10^4t，水驱控制面积 $12.17km^2$，注水井 86 口，开井 69 口，注水压力 6.9MPa，月注水量 $5649.8m^3$，日注水量 $182.2m^3$，受益油井 248 口，油井开井 234 口，月采液 $2405m^3$，月采油 1399.5t，综合含水率 35.15%，单井日产液 $0.33m^3$，单井日产油 0.19t，采出程度 2.38%、采油速度 0.16%(图 4-58)。

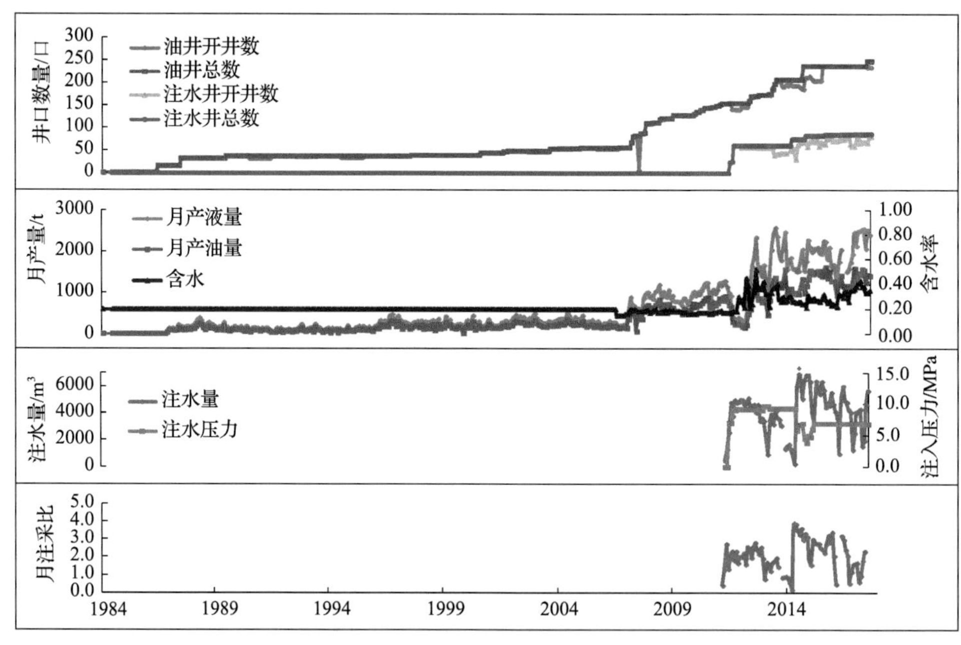

图 4-58　石家河油区 1984—2017 年综合开发现状

3. 长 6 油藏“适度温和”注水

水平缝油藏注水开发中，油井更易出现短时间内快速水淹现象，且水淹方向多向化、呈连片分布，治理难度大。通过对石家河油区生产数据统计发现，油井见水时间与见效时间呈正相关性(图 4-59)，水淹油井的见效时间和见水时间明显快于全区，水平缝在缩短了油井见效时间的同时，加快了油井见水水淹，存在“一注就淹”的现象。针对水平缝注水开发过程中存在的现象，根据开发动态变化，适时适度地调整注采比和注水强度，提高油井见效程度，延缓油井见水时间，降低高含水井的含水率，使油田保持增产稳产。

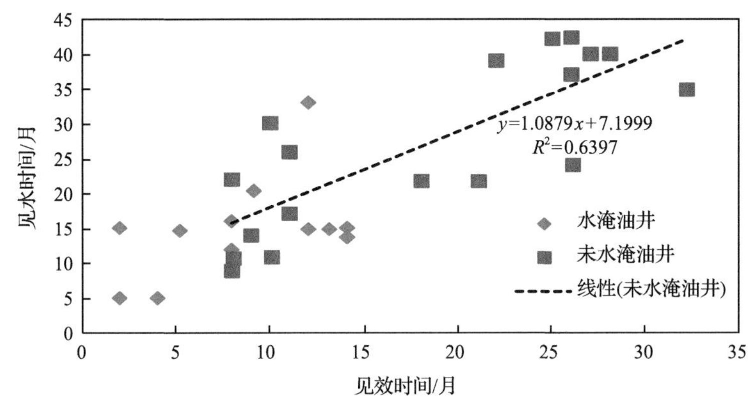

图 4-59　石家河油区油井见效见水分析

1) 低含水率阶段时转周期注水对策及实施

为了建立合理有效的注采压力驱替系统，提高单井产量，选取了油层厚度大，地层压力高、油井产能低、综合含水率低、注水见效慢的杜 66 井组(图 4-60)进行周期注水矿场试验。前期数值模拟结果表明，由连续注水转周期注水越早效果越好，周期性注 20d 停 30d 时，油水置换更充分，采出程度提高幅度越大，最大可提高 1.6%，综合含水率仅为常规连续注水的 1/2 左右。

杜 66-3 井在常规连续注水期间平均单井日产液 0.18m^3/d、日产油 0.09t/d，含水率 40%，基于渗吸-驱替特低渗油藏数值模拟技术得出低含水阶段，注水井合理注水量为 5m^3/d，合理注采比 1.2，注水强度 1.2m^3/(m·d)$^{-1}$，注水井连续注水 20d，对应油井关井 25～30d。2017 年 11 月 10 日实施周期注水，2017 年 12 月 5 日正常开抽。从图 4-61 可以看出，实施不稳定周期注水后，杜 66-3 井平均日产液 0.23m^3/d，单井日产油 0.15t/d，含水率 20%，油井产量增加，含水低且稳定，增油降水效果明显。从产液剖面测试结果看(表 4-11)，油井受效程度较好，纵向吸水程度较为均匀，有效控制了注入水单层突进。

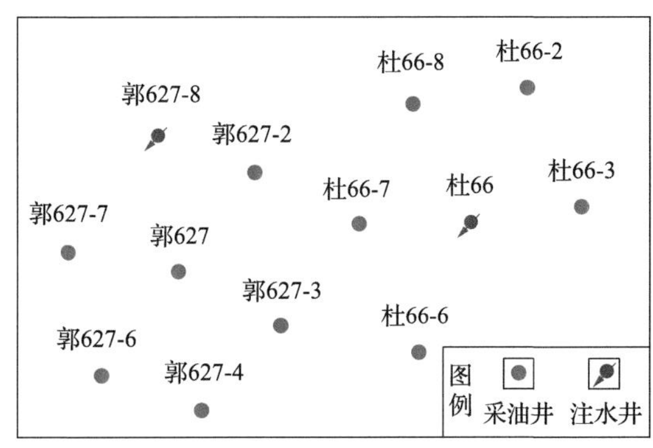

图 4-60　杜 66 井位图示意图

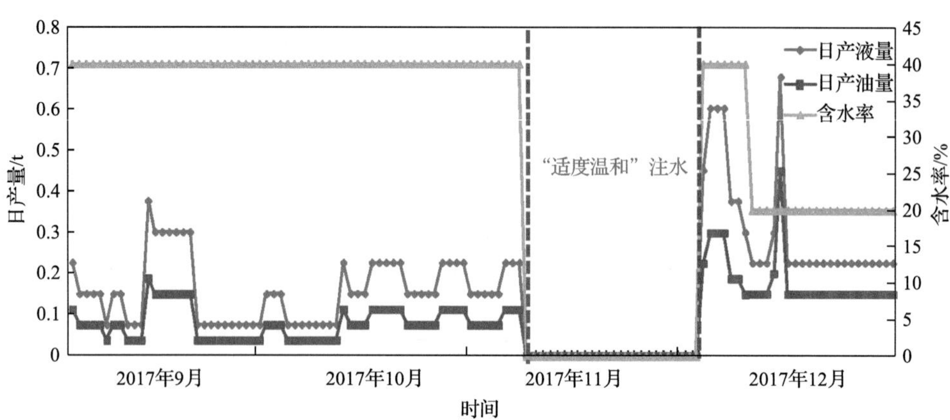

图 4-61　杜 66-3 井单井产量生产曲线

表 4-11　杜 66-3"适度温和"注水后产液剖面测试结果

层位	射孔井段/m	射孔厚度/m	测点深度/m	产液解释结果			产水解释结果			
				合层/($m^3 \cdot d^{-1}$)	分层/($m^3 \cdot d^{-1}$)	分层产油/t	合层产水/($m^3 \cdot d^{-1}$)	合层含水/%	分层产水/($m^3 \cdot d^{-1}$)	分层含水/%
长 6_1	662～665	3.0	660	1.5	0.64	0.41	0.62	41.33	0.23	36.94
长 6_1	686～689	3.0	660	0.86	0.86	0.47	0.39	45.35	0.39	45.35

注：1.根据测井数据显示：全井产液量 1.5m^3/d，含水率 41.33%，产油 0.88m^3/d；
2.本次测井共测了 2 个射孔段的分层产液量，射孔段产油较高，为主产层。

2)高含水阶段时转周期注水开发对策及实施

初期强化注水后油井逐步见效，后期由于注入水沿裂缝快速推进造成主向油井含水大幅度升高，2014 年 4 月含水快速上升到 85%，导致井组油井产能下降，郑 4052 井日产液 0.6m^3/d、日产油 0.08t/d(图 4-62)，为了控制含水和提高驱油效

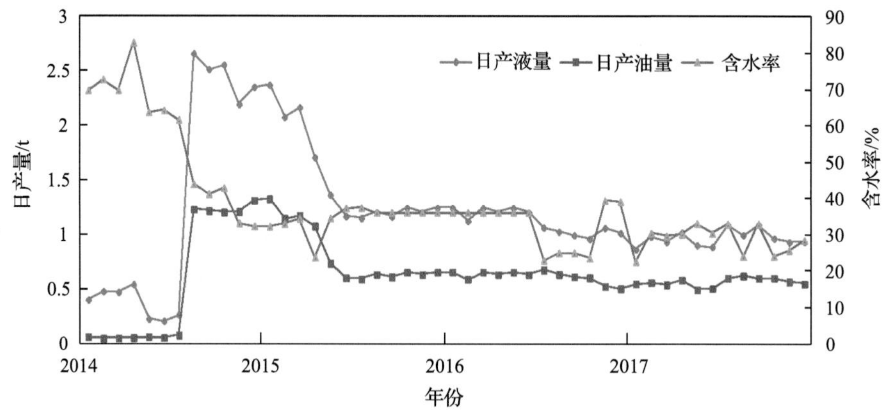

图 4-62　郑 4052 井单井产量生产曲线

率和波及系数，进行不稳定周期注水。基于渗吸-驱替特低渗油藏数值模拟技术，高含水阶段合理注采比为0.9，注水强度$0.8m^3/(m\cdot d)^{-1}$，实施参数为注20d停30d，注入量$5m^3/d$，对应油井关井停抽的周期注水方式，实施后第一个月单井日产液达到$2.7m^3/d$，日产油1.26t/d，含水率44%，目前日产油稳定在0.6t/d，含水率稳定在30%，改善效果显著。

3) 不同砂体部位转周期注水对策及实施

郑653-6注采井组位于砂体主河道，郑653-7井位于郑653-6井组侧向低压区（图4-63），常规连续注水期间该井长期不见效，平均单井日产液$0.25m^3/d$，日产油0.15t/d，综合含水率34%（图4-64）。基于渗吸-驱替特低渗的油藏数值模拟

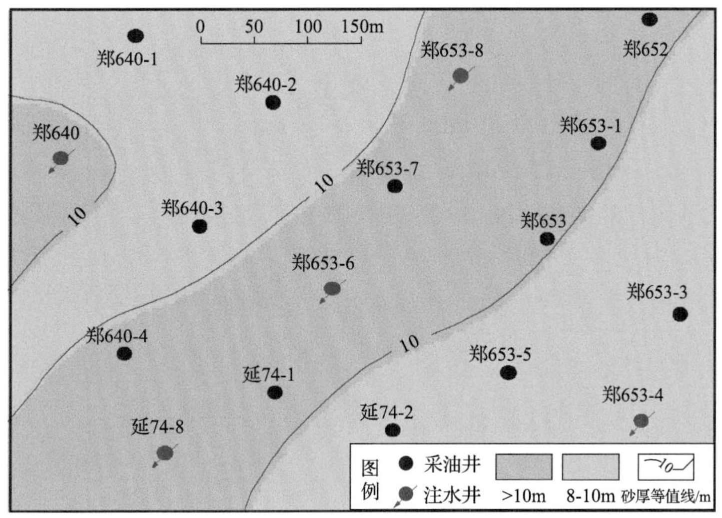

图4-63 郑653-6井组砂体展布图

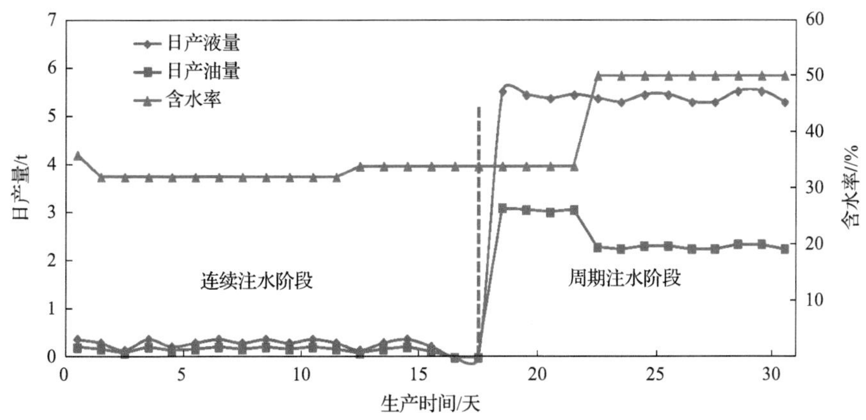

图4-64 郑653-7井2018年连续注水与周期注水前后的单井产量生产曲线

结果表明,沿平行主砂体方向周期注水,合理注采比为1.0,注水强度1.1m^3/(m·d)$^{-1}$,注水井连续注水20d,对应油井间抽8h,采出程度较常规连续注水可提高1.6%。周期注水实施一个月后,郑653-7油井日产油由常规连续注水期间0.15t/d提高到2.1t/d,产油增幅显著,综合含水率稳定在35%。

4. *石家河注水效果*

石家河油区针对性对不同注水阶段、不同砂体部位注水井组开展了“适度温和”注水矿场试验,根据前期室内实验、数值模拟、油藏工程理论及同类油藏类比,确定石家河油区“适度温和”注水期间,合理注采比控制在0.9~1.2、注水强度0.8~1.8m^3/(d·m)$^{-1}$,注水压力保持在7~9.5MPa,采用注20d停30d非对称不稳定周期注水方式。

石家河油区实施“适度温和”注水以来,取得了显著的开发效果,主向平均单井产能由0.15t/d上升到0.33t/d,侧向单井产能由0.05t/d提高到0.18t/d,侧向压力由1.1MPa上升到2.2MPa,综合含水率由53%下降到35%,含水率上升率由5%下降到2%,产量递减幅度由65%下降到25%,水驱动用程度提高到80%,自然递减低于10%,通过对油区采收率进行标定,在现有井网和技术政策条件下,油区最终采收率可达22.9%,较连续注水开发提高采收率10%,(图4-65~图4-68)但注水效果随着实施周期的延长呈缓慢下降趋势。

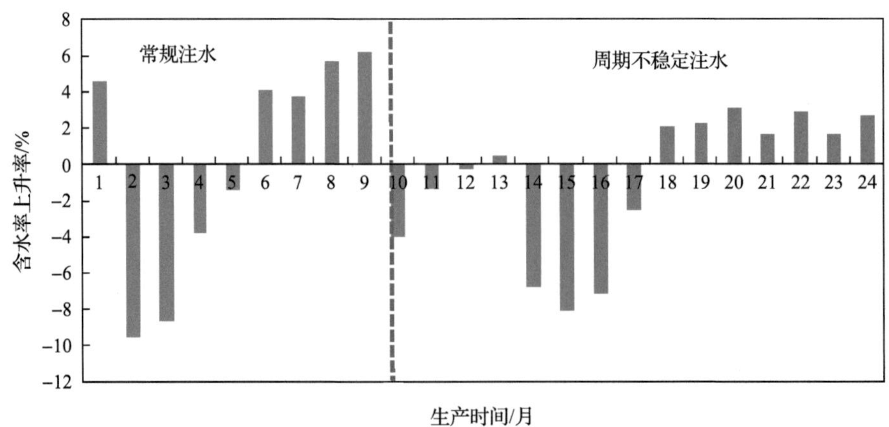

图4-65 常规注水和周期不稳定注水方式下含水上升率对比

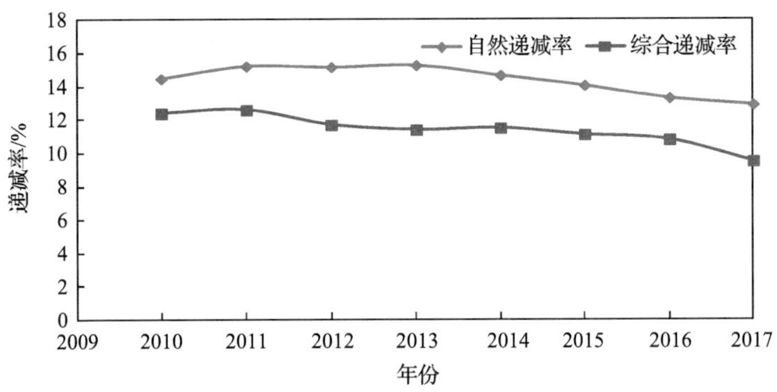

图 4-66 石家河油区递减率变化规律

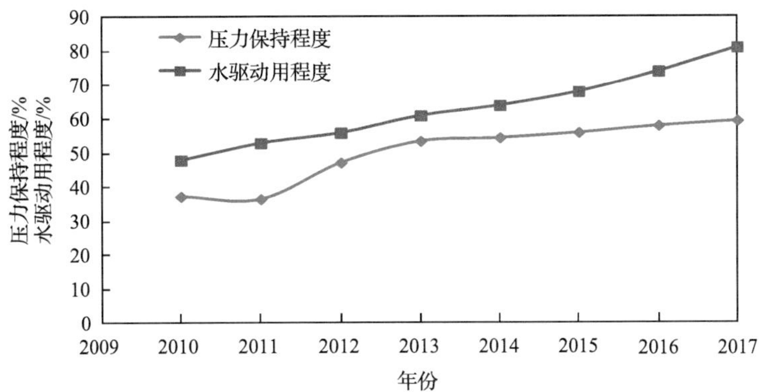

图 4-67 压力保持水平、水驱动用程度曲线

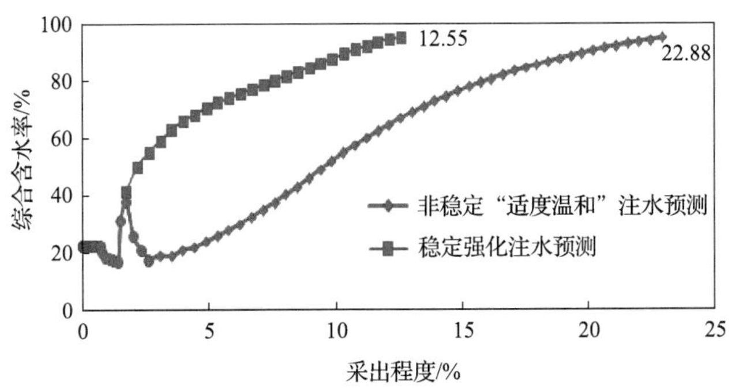

图 4-68 含水与采出程度关系曲线

第5章 特低渗油藏水平井开发技术

水平井是指最大井斜角保持在 90°左右，同时在目的层相对水平地维持一定井段长度的特殊井，在石油和天然气的勘探与开发中，具有泄油面积大、压降小、产能高等特点，且在减少井场、道路建设和环境破坏、避开地面障碍、降低采油成本、提高油气最终采收率等方面均有明显优势。本章主要结合特低渗油藏特点，综合室内物理模拟和理论研究方法，揭示特低渗油藏水平井渗流规律，利用地质概念模型对水平井开发参数进行优化，同时结合延长油田水平井开发实践，系统介绍了特低渗高角度缝油藏水平井开发技术、浅层压裂水平缝油藏“弓型”水平井开发技术及“井工厂”水平井开发技术。

5.1 水平井开发技术现状

5.1.1 国内外水平井技术应用概况

水平井技术于 1928 年提出，在 20 世纪 40 年代付诸实施，成为一项非常有前途的油气田开发、提高采收率的重要技术。20 世纪 80 年代相继在美国、加拿大、法国等国家得到广泛工业化应用，并由此形成研究水平井技术、应用水平井技术的高潮。现在水平井钻井技术已日趋完善，并以此为基础发展了水平井各项配套技术。

在水平井钻井数量方面，截至 1989 年，全世界共钻水平井 200 口；到 1990 年，水平井总数剧增至 1200 口，其中美国接近 1000 口；到 2000 年底，水平井数超过了 24000 口；2012 年底水平井数量已超过 8 万口。但水平井分布区域整体还不平衡，绝大多数仍属于美国和加拿大，美国是世界上钻水平井最多的国家。

针对储层不同的特点，水平井井型也有着突飞猛进的发展，发展出侧钻水平井、丛式水平井、阶梯状水平井、大位移水平井和多分支水平井等多种特殊的井型。目前，水平井技术在稠油油藏、边底水油藏、特低渗油藏、薄层油藏、裂缝性油藏等各类油藏中均具有较好的适应性。各国也针对不同的地质条件，将水平井技术应用于不同类型的油藏中。例如：美国的裂缝性油藏较多，其 53%的水平井用于开发该类油藏，主要使水平井段横穿多条裂缝以提高单井产量，另外有 33%的水平井用来开采底水或气顶油藏，主要优势是延缓水锥或气锥；在加拿大，由于重油油藏比重较大，45%的水平井用来开采该类油藏；在俄罗斯，水平井主要用于开采枯竭的老油田；在阿曼，从碎屑岩油藏到碳酸岩油藏、从薄油层到厚油层、从轻质油藏到重质油藏，油藏埋深 500～5000m，均实现了水平井开发，应用范围极其广泛。而从总体发展趋势看，早期的水平井以开发薄油层、底水油藏和裂缝性油藏为主，现在逐步转向稠油油藏、低渗-特低渗透油藏等常规井难以经济有效动用的油藏。

世界水平井技术的发展总体趋势具体表现为：①开始推广应用于边际油田和老油田剩余油挖潜；②从零星钻井向整体部署开发转变；③加快分支井、多底井等复杂结构井的技术完善；④研究重心转向水平井的安全施工配套技术和高效开采技术；⑤研制更为高效的举升设备。近些年水平井技术取得的长足的发展见表 5-1。

表 5-1　世界水平井技术现状

水平井技术	应用情况	成熟度
钻井与导向技术	单分支、多分支、大位移水平井钻井技术得到迅速发展，在老油田挖潜、新区块增产中作出了突出贡献，已成为增加储量和产量的主体技术	成熟
SAGD 工艺技术	1998 年以来，加拿大已经建成了 7 个商业化开采油田，位于不同类型重油油田中。SAGD 开采方式最终采收率一般可超过 50%，最高时可达 70%以上	成熟
完井技术	常用的是裸眼、射孔、筛管完井方式，对于长水平井段分段控制技术，调流控制完井方法仍处于初步试验阶段	基本成熟
储层改造技术	分段压裂、水力喷射压裂、酸化在水平井进行了大量应用	基本成熟
人工举升工艺技术	目前最常用的人工举升采油方式也是借用直井的举升方法，水力射流泵及接替举升方法，水平井适应配套技术少，生产参数优化、控制技术也缺乏	基本成熟
注水技术	北美地区已经试验，与直井水驱相比，水平井注水初期开发效果比较好；在低渗薄油层中的应用也已成为了水平井注水技术新的探索领域	不成熟
作业维护技术	生产控制技术、动态监测、找水与卡堵水、修井作业等技术处于试验探索阶段	不成熟

中国是发展水平井钻井技术最早的国家之一。我国于 1965 年在四川钻成磨-3 井，该井是国内最早钻成的一口水平井，中国成为继美国、苏联之后第三个钻成水平井的国家。由于工业技术、油藏条件等原因，水平井技术在我国未能持续发展，长期处于停滞状态。直到 1988 年，流花 11-1-6 井在中国南海珠江口盆地的流花 11-1 构造上钻井取得成功，带动了 20 世纪 80 年代中国大陆水平井采油技术的发展。2004 年以来，尤其自 2006 年石油企业转变经济增长方式，大规模推广水平井技术以来，中国水平井数目急剧上升，截至 2011 年底，我国陆上共完成水平井 8700 余口。我国目前已掌握了长、中半径水平井的钻、完井技术，广泛应用于能源、水利和环保等许多工程领域，取得了良好的经济效益和社会效益。

国内水平井在各类油藏中均获得了成功的应用，水平井的应用基本上覆盖了所有油气藏类型，包括：地层不整合油气藏、稠油、断块油气藏、裂缝油气藏、薄层油气藏、厚层正韵律油气藏、低渗油气藏、海上油气藏、特低渗油气藏、非常规(页岩气)油气藏以及薄层、底水、特低渗稠油油藏。

水平井技术可以显著提高油气田开发的综合效益，主要优势体现在单井控制储量大，单井产量高，采油速度快，能够有效抑制水锥或气锥，后期采油成本低至常规井的 40%～50%，控制储量成本(开发费用/控制储量)比常规井低 25%～50%。从水平井的应用发展和优势可以看出，水平井及其相关配套技术必将成为未来石油工业发展的必然趋势和重要手段，技术应用前景广阔，是未来油气田高效开发的重要支撑技术。

5.1.2 延长油田水平井技术应用历程及现状

水平井技术在国内发展之初，延长油田便认识到该技术的重要性，于 2000 年引进了水平井技术。2000—2002 年，延长油田先后完钻 3 口水平井，受限于当时的技术水平，3 口水平井开发试验均未取得突破性进展，因此延长油田水平井开发暂时搁置。

近年来，随着开发的深入，延长油田开发方面所面临的挑战日益突出，一是未动用储量大多为难采储量，该类油藏具有含油层系多、厚度相对较小、储量丰度低、油水差异大等特点，并且油层孔隙度、渗透率普遍偏低，用常规技术开发单井产量过低，经济效益无法得到保证；二是延长油田主体油区属陕北黄土塬地貌，地形起伏不平，沟、梁、峁纵横分布，加之居住区、道路、河流、农田、耕地、森林保护区、水资源保护区、人文保护区等地面限制，部分区域常规井无法开发，大批资源无法动用，同时近年来施工土地的购买成本、赔偿成本不断攀涨，导致地面工程建设困难，使得传统的以密集的直井、定向井井网为基础的开发方式投资成本急剧增加。而水平井开发技术可解决陕北特低渗油藏高效开发所面临的问题，在这样的大背景下，水平井开发再次启动。

2009 年，延长油田在吴起薛岔地区完钻特低渗油藏水平井试验井薛平 1 井，该井采用“直井注+水平井采”的七点法注采井网部署，投产后初期日产油量 17.9t，注水开发后日产油长期稳定在 6t 左右，注水明显受效，水平井开发首获成功，拉开了延长油田水平井推广应用的序幕，也标志着油田向高效开发逐步转变。

延长油田水平井主要的开发历程大致可划分为 3 个阶段：①2011 年以前为“矿场试验探索阶段”，主要是针对不同的油藏类型和地质条件，探索水平井技术的适应性；②2012—2014 年为“推广评价阶段”，主要是评价不同的井网参数、不同的完井方式、不同的压裂方式、不同的压裂参数、不同的注采政策等对水平井开发效果的影响；③2015 年至今为“规模应用阶段”，主要是将合理的水平井开发配套技术进行更大规模的推广和应用，进一步推广水平井的整体部署和规模开发思路，实现油田开发经济效益最大化。

截至 2017 年底，延长油田已完钻水平井 924 口，水平井产区建成年产能 100×10^4t 规模，已累积采油 211×10^4t。从水平井开发效果上来看，水平井单井产油量一般为周边常规井的 2～20 倍，以 0.8%的钻井数贡献了全油田 9.1%的年产油量。特别是在浅层油藏应用，水平井单井产油量一般为周边常规井的 4～20 倍，采油速度提高 0.3%～1.5%，最终采收率提高 3%～6%。延长油田水平井开发获得了重大成功，逐步形成了较为完善的特低渗油藏水平井开发技术体系，实现了该类油藏经济有效开采。

5.2 特低渗油藏水平井渗流规律及开发参数优化

特低渗油藏一般无法获得自然产能，因为该类油藏储层物性极差，非均质性严重，储层内往往发育天然裂缝，而且储层一般脆性较高，压裂时容易形成复杂缝网。近年来，随着水平井技术的广泛应用和推广，水平井压裂改造技术也越来越成熟，而水平井渗流特征关系到合理开发技术政策的制定，是影响水平井有效开采的首要环节。本节介绍天然露头大型物理模型模拟了特低渗油藏水平井渗流规律，特别是针对浅层水平缝油藏进行了多层压裂水平缝油藏“弓型”水平井的渗流机理和影响因素分析，同时结合数值模拟方法建立概念模型，对水平井开发参数进行优化，为特低渗油藏水平井开发提供了理论支撑。

5.2.1 水平井的渗流模型

1. 模型假设

在无限大油藏中，单相微可压缩流体以恒定产量 q 进行生产。x，y 方向油藏无限大，地层各向异性，垂直渗透率为 k_z，水平渗透率为 k_h。油藏初始压力为 P_i，不考虑重力因素的影响。油藏各处压力梯度很小；储层厚度为 h，压裂水平缝离储层底边距离为 Z_w，水平井筒半径为 r_w，水平段长度为 L，位于油藏中央，上下边界封闭，如图 5-1 所示。油藏渗流为单相渗流且满足达西渗流规律。

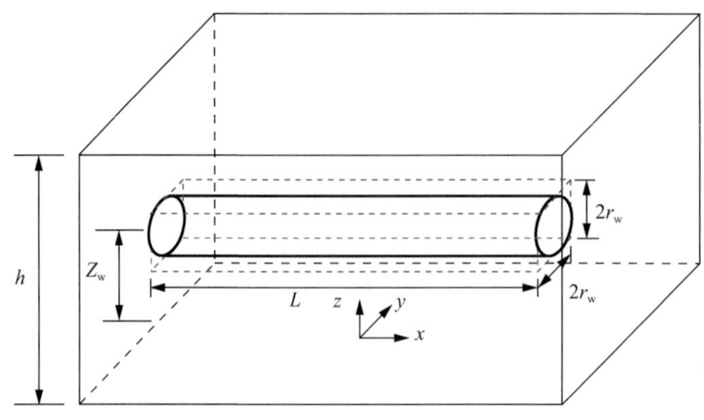

图 5-1　水平井模型

2. 水平井点源函数解

水平井的渗流数学模型，可以用点源函数来建立，将线源水平井看作部分穿透的垂直裂缝在厚度趋于 0 的线源近似，通过对点源函数沿水平井井筒方向进行积分，建立起考虑边界影响的均质油藏中水平井试井解释数学模型。

根据 Newman 乘积法，单个水平井的源函数可用 x、y 和 z 三个方向的源函数乘积来表示。取 z 轴通过井的中点，x 轴与井筒轴平行。则 x 方向的源函数是无限大平面中宽为 L 的条带源，y 方向为无限大平面中直线源，z 方向为上下封闭条带形区域中直线源，如图 5-2 所示。

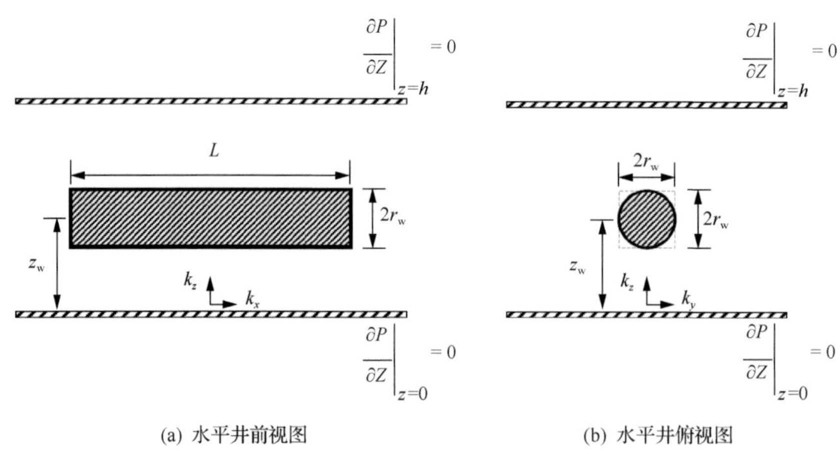

图 5-2　水平井源函数模型

x 方向的源函数可以表示为

$$S_x(x,t)=\frac{1}{2}\left[\operatorname{erf}\left(\frac{x_{\mathrm{f}}-x_{\mathrm{w}}+x}{2\sqrt{\eta_x t}}\right)+\operatorname{erf}\left(\frac{x_{\mathrm{f}}+\mathrm{x}_{\mathrm{w}}-x}{2\sqrt{\eta_x t}}\right)\right] \tag{5-1}$$

y 方向的源函数可以表示为

$$S_y(y,t)=\frac{1}{2\sqrt{\pi\eta_y t}}\exp\left(-\frac{(y-y_{\mathrm{w}})^2}{4\eta_y t}\right) \tag{5-2}$$

z 方向的源函数可以表示为

$$hS_z(z,t)=1+2\sum_{n=1}^{\infty}\exp\left(-\frac{n^2\pi^2\eta_z t}{h^2}\right)\cos\left(\frac{n\pi z_{\mathrm{w}}}{h}\right)\cos\left(\frac{n\pi z}{h}\right) \tag{5-3}$$

式中：x_{f} 为裂缝半长；η_x、η_y、η_z 为 x、y、z 方向的 η 系数。

如果采用无量纲形式，采用 SI 单位制定义无量纲量：

$$P_{\mathrm{D}}=\frac{k_j h(P_i-P)}{18.42\times10^{-4}q\mu B} \tag{5-4}$$

$$t_{\mathrm{D}L}=\frac{3.6k_j t}{\phi\mu c_t L^2}\quad j=\mathrm{f,v,h} \tag{5-5}$$

$$C_{\mathrm{D}}=\frac{C}{2\pi\phi c_t h r_{\mathrm{w}}^2} \tag{5-6}$$

$$L_{\mathrm{D}}=\frac{L}{h}\sqrt{\frac{k_{\mathrm{v}}}{k_{\mathrm{h}}}} \tag{5-7}$$

$$h_{\mathrm{D}}=\frac{h}{r_{\mathrm{w}}}\sqrt{\frac{k_{\mathrm{h}}}{k_{\mathrm{v}}}} \tag{5-8}$$

$$r_{\mathrm{D}}=\frac{r}{L};\quad z_{\mathrm{D}}=\frac{z}{h};\quad r_{\mathrm{D}}^2=x_{\mathrm{D}}^2+y_{\mathrm{D}}^2;\quad z_{r\mathrm{D}}=z_{\mathrm{wD}}+r_{\mathrm{wD}}\cdot L_{\mathrm{D}}$$

则水平井的解为

$$P_{\mathrm{wD}}(t_{\mathrm{D}})=\pi\int_0^{t_{\mathrm{D}}}S_{x\mathrm{D}}(x_{\mathrm{D}},\tau)S_{y\mathrm{D}}(x_{\mathrm{D}},\tau)S_{z\mathrm{D}}(x_{\mathrm{D}},\tau)\mathrm{d}\tau \tag{5-9}$$

$$S_{xD}(x_D,t_D)=\frac{1}{2}\left[\operatorname{erf}\left(\frac{1-x_{wD}+x_D}{2\sqrt{t_D}}\right)+\operatorname{erf}\left(\frac{1+x_{wD}-x_D}{2\sqrt{t_D}}\right)\right] \tag{5-10}$$

$$S_{yD}(y_D,t_D)=\frac{1}{2\sqrt{\pi t_D}}\exp\left(-\frac{y_D^2}{4t_D}\right) \tag{5-11}$$

$$S_z=1+2\sum_{n=1}^{\infty}\exp\left(-n^2\pi^2L_D^2\tau\right)\cos(n\pi z_{wD})\cos(n\pi z_D) \tag{5-12}$$

5.2.2 压裂水平井渗流规律

研究油藏中流体渗流状态、地下原油在驱替过程中的赋存情况，往往是通过实验室的流体驱替实验来实现。特低渗油藏孔隙度和渗透率极低，孔隙结构特征复杂，实验采用的驱替压差更高，常规的填砂模型无法准确还原特低渗油藏的地质特征，难以反映出真实地质条件和井网情况下水平井的渗流规律。为提高实验数据的准确率和可靠性，延长油田委托中国科学院渗流流体力学研究所，利用其大型露头岩样高压物理模拟实验系统开展实验，模拟特低渗油藏地质条件和井网下水平井渗流规律，基于水平井加直井联合布井条件，分析不同压裂规模、不同注采方式对渗流规律的影响。参照特低渗油藏水平井开采的实际井网形式，共设计三种模型：水平井不压裂、压裂半缝长100m、压裂半缝长150m，分别进行衰竭式开采、不同注采方式、不同驱替压差的实验研究，通过三维大型物理模型的模拟实验，对不同条件下的压力场和流速测试，计算压力梯度场，划分渗流区域，分析不同条件下的模型有效动用情况。

1. 物理模拟实验流程及方法

1) 实验装置

实验装置由五部分组成：注入系统、露头平板模型、流速测量系统、流场测量系统和压力场测量系统。

(1) 实验模型。封装制作特低渗砂岩大型露头平板模型。

(2) 注入系统。注入系统由氮气瓶、中间容器(内装实验用矿化水)、压力稳定装置(美国ALICAT公司生产的压力控制器，能够提供连续稳定的供给压力，最小可达1000Pa)和压力传感器(监测供给压力的大小)等组成。

(3) 压力场测量系统。压力场测量系统由高精度压力传感器、巡检仪和计算机组成。压力传感器通过预置在模型内部的测压接头连接在特低渗平板模型上。实验采用瑞士 TRAFAG 公司生产的高精度压力传感器，测量范围为 0～0.6MPa。

(4) 采出液流速测量系统。采出液流速测量仪器采用自行研制的高精度微流量计，克服了采用天平称重存在的测量精度差，易受环境影响、计量不连续等缺点。图 5-3 为大型平板物理模拟系统流程图。

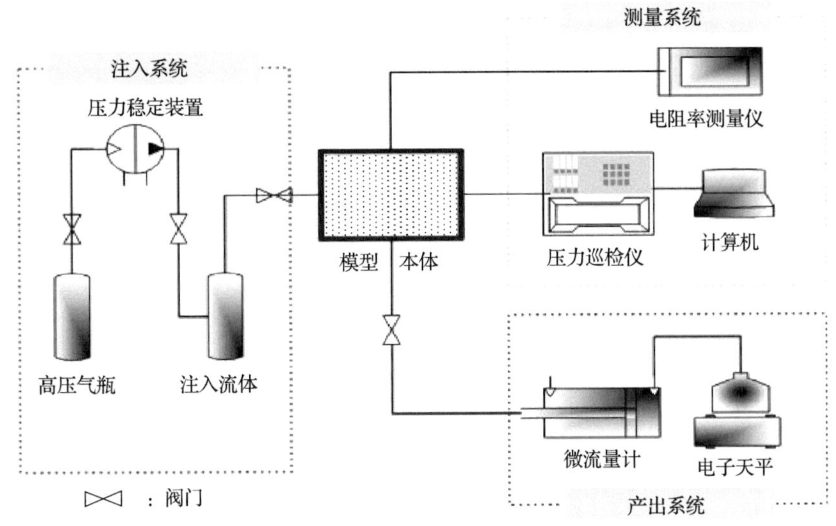

图 5-3 特低渗砂岩露头大型平板物理模拟系统流程图

2) 实验步骤

(1) 物理模型抽真空并饱和：对平板模型抽真空，饱和模拟地层水，得到模型平均孔隙体积和孔隙度；

(2) 平板模型非线性渗流曲线测量实验：在低压，低流速的情况下，模拟特低渗油藏定压生产情况，生产井定压注入待采出井产量稳定后，测量压力场、流量等数据，完成后更换压差测量下一个压力点；

(3) 数据处理：通过电阻率比值计算流体置换程度，绘制大模型非线性渗流曲线、压力梯度场图以及流体置换程度等值线图。

3) 井网优化物理模拟方法

为研究水平井-直井联合布井条件下，不同压裂规模、不同注采方式对渗流规律的影响，针对实际井网形式，共设计三块模型(图 5-4)：水平井不压裂、压裂半缝长 100m、压裂半缝长 150m，分别进行衰竭式开采、不同注采方式、不同驱替压差的实验研究。

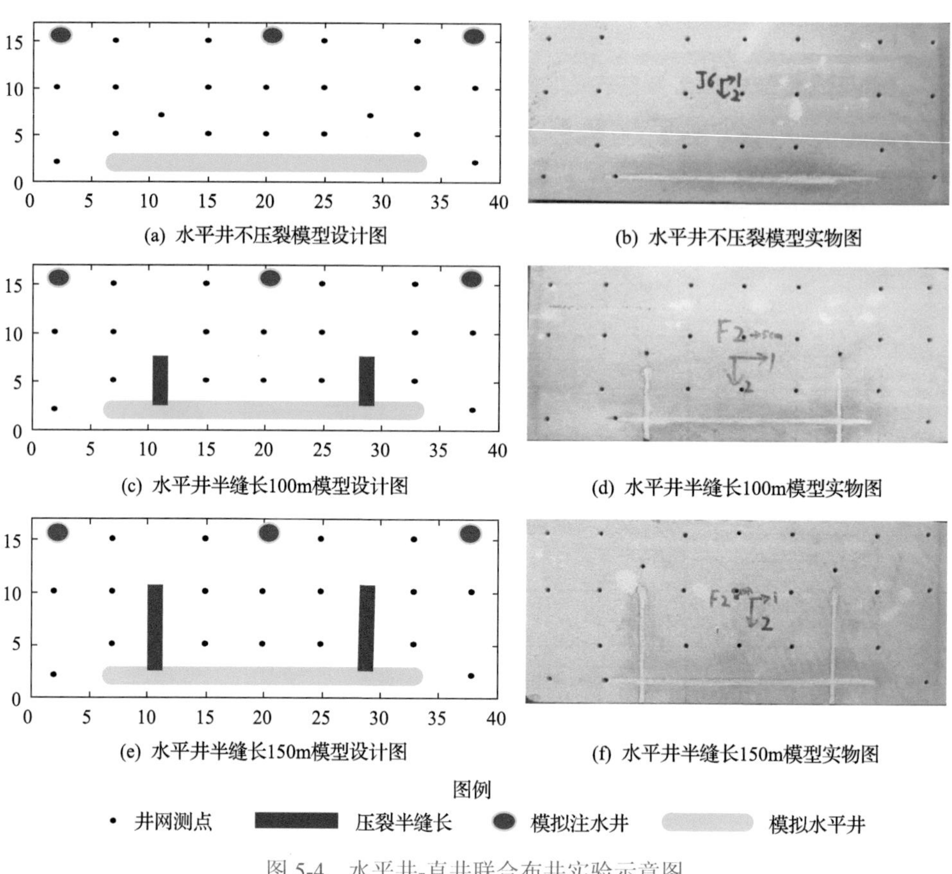

图 5-4 水平井-直井联合布井实验示意图

2. 分段压裂水平井衰竭式开采渗流规律

分段压裂水平井生产时伴随着大量产水，因为在相同渗透率下，基质岩心的油水流动性要弱于裂缝发育岩心，而水的启动压力梯度比油低，水比油更易于流动。裂缝的存在提高了流体可动性，增加了储层的可动流体百分数，随压裂规模的增加能量利用率也增加，水平井井口处裂缝对压力衰竭影响作用明显，也是水平井易出水部位。

实验结果表明(图 5-5)，在相同时间内，压裂水平井的压力递减更快，递减最快的是半缝长 150m 的模型，也就是说，缝长越长则压力递减越快。此外，比较整个水平段可以发现，水平井井口处和裂缝周围的压力递减更快，井口处压力递减最为明显，而距离井口较远处的裂缝压力递减较慢。

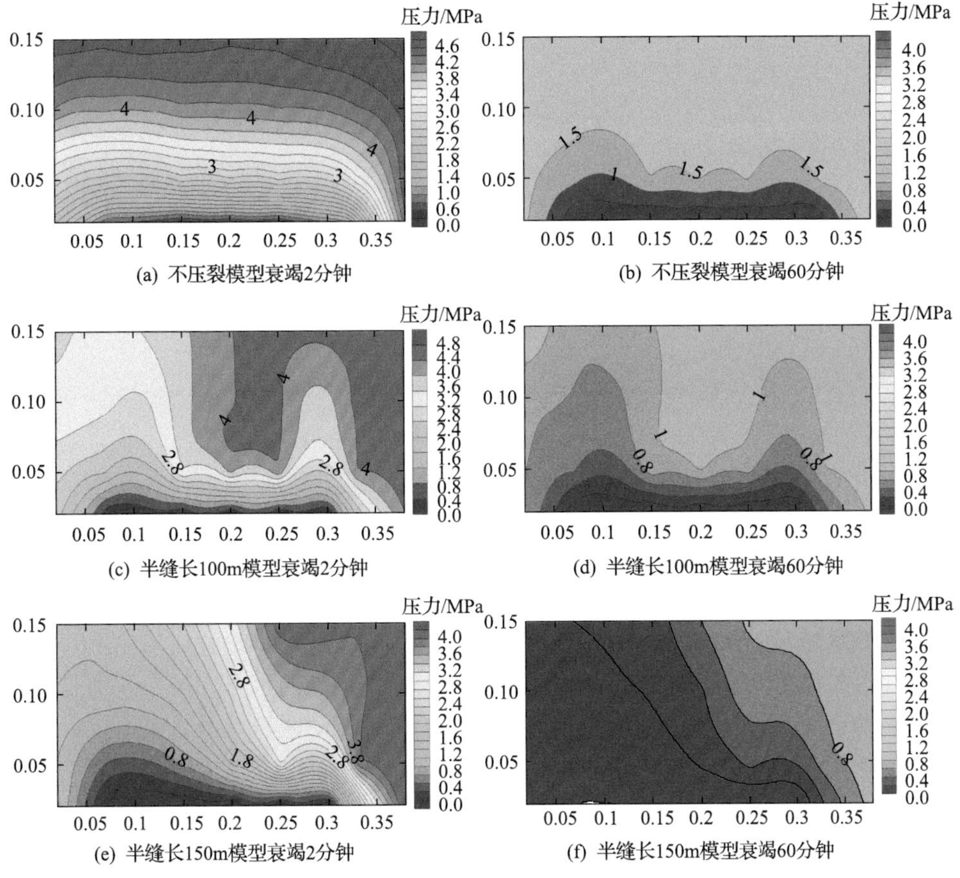

(a) 不压裂模型衰竭2分钟 (b) 不压裂模型衰竭60分钟

(c) 半缝长100m模型衰竭2分钟 (d) 半缝长100m模型衰竭60分钟

(e) 半缝长150m模型衰竭2分钟 (f) 半缝长150m模型衰竭60分钟

图 5-5 水平井衰竭式开采压力场图

图 5-6 是水平井衰竭式开采流速曲线。可以看出，在衰竭式开采的初期采油井流速较快，但是递减迅速，后期流速下降到一定程度后逐渐趋于稳定。这一特征与特低渗油藏的开发特征一致，该类油藏开发早期也是呈现快速的指数递减，后期产量逐渐减小并趋于稳定。另外，不同模型条件下，初期的模型流速差别较大，流速与压裂规模呈正相关关系，不压裂时流速最小，半缝长 150m 时流速最大；而到衰竭式开采后期，不同模型条件下的流速差异不明显，基本保持了相同的流速水平。该实验测试结果说明，对于特低渗储层，压裂规模是提高初期产量的重要因素，增大压裂规模可以提高水平井衰竭式开采速度。

3. 分段压裂水平井注水补充能量开采渗流规律

水平井不压裂时，作为注水井开采模型的采液速度高，随压差的增加，开采效果变好。压裂水平井作为采油井，采油速度高于作为注水井的采油速度，增大驱替压差则采油速度增加。

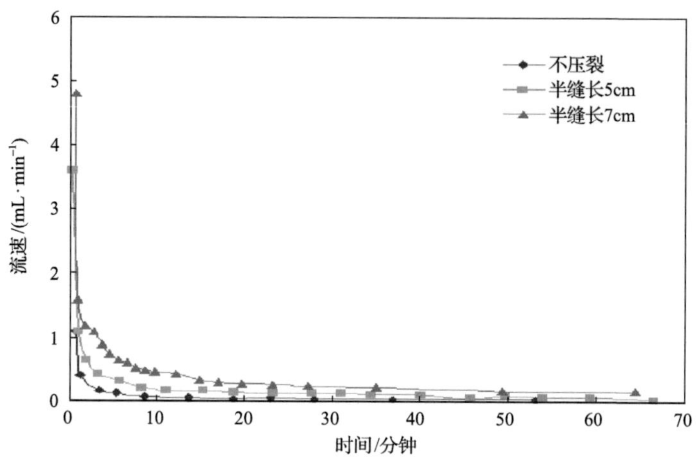

图 5-6　水平井衰竭式开采流速曲线

1) 不同注采方式对水平井有效驱动的影响

依据非线性渗流曲线将模型划分为不流动区、非线性区和拟线性区共三个不同的渗流区域(表 5-2)。结果显示，在相同的驱替压差下，水平井作为注水井时模型的压力梯度值较高，流体更容易驱动。这表明不压裂的水平井作为注水井时，相同驱替压差下，模型的拟线性渗流区域增加，不流动区域减少，流速较大，所以对于不压裂水平井适宜作为注水井。

表 5-2　不压裂水平井渗流区域统计表

驱替压差/MPa	不流动渗流区域占总面积比/%		非线性渗流区域占总面积比/%		拟线性渗流区域占总面积比/%	
	水平井注水	水平井采油	水平井注水	水平井采油	水平井注水	水平井采油
0.03	16	19	77	75	7	6
0.05	11	15	55	57	34	28
0.08	8	10	42	47	50	43

2) 不同驱替压差对分段压裂水平井有效驱动的影响

渗流区域如表 5-3 所示。实验结果分析可知，驱替压差与压力梯度值呈正相关关系，随着驱替压差的逐渐增大，模型的压力梯度值普遍上升，压力梯度高值区增加；另外，当驱替压差相同时，压裂水平井作为采油井的压力梯度值比较高。

测量压裂水平井不同驱替压差下的流速曲线如图 5-7 所示。实验结果显示，驱替压差与流速呈正相关关系，随着驱替压差的增加，水平井作为采油井时流速增加。说明压裂水平井应作为采油井，同时适当增大驱替压差可以提高水平井单井产量。

表 5-3　半缝长 100m 模型渗流区域统计表

驱替压差/MPa	不流动渗流区域占总面积比/%		非线性渗流区域占总面积比/%		拟线性渗流区域占总面积比/%	
	水平井注水	水平井采油	水平井注水	水平井采油	水平井注水	水平井采油
0.03	12	9	58	63	30	28
0.05	10	6	48	56	42	56
0.08	4	0	40	36	56	64

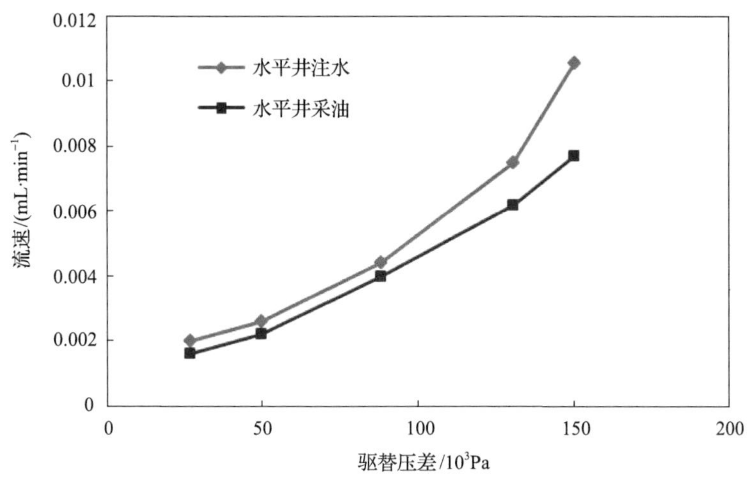

图 5-7　压裂水平井流速-驱替压差曲线

3) 不同压裂规模对分段压裂水平井有效驱动的影响

不同压裂规模下，模型的压力梯度场如图 5-8 所示，渗流区域分布如表 5-4 所示。从实验结果分析可知(图 5-9)，压裂规模与压力梯度呈正相关关系。在相同驱替压差下，随着裂缝长度的增加，模型的压力梯度值增加，拟线性区域增加，不流动区域减少，流速较大。该结果表明，适当的增加压裂规模，可以更有效地开发特低渗储层。

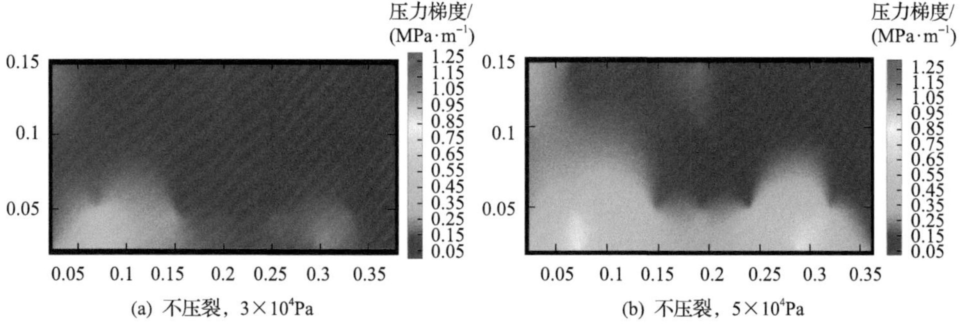

(a) 不压裂，3×10^4Pa　　(b) 不压裂，5×10^4Pa

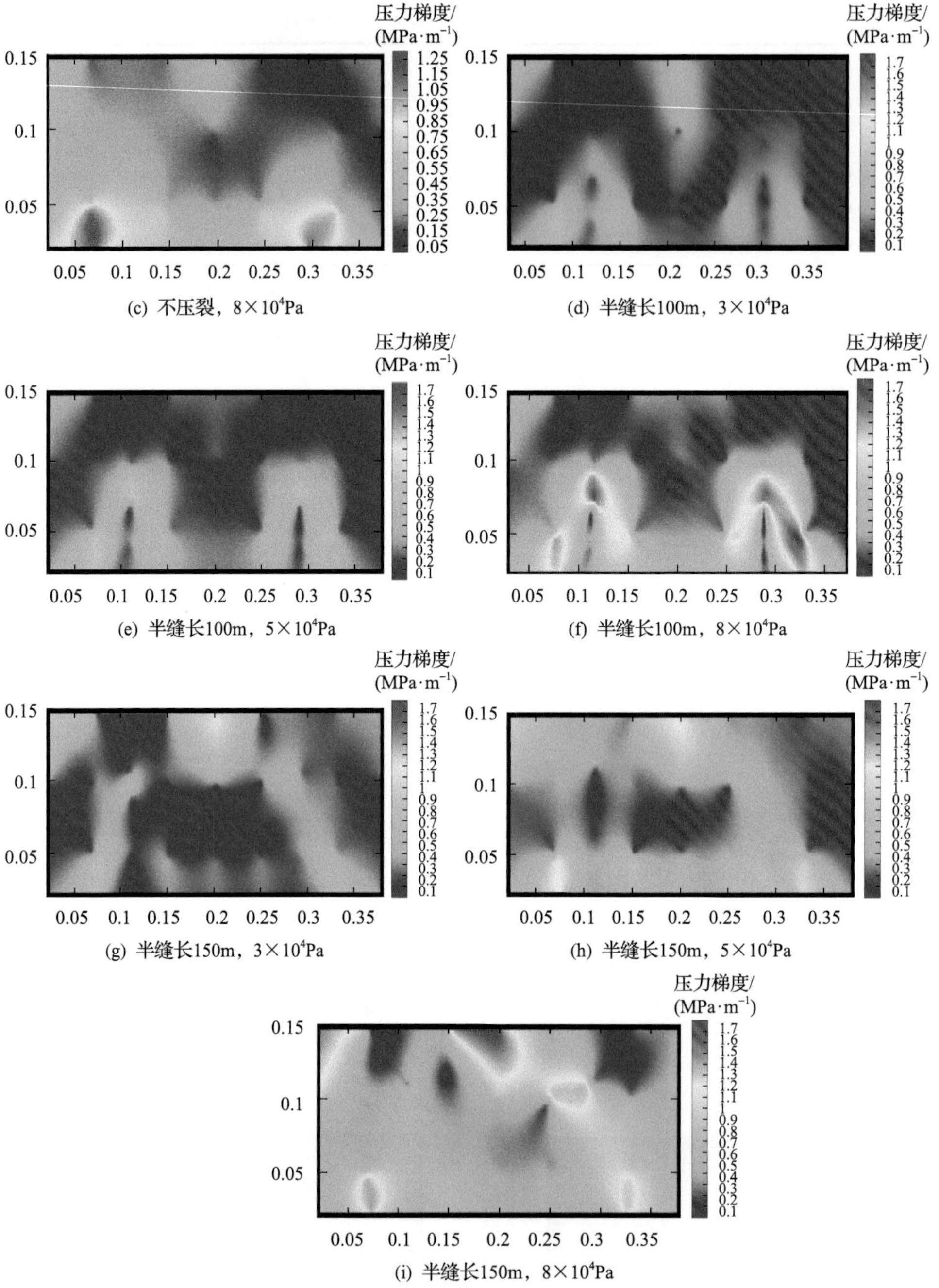

图 5-8 不同压裂规模压力梯度场图

表 5-4　不同压裂规模模型渗流区域统计表

驱替压差/MPa	不流动渗流区域占总面积比/%			非线性渗流区域占总面积比/%			拟线性渗流区域占总面积比/%		
	不压裂	半缝长100m	半缝长150m	不压裂	半缝长100m	半缝长150m	不压裂	半缝长100m	半缝长150m
0.03	19	9	6	75	63	49	6	28	45
0.05	15	6	2	57	46	40	28	48	58
0.08	10	0	0	47	36	26	43	64	74

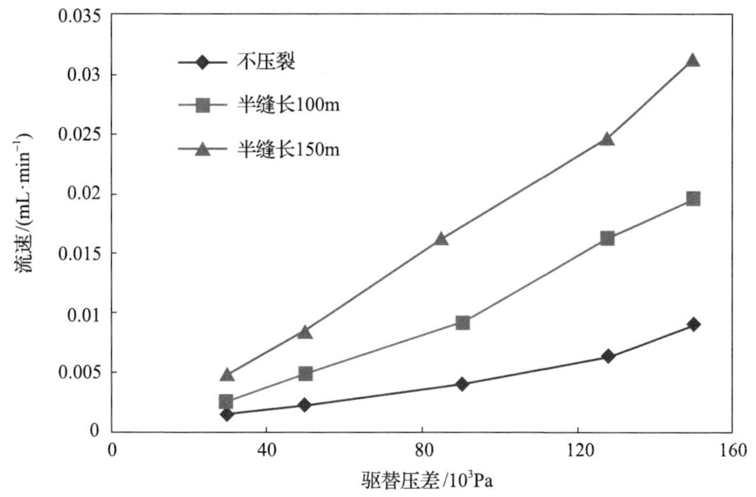

图 5-9　不同压裂规模流速-驱替压差曲线

5.2.3　水平缝油藏“弓型”水平井渗流模型

延长油田东部油区储层埋藏浅(200～850m)，产生的压裂缝以水平缝为主，常规水平井压裂只能产生一层水平缝，控制一个流动单元投产。为了使油藏多个油层投产，就需要让油井在纵向有一定起伏(如“弓型”)，让油井钻开不同流动单元，才能在不同层位实施压裂，让多个油层投产。为此提出一种新型的开发方式：多层压裂水平缝油藏“弓型”水平井开发方式。多层压裂水平缝油藏“弓型”水平井复杂，所以主要采用数值模拟方法，研究多层压裂水平缝油藏“弓型”水平井的渗流机理和影响因素分析，为水平缝油藏水平井开发奠定理论基础。

1. 模型假设

水平井压裂后产生的水平裂缝形状以圆形和椭圆形居多，由于椭圆形裂缝模型计算非常复杂，本模型以矩形裂缝来代表。通过数值计算，矩形模型在流场流动和压力分布等参数上与圆形或椭圆形裂缝模型近似相等。

只考虑水平井压裂后的一段水平缝。水平井长为 $2L$，水平井沿 x 轴方向，x 轴将裂缝平面一分为二。裂缝通过水平井井轴，沿 x 方向长为 x_f，沿 y 方向长为 y_f，z 方向长为 z_f。

假设储层厚度为 h，地层压缩系数不变、流体为黏度不变和压缩系数不变的微可压缩液体，忽略重力场的影响。水平井段具有无限传导性，即水平井段没有压降。这样，简化的水平缝水平井物理模型如图 5-10 所示。

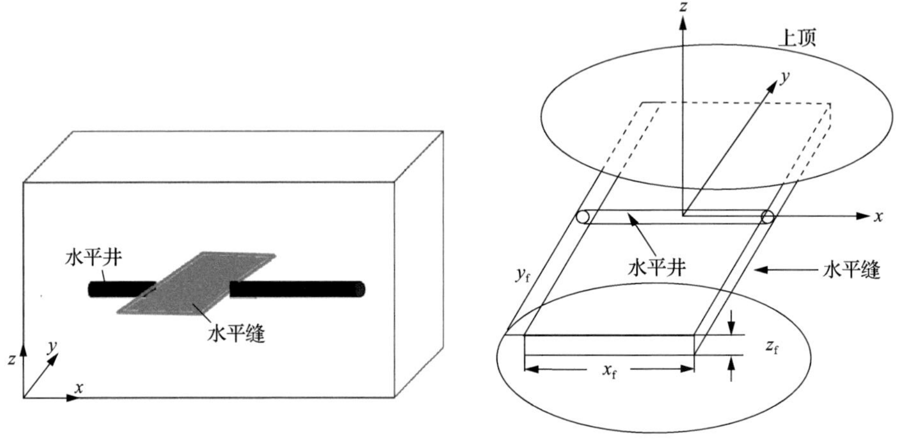

图 5-10　水平缝水平井物理模型

2. 水平缝水平井的点源函数解

与水平井类似，水平缝水平井的点源函数可以用三个方向的源函数乘积来表示，但由于水平缝中间有水平井存在，因此，在 x 和 y 方向的源函数比水平井的要复杂。

设水平井中心的坐标为(x_{ww}, y_{ww}, z_{ww})，水平缝中心坐标为(x_{wf}, y_{wf}, z_{wf})，并假设水平井和水平缝位于同一高度，即 $z_{ww}=z_{wf}=z_w$。

x 方向的源函数是无限大平面中宽为 L 的条带源与宽为 x_f 的条带源的叠加，因此其源函数可以表示为

$$S(x,t)=\frac{1}{2}\left[\operatorname{erf}\frac{\frac{x_f}{2}+(x-x_{wf})}{\sqrt{4\eta t}}+\operatorname{erf}\frac{\frac{x_f}{2}-(x-x_{wf})}{\sqrt{4\eta t}}\right]+\frac{1}{2}\left[\operatorname{erf}\frac{L+(x-x_{ww})}{\sqrt{4\eta t}}+\operatorname{erf}\frac{L-(x-x_{ww})}{\sqrt{4\eta t}}\right] \tag{5-13}$$

y 方向为无限大平面中直线源(水平井)与宽为 $2y_{\mathrm{f}}$ 的条带源(水平缝)的叠加，其源函数可以表示为

$$S(y,t)=\frac{1}{2}\left[\operatorname{erf}\frac{\dfrac{y_{\mathrm{f}}}{2}+(y-y_{\mathrm{wf}})}{\sqrt{4\eta t}}+\operatorname{erf}\frac{\dfrac{y_{\mathrm{f}}}{2}-(y-y_{\mathrm{wf}})}{\sqrt{4\eta t}}\right]+\frac{\exp\left[-\dfrac{(y-y_{\mathrm{ww}})^2}{4\eta t}\right]}{\sqrt{4\eta t}} \tag{5-14}$$

z 方向仍为上下封闭条带形区域中直线源，有

$$S(z,t)=\frac{1}{h}\left[1+2\sum_{n=1}^{\infty}\exp\left(-\frac{n^2\pi^2\eta_z t}{h^2}\right)\cos\left(\frac{n\pi z_{\mathrm{w}}}{h}\right)\cos\left(\frac{n\pi z}{h}\right)\right] \tag{5-15}$$

由于有水平井和水平缝两个不同的形状体存在，统一以水平井线度进行无量纲化，即定义无量纲量为

$$x_{\mathrm{D}}=\frac{x}{L},y_{\mathrm{D}}=\frac{y}{L},x_{\mathrm{fD}}=\frac{x_{\mathrm{f}}}{L},y_{\mathrm{fD}}=\frac{y_{\mathrm{f}}}{L}，r_{\mathrm{D}}=\frac{r}{L}；z_{\mathrm{D}}=\frac{z}{h}；L_{\mathrm{Drf}}=\frac{h}{L}\sqrt{\frac{k_h}{k_z}}，t_{\mathrm{Drf}}=\frac{k_h t}{\phi C_t\mu L^2}$$

则水平缝水平井的解为

$$P_{\mathrm{wD}}(t_{\mathrm{D}})=\pi\int_0^{t_{\mathrm{D}}}S_{x\mathrm{D}}(x_{\mathrm{D}},\tau)S_{y\mathrm{D}}(x_{\mathrm{D}},\tau)S_{z\mathrm{D}}(x_{\mathrm{D}},\tau)\mathrm{d}\tau \tag{5-16}$$

$$\begin{aligned}S_{x\mathrm{D}}=&\frac{1}{2}\left[\operatorname{erf}\frac{\dfrac{x_{\mathrm{fD}}}{2}+(x_{\mathrm{D}}-x_{\mathrm{wfD}})}{2\sqrt{t_{\mathrm{D}}}}+\operatorname{erf}\frac{\dfrac{x_{\mathrm{fD}}}{2}-(x_{\mathrm{D}}-x_{\mathrm{wfD}})}{2\sqrt{t_{\mathrm{D}}}}\right]\\&+\frac{1}{2}\left[\operatorname{erf}\frac{1+(x_{\mathrm{D}}-x_{\mathrm{wwD}})}{2\sqrt{t_{\mathrm{D}}}}+\operatorname{erf}\frac{1-(x_{\mathrm{D}}-x_{\mathrm{wwD}})}{2\sqrt{t_{\mathrm{D}}}}\right]\end{aligned} \tag{5-17}$$

$$S_{y\mathrm{D}}=\frac{1}{2}\left[\operatorname{erf}\frac{\dfrac{y_{\mathrm{fD}}}{2}+(y_{\mathrm{D}}-y_{\mathrm{wfD}})}{2\sqrt{t_{\mathrm{D}}}}+\operatorname{erf}\frac{\dfrac{y_{\mathrm{fD}}}{2}-(y_{\mathrm{D}}-y_{\mathrm{wfD}})}{2\sqrt{t_{\mathrm{D}}}}\right]+\frac{\exp\left[-\dfrac{(y_{\mathrm{D}}-y_{\mathrm{wwD}})^2}{4t_{\mathrm{D}}}\right]}{2\sqrt{\pi t_{\mathrm{D}}}} \tag{5-18}$$

$$S_{z\mathrm{D}}=\left[1+\frac{4}{\pi h_{\mathrm{fD}}}\sum_{n=1}^{\infty}\frac{1}{n}\exp\left(-\frac{n^2\pi^2\,\mathrm{t}_{\mathrm{Drf}}}{L_{\mathrm{Drf}}^2}\right)\sin\left(\frac{n\pi}{2}h_{\mathrm{fD}}\right)\cos n\pi z_{\mathrm{D}}\cos n\pi z_{\mathrm{wD}}\right] \tag{5-19}$$

3. 水平缝水平井渗流特点

选取水平井中心处坐标为 0，压裂段到水平井中心的距离用无量纲表示为 $\frac{x_f - x_w}{L} = 0.3$，在竖直方向上，水平井和水平缝均位于储层中部。图 5-11 给出无量纲压力及导数的变化曲线。

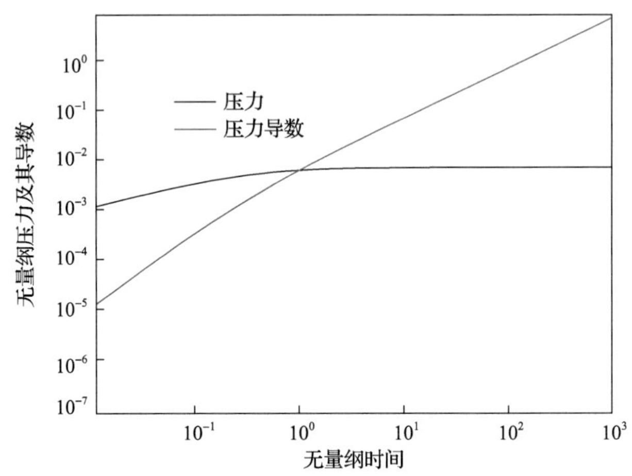

图 5-11　水平缝水平的无量纲压力及其导数的变化曲线。

从图 5-11 可知，水平裂缝水平井明显存在两个流动期，压力变化的斜率出现两个值。第一个流动期出现在 $t_D \leqslant 1$ 时间内，斜率较大，反映的是水平井筒内和裂缝内的流动；在此之后是第二个流动期，反映的是基质到裂缝或水平井筒的流动。

需要强调的是，上述推导未考虑近水平井的井储效应和表皮作用。如果考虑这些因素，曲线变化将变得更加复杂。

4. 水平缝油藏“弓型”水平井渗流影响因素敏感性分析

1) 裂缝与渗透率的综合影响

在前面的无量纲公式中，$L_{Drf} = \frac{h}{L}\sqrt{\frac{k_r}{k_z}}$ 包含了水平方向和竖直方向渗透率的比值，同时也包含了储层厚度与水平井段长度的比值，是一个非常重要的参数。它反映了渗透率各向异性的影响(裂缝的影响也用渗透率来表述)。图 5-12 给出不同 L_{Drf} 时的无量纲井底压力变化。由图可知，L_{Drf} 的影响主要是在时间较短时，这是由于在早期，渗流是在水平井筒和压裂裂缝中进行的，因此，裂缝半长及其形状的影响很大，随着时间增加，渗流逐步过渡到垂直方向线性流，裂缝的影响将减弱。

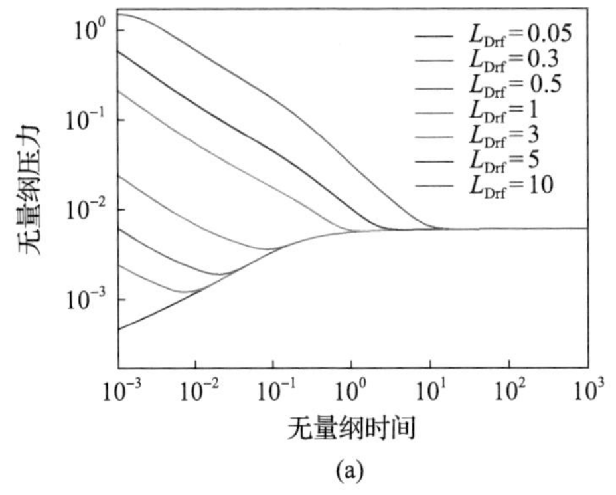

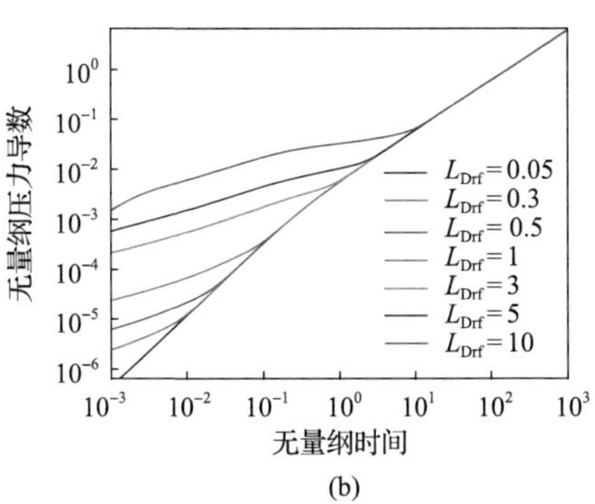

图 5-12　不同 L_{Drf} 时的无量纲井底压力(a)及压力导数(b)的变化曲线

2)裂缝大小的影响

裂缝大小可以用无量纲参数 $x_{fD}=\dfrac{x_f}{L}, y_{fD}=\dfrac{y_f}{L}$ 来表示，分别取不同的 x_{fD} 进行计算，结果如图 5-13 所示。

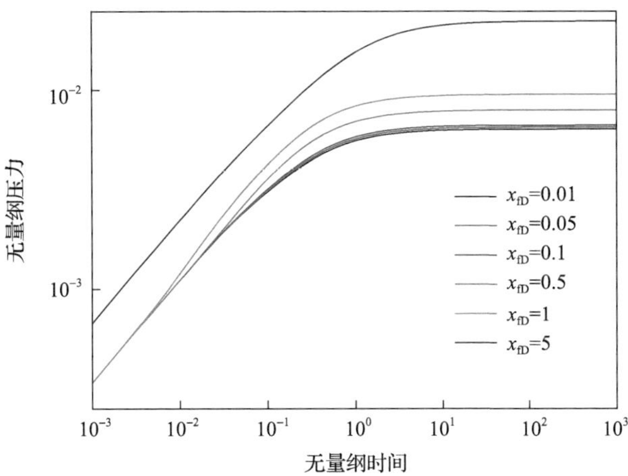

图 5-13　不同水平缝尺度的影响

由图可知，在渗流开始时，时间小，不同 x_{fD} 的压力没有什么差别。x_{fD} 的影响主要是在时间较长时。这是由于在早期，渗流是在近水平井筒和压裂裂缝中进行的，因此裂缝尺度对渗流的影响弱，随着时间增加，渗流逐步过渡到垂直方向线性流，裂缝尺度对渗流的影响将显著增加。

5.2.4　特低渗油藏水平井开发参数优化

综合延长油田特低渗油藏的典型特征，选择如表 5-5 和图 5-14 所示的典型模型参数，建立特低渗油藏的概念模型，采用数值模拟方法，考虑非线性渗流，对水平井位置、井网形式、裂缝参数等参数进行优化。

表 5-5　概念模型主要参数

基础物性参数	参数值	基础物性参数	参数值
顶层深度/m	2150	平均孔隙度/%	7.34
砂体厚度/m	18	束缚水饱和度/%	43.9
有效厚度/m	9.3	原始地层压力/MPa	18.1
饱和压力/MPa	9.391	地下原油黏度/(mPa·s)	1.93
地层水压缩系数/$10^{-4}MPa^{-1}$	4.77	地下水黏度/(mPa·s)	0.4
原油压缩系数/$10^{-4}MPa^{-1}$	13.11	原油体积系数/%	1.215
岩石压缩系数/$10^{-4}MPa^{-1}$	4.35	原油密度/$(g·cm^{-3})$	0.7532
平均渗透率/$10^{-3}μm^2$	0.7	溶解气油比/$(m^3·t^{-1})$	62.58
水平井长度/m	800	裂缝条数/条	8
裂缝半长/m	100	裂缝导流能力/$(μm^2·cm)$	30

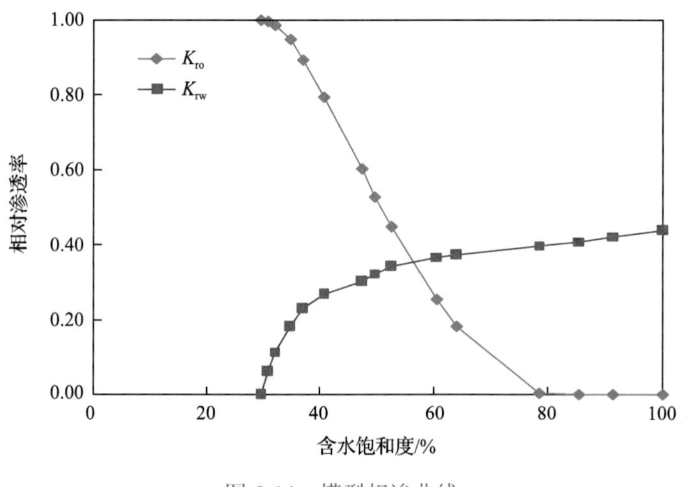

图 5-14　模型相渗曲线

1. 特低渗油藏水平井开发合理井网

1) 水平段方位

水力裂缝产生的形态受地层主应力的影响，一般沿地层主应力方向延伸，水平段方位影响了水平井的泄油面积和水驱动用效率，直接影响水平井压裂后的产能和最终采收率。以地层主应力方向为参照，按 800m 的水平段长度，设计了 7

套水平段方位方案，方案 1～方案 7 对应的水平段与地层主应力夹角，分别是 0°、15°、30°、45°、60°、75°和 90°。

由图 5-15 可以看出，水平段与地层主应力夹角越大，水平井单井产油量越高，20 年累积产油量也越高。当水平段平行于地层主应力部署时，水平井单井初期日产油量最低，仅 2.98t，20 年累积产油量也最低，仅 8393.5t。而当水平段垂直于地层主应力部署时，水平井单井初期日产油量最高，达 18.39t，20 年累积产油量也最高，累积产油量为 17949.8t。因此，水平段方位垂直地层主应力方向，可以达到高效动用石油地质储量的目的。

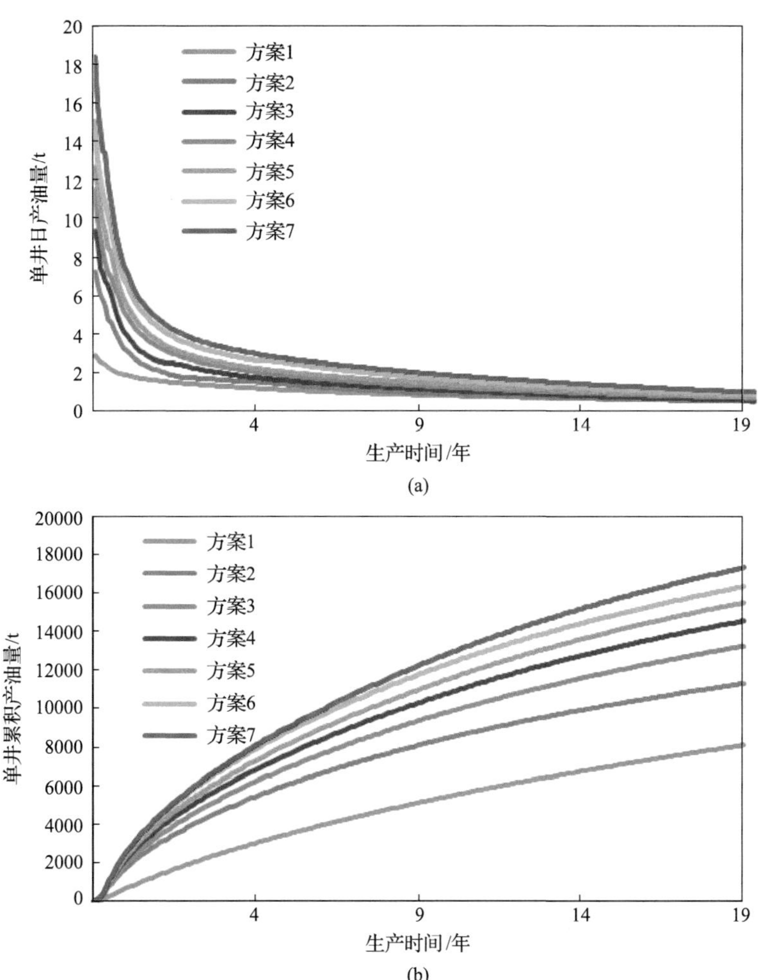

图 5-15 不同水平段方位下单井日产油量(a)和单井累积产油量(b)对比

2) 水平段垂向位置

水平段分别设计在油藏的上部、中上部、中部、中下部和下部五种情况，模型分均质模型和非均质模型两类，非均质模型又分为正韵律、反韵律、复合正反韵律、复合反正韵律四种情况，模拟了 25 种方案来优化水平段的垂向位置。

20 年累积产油量指标对比见表 5-6，模拟结果表明：均质油藏中，不同水平段垂向位置下水平井累积产油量差异不大，但水平段部署在油藏中上部或中部效果较好，累积产油量较下部提高 438.7t；正韵律油藏中，水平段部署在油藏中部或中下部效果最好，累积产油量较上部提高 1370.3t；反韵律油藏中水平段位置尽量靠近上部，累积产油量可大幅增加，较下部提高 1930.5t；复合正反韵律油藏中，水平段位置建议设计在中部，累积产油量较下部提高 1273.5t；复合反正韵律油藏中，水平段位置建议设计在油藏的上部或中上部，累积产油量较中部提高 825.8t。

表 5-6　水平段垂向位置优化结果表

油藏类型	水平段不同垂向位置累积产油量/t				
	上	中上	中	中下	下
均质	17475.8	17550.0	17466.8	17320.5	17111.3
正韵律	16078.5	17088.8	17381.3	17448.8	17370.0
反韵律	17898.8	17808.8	17518.5	17041.5	15968.3
复合正反韵律	16713.0	17622.0	17730.0	17433.0	16456.5
复合反正韵律	17682.8	17516.3	16857.0	17262.0	17264.3

3) 水平段长度

水平井的开发，既要考虑获得较高的产量，还要考虑取得最佳的经济效益，只有二者平衡才是最优的方案。水平段长度优化中，水平井产量是重点考虑的因素。而水平井产量的影响因素有油砂体规模、控制储量、物性、含油性、钻井工艺水平、井网部署及水平段长度与经济效益的匹配。

水平段的长度并非越长越好，水平段越长，钻井风险越大、投资越高，不同油藏地质条件下适合的水平段长度有所差别。本次按 100m 的长度间隔，设计了 500～1000m 共 6 种水平段长度方案。从水平井单井产量、累积产油量和采出程度指标方面模拟对比了不同水平段长度下的水平井开发效果。

从累积产油量与水平段长度关系曲线(图 5-16)可以看出，水平段长度与累积产油量呈正相关关系，即累积产油量随着水平井段增长而增加，但是增加的幅度越来越小。这是由于流体受流动阻力影响，水平段长度增加后地层压力损耗也增大，产量增加幅度明显减少。考虑水平井筒摩阻的影响，采出程度曲线与水平段长度并非线性关系，而是呈向下弯曲的曲线。储层的采出程度随着水平段长度的增加而增加，但增幅逐渐变缓，在水平段长度达到 800m 时出现了明显的拐点。结合砂体规模、钻井风险、经济效益、产量等因素综合考虑，优选 800m 为最佳水平段长度。

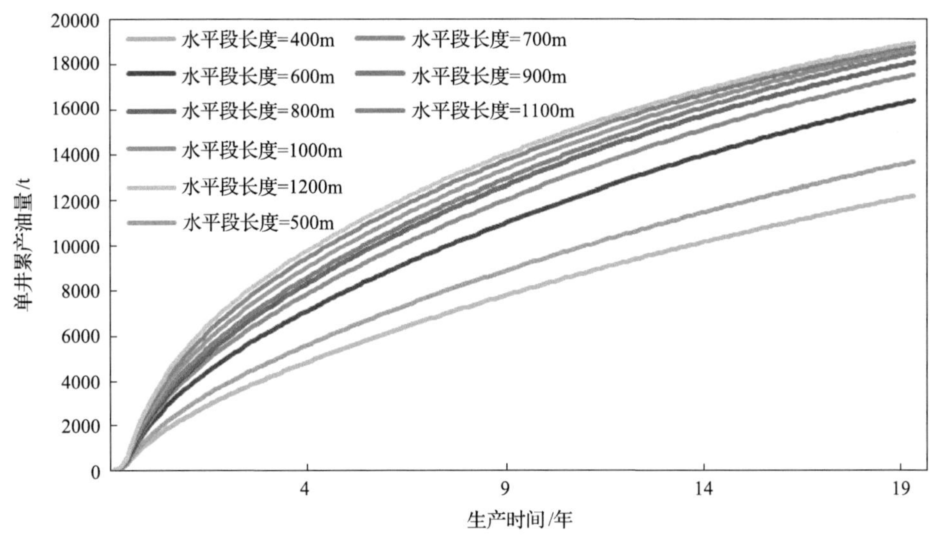

图 5-16 不同水平段长度累积产油量对比

4) 水平井井网形式

水平井泄油面积大，在大幅提高单井产能的同时也会快速消耗地层能量，导致产能快速递减，无法满足油田稳产的需要。为了解决油井产量快速递减的问题，提高油田的稳产水平，最经济快捷的方法就是通过注水来补充地层能量，国内油田一般采用直井注水、水平井采油的注采井网，但也有少量采用水平井注水、水平井采油的注采井网来改善开发效果。

注水补充能量的井网形式有多种，这里选取现场常见的三种井网形式进行对比，如图 5-17 所示。

模拟对比三种井网形式的不同开发指标时，井网采用等面积对比，水平井参数及地质参数采用默认地质模型中参数，控制注采比以地层压力保持一致为基本原则。具体的模拟结果如图 5-18、图 5-19 所示。

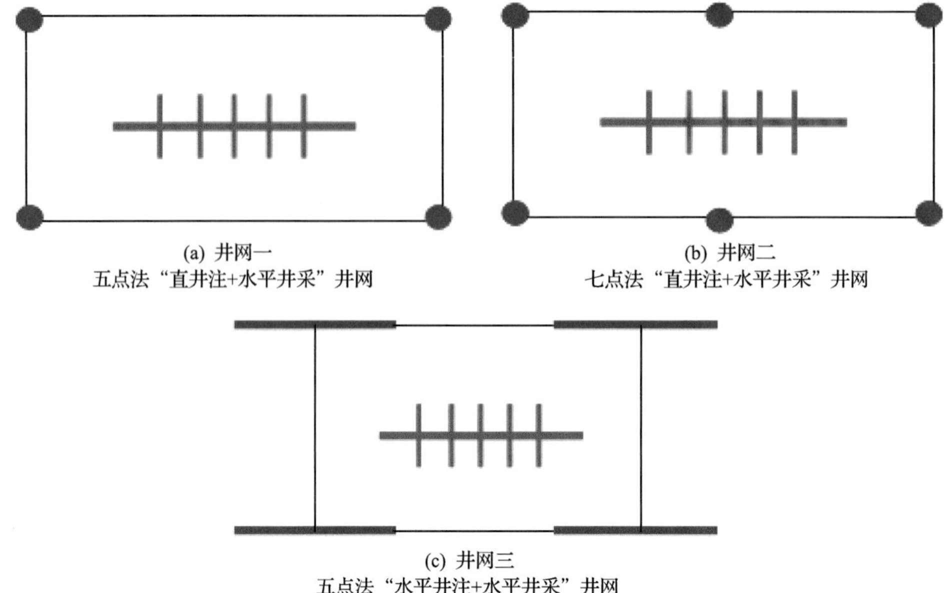

图 5-17　水平井注采井网形式图

从不同井网形式下累积产油和含水率变化情况可以看出(图 5-18)，井网三初期累积产油量最高，但随着含水的快速上升，产油速度明显减缓。开采后期发现，井网二的最终累积产油量最高，含水上升速度也较慢，因此开发效果最好，井网一的开发效果介于井网二与井网三之间。从不同井网形式下饱和度场、压力场和压力梯度场来看(图 5-19)，井网二的地层动用情况和能量补充效果最好。综合以上指标，建议采用井网二(七点法“直井注+水平井采”井网)来进行部署。

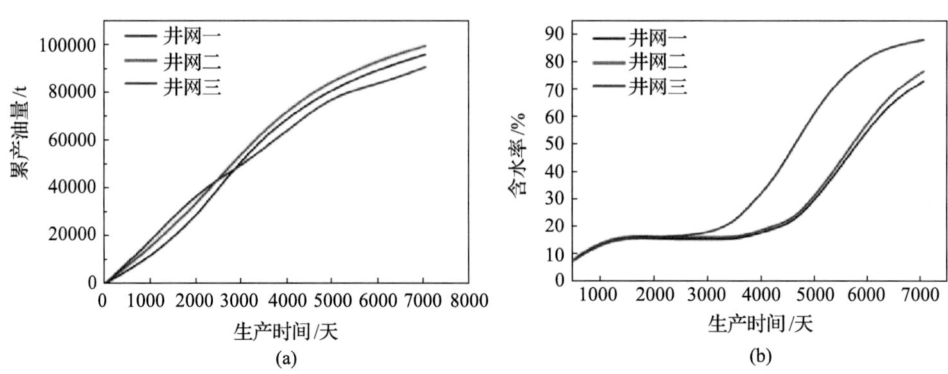

图 5-18　不同井网形式累积产油(a)和含水率(b)对比

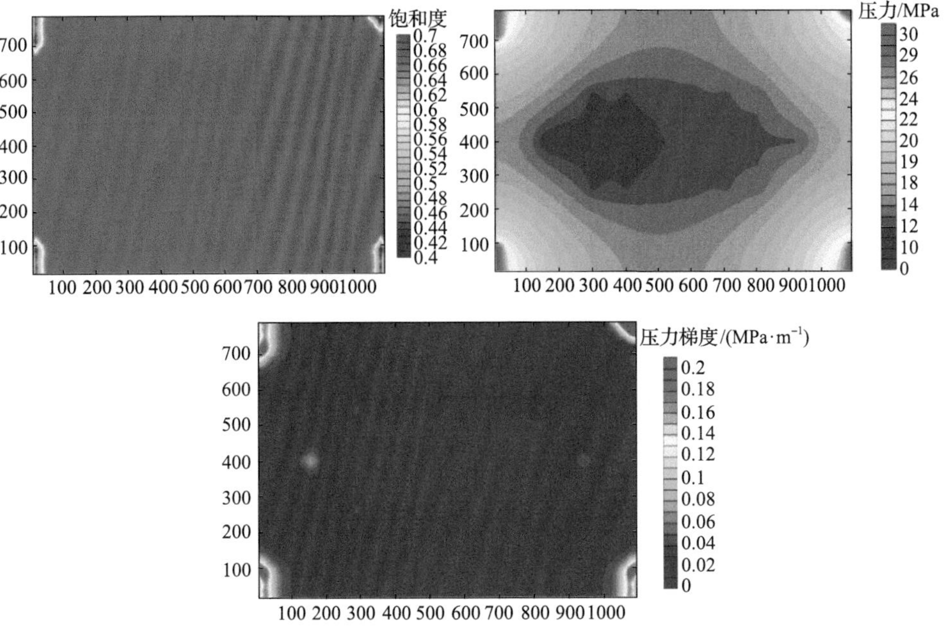

饱和度
0.7
0.68
0.66
0.64
0.62
0.6
0.58
0.56
0.54
0.52
0.5
0.48
0.46
0.44
0.42
0.4
压力/MPa
30
29
26
24
22
20
19
18
14
12
10
0
压力梯度/(MPa·m⁻¹)
0.2
0.18
0.16
0.14
0.12
0.1
0.08
0.06
0.04
0.02
0

(a) 井网一

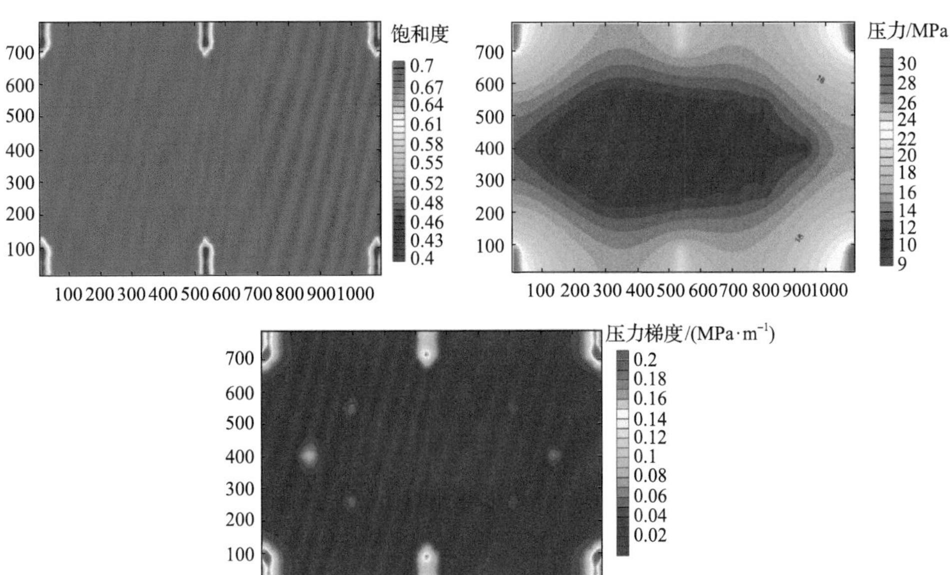

饱和度
0.7
0.67
0.64
0.61
0.58
0.55
0.52
0.48
0.46
0.43
0.4
压力/MPa
30
28
26
24
22
20
18
16
14
12
10
9
压力梯度/(MPa·m⁻¹)
0.2
0.18
0.16
0.14
0.12
0.1
0.08
0.06
0.04
0.02

(b) 井网二

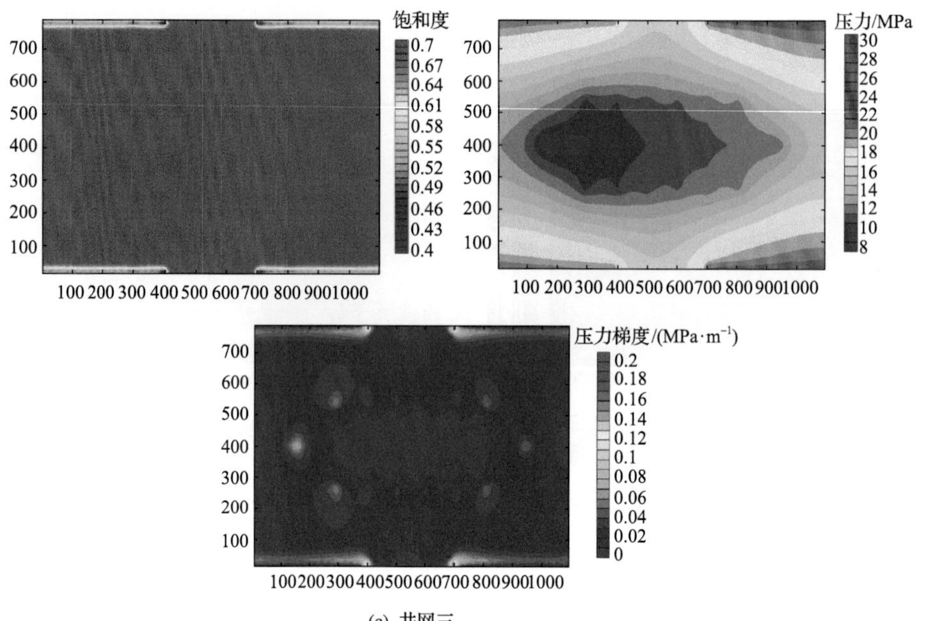

(c) 井网三

图 5-19 不同井网形式饱和度场、压力场和压力梯度场

5)注采井距

注水井的位置对水平井的稳产水平和驱油效率意义重大，合理的注采井距能实现最大的经济效益。在七点法“直井注+水平井采”井网的基础上，设计如图 5-20 所示，模拟了七种不同的水平井水平段(300m、350m、400m、450m、500m、550m、600m)与注水井距离水平井的开发效果。水平井具体裂缝参数如下：水平段 800m，段间距 100m，哑铃型布缝，靠近注水井的缝长 200m，离注水井远的 300m。注水井裂缝长为 150m。

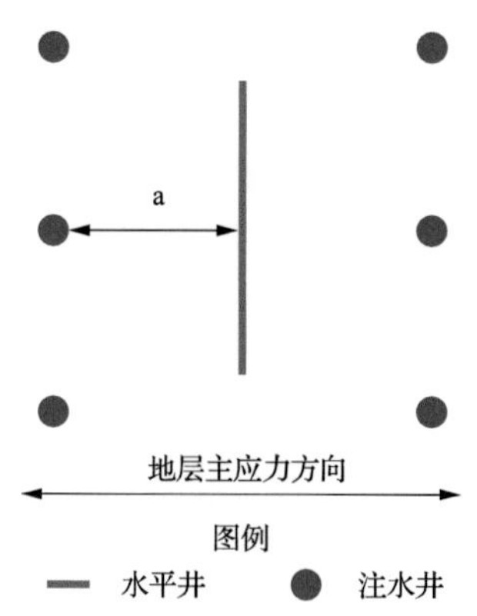

图 5-20 注采井距优化设计示意图

a 为水平段与注水井距离

由模拟结果图 5-21 可见，随着水平段与注水井距离的增加，水平井的累积产油量和日产油量逐步增加；当距离长度超过 400m，累积产油量和日产油量逐渐呈现下降趋势，当距离为 400m 累积产 20 年累积产油量为 34686.62m^3；而当两者距离为 600m 累积产油量为 28079.04m^3，降低了 6607.58m^3。而水平井的综合含水率随水平段与注水井距离的不断增加，却呈现降低趋势，开始增加阶段，综合含水率下降幅度较大，当水平段与注水井距离超过 400m，综合含水率下降趋于平稳。

综合考虑，水平井水平段与注水井距离处于 400m，既能有效的延缓水平井因地层能量不足而导致产能快速递减，进而保证较高的累积产油量，同样能有效控制综合含水处于较低的水平。

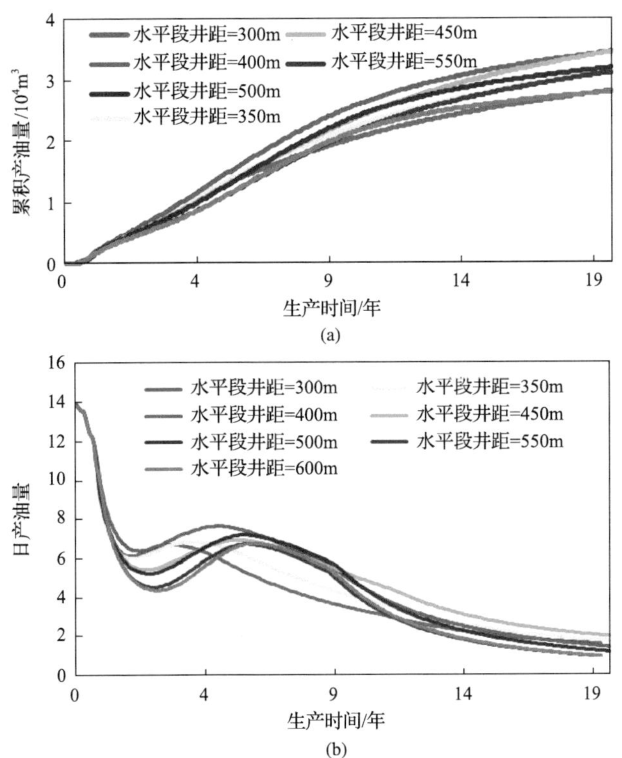

图 5-21 不同注采井距累积产油量(a)和日产油量(b)变化图

6）控水政策

当采用“直井注+水平井采”的七点法井网注水补充能量时，压裂裂缝半长与注水量存在最佳匹配。当裂缝过长时，水平井易出现含水快速上升现象，造成产油快速递减，而注水井注水量过大时情况相同。为了延缓水平井见水时间，从减小正对中间裂缝注水井的注水量和缩短中间正对注水井的裂缝长度两方面(图 5-22)，研究水平井的控水政策。

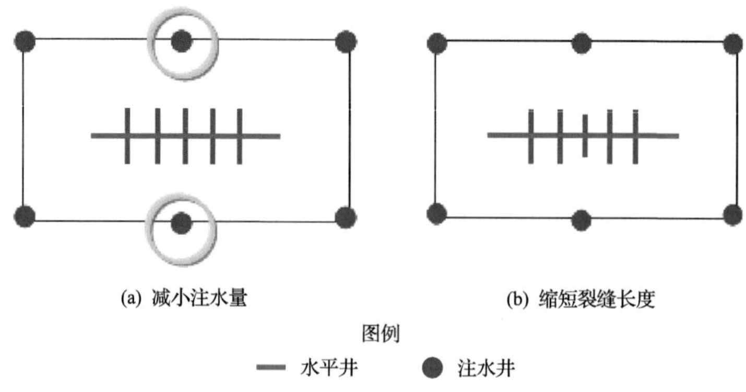

图 5-22　两种水平井控水政策示意图

针对中间裂缝半长方面，设置了 20m、40m、60m、80m、100m、120m、140m、160m、180m 共 9 套方案；针对中间注水井的注水量，设置常规注水量和注水量减半共 2 套方案。其他参数采用默认地质模型的参数，通过模拟计算，对比了不同模型的开发效果。

从模拟结果(图 5-23)可以看出：累积产油量随着中间裂缝长度的增加，出现先增加后减小的现象，当中间裂缝半长为 80m 时，曲线出现了明显的转折点，可见，当中间裂缝长度超过 80m 后，水平井的开发效果变差，因此必须适当缩短中间裂缝的长度。此外，中间注水井的注水量减半时，含水上升速度明显低于常规注水时。结合上述模拟结果，为了实现稳油控水的目的，应适当减小中间裂缝的长度或者减小中间注水井的注水量。

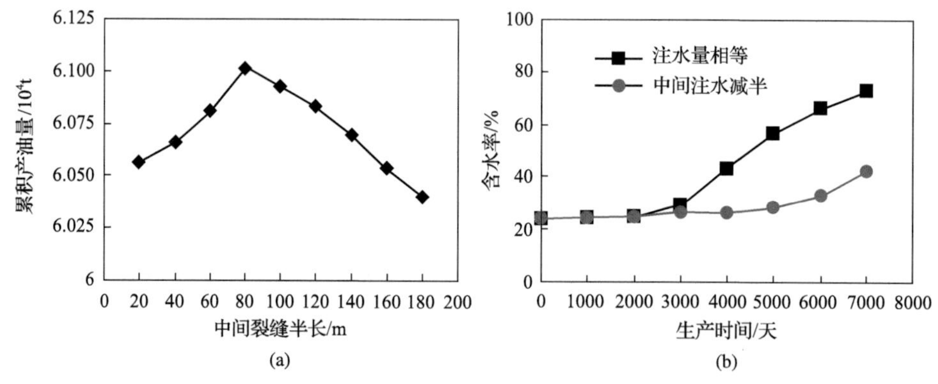

图 5-23　不同中间裂缝半长的累积产油(a)和不同注水量时含水率(b)对比

2. 水平井布缝优化

1)裂缝形态

当水平井采用多段分组压裂时，同样也需要注水补充能量。在注水补充能量的同时，还需要注意不同簇的形态位置分布。针对这一问题设计四种多段分簇压裂裂缝形态的方案，如图 5-24 所示。

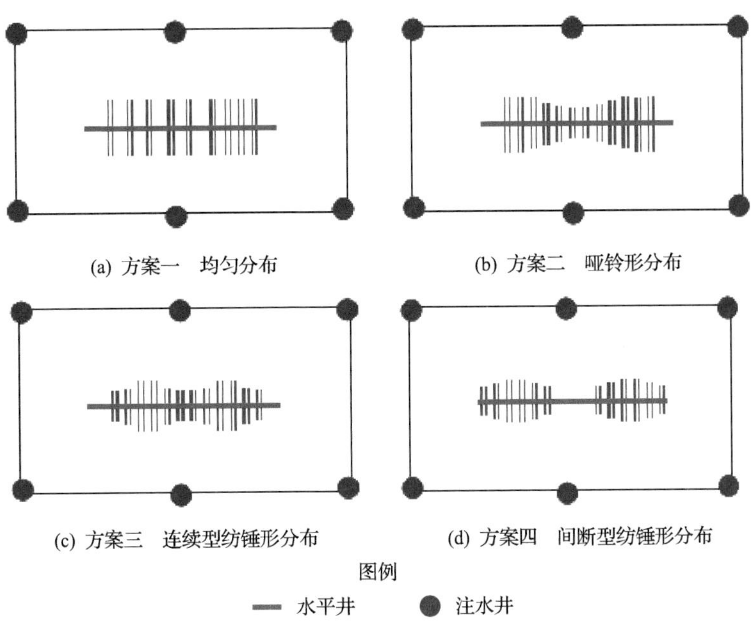

图 5-24　不同裂缝形态示意图

利用非线性数值模拟软件建立上述四种方案的地质模型，并进行开发指标的对比和优选。由主要开发指标曲线(图 5-25)对比可知，方案四相同采出程度条件下含水率最低，最终采出程度最高，且总体日产油量水平较高。因此，可以按间断型纺锤形分布裂缝形态的裂缝分布形态进行人工布缝。

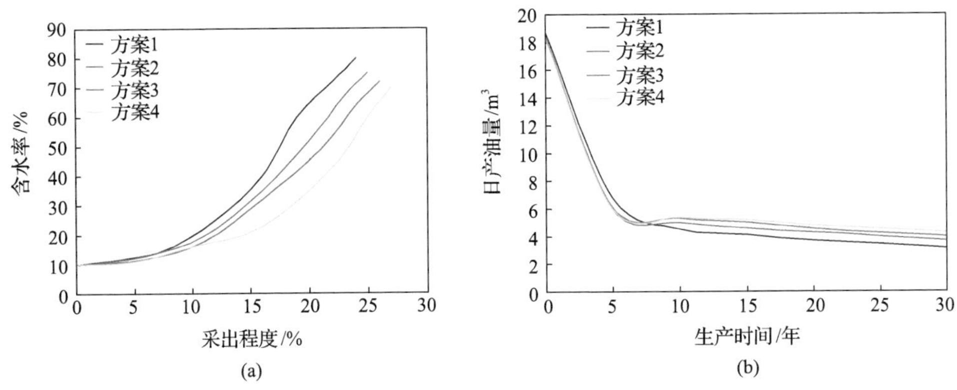

图 5-25　不同裂缝形态的含水率与采出程度(a)和日产油量(b)对比曲线

2)裂缝条数

连通油藏与井筒的唯一通道就是人工压裂裂缝，因此，裂缝条数直接影响着油井产能。按1～9条裂缝等距分布的9种方案，模拟分析了不同裂缝条数对累积产油的影响，从而优选出水平井的合理裂缝条数。

从模拟结果(图5-26、图5-27)可知，水平井的累积产油量与裂缝条数呈明显的正相关关系，压裂水平井的累积产油量随着裂缝条数的增加而逐渐增加，但是累积产油量增幅随着裂缝条数的增加而逐渐减小。这是因为增加了裂缝条数也就意味着裂缝间的距离变得更近，出现了缝间干扰，导致每条裂缝所提供的产量减小，从而使得累积产油量增幅变缓。裂缝条数增加后，压裂工艺的难度和经济成本也随着增加，对于默认地质模型，当水平段长度为800m时，最佳的裂缝条数应为6～8条。

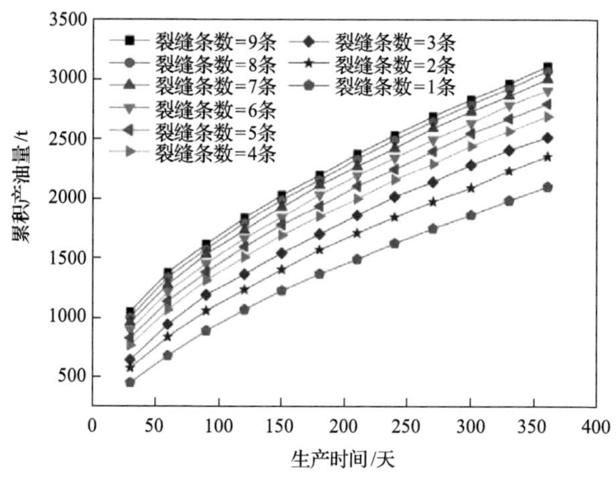

图5-26　不同裂缝条数的累积产油量对比

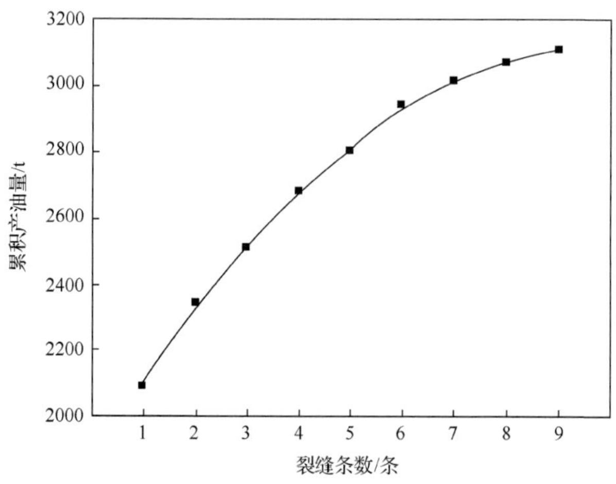

图5-27　累积产油量与裂缝条数关系曲线

3) 裂缝长度

裂缝长度是影响压裂水平井产能的一个重要因素。为了研究裂缝长度对压裂水平井产能的影响，设计了不同裂缝半长(50m、100m、150m 和 200m)，建立不同裂缝长度下的模型，分析不同裂缝长度对水平井累积产油的影响，并进行合理裂缝长度的优选。

模拟结果(图 5-28)表明，对于具体的油藏，储层渗透率、水平井长度、裂缝导流能力和裂缝条数一定，压裂水平井累积产量并不是随着裂缝长度的增加而线性增大，对于默认地质模型，最佳的裂缝半长为 150m。

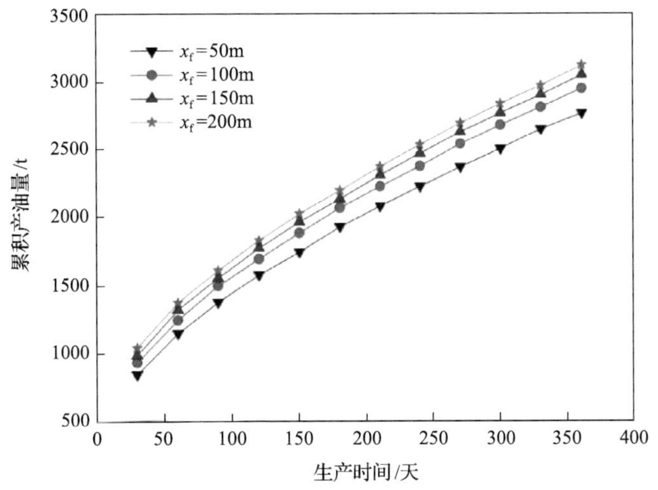

图 5-28 不同裂缝半长的累积产油量对比

4) 裂缝导流能力优化

压裂水平井产能的另一个重要影响因素是裂缝导流能力。对于某一具体油藏，裂缝导流能力并非越大越好，随着裂缝导流能力的增大，压裂工艺难度和成本也增高。基于上述模型，分别取裂缝导流能力 k_{fw}=10，15，20，…，50 共 9 种模型方案，计算不同裂缝导流能力下的水平井产量，并分析水平井产量变化率随不同裂缝导流能力的变化。

模拟结果(图 5-29)显示，压裂水平井累积产油随着裂缝导流能力的增加而增加，但裂缝导流能力进一步增加后，累积产油增幅逐渐变缓。可以看出，随着裂缝导流能力的增加，水平井总产量随之增加并呈现“黏滞”增长。对于默认地质模型，当裂缝导流能力超过 30μm^2·cm 后，其增量对产量贡献不大，因此合理的裂缝导流能力为 30μm^2·cm。

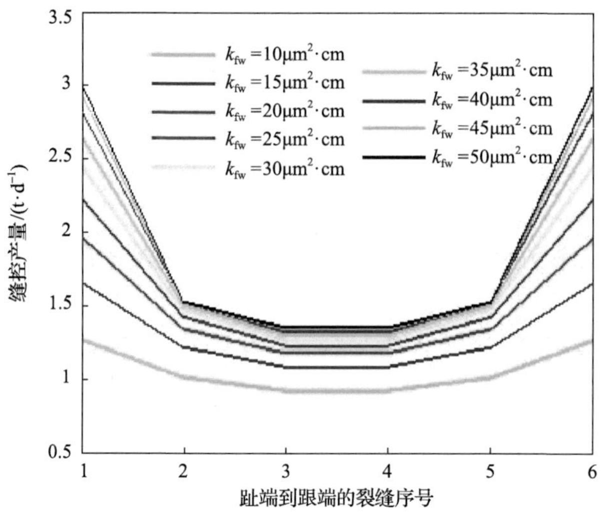

图 5-29 不同裂缝导流能力下水平井产量对比图

5.3 特低渗高角度缝油藏水平井开发技术

特低渗油藏储层埋深超过 1000m，压裂缝以高角度缝或垂直缝为主，且受地应力影响明显。因此，此类油藏水平井开发对井网设计、井轨迹与裂缝展布的把控，可提高单井产量和采油速度，本节以吴起薛岔油区长 6 油藏水平井开发为例，介绍特低渗高角度缝油藏水平井开发技术的具体应用。

5.3.1 井区地质概况

1. 储层特征

长 6 储层矿物成熟度低，结构成熟度高，岩石类型相对单一。岩性以中粒-细粒长石砂岩和细粒-中粒长石砂岩为主，岩石粒径在 0.15～0.6mm，主要分布在 0.12～0.3mm 之间。石英含量 12%～31%，平均 19.3%；长石含量 31%～65.5%，平均 52.29%；岩屑 3%～11%，平均 6.5%。岩石颗粒磨圆次棱角状，分选性好。填隙物含量 15.5%，主要为黏土矿物和碳酸盐胶结物。黏土矿物中伊利石相对含量最大 81.12%，最小 9.99%，平均 38.42%；绿泥石相对含量最大 84.11%，最小 4.5%，平均 48.84%；伊利石-蒙脱石混层 29.1%～5.31%，平均 16.35%。孔隙平均孔径最小值小于 5μm，最大值为 70μm，平均为 31.5μm。储层最大喉道半径分布于 0.4～2.56μm 之间，平均为 1.23μm，属于细小孔微喉道型储层。

长 6 储层孔隙度最大值为 13.06%，最小为 4.19%，平均 9.37%；渗透率最大值为 $3.12\times10^{-3}\mu m^2$，最小值为 $0.01\times10^{-3}\mu m^2$，平均为 $0.67\times10^{-3}\mu m^2$。区内发育三

角洲前缘相沉积，以三角洲前缘水下分流河道沉积为主。其中，水下分流河道是油气聚集的有利部位，砂体厚度在 15～28m，油层内部夹层厚度 1.0～2.8m，单层厚度多数在 0.4～0.8m，个别厚达 2m，每米厚的油层钻遇 0.1 个夹层，该区油层有效厚度 8～15m。

2. 油藏特征

高压物性分析结果表明地层原油密度为 0.756g/cm^3，原油黏度为 1.49mPa·s，溶解气油比低为 70m^3/t。地面原油密度 0.855g/cm^3，黏度 7.67mPa·s，凝固点 17～18℃，沥青质含量 0.3%。水型为 $CaCl_2$，总矿化度平均 69700mg/L；Cl^-含量平均 41893mg/L。平均地层温度为 69.26℃，原始地层压力为 15MPa，压力系数 0.8，油藏平均埋深 1850m，属于常温低压油藏。

3. 开采特征

2007 年 6 月至 2008 年底，在侏罗系延安组延 9、三叠系延长组长 4+5、长 6、长 8 均获得工业油流，取得了较好的效果，期间完钻各类油井 166 口，其中探井 43 口。

区内主力投产层位为长 6 油层，2007 年正式开发，大部分井生产时间较短，生产特征表现为初期产量高，平均单井日产油量 4.2t，初始月递减率为 6.5%。半年后平均单井日产油量 1.5t，油井综合含水率平均 15%左右，目前处于低含水稳产阶段。多数油井产油量基本保持稳定，平均单井日产油量为 1.2t。

5.3.2 特低渗油藏水平井优化设计

该试验区的井位部署采用“试验评价+适度推广”的方式开展工作。根据油藏地质特征研究，优选 5-40 井区为水平井试验区，在三维地质建模和数值模拟的基础上开展薛平 1 井的水平井参数优化。

1. 注采井网优化

根据模拟区开发现状，结合水平井压裂设计和水平井渗流特征，共设计 10 种方案(表 5-7)进行注采井网模拟优化研究。注水井距离水平井距离均为 400m，采用同步注水，采油井采用定井底流压生产，井底流压为 5MPa(约为三分之二饱和压力)，注水井采用定注水量生产，单井配注量为 30m^3/d。水平井为了模拟压裂缝效果，采用局部加密网格，针对射孔段压裂处进行加密，将原来的 30m×40m 的网格进行加密，采用加密后裂缝处网格变为 5m×40m，将压裂缝处网格渗透率调整为周围介质的 15～30 倍，等效的裂缝半长为 140m。

表 5-7　薛平 1 井不同注采井网方案设计

编号	新建注水井数/口	新建注水井位置	转注情况
方案 1	2	水平段中段两侧	无
方案 2	1	水平段中段东北侧	转注 5-144
方案 3	1	水平段中段东北侧	转注 5-144、5-36
方案 4	2	水平段中段两侧	转注 5-144、5-36
方案 5	4	水平段跟端和趾端两侧	无
方案 6	3	水平段跟端西南侧和趾端两侧	转注 5-36
方案 7	6	水平段跟端、中段和趾端两侧	无
方案 8	5	水平段跟端和趾端两侧、中段东北侧	转注 5-144
方案 9	5	水平段跟端和趾端两侧、中段东北侧	转注 5-144、5-36
方案 10	4	水平段跟端和趾端两侧	转注 5-144、5-36

图 5-30 数值模拟结果显示，随着注水井数的增加，最终的采出程度相应的增加，采用 6 口左右注水井方案的最终采出程度明显高于四口和两口井的注水方案。综合来看，采用 6 口左右注水井不仅可以使区块获取较高的采收率，同时还可以使水平井维持较高的产能，综合考虑到对区块产能的影响，建议采用方案 7，即新部署 6 口注水井的注采系统。

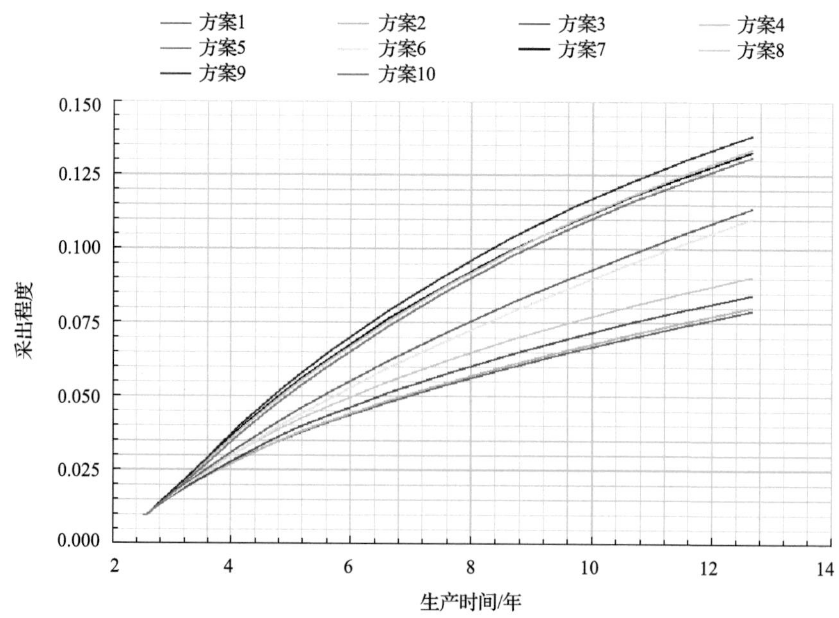

图 5-30　模拟区不同注采井网采出程度对比曲线

2. 注采井距优化

通过对各种注采系统的模拟分析，采用新部署 6 口注水井的注采系统，模拟的注采井距分别为 400m、360m、320m 和 280m。以上各方案均采用同步注水开发,对于采油井采用定井底流压生产,井底流压为 5MPa(约为三分之二饱和压力)，注水井采用定注水量生产，单井配注量为 30m^3/d。对水平井人工压裂裂缝模拟同上节。

模拟结果(图 5-31)显示，随着注采井距离的减小，采出程度并非不断增加或减小的，但对于水平井而言，水平井日产油量前三年随着注水井到水平井距离的减小，日产油量随之增加，说明了减小井距有利于产量的稳定；但是从第三年开始，日产油量随着注水井到水平井距离增加而增加，说明增加注水井距离可以延缓水平井见水。而从累积产油量来看，前三年各方案相差不大，之后随着时间的增加，累积产油量与注水井到水平井的距离成正比，两者距离越大，最终水平井单井累积产油量越高。对于水平井含水率而言(图 5-32)，累积产油量与注水井到水平井距离成反比，距离越小见水越早，含水上升幅度越高。综合以上研究，对于薛平 1 井，采用 6 口注水井的注采系统，6 口注水井分别位于水平井跟段、中间和趾段位置两侧，距离水平井距离为 400m。

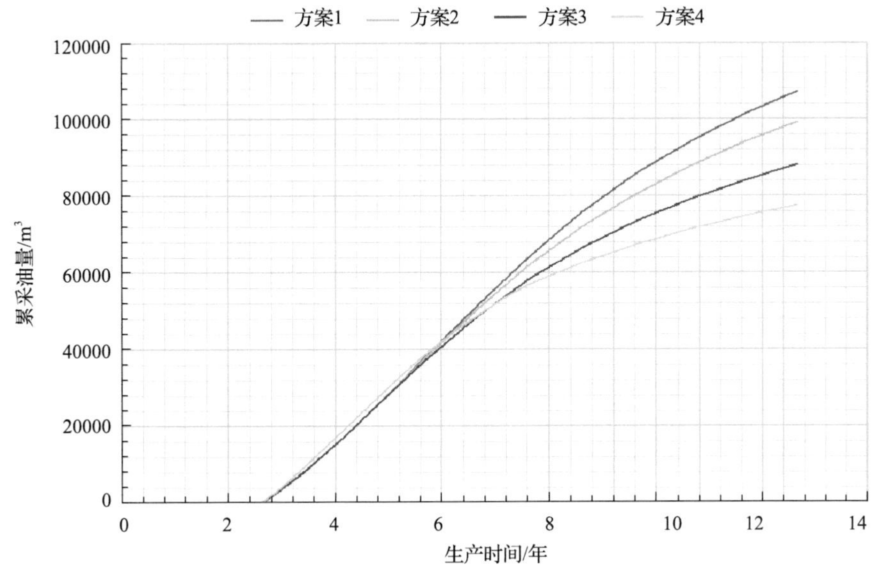

图 5-31 不同注采井距时水平井累积产油量对比曲线

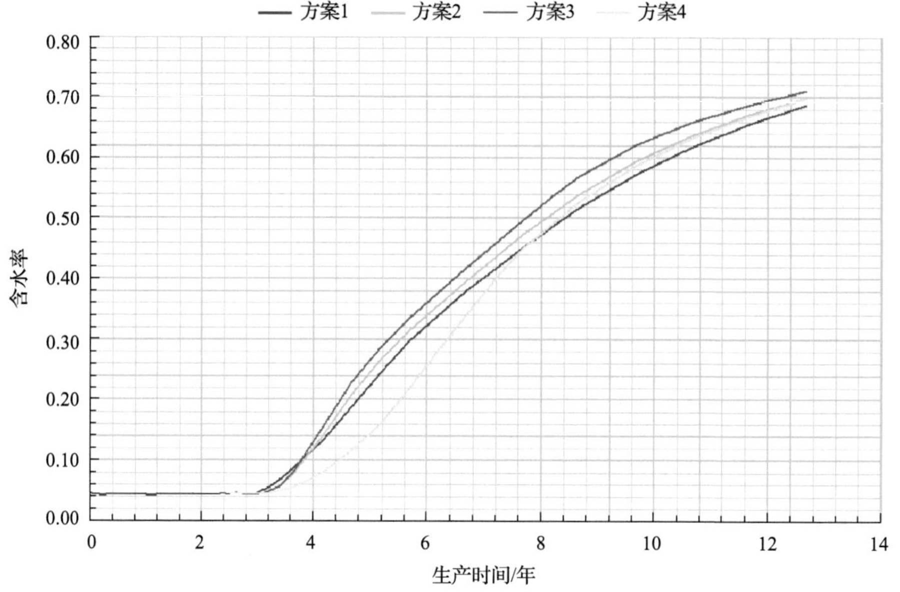

图 5-32　不同注采井距时含水率对比曲线

后续水平井部署时，由于区域内有保护水源，地面条件复杂，而且常规井井网已开始实施，因此水平井以零散部署为主。水平井设计在油层厚度大、物性好的水下分流河道主体部位。水平段方位沿垂直最大主应力方向设计，约为北东 150°方向，与人工裂缝方向近垂直，确保获得较为理想的产能。受常规井井网的限制，采用不规则的直井+水平井联合注采井网设计，主要为七点井网形式，水平井水平段长 700～1000m，注水井与水平段距离 300～400m，排距 150m，设计为同步注水。

5.3.3　实施效果

根据设计要求，首先完钻并投产了薛平 1 井，该井为特低渗油藏第一口水平井试验井，其井位部署及砂体展布情况如图 5-33 所示。

1. 钻完井实施情况

薛平 1 井井深 2688m，纯钻时间为 316.97h，全井平均机械钻速为 10.93m/h，钻井周期为 32.83d，建井周期为 49.17d。由于本井属于重点试验井，井眼轨迹质量要求较高，从二开直井段开始，就使用无线随钻测量仪器（MWD）和井下动力导向钻具进行实时轨迹监测与控制，对钻井提速和井眼轨迹质量控制起到了很好的效果。该井垂深 1896.8m，水平段长 620m，靶前距 293m，水平段方位 142.5°，水泥塞面 2661.5m，固井质量良好。

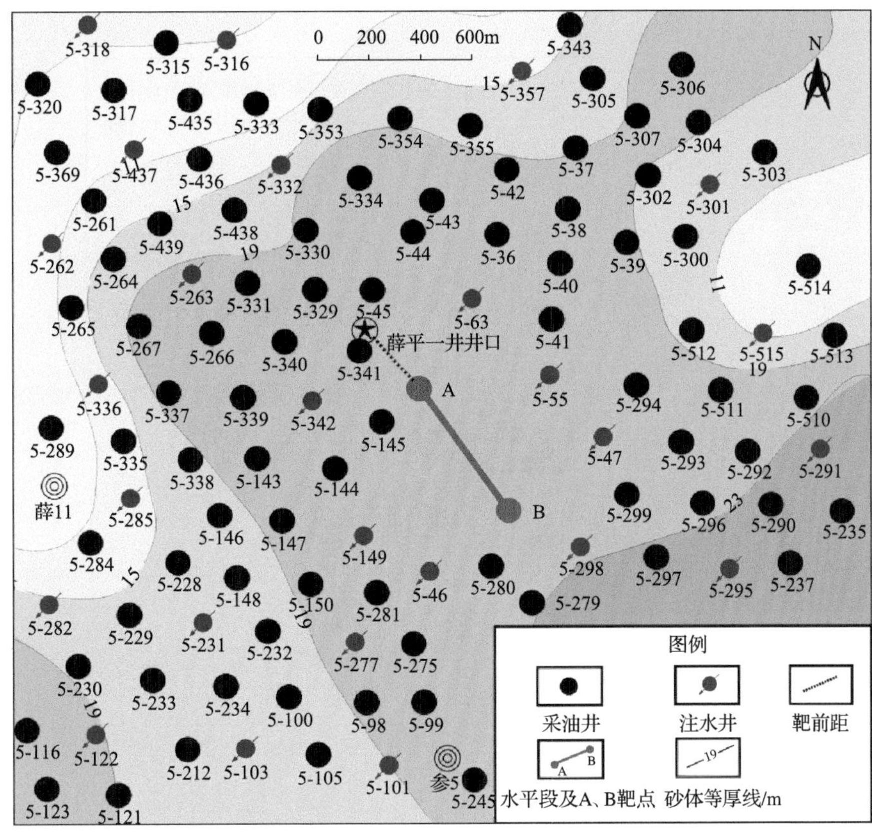

图 5-33 薛平 1 井区长 6 油层砂体厚度图

A、B 为靶点

2. 压裂实施情况

水平井压裂采用机械工具隔离分段压裂的常规压裂方式，考虑到油层发育情况和注水井位置，共分 5 段压裂。单段加砂量 22～35m^3，排量 2.0m^3/min，裂缝半长 110～135m，裂缝高度 20～22m，缝宽 1.08～1.19cm。

3. 实施效果

考虑到在油层条件和注水条件基本相当的情况下进行对比，本次选取了周边共 5 口常规井与薛平 1 井进行对比。如图 5-34(a)所示，薛平 1 井压裂后试油日产油量 27.3t，投产后初期日产油 15.0t，相当于周围 4 口直井的初期产量，投产一年后稳定日产油量 7.2t，相当于周围 5 口直井的同期产量。薛平 1 井与周边常规井累积产油对比曲线如图 5-34(b)所示，投产 30 个月后，薛平 1 井累积产油量 6455.9t，而周边常规井仅为 867.4～2344.2t，平均单井累积产油量仅为水平井的 24%。

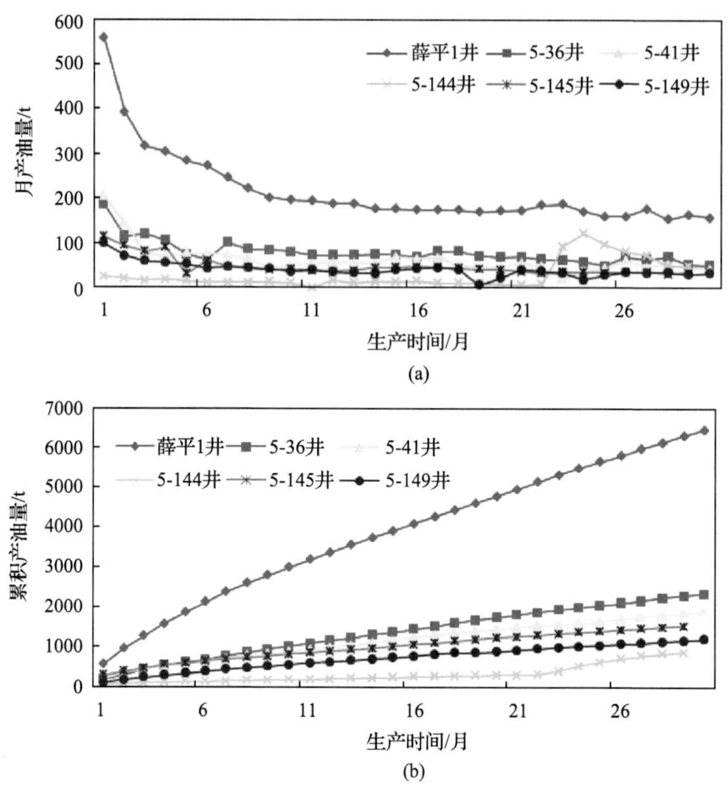

图 5-34 薛平 1 井与周边常规井单井月产油量(a)和累积产油量(b)对比曲线

从图 5-35 薛平 1 井与周边井采油速度与采收率对比来看，薛平 1 井第一年采油速度为 2.79%，周边常规井为 1.66%，水平井提高采油速度 60%以上。预测 20 年采收率对比可以看出，薛平 1 井预测采收率为 26.93%，周边常规井为 20.67%，水平井提高采收率约 6%。

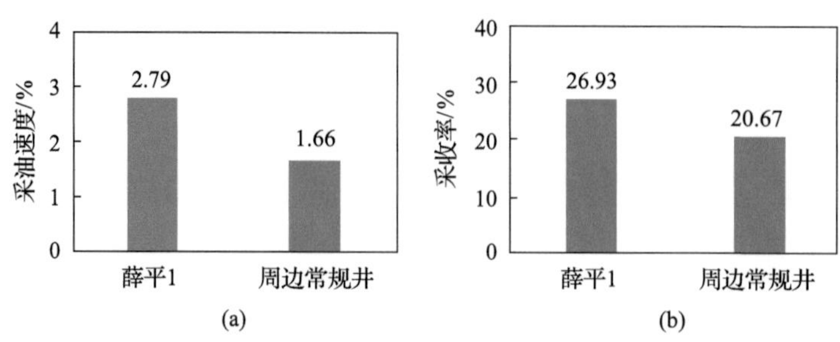

图 5-35 薛平 1 井与周边常规井采油速度(a)及预测采收率(b)对比

依据薛平 1 井的开发实践，薛岔区块陆续投产水平井 15 口，平均水平段长度 639.3m，区内油层中夹层发育，平均油层钻遇率 83.8%，平均单井压裂裂缝条数 7 条，平均单井压裂加砂量 180.6m^3，平均单缝加砂量 25.8m^3。水平井投产后，其增产、稳产效果明显，平均初期单井日产油量 13.7t，稳产油量 7.5t/d，稳产为直井的 3.3 倍，累积产量为直井的 4.1 倍。

由此可见，水平井在该类特低渗油藏开发中具有单井产量高、采油速度快、最终采收率高的优势，总体开发效果较好。

5.4 浅层压裂水平缝油藏“弓型”水平井开发技术

延长油田东部油区由于黄土高原沟壑纵横，加之各类地面受限区，部分区域常规井无法开发，大批资源无法动用；同时延长东部油区浅层油藏因埋藏浅(一般小于 800m)，垂向压力小，油井在压裂时难以形成高角度裂缝或垂直裂缝，因此造成油层储量动用不充分；单井稳定日产油量不足 0.2t，采油速度仅为 0.2%～0.25%左右，油田长期处于低水平稳产阶段。国内外早期研究认为，该类油藏水平井压裂后裂缝沿井轨迹在水平方向伸展，起不到应有效果，不适合水平井开发。

本节以延长油田东部油区长 6 浅层油层为例，根据浅层油藏压裂后产生水平缝而造成储量难以充分动用的特点，为多沟通上下油层，设计了“弓型”水平井，推行地质、工程、压裂一体化设计理念，在有效流动单元识别、水平井井眼轨迹优化及人工裂缝排布等方面进行了探索性研究，建立了延长油田特色的浅层油藏水平井开发技术。本次以七平 1 井为例，通过该井设计及实施情况来介绍浅层水平缝油藏的水平井开发成功经验及做法，希望为同类油藏的水平井开发提供借鉴和启示。

5.4.1 井区地质及开发特征

1. 构造特征

七平 1 井区在区域构造位置上位于鄂尔多斯盆地伊陕斜坡东部，构造简单，主要为西倾单斜背景上由差异压实作用形成的一系列由东向西倾没的低幅鼻状隆起，鼻状隆起轴线近于东西向。主要发育两个鼻状隆起，分别为郑 164—郑 165—郑 210—郑 212 鼻状构造与郑 027—郑 844-8—郑 844-7 鼻状构造。井区构造落差较小，长 6_2 构造落差 10m。水平井水平段所在位置构造平缓(图 5-36)。

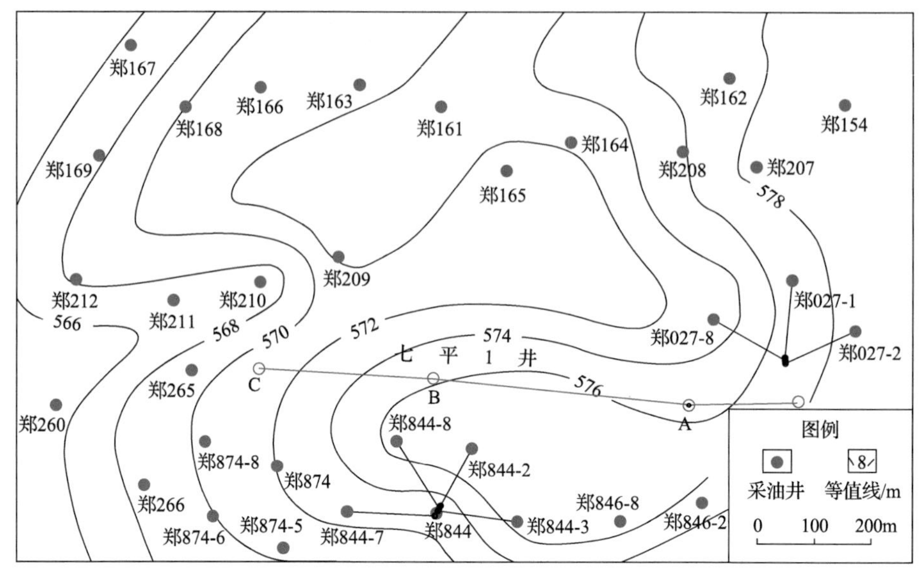

图 5-36　七平 1 井区长 6_2 砂体顶面构造等值线图

2. 储层特征

1) 储层岩石学特征

据研究区周边井的分析化验数据得，长 6 油层组储层以灰色细粒长石砂岩为主，其次为中粒-细粒、中粒、粉砂岩。矿物成分以长石、石英为主，有少量的岩屑、黑云母。填隙物以自生矿物为主，主要有浊沸石、绿泥石、方解石、硅质、长石质和水云母。砂岩颗粒分选性好-中，为较均一的细粒，圆度为次棱状，成岩作用强烈。主要的成岩作用有压实作用，压溶作用、自生矿物充填作用、溶解作用，交代作用及黏土矿物转化重结晶作用等。

2) 储层物性特征

据岩心分析资料统计，长 6 油层组孔隙度为 1.8%～13.2%，平均 9.18%；渗透率为 $(0.04\sim28.1)\times10^{-3}\mu m^2$，平均 $0.79\times10^{-3}\mu m^2$。属典型的特低孔、特低渗储层。

3) 储层非均质性

长 6 油层组层内渗透率的非均质性严重(表 5-8)：长 6_2^2 非均质性最强；长 6_2^1 小层非均质性较强；长 6_1^2 非均质程度相对最弱。

表 5-8 七平 1 井区各小层非均质参数统计表

小层	层内渗透率/$10^{-3}\mu m^2$			夹层数/层			夹层厚度/m	分布频率/(层·m^{-1})	分布密度/%
	变异系数	突进系数	级差系数	最大	最小	平均			
长 6_1^2	0.9	4.3	34	5	0	0.99	2.28	0.071	10.2
长 6_2^1	1	4.4	48	5	0	1.06	2.41	0.082	12.5
长 6_2^2	1.3	6.1	73.8	7	0	1.79	3.12	0.112	17.1

4) 裂缝特征

根据前人研究成果及露头观察，该区天然裂缝比较发育，以北东向为主，东西向、南北向裂缝均有发育；根据压裂水平缝的临界深度研究、阵列声波成像测井资料、地应力测试、人工压裂缝监测等资料综合研究表明：本区压裂缝以水平缝为主，垂向应力最小，水平主应力为北东 60°—南东 240°方向，裂缝方位北东 67°—北东 80°，平均北东 70°左右。人工裂缝为水平缝，呈空间椭圆形分布，长轴方向为北东方向，优势方位北东 51.3°，半长 60m 左右，短轴方向为南西方向，半长 30m 左右，缝高 2mm 左右。人工裂缝垂向密度 0.25～1 条/m，最大可达到 1 条/m，等效渗透率平均 $60\times10^{-3}\mu m^2$。

5) 砂体展布

试验区目的层长 6_2^2 砂体为三角洲前缘水下分流河道砂体沉积，河道沿北东—南西向展布，如图 5-37 所示，东部和西部两支河道在南部交汇，主河道砂体厚度在 10m 以上，南部最厚处达 16m 以上，砂体平均厚度 13m。

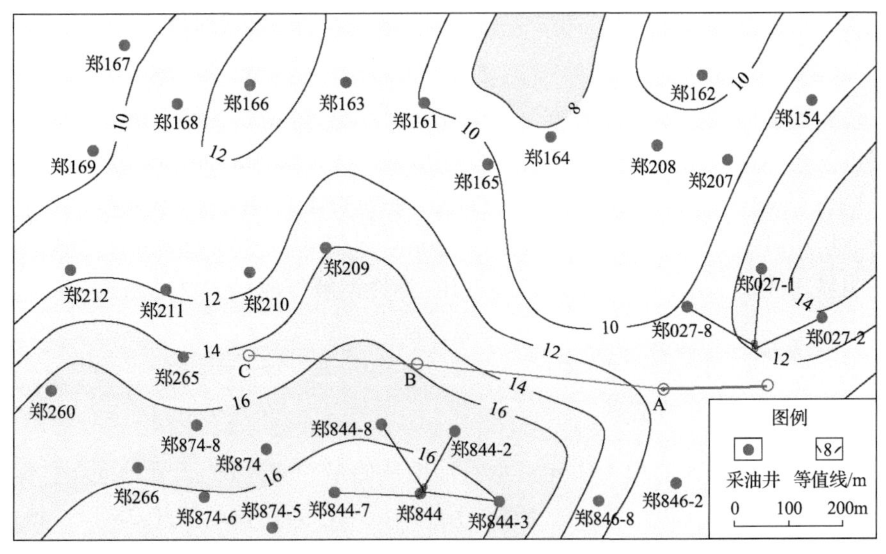

图 5-37 七平 1 井区长 6_2^2 砂体厚度等值线图

6) 油层特征

区内油层发育稳定，油层中部深度为485m，其平面分布特征与砂体分布特征基本一致，如图 5-38 所示，油层厚度主要分布在 10～15m，局部油层厚度可达16m以上，油层平均厚度12m。

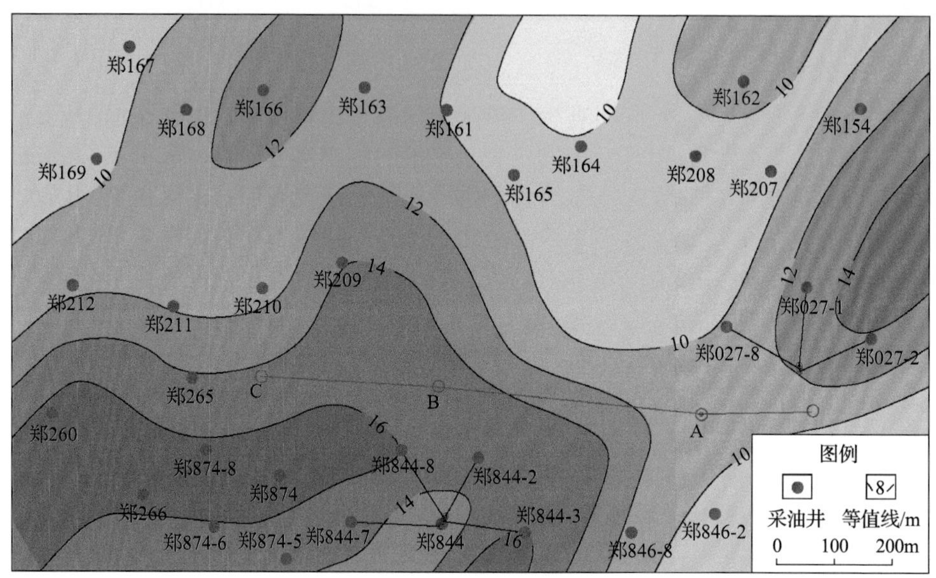

图 5-38　七平 1 井区长 6_2^2 油层厚度等值线图

3. 油藏特征

长 6 油藏原油平均地面密度为 0.831g/cm^3，黏度(50℃条件下)为 4.29mPa·s、凝固点为7.4℃，地层水pH近中性，总矿化度28594～79098mg/L，平均58599mg/L，水型均为 $CaCl_2$ 型；油层压力 2.6～6.2MPa，平均为 4.95MPa，压力系数 0.72～0.9，平均油层温度为 25℃，地温梯度 3.1℃/100m；油藏埋深 200～840m，油藏油水分异不明显，无边底水，为典型的常温低压-弹性溶解气驱动岩性油藏。

4. 开发现状及开采特征

1) 开发历程及开发现状

七平 1 井区工区面积 1.1km^2，总石油地质储量 50.2×10^{4}t。受地面条件限制，井网不规则，井距 130～150m。1988 年开始试采，共计投产油井 28 口，日产油量 4.16t，采油速度 0.19%，目前综合含水率 24.2%。目前地面可布井区域已基本占用，2011 年后无新开发井，因开发时间较早，一直处于天然能量开采阶段，产量长期保持低产。

2) 开采特征

该区块自 1988 年以来共计投产油井 28 口，投产层位主要为长 6_1、长 6_2。其中长 6_1 压裂投产 28 层次，投产初周月单井月产油 1.2～65.4t，平均为 24.3t，稳定月产油 0.4～15.33t，平均为 6.6t；长 6_2 压裂投产 48 层次，长 6_2 投产初周月单井月产油 1.93～64.55t，平均为 20.3t，稳定月产 1.3～22.74t，平均为 6.4t。

考虑到 2000 年以前压裂工艺的不足，统计 2000 年以后单井产能，平均单井初周月月产油 31.5t，平均单井稳定月产油量 9.6t。折合平均单井初期日产油量 1.13t，稳定日产油量 0.34t，目前单井日产油量仅 0.17t。

从单井开发曲线分析(图 5-39)，浅层水平缝油藏单井产量变化主要呈现以下特点：一阶段是投产几年后较长的低产稳产期，递减率低；二阶段是第二次新压裂，一层多缝改造初期，产量增幅很大，当月产量达到 30t 以上，之后第三个月产量递减到初期的 30%左右；三阶段是再次进入相对低水平稳产期。

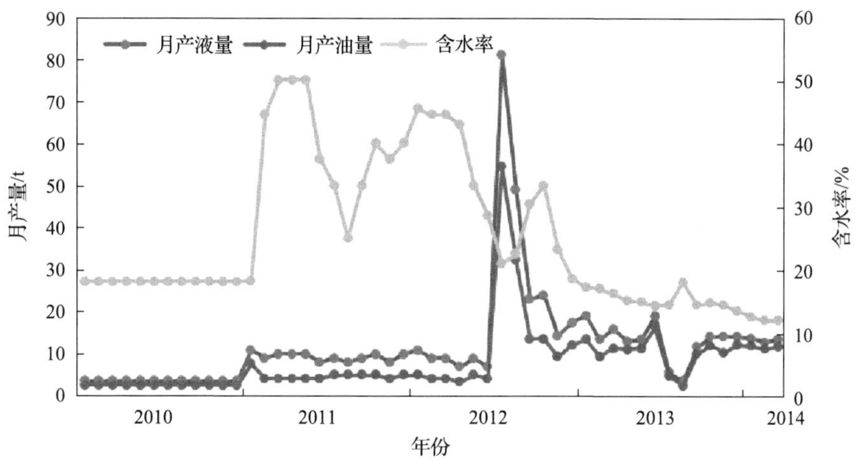

图 5-39 郑 072-1 2010—2014 年单井开采曲线

3) 开发状况评价及存在的问题

从 1988 年试油试采以来，七平 1 井区经历了 26 年开发历程，存在以下特点：

(1) 受水平缝油藏特点影响，单井产能低。该区从 1988 年开始开发，生产时间长，由于水平缝油藏的特点，每新压裂一个缝产量上升，几个月再次进入低产稳产期，总体来看长期处于低水平开发阶段。

(2) 含水上升缓慢。研究区开发层位长 6 油层油水混储，无明显油水界面。初期含水率保持在 20%左右，目前含水率为 25.8%，90.4%的油井含水上升不明显或上升缓慢。

(3) 地层压力保持水平低。研究区原始地层压力为 4.95MPa，目前地层压力

1.934MPa，压力保持水平只有 39%。

(4) 井网有待完善。常规井网为 150m×150m，由于该区块部分区域是开发受限区（属于城镇、果园等），受地面条件限制，井网不规则，井网密度达到 27 口/km^2，井网仍然处于完善阶段。

(5) 井网储量控制程度有待提高，剩余储量较多。七平 1 井区总含油面积 1.1km^2，总石油地质储量 50.2×10^{4}t。其井控含油面积 0.74km^2，占总面积的 68%；井区中部是受限区，未控制储量合计 16.1×10^{4}t。

长期低水平采油的现状制约了油田的发展。基于该井区储层物性差，单井产量低的特点，受地面村镇区域的限制，通过开发“弓型”水平井以提高单井产量及经济效益。

5. 水平井筛选结果

七平 1 井井口南面有果林，其余方向为深沟，属于常规井无法动用的受限区。井场西北面有郑 027 井组共 4 口常规井，井场大小为 38m×70m，其他方向无附属物，地面条件基本符合安全井控条件；七平 1 井控制含油面积 0.172km^2，估算控制地质储量 7.88×10^{4}t，根据标定长 6 油层组天然能量采收率 8.64%，计算最终可采储量为 0.68×10^{4}t。可实现经济效益开采；井区砂岩在纵向上叠加连片发育，以长 6 油层为主，本次方案主要针对长 6_2 小层部署，在村镇位置地面条件受限区部署水平井 1 口，利用 1 口水平井代替该区 2～3 口油井，动用该区无法动用的长 6 油藏难动用储量，提高产能及采收率，同时完善该区井网，提高储量动用程度。

5.4.2 浅层水平缝油藏水平井地质-工程-压裂一体化设计

一般认为浅油层（小于 1000m）打水平井不合算，技术难度大，曲率小，钻井花费大，归纳起来主要有以下技术难点：一是在常规平直形水平段采取水平人工裂缝开发，压裂缝间干扰大，单井控制储量高，但动用储量低，井轨迹如何优化是关键问题；二是地面限制因素多，因此要求水平井必须实现最大的位移，而水平井钻井工艺位垂比（井垂深 S/位移 H）过大，导致井身轨迹回旋余地小，轨迹控制严格；浅地层施工时间长，钻井液稳定困难，井壁稳定性差；浅层地层定向容易形成键槽，造成键槽卡钻；三是水平井分段压裂如何布缝优化，提高储量动用程度需要论证。

针对以上的技术难点，利用水平井地质-工程-压裂一体化设计理念，通过流动单元、人工裂缝、井轨迹耦合优化，采用“弓型”水平井轨道设计方法，配套钻完井技术，并配合浅层缝网压裂，各个环节协同设计优化，达到最大程度动用油层，高效开发水平缝油藏的目的。

1. 水平井地质设计参数优化

针对浅层水平缝油藏的技术难点，制定设计井轨迹的基本方法及原则：细化储层描述，提高储层认识；最大程度动用油层，最大程度简化井轨迹，最终大大提高采油速度与采收率。

主要通过流动单元、人工裂缝、井轨迹三者的耦合优化使地质设计达到最优。

1) 井轨迹模型优选

目前水平井井眼轨迹设计基本上是针对人工裂缝为垂直缝油藏开发设计的，水平段轨迹多为沿着优势油层的“一”字型，只是“一”字型水平段在油层中的位置不同，如边底水油藏水平段在油层上部，岩性油藏厚油层水平段在油层中部或中上部。针对水平缝类型的油藏，国内外对其井眼轨迹的研究较少，没有明确统一的认识。

设计原则及思路包括贯彻地质-工程-压裂一体化设计优化原则。水平段在单个油层内纵向上尽可能多地在不同流动单元中穿行。水平段分段压裂改造时选择在不同流动单元作业，尽可能多的形成垂向上不连通的水平裂缝。人工压裂改造点的垂向间距要求大于 2m，平面间距大于 300m，保障各裂缝之间互相不干扰。

依据上述设计思路，共设计了 3 种形状的井眼轨迹：“一”字型井眼轨迹、大斜度型井眼轨迹、“弓型”井眼轨迹。根据目前的地质研究成果，将长 6_2^2 油层进一步细分为长 $6_2^{2\text{-}1}$、长 $6_2^{2\text{-}2}$、长 $6_2^{2\text{-}3}$ 等 3 个流动单元，假设每个流动单元产生一组水平缝，每种形状井眼轨迹穿越油层流动单元情况以及压裂裂缝分布见图 5-40、表 5-9。

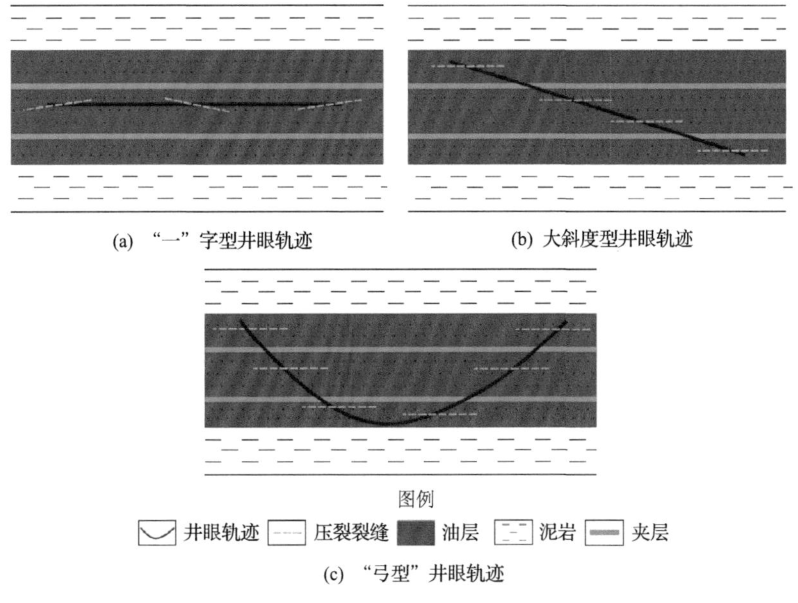

图 5-40 水平缝油藏水平段轨迹设计及压裂裂缝分布示意图

表 5-9　水平段不同轨迹方案指标对比

井轨迹形式	钻井难度	压裂段数/段	储量动用率/%
“一”字型	低	3	20～40
大斜度型	低	4	40～60
“弓型”	较高	5～6	60～80

由模拟结果分析可知：在穿越油层的长度相同的情况下，“弓型”井眼的钻井难度最高，但可选压裂段数最多，储量动用最充分。考虑到现有钻井技术条件可以满足施工需要，因此，针对水平缝类的油藏，“弓型”井眼轨迹是最优方案。

在七里村油田地质模型的基础上，应用 Eclips 数值模拟软件对 3 种水平井井眼轨迹的开发指标进行了模拟对比。设计水平井位于同一油层、相同的平面位置，水平段平面投影长度均为 600m，裂缝半长为 60m，渗流为水平缝渗流特征，“一”字型轨迹压裂段数为 3 段，大斜度型轨迹压裂段数为 4 段，“弓型”轨迹压裂段数为 6 段。从开发指标预测对比情况来看(图 5-41)，“弓型”井的单井日产油和累积产油量均优于其他两种井型，开发优势比较明显。

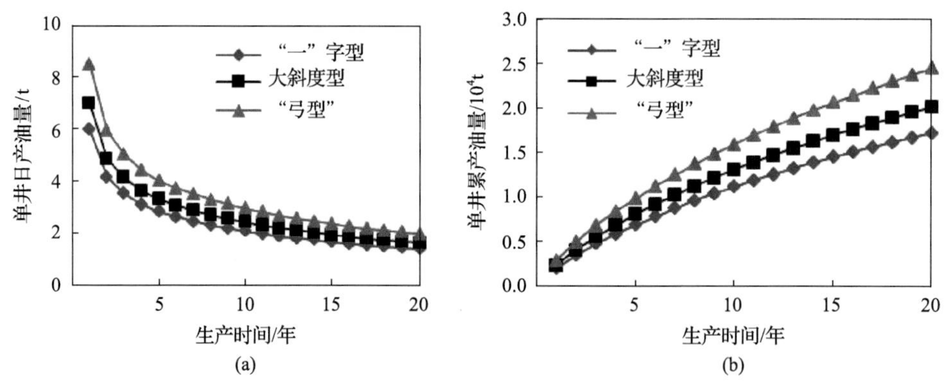

图 5-41　不同井眼轨迹水平井单井日产油量(a)和累积产油量(b)预测图

2) 七平 1 井轨迹优化

七平 1 井水平段方向油藏剖面显示，目的层 3 个流动单元油层连续分布。根据前述裂缝研究及流动单元、井轨迹优化成果选择“弓型”井眼轨迹，七平 1 井井眼轨迹设计见图 5-42 中 ABC 曲线段，水平段两端最高点 A、C 两点距离油层顶部不小于 1m，中段最低点 B 点距离油层底部不小于 1m，水平井可以连续 2 次穿过 3 个流动单元，七平 1 井设计水平段长度为 630m。

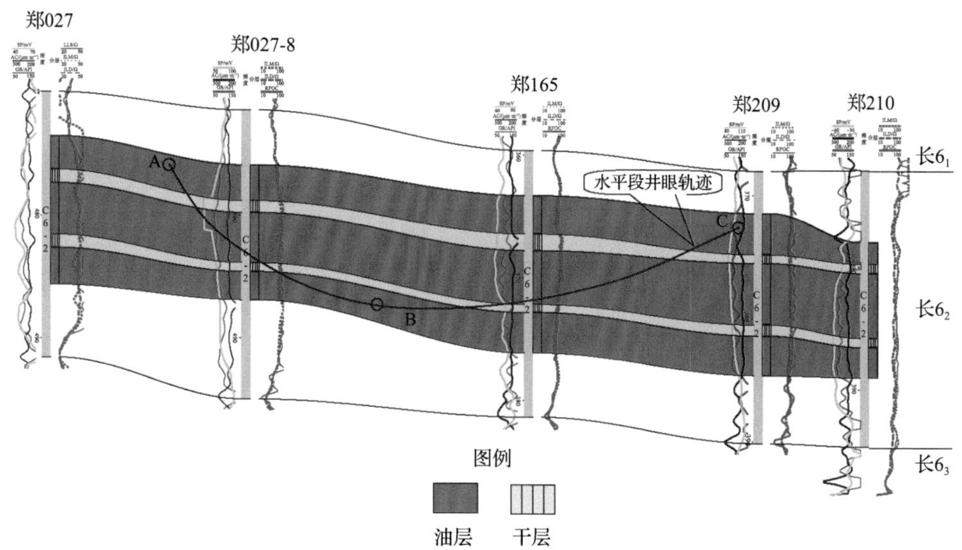

图 5-42 七平 1 井水平段方向油藏剖面及井眼轨迹设计图

2. 完井设计及方式上的优化

1) 井身轨迹设计

为保证井轨迹最大程度满足地质要求，针对延长油田东部浅层油藏的具体地质条件，浅层大位移水平井由于起造斜点和目的层都很浅，可供施工悬链线剖面和抛物线剖面的井段较短；同时上部地层控制造斜率的难度较大，悬链线剖面和抛物线剖面施工风险较大。通过优化对比认为，圆弧剖面造斜率恒定，施工难度较小，同时扭矩、摩阻较其他剖面也有一定优势，因此七平 1 井初始设计采用圆弧剖面设计。

从理论上来讲，圆弧形井眼剖面设计有多种类型，但实际应用最多的有三种类型：单圆弧剖面、双圆弧剖面和三圆弧剖面。针对上部地层造斜率不确定的情况，七平 1 井将增斜段剖面设计成“增-稳-增”的双圆弧剖面(表 5-10)。当第一增斜段的实际造斜率达不到设计造斜率时，可以利用稳斜段进行矫正，防止给后续施工造成困难，甚至轨迹失控导致脱靶。实际施工中，利用稳斜段对已施工井段的偏差进行了充分的调整，为后续施工提供了有利地保障。

该井设计井身结构为 2 层：钻头程序为ϕ311.2mm—ϕ222.3mm(二开斜井段)—ϕ215.9mm(二开水平段)，套管程序为ϕ244.5mm—ϕ139.7mm，设计完钻井深 1321m。

表 5-10　七平 1 井轨道设计表

井深/ m	井斜/(°)	方位/(°)	垂深/m	南北/m	东西位移/m	水平位移/m	狗腿角/(°· $100m^{-1}$)
0	0	0	0	0	0	0.00	0
204.97	0	0	204.97	0	0	0.00	0
332.47	26.35	278.7	328.02	4.36	–28.47	28.80	20.67
338.15	26.35	277.08	333.11	4.70	–30.97	31.32	12.66
630.24	88.58	273.30	482.59	24.99	–64.38	265.56	21.33
1027.22	88.58	273.30	492.42	47.83	–660.58	662.31	0
1041.04	90.00	272.99	492.59	48.59	–674.38	676.13	10.50
1058.00	91.42	273.12	492.38	49.49	–691.31	693.08	8.43
1291.29	91.42	273.12	486.59	62.19	–924.18	926.27	0
1326.29	91.42	273.12	485.72	64.10	–959.12	961.26	0

2) 钻井液体系优化

针对浅层大位移水平井钻井施工中摩阻、扭矩大，岩屑携带困难，易形成岩屑床等技术难点，通过钻井液体系优化采用低固相聚合物钻井液体系。进入水平段后调整钻井液体系流变性并加入抗温聚合物降滤失剂RHPT-1降低体系失水量，经调整后体系塑性黏度 15～20mPa·s，动塑比 0.36～0.45，能有效的携带岩屑，清洁井眼，防止岩屑床形成；中压失水量＜8mL，形成的泥饼薄而韧，有效保证了钻进过程中井壁稳定和井下安全；引入防水锁剂 F113，降低储层水锁影响，起到储层保护作用，为稳产、增产提供保障；由于该井位垂比达 2.0 以上，钻进时摩阻较大，进入造斜段及水平段后在钻井液体系中加入自主研制的极压减摩剂 JM-1 及纳米乳液，泥饼黏滞系数降低到 0.08 以内，大大提高了钻井液体系的润滑性及封堵防塌能力，解决了浅层水平井钻井时的托压、摩阻大等难题；针对井漏问题，对比邻井井漏资料，在钻进易漏失层位前，提前调整钻井液体系，加入自主研制的防漏堵漏配方，在不影响钻井液正常性能指标的情况下有效的减少了井漏发生，降低了漏失量和井漏情况的发生。

3) 固井技术优化

针对位垂比大，套管安全下入及居中困难、低温对水泥浆性能要求高、“弓型”轨迹对浮箍浮鞋密封性要求高等施工难点，采用漂浮下套管技术，综合考虑磨阻及直井段套管下入难度设计漂浮套管长度，采用特殊材料粉碎式漂浮接箍降低了打开循环的难度及风险；由于该井位垂比过大，在套管漂浮的基础之上，设计了一种偏心式滚轮扶正器，该扶正器外侧扶正棱条采用偏心设计，外径较小，与井壁之间的间隙较常规刚性扶正器大 3 倍以上，棱条上设计滚轮进一步降低下入摩阻，可利用其螺旋棱条的不对称性，在下套管过程中自动调整扶正方位，使得厚棱条在水平段套管的下方保持套管居中；针对水泥浆可能倒流造成扫塞困难的问题，设计碰压关井阀，以胶塞为驱动介质，在顶替完成后关闭阀门，彻底阻断套管内部与环空之间的液体流动可能；针对低温下水泥环高强度和密封性的要求，研发低温下可发挥作用的有机无机复配型无氯早强剂 M59S，以此为基础设计低温下 48h 强度可达 30MPa 以上的低温早强水泥浆。

3. 压裂参数优化

1) 单元划分

(1) 划分方法。

延长油田东部油区识别出水平缝条件下的不同流动单元，成为该类油藏开发首要解决的难题。流动单元的建立和划分需要选取控制储层物性及流动特征的参数，从而使不同的流动单元形成在纵横向上具有相同或相似储层物性及流动特征的一个三维空间。研究选取孔隙度、渗透率及含油饱和度作为物性参数，用来划分流动单元；选取储层厚度、渗流系数作为控制流动参数，用来评价流动单元。具体包含以下两项操作程序。

流动单元划分：将研究井测井解释成果的测井曲线、深度、孔隙度、渗透率和饱和度参数制作成图，根据孔、渗、饱参数和泥质夹层划分流动单元。

连通流动单元：根据上述操作划分流动单元后，仅完成了单点划分，其横向延伸问题并没有解决，而不同井之间流动单元的连通和延伸情况却与开发息息相关，是真正影响渗流和产能的关键因素，也是研究流动单元的意义所在。受沉积相控制，流动单元的横向连通性变化较大，当河道砂体在某方向尖灭时则意味着延该方向流动单元无法连通。换句话说，当相邻井电性特征发生明显差异时，流动单元就是断开的。另外，流动单元受夹层岩性分布变化控制。例如，在河道边缘通常会发育泥质沉积，泥质沉积向河道中心逐渐消失，造成河道中心流动单元与边缘流动单元数目发生变化。另外，流动单元还受物性控制，因某些原因砂体横向物性发生变化，使流动单元横向尖灭或减少(图 5-43)。

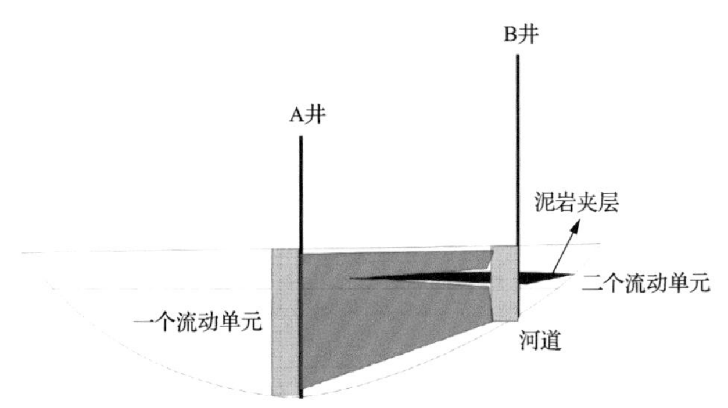

图 5-43 泥质夹层控制流动单元示意图

对于特低渗储层，可以通过渗流系数划分流动单元。渗流系数 k_f 也称为传导系数、流动系数或流度，其计算表达式为

$$k_{\mathrm{f}}=\frac{KH_{\mathrm{e}}}{\mu} \tag{5-20}$$

式中：K 为储层渗透率；H_e 为砂岩有效厚度；μ 为流体黏度系数。

渗流系数反映流体在储层中的流动能力，它是储层流动单元描述的重要参数，由上式求取的渗流系数与储层渗透率和砂岩有效厚度密切相关。在利用渗流系数划分流动单元时应注意以下两个问题：①避免造成大厚度低渗层与小厚度高渗层划为同一流动单元；②对于层内非均质的河道砂体，渗透率的取值不是采用单层内的厚度权衡或算术平均值，而应直接选用侧向连通最好的下部单元体的渗透率值，因为这一数值最能反映储层侧向上的连续性、渗流特征的非均质性及其实际水淹状态，而算术平均值往往扭曲了储层的真实面貌。权衡值相对较好，但其求取较为麻烦，其结果也难以避免代表油层其他部位(与之不直接连通层段)的数据。

(2)流动单元划分结果。

七平 1 井井区砂岩在纵向上叠加连片发育，以长 6 油层为主，井区北部有 4 口常规井，南部有 5 口常规井，9 口邻井的长 6_2 储层均在开发，七平 1 井与邻井之间井距为 150m。

根据前述流动单元划分原则及方法，对七平 1 井水平段储层进行流动单元划分，根据表 5-11 的渗流系数进行分类，将 9 个测井段分为 4 个流动单元(表 5-12)。

表 5-11　七平 1 井计算渗流系数表

靶点位置井深/m	井段/m	层厚/m	渗透率/$10^{-3}\mu m^2$	渗流系数
666.31	659.3～697.5	3.5	0.2	0.146
	697.5～713.2	1.3	0.14	0.038
	713.2～867.0	4.9	0.24	0.246
881.95	867.0～892.8	0.8	0.18	0.030
	892.8～991.7	2.4	0.14	0.070
881.95	991.7～1030.6	0.8	0.22	0.036
	1030.6～1085.45	1.5	0.13	0.0407
	1085.45～1222.2	3.9	0.16	0.130
1316.38	1222.2～1322.1	1.0	0.17	0.035

表 5-12　七平 1 井水平段流动单元划分表

流动单元	井段/m	层厚/m	渗透率/$10^{-3}\mu m^2$	渗流系数
1	659.3～697.5	3.5	0.20	0.146
2	697.5～713.2	1.3	0.14	0.038
3	713.2～867.0	4.9	0.24	0.246
4	867.0～892.8	0.8	0.18	0.030
	892.8～991.7	2.4	0.14	0.070
3	991.7～1030.6	0.8	0.22	0.037
	1030.6～1085.45	1.5	0.13	0.041
2	1085.45～1222.2	3.9	0.16	0.130
1	1222.2～1322.1	1.0	0.17	0.035

再结合岩相单元，流动单元 1、流动单元 2 是砂岩，3 是砂岩到泥岩的过渡，4 是泥岩，测井和岩相单元结合渗流系数最终确定 4 个流动单元。

2) 水平井布缝参数优化

每个流动单元是个相对独立的储集体，可以在一个流动单元中分布一条裂缝，从而控制该流动单元的渗流，即“一层一缝”，这里的一层指的是一个流动单元。因此，七平 1 井的 AB、BC 分别设计一条裂缝。

但是对于分布在流动单元 5 中的水平段，水平间距小，压裂容易形成窜流，储层厚度小，物性差，综合考虑施工条件以及经济成本，流动单元 5 压裂一条裂缝，总条数为 9 条，或者不实施压裂，总条数为 8 条。

结合现场施工条件以及储层特征，针对裂缝条数和裂缝半长设计出以下 4 种方案(表 5-13)。

表 5-13　七平 1 井压裂设计方案

裂缝参数	方案 1	方案 2	方案 3	方案 4
裂缝条数/条	9	9	8	8
裂缝半长/m	30	60	30	60

(1) 裂缝条数。

对比方案 1 和方案 3 可知(图 5-44)，裂缝半长 30m 的条件下，9 条裂缝与 8 条裂缝的累积产油量、月产油量曲线分别重合；对比方案 2 和方案 4 可知，裂缝半长 60m 的情况下，9 条裂缝与 8 条裂缝的产量曲线重合。

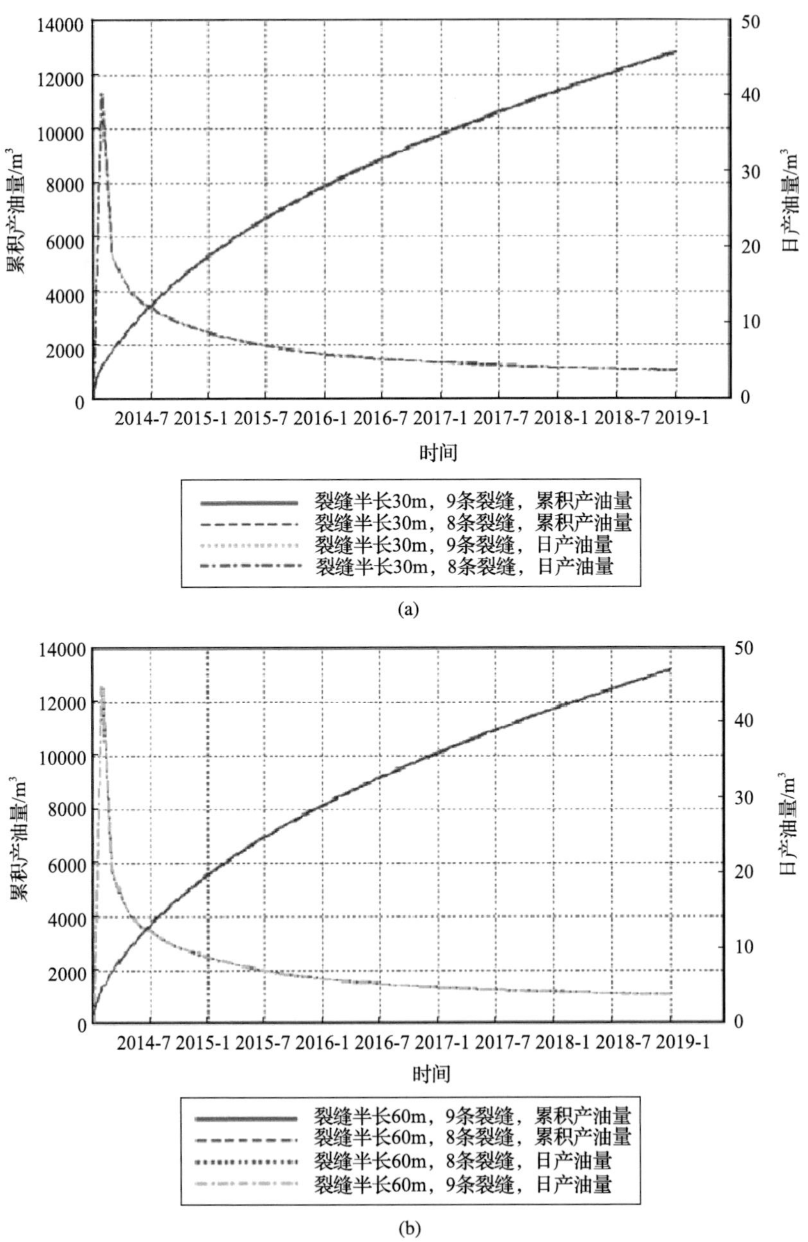

图 5-44　方案 1、3 的产量对比(a)和方案 2、4 的产量对比(b)

通过以上对比，流动单元 5 不实施压裂对产量影响很小，并且考虑到降低压裂的经济成本，裂缝条数设计为 8 条。

(2)裂缝半长。

设计水平井与邻井井距为 150m，裂缝半长的设计既要考虑井距，还要结合现场压裂施工技术。对比方案 3 和方案 4，由图 5-45(a)可知，在 8 条裂缝的情况下，裂缝半长为 60m 的单井累积产量、月产量均高于裂缝半长为 30m 的情况；对比方案 1 和方案 2 可知(图 5-45(b))，在 9 条裂缝的情况下，同样为裂缝半长 60m 的单井产量更高。

通过以上对比得出，裂缝半长设计为 60m，在当前压裂技术条件以及现场井距下，能够可以最大程度地动用地层储量的裂缝半长为 60m。

综上所述，裂缝条数与裂缝半长的最优设计方案为方案 4，裂缝条数为 8 条，裂缝半长为 60m。

(3)裂缝位置设计。

结合储层的孔隙度、渗透率、饱和度参数，在流动单元中选取渗透率高、孔隙度大、含油饱和度大的储层位置实施压裂，参考之前流动单元划分的数据，选择流动单元中物性最好的位置实施压裂(表 5-14，图 5-46)。

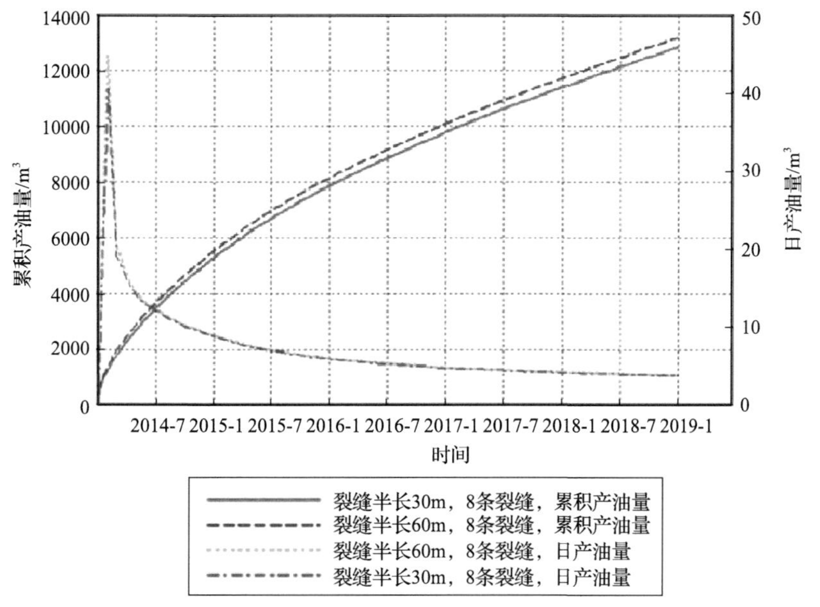

(a)

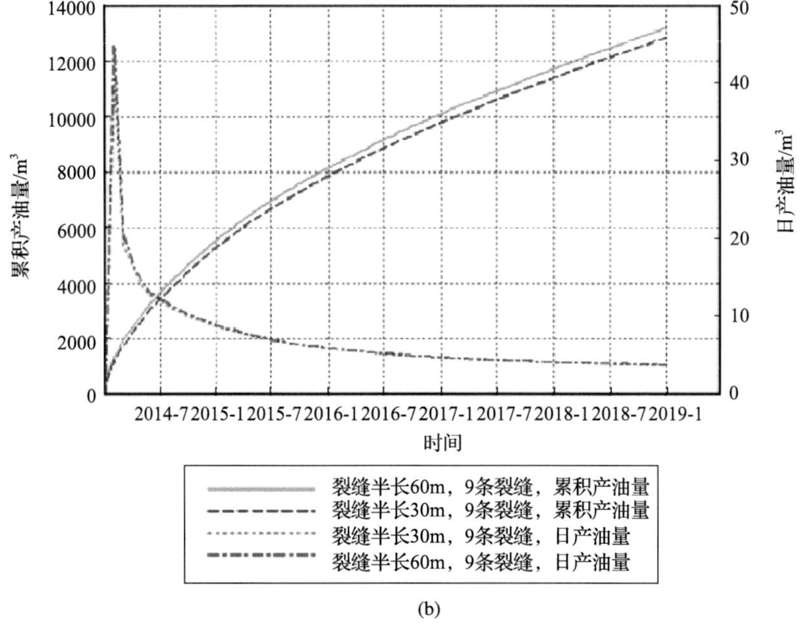

(b)

图 5-45　方案 3、4 的产量对比(a)和方案 1、2 的产量对比(b)

表 5-14　水平井裂缝位置数据表

裂缝序号	裂缝 1	裂缝 2	裂缝 3	裂缝 4	裂缝 5	裂缝 6	裂缝 7	裂缝 8	裂缝 9
流动单元	1	2	3	4	5	4	3	2	1
垂深/m	480.91	482.05	484.71	486.89	487.91	480.5	482.72	485.44	487.26

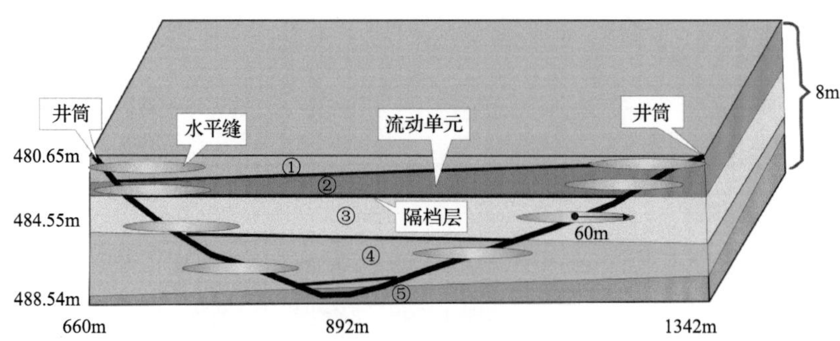

图 5-46　七平 1 井水平段裂缝参数设计示意图

5.4.3 实施效果

1. 钻完井及压裂施工情况

1) 完钻实施情况

七平 1 井是延长石油的第一口浅层大位移水平井，该井于 2014 年 6 月 2 日开钻，2014 年 6 月 19 日完钻，钻井周期 17.92d；2014 年 6 月 28 日完井，建井周期 56.6d。井身质量优良、固井质量合格。最终水平段长 696m，油层钻遇率达到 90% 以上。该井完钻井深 1366m，垂深 499.16m，水平位移 1003.58m，位垂比高达 2.01，钻进中，采用顶驱钻机、PDC 全面钻进钻头、降摩减阻工具(采用漂浮接箍)和技术，以及双级注水泥、多套低密度优质钻井液等新工艺、新技术、新方法。

2) 完井实施情况

七平 1 井是国内第一口压裂成水平缝的水平井，压裂时沿套管方向开缝对水泥环的强度提出了非常高的要求。同时，由于储层温度仅为 25℃，水泥石早期强度发展慢的难点非常突出，为此研发了低温微膨胀增韧水泥浆，配合采用漂浮下套管技术、隔离液三级冲洗技术精心设计固井方案，最终实现了一次性全封固，固井质量合格，为下步压裂改造提供了良好的井筒条件。

3) 压裂实施情况

水平井压裂采用易钻桥塞+分段多簇射孔压裂联作工艺，根据七平 1 井实际钻遇油层和流动单元模型，共优选 6 段，每一段 3～4 簇，共计 21 簇进行了射孔压裂。全井入地总液量 1745.6m^3，加砂量 210m^3，平均砂比 19%。由底向上逐层射孔、压裂，压裂过程中实时监测人工裂缝走向，根据监测情况(图 5-47)及时调整下一层压裂施工参数。监测结果表明人工裂缝为水平缝，缝长 180～210m，每一段都得到了充分的压裂。

2. 开发效果

七平 1 井压裂投产后，初期自喷日产油 44.2t，转抽后稳定日产油量 13t，初期稳定日产油量是同区直井的 13.4 倍，七平 1 井与周边常规井日产油及累积产油对比曲线如图 5-48 所示。稳定日产油量 6.4t，是周边常规井的 21 倍。截至 2017 年底，投产 29.6 个月，累积产油量 5744t，累积产油是同区直井的 16.6 倍。

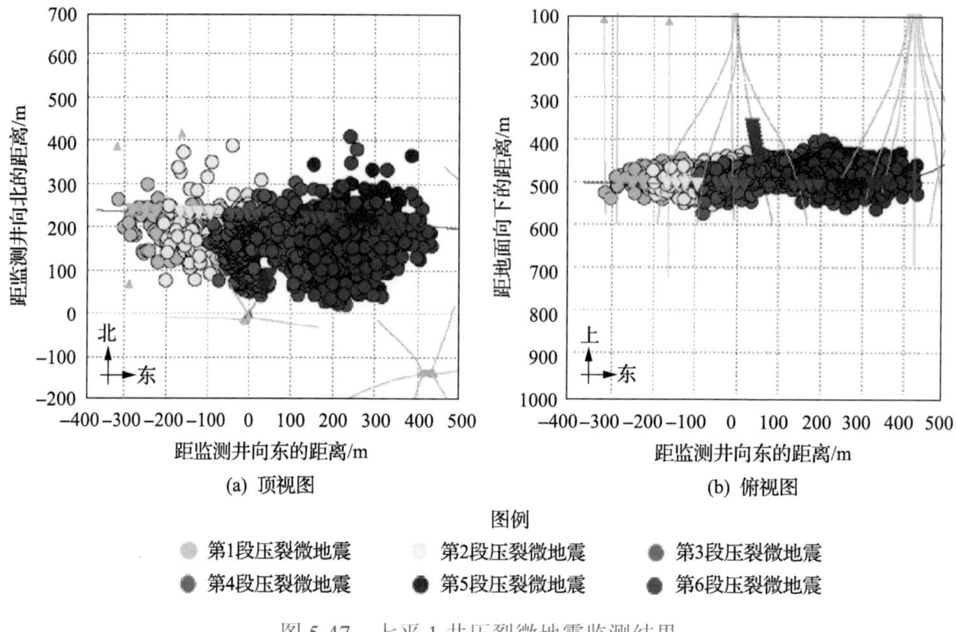

图 5-47　七平 1 井压裂微地震监测结果

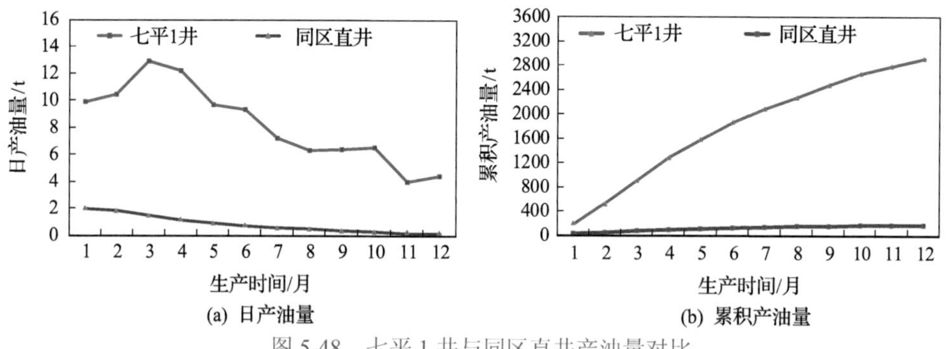

图 5-48　七平 1 井与同区直井产油量对比

截至 2017 年底，根据七平 1 井的成功经验，在同类型油藏实施水平井 64 口，稳定日产油量 5.6t，是周边常规井稳产量的 20 倍。累积产油量 4.3 万 t，建成产能 8.3 万 t。与常规井相比较，东部浅层水平缝水平井开发有效动用了地面受限区储量。“弓型”水平井的成功应用使油层动用程度从 33%提高到 86%，已动用常规井无法动用资源含油面积 14.4km^2，地质储量 576.7 万 t，预计最终采收率可提高 7%。

5.5 “井工厂”水平井开发技术

“井工厂”开发模式，即以实现控制储量最大化、经济效益最大化为目标，实现油藏、地质、压裂的一体化设计、流水线作业、集约化建设。

“井工厂”技术已在北美地区得到较大规模的应用，在提高生产效率、降低开发成本方面发挥了巨大作用。目前国内“井工厂”技术尚处于攻关探索阶段，延长油田近年来在黄陵上畛子区块进行“井工厂”开发探索，该区块油层致密，常规井开发低产低效无经济效益，为了实现致密油藏的有效开发，应采用水平井技术；此外由于主要的开发区块属陕北黄土地貌，沟壑纵横，大批资源受地面限制无法动用，为了集约化钻井降低开发成本，减小环保压力，应采用“井工厂”技术。本节以黄陵上畛子区开发为例，介绍了“井工厂”水平井开发技术的应用，该技术实施 9 口水平井投产后平均单井日产油 8.5t，达到了预期效果。

5.5.1 试验区地质及开发特征

1. 地质特征

1) 储层特征

该区位于黄陵县西部偏北，处于黄陵县双龙镇上畛子林区。长 6 油层组是区内的主要含油层系，主体为一套半深湖-深湖内浊积砂体沉积，地层厚度通常在 130m 左右。长 6 储层以细粒长石砂岩为主，次为粉细砂岩，粒径一般在 0.25～0.0625mm，分选中等偏好；圆度为次棱角-次圆状，胶结类型以薄膜孔隙式胶结为主，次为孔隙-接触式，颗粒呈点-线接触，支撑类型为颗粒支撑。砂岩中各组分含量平均为石英 19.1%，长石 58.1%，岩屑 5.6%，胶结物主要为绿泥石、方解石、石英及长石的次生加大组成。孔隙结构主要以细短型、细长型、微细型为主要的喉道类型，孔隙结构以小孔细喉型为主。岩心分析测试结果表明，上畛子油区长 6 储层孔隙度平均值为 8.6%；渗透率最大值平均值为 $0.23\times10^{-3}\mu m^2$，属典型的特低渗储层。

2) 沉积特征

油区位于富县三角洲前缘滑塌浊积扇的中扇亚相，主要为浊积水道和浊积水道间微相，另外区内还发育很小面积的中扇过渡带微相。长 6 各亚组主要为浊积水道沉积，其侧翼为浊积水道间微相，其物源区位于东北部，沉积相带总体展布方向为北东—南西向。上 38 井区位于浊积水道沉积中边部，砂体厚度 12～14m，砂体内部夹层厚度约为0.6～3.4m，单层夹层厚度多分布于0.8～2m。

3）油层特征

长6平均单井油层厚度为10m。在平面上，油层分布主要受浊积水道分布特征及泥岩遮挡控制。油层纵向上夹层多，非均质性强，但从油藏剖面看，所有开发井均有不同程度的油气显示，可见油层在全区广泛稳定，连片分布，有利于水平井的部署。

2. 油藏特征

长6油藏原油具有低密度（0.844g/cm^3）、低黏度（50℃条件下3.8mPa·s）、低凝固点（13.0℃），低含硫（0.02%）的特点。地层水pH主要分布在6.4～7.9，平均7.0；总矿化度14884.3～58941.8mg/L，平均29784.7mg/L，水型以$CaCl_2$型为主，个别为$NaHCO_3$型。区块原始地层压力10.7MPa，压力系数为0.72。目前平均地层压力为6.78MPa，油层平均温度分布在56.5～64.9℃，平均油层温度为57.8℃，属于常温异常低压油藏。

长6油藏主要受储层岩性和物性控制，由于储层物性差，油水分异不明显，油水混储，无明显的油水界面，缺乏边、底水，为典型的弹性-溶解气驱岩性油藏。

3. 开采特征

黄陵上畛子油田主要依靠天然能量开采，统计403口常规油井前三个月生产状况，62.7%的井日产油量小于0.5t；统计11口投产时间大于1年的油井，对其产量递减规律进行分析，结果认为单井递减以指数递减为主，初始递减率6.8%～10.29%，平均为10.08%。目前，常规井单井平均日产油量仅0.3t，可见在常规井开发模式下，油田的开发效果较差。

试验区的筛选要坚持两项原则：一是坚持低风险原则，要选择油藏落实，水平井钻井地质风险小的区域；二是坚持开发优势最大化原则，在保障水平井“井工厂”顺利实施的前提下，最大化发挥“井工厂”的开发优势。根据以上两点基本原则，选择了地质风险小的上畛子油田主产区、地面受限的上38井区作为水平井“井工厂”试验区。

5.5.2 “井工厂”一体化设计

“井工厂”的方案设计不同于一般的单向接力式设计模式，而是要贯彻一体化理念，做好油藏-地质-钻井-完井-压裂一体化设计，各个环节相互协同，达到大幅度降低工程成本和提高作业效率的目的。

1. “井工厂”地质设计一体化

1) 水平段方位优化

根据区块常规井井下微地震裂缝监测资料，人工裂缝均为北东方向，平均方位为北东 48°。室内物理模拟试验如图 5-49 所示。从图 5-50 水平井生产半年时累积产油量和水平段与裂缝夹角关系曲线可以看出，当水平段与裂缝夹角逐渐增大时，水平井生产半年时累积产油量也逐渐增大，二者呈明显的正相关关系。水平段与裂缝平行时和水平段与裂缝垂直时相比，水平井生产半年时累积产油量低 60%左右。因此，水平段方向应尽量与人工压裂缝方向垂直，以取得最好的开发效果，在“井工厂”的水平井部署中，考虑到钻井工艺的难度，不可能每口井都是垂直裂缝方向，可满足与裂缝方向大于 60°即可，井位摆放见图 5-51。

2) “井工厂”单井水平段长度优化

水平段长度采用经济极限产量与经济极限动用地质储量的关系求取。如图 5-52 所示，当油价约为 50 美元/bbl①时，水平井经济极限累积产油量为 10049t，经济极限初产油量为 6.6t。

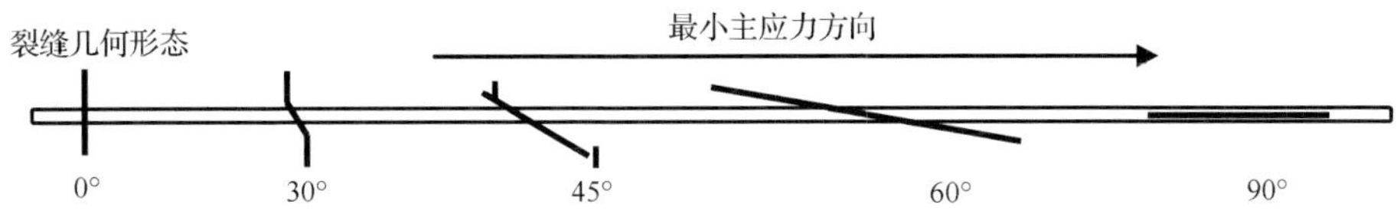

图 5-49 室内物理模拟试验方向示意图

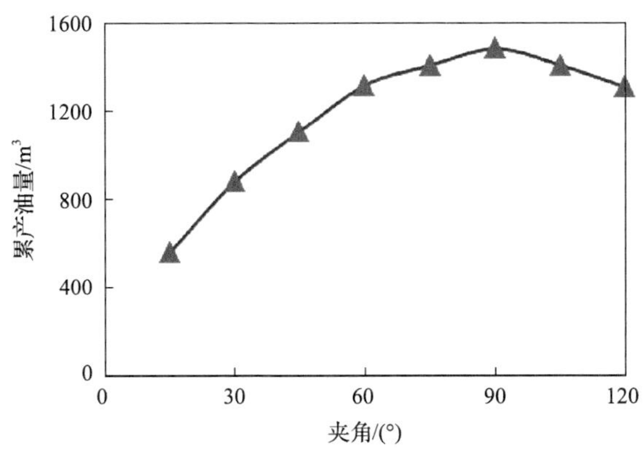

图 5-50 水平井生产半年时累积产油量和水平段与裂缝夹角关系曲线

① 1bbl=0.137t。

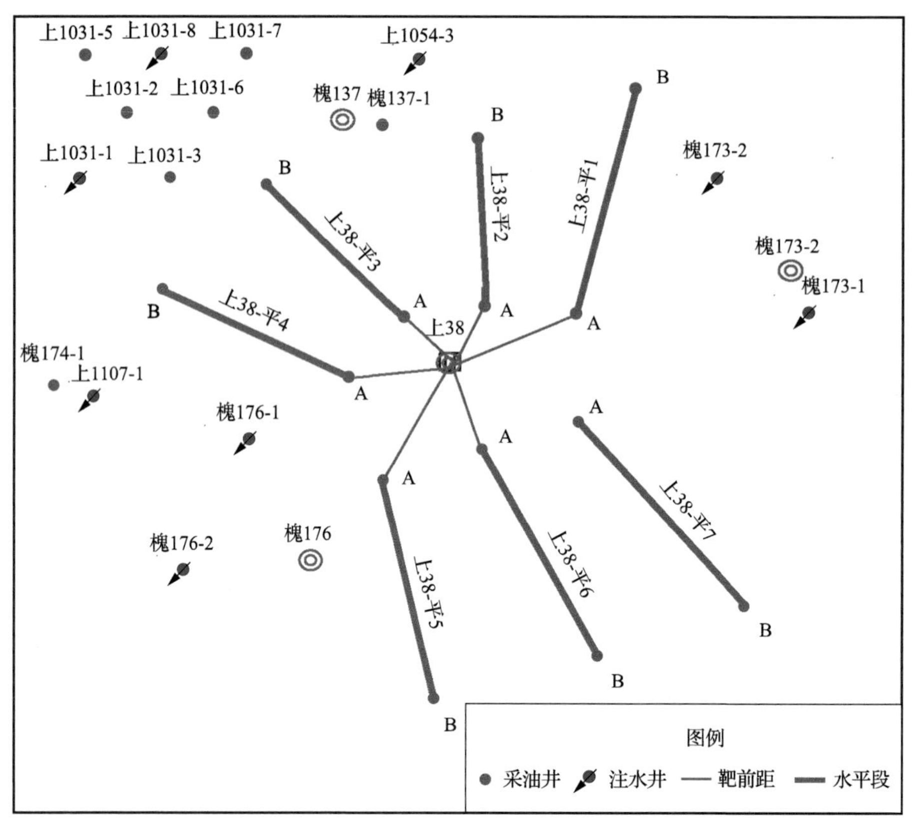

图 5-51　上 38 井区“井工厂”水平段方向摆放图

A、B 为靶点

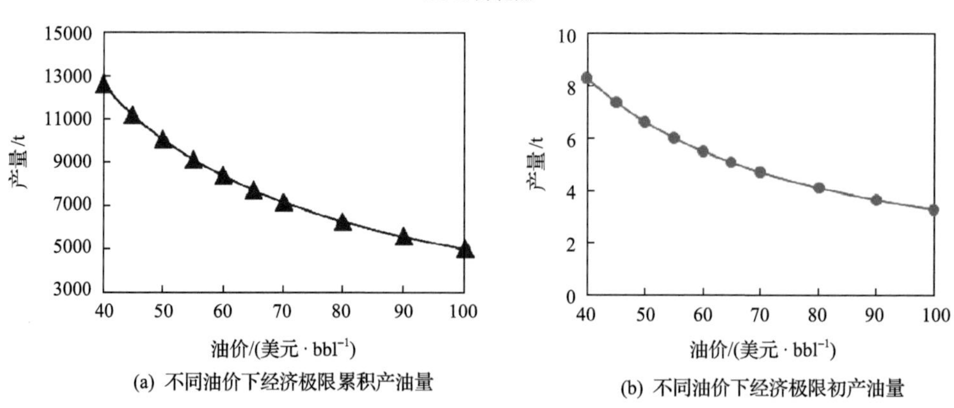

图 5-52　不同油价下经济极限产量

根据测试数据计算区块长 6 油藏弹性采收率为 8.13%，15 年预计采出可采储量的 85%，在油价 350 美元/吨的情况下，求得经济极限动用地质储量为 14.5×10^4t。

根据上 38 井区的油层展布特征，动用油层厚度 13m 时的极限单井控制含油面积为 0.4km^2。当生产压差为 3MPa 时，计算出有效驱动距离为 30m，模拟水平井体积压裂支撑半缝长 200m，此时当设计水平井长度为 960m 时，所控制的地质储量刚好与经济极限动用地质储量相等，因此水平段长度应达到 960m。

3）“井工厂”中相邻水平井的距离

水平井体积压裂裂缝监测资料显示，人工裂缝半长一般为 120～200m，为保证既要充分开启裂缝，又要避免缝间干扰，水平井井距应达到 400m。

4) 井身轨迹纵向位置优化

该区长 6 油层表现为多套含油砂体叠置发育，各砂体间纵向间隔距离仅 3～6m，水平井井身轨迹的位置将直接影响压裂效果，只有处于合理的纵向位置才能最大程度的动用地质储量。以上 38 井为模拟井，分别模拟了不同纵向位置时，体积压裂的改造效果。从体积压裂改造模拟图（图 5-53）可以看出，在采用排量 10m^3/min、加砂量 90m^3 的压裂参数的情况下，压裂位置位于长 6_2^2 砂体时，体积压裂的改造体积最大，缝长为 195m，缝高可达 140m。因此，在纵向上水平井井身轨迹最好位于长 6_2^2 砂体的中部。

(a) 压裂长6_2^2砂体

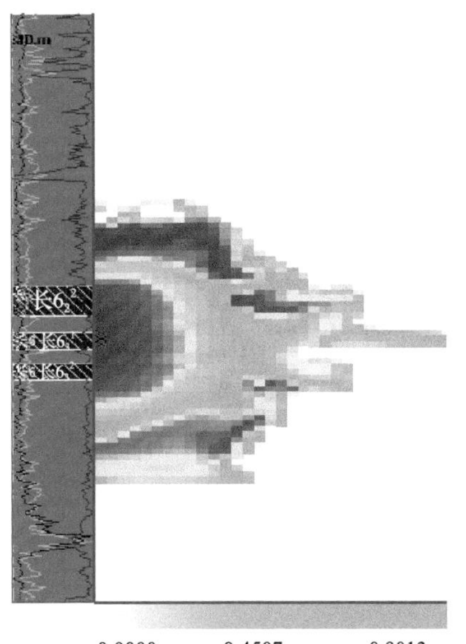

(b) 压裂长6_3^1砂体

(c) 压裂长6_3^2砂体

图 5-53　不同纵向位置体积压裂改造模拟图

2. 拉链式“井工厂”压裂一体化设计

1) 总体压裂布缝设计及工序

“井工厂”整体压裂改造坚持改造体积最大化原则，井间裂缝采用错位设计、缝长设计采用最小化空白带面积理念，采用拉链式压裂和压裂效果模拟技术，最大程度提高缝网改造效果。全井组裂缝分布如图 5-54 所示。

拉链式压裂技术是“井工厂”压裂的主要方式，可以实现任意段数的压裂，段与段之间的等候时间为 2～3h，利用此间隙可以完成设备保养、燃料添加等工作，特别适用于“井工厂”压裂。拉链式压裂时将两口平行、距离较近的水平井井口连接，共用一套压裂车组进行 24h 不间断地交替分段压裂，在对一口井压裂的同时，对另一口井实施分段、射孔作业。通过优化生产组织模式，在一个固定场所，连续不断地向地层泵注压裂液和支撑剂，以加快施工速度、缩短投产周期、降低开采成本。拉链式“井工厂”压裂施工过程如图 5-55 所示。

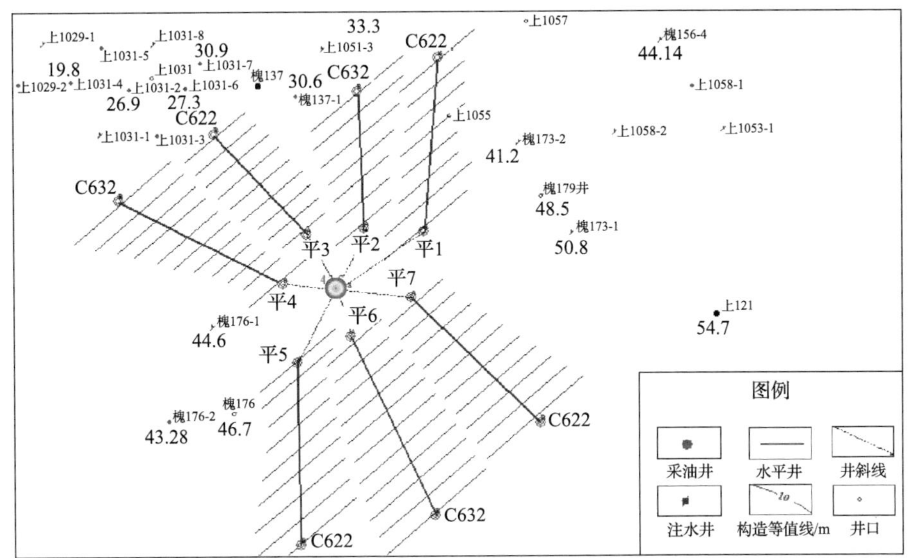

图 5-54 上 38 平台“井工厂”人工裂缝设计分布图

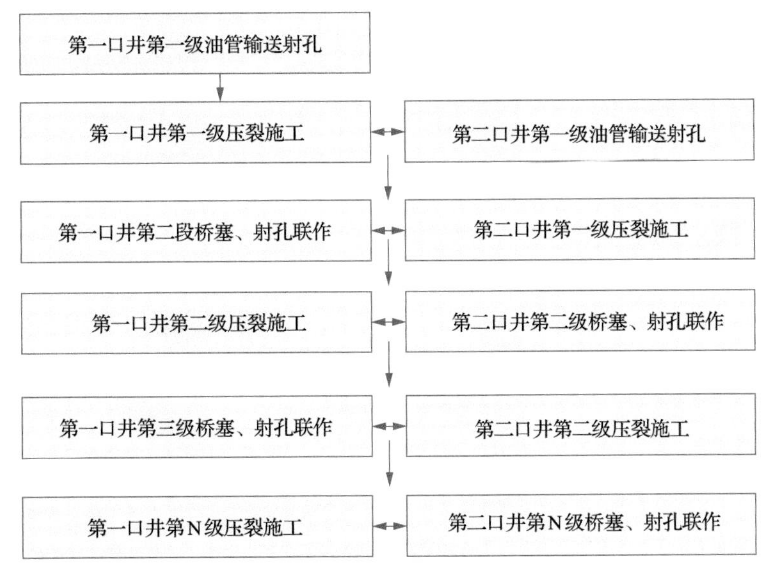

图 5-55 拉链式压裂施工过程示意图

2) 压裂缝半缝长差异化设计

压裂参数的选择采用差异化设计加压裂效果模拟的方式进行优化，通过差异化设计将人工裂缝设计在孔隙度相对高值区和应力相对低值区，通过压裂效果模拟合适的压裂参数以形成最大的改造体积。以上 38 平 3 井第 3 段和第 4 段压裂方案为例，如图 5-56 所示。第 3 段压裂分为 2 簇，射孔位置 2156～2157m 和 2190～

2191m，分别对应孔隙度 9%、9%和应力 23.2MPa、23.5MPa；第 4 段压裂分为 2 簇，射孔位置 2080～2081m 和 2123～2124m，分别对应孔隙度 10%、10%和应力 22.6MPa、22.7MPa。全井分 9 段 18 簇压裂，按照施工限压 53MPa、排量 12m^3/min 的条件进行压裂施工。图 5-56 分别为对 9 个压裂段进行压裂参数模拟优化，确定单段裂缝半长 150～220m、砂量 55～70m^3、总液量 450～740m^3 时，压裂改造效果最好。

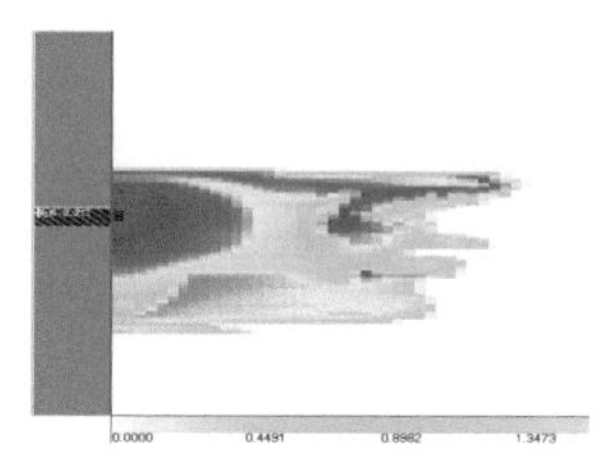

支撑剂分布浓度/(kg·m^{-2})

(a) 半长220m，加砂60m^3、液573m^3

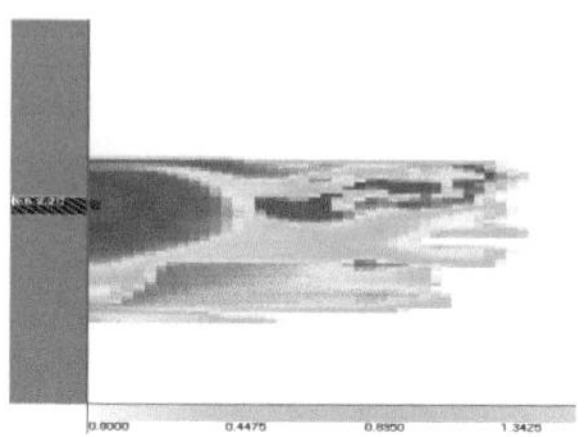

支撑剂分布浓度/(kg·m^{-2})

(b) 半长220m，加砂70m^3、液658m^3

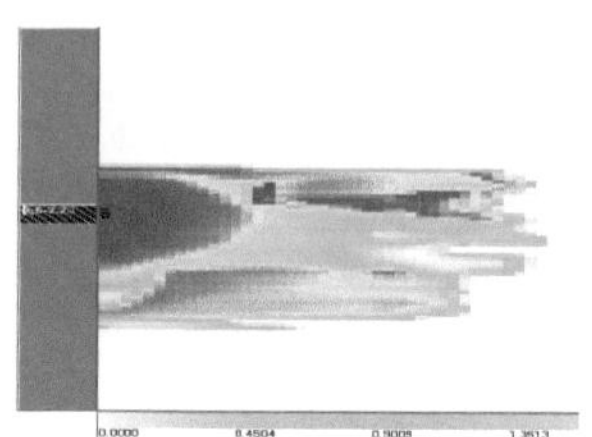

支撑剂分布浓度/(kg·m^{-2})

(c) 半长220m，加砂70m^3、液657m^3

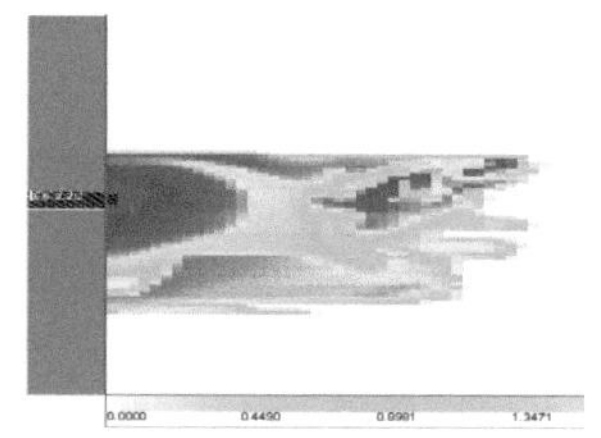

支撑剂分布浓度/(kg·m^{-2})

(d) 半长220m，加砂70m^3、液656m^3

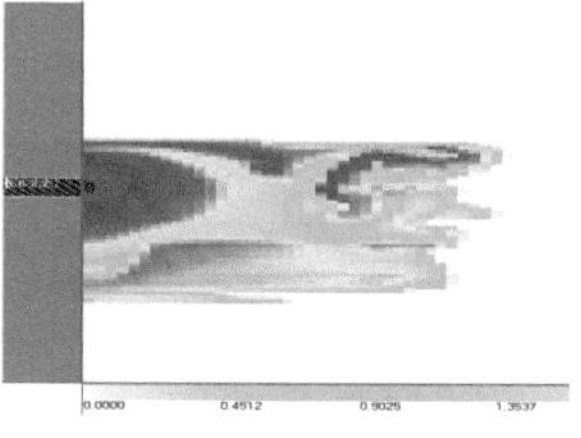

支撑剂分布浓度/(kg·m^{-2})

(e) 半长200m，加砂65m^3、液625m^3

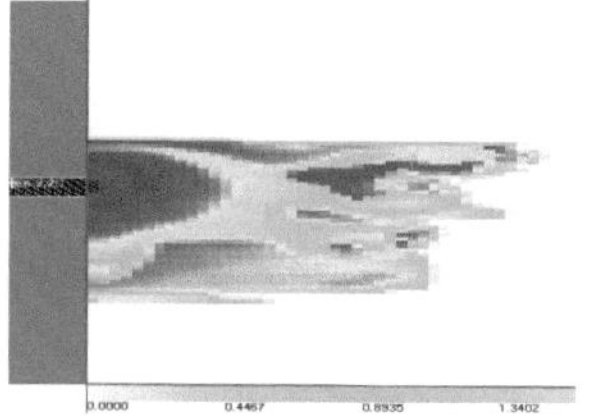

支撑剂分布浓度/(kg·m^{-2})

(f) 半长200m，加砂65m^3、液619m^3

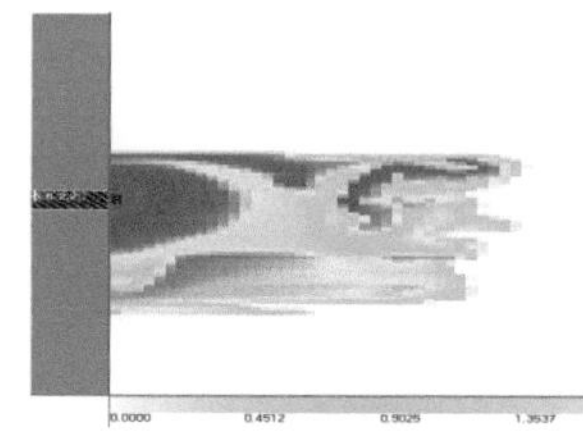

支撑剂分布浓度/(kg·m^{-2})

(g) 半长200m，加砂78m^3、液740m^3

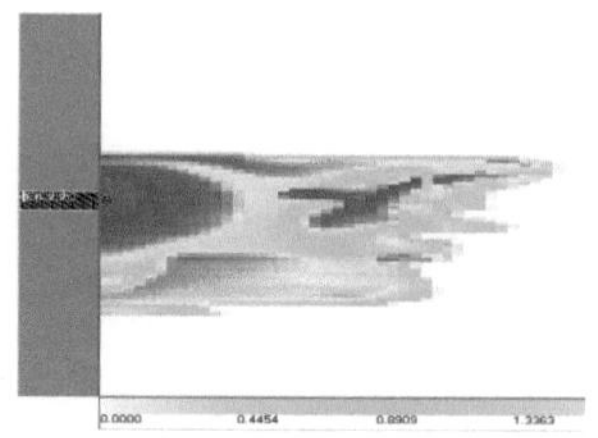

支撑剂分布浓度/(kg·m^{-2})

(h) 半长180m，加砂60m^3、液555m^3

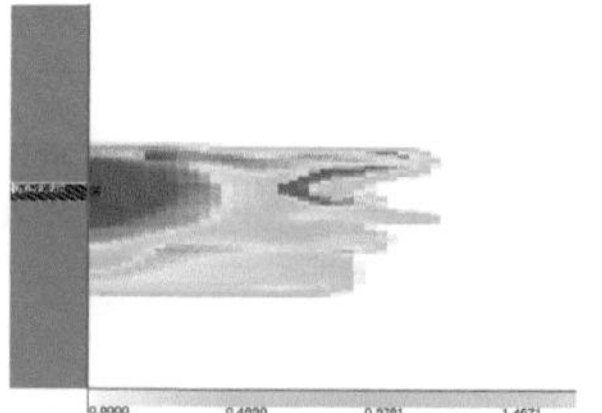

支撑剂分布浓度/(kg·m^{-2})

(i) 半长150m，加砂55m^3、液489m^3

图 5-56　上 38 平 3 井 9 段压裂改造参数模拟优化

3) 裂缝间距优化

随着裂缝数量的增加，油藏泄油面积逐渐增大，渗流阻力减小，压裂水平井产能逐渐增大。而裂缝数较多时，缝间干扰导致油井产能增加幅度较小，并且会增加压裂工艺的难度和经济成本。为保证压裂裂缝应对储量有足够的控制程度，裂缝间距大于有效驱动距离(>30m)。模拟时水平段长度为 1000m，裂缝分布方式采用等距分布，裂缝半长均为 200m，模拟分析了不同裂缝间距对累积产油量的影响，从而确定最优的裂缝间距。图 5-57 的模拟结果显示，水平井的累积产油量与裂缝间距呈明显的负相关关系，压裂水平井的累积产油量随着裂缝间距的减小而逐渐增加，但是累积产油量增幅随着裂缝间距的减小而逐渐减小。这是因为裂缝间的距离变近后出现了缝间干扰，导致每条裂缝所提供的产量减小，从而使得累积产油量增幅变缓。当裂缝间距小于 80m 以后，累积产油量差异不大。

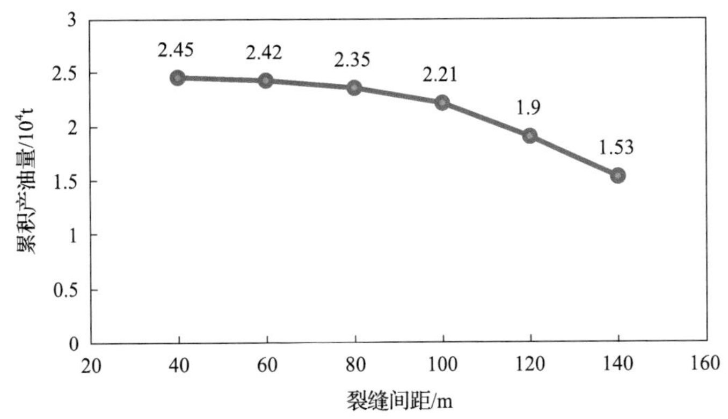

图 5-57 不同裂缝间距时累积产油量变化曲线

邻近区域水平井的生产效果和其他特低渗油藏经验表明，裂缝间距应不小于 60m。裂缝间距减小后裂缝条数将增加，压裂工艺的难度和经济成本也随着增加，综合以上因素，最佳的裂缝间距为 60～80m。对于默认地质模型，当水平段长度为 1000m 时，最佳的裂缝条数应为 12 条。

5.5.3 实施效果

1. 完钻施工情况

上 38 井区水平井“井工厂”共部署 7 口水平井，井位如图 5-51 所示。

钻井过程采用泥浆不落地技术，首口井于 2015 年 12 月 16 日正式开钻，历时 31 天，于 2016 年 1 月 17 日顺利完钻。与非“井工厂”水平井钻井相比，钻井提速提效比较明显，“井工厂”水平井机械钻速直井段平均提高 88.1%，最高提高 161%；定向段平均提高 82.4%；最高提高 134%；水平段平均提高 20%，最高提高 72.7%。黄陵“井工厂”水平井平均钻井周期 22.9d，平均建井周期 28.3d，和已钻的 17 口非“井工厂”水平井相比，平均钻井周期缩短约 7d，平均完井周期缩短约 12d。

随钻地质导向采用定录一体化技术，应用 LWD 随钻技术和可视化平台技术，如图 5-58 所示，将钻井、录井、测井、地质导向技术进行一体化展示，实现快速钻井、地层可视、准确定位、及时调整。油层钻遇情况也达到预期，“井工厂”水平井储层钻遇率均在 90%以上，油气显示呈现出良好势头，目的层岩屑显示均为油斑-油迹级别，钻井气测主频分布在 15%～40%，平均 23%。完钻井平均水平段长度 830m，油层钻遇率 96%，达到了设计要求。

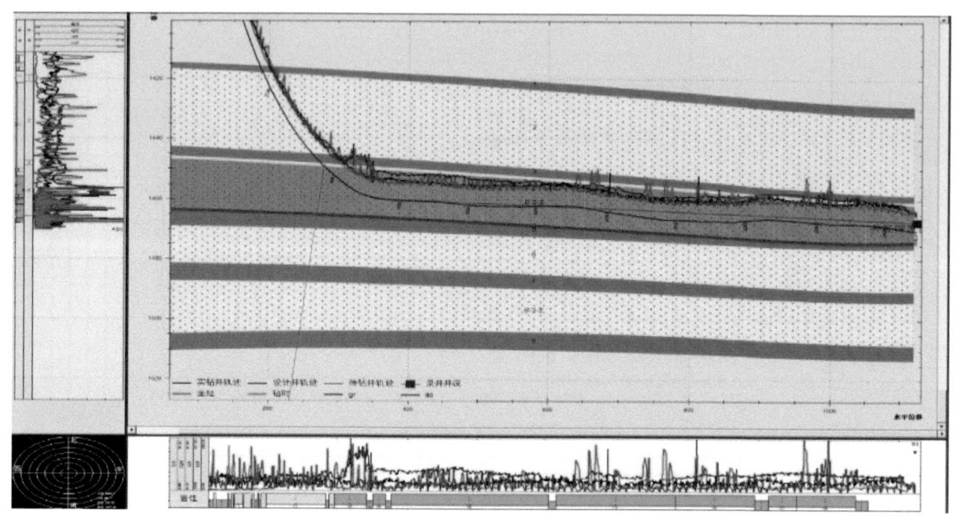

图 5-58　上 38 平 3 井随钻地质导向可视化平台界面

“井工厂”钻井全部采用泥浆不落地技术，处理钻井液约 6000m^3，渣土约 2500m^3，分离后的固体部分上盖下垫，并经有关权威部门检测达到国家一级排放标准，液体部分通过污水处理装置处理后重复利用，做到了本质上的“不落地”，保护了林区生态环境，减少了环保压力。

2. 压裂施工情况

压裂工艺选择泵送射孔桥塞联作的方式进行压裂改造，上 38 井组“井工厂”全井台设计裂缝条数 65 条，平均半缝长 247.6m，设计裂缝带基本控制了全部区域，控制面积 3.6km^2，总砂量 5805m^3，其中 40～70 目小陶粒 1452m^3，20～40 目石英砂 4353m^3，总液量 55388m^3，其中活性水 5539m^3，滑溜水 27694m^3，压裂液 22155m^3。

3. 开发效果

截至 2017 年 5 月 30 日，上 38 井台 7 口井已全部见油，平均单井日产液量 28.8m^3，日产油量 8.9t，平均含水率 68.9%，平均压裂返排率 57.8%，累积产油量

4073.96t，单井数据见表 5-15，“井工厂”开采曲线见图 5-59。该技术成功动用了难动用的石油地质储量，实现了地面和地质难题双突破。

表 5-15 上 38 平台“井工厂”单井开发情况简表

井号	压裂段数/段	入井总液量/m^3	抽汲排液量/m^3	返排率/%	日产液量/m^3	日产油量/t	含水率/%	累积产油量/t
上 38 平 1	8	6088.4	3347	55.0	26	5.2	80	127.7
上 38 平 2	7	6100.2	3638	59.6	26	5.2	80	170.2
上 38 平 3	9	6088.9	3496	57.4	33	8.3	75	485.3
上 38 平 4	10	8178.3	3697	45.2	31	14.9	52	740.1
上 38 平 5	10	9376.9	3128	33.4	25	12.5	50	689.7
上 38 平 6	8	6235.8	3667	58.8	25	12.5	76	845.8
上 38 平 7	9	6731.6	3742	57.8	29	8.9	69	452.7

根据黄陵地区长 6 油藏地质特点，先后开展了两组“井工厂”试验，9 口水平井投产后平均单井日产油量 8.5t，达到了预期效果。在有效动用长 6 致密油藏的同时，还减少林区征地约 1.2 万 m^2，减少征地、道路建设等钻前费用约 210 余万元人民币，减少钻井液、压裂液等费用 80 余万元人民币，同时大大减少了后期采油生产管理成本，直接采油成本仅为非“井工厂”水平井的 1/3，从目前的开发效果来看，“井工厂”水平井可在 3 年内顺利收回投资，展现了良好的应用前景。

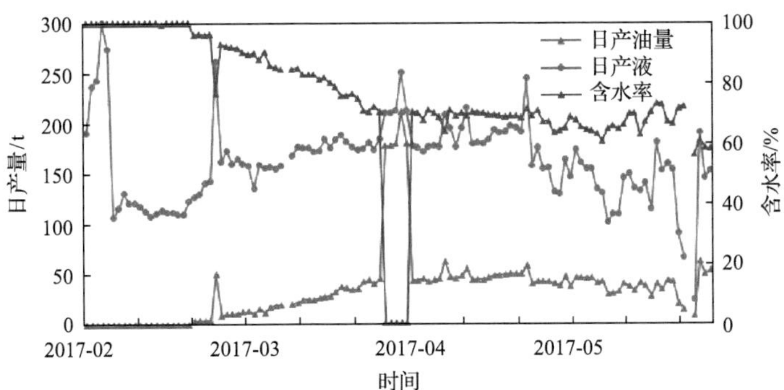

图 5-59 上 38 平台“井工厂”水平井开采曲线

第6章 特低渗油藏储层改造技术

储层压裂改造是特低渗油藏增产的主要技术手段，延长油田勘探开发区域的80%以上属特低渗油藏，储集层主要表现低孔隙度(6%～12%)、低渗透率((0.25～2.48)$\times 10^{-3}\mu m^2$)、低温(24～65℃)、低压(压力系数0.6～0.8)、低含油饱和度(38%～53%)和强非均质性。油井一般无自然产能，常规压裂液低温破胶慢且不彻底，压裂液返排率低，极易伤害储层，压裂改造效果差，单井产量低；油藏在纵向上含油层系多，埋深300～2800m，地层应力变化大，压裂裂缝影响因素多；横向上砂体变化快，油水关系复杂，单一压裂技术不能适应储层充分改造动用的要求。本章介绍了延长油田典型油藏的物性特征，开发的低伤害压裂液技术，解决了储层易污染、伤害的问题；针对延长油田东部浅层压裂形成水平缝，开发的“一层多缝”压裂技术，解决了垂向动用程度低的问题；针对储层小层叠置发育，微裂缝发育、应力差较小的特点，采用的缝网压裂技术提高储层改造体积，提高了单井产量。

6.1 低伤害压裂技术

低伤害压裂技术是特低渗储层改造关键技术之一，压裂液是低伤害压裂技术的核心组成部分。对于特低渗储层来说，压裂液除了满足造缝功能之外，更需要在造缝后迅速完成破胶、返排过程，避免压裂液造成地层伤害。

目前，国内外广泛使用的压裂液体系主要有水基压裂液、油基压裂液、泡沫压裂液、乳化压裂液、醇基压裂液等，其中水基压裂液因具有性能稳定、成本低、施工方便、易于控制等优点而被广泛使用。但是水基压裂液进入地层后，极易引起储层伤害，降低储层的基质渗透率和支撑裂缝的导流能力，影响增产效果。因此，降低特低渗油藏压裂储层伤害的重点是降低水基压裂液对储层的伤害。

延长油田勘探开发区域油藏地温梯度较低，这就造成压裂液进入地层后破胶较为困难，破胶时间长、破胶后破胶液黏度大、破胶不彻底的问题；其次，储层压力系数低，压裂液破胶后返排困难，经常会出现返排慢、压裂液在地层滞留时间过长和返排不彻底的问题；另外，储层黏土矿物含量高，易引起水化膨胀，堵塞孔喉，降低有效渗透率。这些问题都会加大压裂液对地层的伤害程度，影响压后原油产量和最终采收率。为了充分降低水基压裂液对地层的伤害程度，必须掌握水基压裂液的储层伤害机理。

6.1.1 水基压裂液的储层伤害机理

水基压裂液中除了含有提高性能的化学添加剂外，90%以上由水组成。当水基压裂液进入特低渗储层后，它自身破胶或降解，并与地层岩石、流体及支撑剂相互作用，造成黏土矿物膨胀运移、乳状液或残渣堵塞等，进而阻碍原油向井筒正常流动，即储层伤害。一般来说，储层伤害分为两类，即裂缝内伤害和储层内伤害，裂缝内伤害表现为导流能力下降，储层内伤害则表现为基质渗透率降低。

1. 水基压裂液对裂缝的伤害

支撑剂随黏稠的压裂液携带进入地层，充填在压开的裂缝中，保持地层油气流体流动通道的畅通。裂缝传输油气流体的能力用裂缝导流能力来表征，定义为储层闭合应力下支撑剂渗透率(K_f)与支撑裂缝宽度 W_f 的乘积(KW_f)。裂缝导流能力的大小主要与裂缝闭合压力、支撑剂物理性质、支撑剂铺置浓度及储层岩石硬度、流体性质、压裂液性能等因素有关。关于裂缝的伤害机理，前人已有大量的室内、现场和理论研究，裂缝伤害主要来源几个方面：①压裂液残渣、化学沉淀及黏土颗粒运移带来填充支撑带渗透性降低；②在高的闭合应力下支撑剂嵌入或破碎，使得裂缝宽度降低，导致导流能力下降；③压裂液在裂缝面的滤饼或滤失降低了裂缝面的渗透率。

水基压裂液在施工过程保持黏稠状态，以便携带更多的支撑剂进入裂缝中。但如果水基压裂液没有结合地层情况设计好，如低温地层，可能导致水基压裂液不破胶或破胶不彻底(含有残胶或较高压裂液黏度)(图 6-1)，将堵塞支撑剂带孔隙，这对裂缝导流能力将产生严重伤害。

图 6-1 CMHPG 压裂液聚合物残胶

水基压裂液，特别是水基聚合物压裂液，如羟丙基胍胶(HPG)、羧甲基羟丙基胍胶(CMHPG)压裂液，即使完全破胶，也会产生一些水不溶物，即破胶残渣(图 6-2)，其含量多少与使用的胍胶浓度有关，胍胶浓度越大，残渣含量越大。这些破胶残渣相互缠结使团块尺寸变大，从而堵塞支撑裂缝孔隙(图 6-3)，降低支撑裂缝的渗透率，从而降低支撑裂缝的导流能力，影响压裂增产效果。

图 6-2　0.35%HPG 压裂液破胶残渣

图 6-3　HPG 压裂液破胶残渣对裂缝伤害的场扫描电镜图

特低渗储层孔隙喉道小，黏稠的水基压裂液在泵注压力的作用下，不能完全进入储层基质中，在裂缝面形成一层具有弹性的薄膜即滤饼(图 6-4)。滤饼的渗透率比储层的渗透率小得多，因此在生产时滤饼阻碍了地层流体向裂缝中流动，同时由于滤饼中聚合物浓度高，破胶不彻底，生产过程中滤饼形成的残胶或残渣会占据支撑裂缝的孔隙，导致裂缝导流能力大大降低，阻碍压裂液的返排和原油的产出。

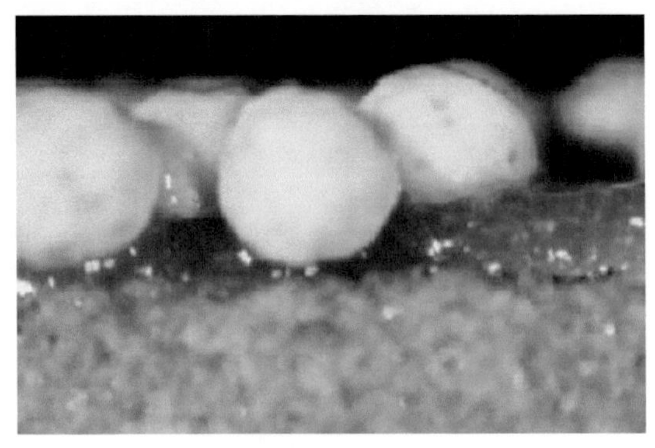

图 6-4　CMHPG 压裂液在裂缝面的形成的滤饼

一般认为，水基压裂液黏度小于 5mPa·s 即视为破胶。这表明压裂液破胶液中仍有短链分子或枝状分子存在，并吸附在支撑剂和岩石表面(图 6-5)，降低裂缝的导流能力；另一方面，破胶液黏度较大，会产生较高的屈服应力，造成支撑裂缝内黏滞阻力增大，影响支撑裂缝的清洁和压裂液的返排效率，最终影响原油产能。

图 6-5　0.6%HPG 压裂液破胶残渣在陶粒表面的吸附

另外，水基压裂液与地层岩石或流体不配伍，引起岩石基质中的黏土颗粒运移或化学沉淀，堵塞支撑裂缝。如果在优化压裂液体系过程中，做好配伍性实验，这类裂缝伤害可以忽略。

综上所述，水基压裂液对裂缝导流能力伤害主要是压裂液破胶残渣和破胶液黏度叠加作用的结果。可见，提高水基压裂液破胶程度并降低破胶残渣含量有利于降低压裂液对裂缝导流能力的伤害。

2. 水基压裂液对储层基质的伤害

在压力的作用下，水基压裂液在裂缝壁面向储层中滤失，滤液与储层中的黏土矿物、流体发生作用，形成一个渗透性较差的滤失带，阻碍油气的正常产出。

特低渗储层孔隙喉道小，毛细管压力较大。在特低渗储层压裂液滤失带，较高的毛细管力导致流体流动阻力增加和压裂液返排困难，如果油层压力不足以克服升高的毛细管力，就会使压裂液无法排出，出现严重的水锁伤害。水基压裂液的水锁伤害大小与岩心渗透率负相关，与滤液在孔隙中滞留的时间呈正相关关系，返排时间延长可以降低伤害程度。

特低渗砂岩油层一般含有不同类型的黏土矿物。例如对淡水强烈敏感的膨胀性黏土，蒙脱石或伊蒙混层，当与淡水或低矿化度盐水接触时，由于黏土晶格吸水造成黏土颗粒膨胀；其他类型的黏土，像高岭土，易于受静电反絮凝影响，盐度和 pH 发生意外改变，引起黏土分散并运移到孔喉处，形成桥堵或堵塞，导致储层渗透率降低。在水基压裂液形成的滤失带中，大量的滤液与黏土矿物相互作用，引起黏土矿物膨胀或运移，从而引起储层渗透率下降。丁绍卿等采用核磁共振技术测量了压裂液侵入岩心后，导致黏土吸水膨胀，岩心渗透率下降，其伤害程度约占 10%。显然，由于黏土矿物膨胀导致储层伤害的程度，与储层中黏土矿物类型、含量有关。

常用水基聚合物压裂液破胶后含有破胶残渣，在裂缝壁面会形成一层渗透性较低的滤饼，阻碍压裂液继续向地层滤失。压裂液的破胶残渣能否侵入储层基质深部一直是讨论的焦点。Aggour 等实验研究并计算了压裂液滤失液垂直穿透裂缝壁面的伤害及伤害程度，在渗透率为 $5\times10^{-3}\mu m^2$ 的特低渗储层中，线性胶无法进入地层中，滤失带的穿透深度仅能达到英寸的数量级，伤害的影响程度也较小。实验研究表明，胍胶压裂液的破胶残渣粒径中值一般在 40～100μm 的数量级，而特低渗砂岩储层的主体孔隙半径一般在 0.5～10μm 的数量级，破胶残渣粒径中值远大于孔隙喉道半径，显然破胶残渣不会进入到储层深部造成堵塞伤害。

另外，水基压裂液中含有一些功能性的表面活性剂，当压裂液向地层滤失过程中，与油层孔隙中的原油发生乳化作用，形成具有一定黏度的乳状液，容易堵塞孔隙喉道，形成的乳状液黏度、稳定性决定了对地层的伤害程度。

6.1.2 降低水基压裂液储层伤害的技术方法

通过对水基压裂液储层伤害机理分析，水基压裂液对特低渗储层伤害主要体现在两个方面：一是破胶残渣(残胶)对支撑裂缝导流能力伤害；二是压裂液滤液滞留储层中形成的水锁伤害。因此，降低压裂液对储层的伤害要从提高压裂液破胶效果、降低破胶残渣含量并提高压裂液助排效果等方面入手。

1. 水基压裂液快速破胶的技术方法

黏度较高的压裂液将支撑剂输送到裂缝中，施工结束后，压裂液能迅速降低黏度并返排出来，形成具有较好导流能力的渗流通道，实现压裂改造增产的目的。为此，使用冻胶破胶剂可以降低与支撑剂混合在一起的压裂液黏度。然而，在施工过程中，破胶剂保持较低的浓度可以确保压裂液的黏度和安全携砂；在裂缝闭合期间，压裂液滤失会使裂缝中的聚合物浓度增加 5～10 倍，常规的破胶剂用量可能导致压裂液破胶不彻底，破胶液黏度大或有残胶的情况。为此，为了降低水基压裂液破胶不彻底带来的裂缝伤害程度，在破胶剂及破胶技术方法上做了大量的研究工作。

水基聚合物压裂液广泛使用的破胶剂有氧化剂和酶制剂。最为常用的氧化破胶剂是过硫酸盐，如过硫酸铵、过硫酸钾等。过硫酸盐是通过分解成极为活跃的硫酸基自由基侵蚀聚合物分子链，从而实现黏度降低、破胶的目的。与一般化学反应相同，过硫酸盐分解速度与环境温度关系密切。当温度低于 52℃时，过硫酸盐分解速度缓慢，需要加入一些激活剂或催化剂加速游离根的生成，如使用胺或过渡金属盐类。在一些低温地层(20～50℃)，低温破胶激活剂已成为水基胍胶压裂液提高破胶速度必不可少的添加剂之一。当压裂液温度超过 52℃时，过硫酸盐分解速度明显增快。当温度在 80℃以上，即使过硫酸盐的浓度仅为 0.01%也会使聚合物黏度迅速降低。高温下，过硫酸盐的高度反应活性可能导致水基冻胶压裂液在施工泵送期间黏度快速降低而提前脱砂。于是在 20 世纪 80 年代，开发了胶囊破胶剂技术并普遍使用。胶囊破胶剂的引入，可以实现在泵注压裂液阶段，添加高浓度破胶剂而不影响压裂液黏度的目的，确保了施工结束后压裂液快速破胶返排。

在低温以及接近中性或低 pH 下，某些纤维素酶、半纤维素酶、果胶酶与淀粉酶的混合物可以用来降低植物多糖聚合物压裂液的黏度。为了强化酶破胶剂的使用效果，针对性研发出了多种多糖聚合物专用酶，它们只分解多糖聚合物结构中特定的糖甙键，能够把聚合物降解为非还原性的单糖和二糖。酶是一种具有三维结构、催化能力很强的生物蛋白(图 6-6)，理论上可以在很长时间内连续地使聚合物降解，而不像氧化剂一样被消耗掉。在改善支撑裂缝导流能力和清除滤饼方面，酶破胶剂效果非常好。

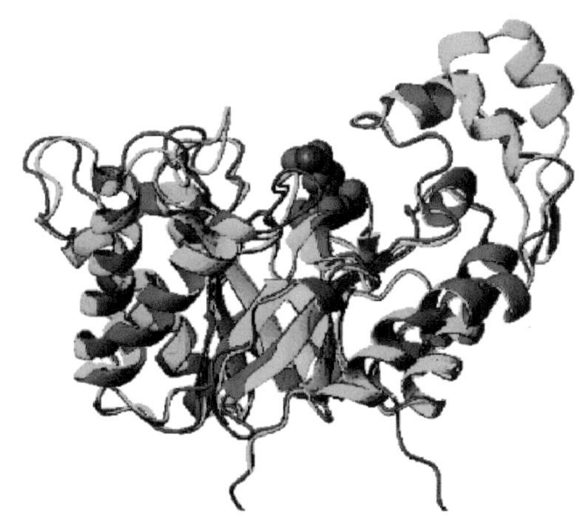

图 6-6　酶 3D 结构

为了进一步提高压裂液的破胶效果，通过在泵注阶段改变水基压裂液的交联环境或破胶剂浓度，实现快速、彻底破胶。吴金桥等发明一种压裂前置液和快速破胶工艺，在前置液中加入高浓度的生物酶，后续开展常规加砂压裂，该破胶工艺能够在压裂液返排过程利用生物酶加速胍胶压裂液破胶，并溶解压裂液滤饼，在延长油田三叠系长6特低渗油层应用增产效果显著。

2. 降低压裂液破胶残渣含量的技术方法

目前应用广泛的水基压裂液是胍胶衍生物压裂液，如HPG、CMHPG压裂液等。由于天然植物聚合物自身的缺陷，胍胶类压裂液破胶后含有残渣。胍胶压裂液的残渣主要来源于两个方面：一是胍胶稠化剂自身的水不溶物，包括一些不溶于水的纤维素和蛋白质等；二是胍胶聚合物大分子降解后形成的小分子片段。因此，要降低胍胶压裂液的残渣含量，一方面在保证压裂液性能的基础上，降低胍胶的使用浓度；另一方面优化破胶方式，使聚合物分子链充分降解，分子片段更小，残渣含量更低。

1)提高交联性能，降低稠化剂使用浓度

从压裂液配方优化角度来看，一般来说，为满足耐温抗剪切流变性能的要求，储层温度越高，使用的压裂液稠化剂浓度越高。实验研究表明，选择合适的交联剂是提高压裂液流变性能的有效方法之一。因此，从提高交联性能角度看，HPG稠化剂浓度越低，溶液中聚合物提供的顺式邻位羟基交联基团也越少，空间间距越大。为使这些有限的交联基团有效交联，需要增加交联离子的体积半径，保持适度的pH环境，以形成稳定的三维网状结构，满足压裂施工流变性能的要求。

卢拥军等针对长庆油田2600～2800m(地层温度约80℃)特低渗油藏原0.35%HPG压裂液残渣含量大、储层伤害大的问题，研制应用了一种新型有机硼交联剂，在pH为10的环境下，提高交联剂的络合点，提高稠化剂的交联能力，能够在0.2%HPG浓度下形成稳定的交联网状结构，耐温抗剪切性能满足施工要求(图6-7)。

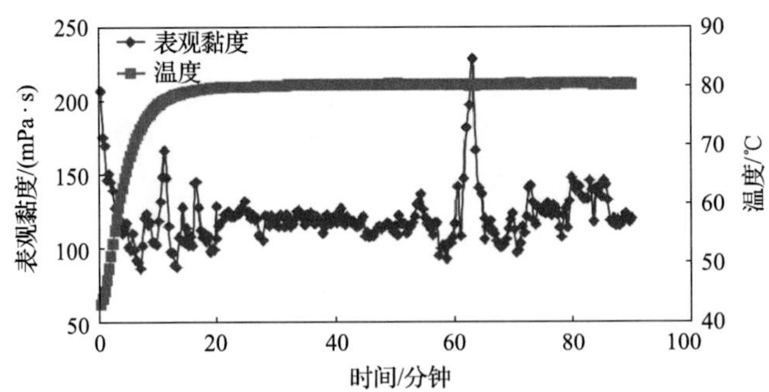

图6-7　0.20%HPG压裂液耐温抗剪切性能

罗攀登等研发了一种复合型多头交联剂YP-150(图6-8)，与0.3%JK101超级胍胶交联，在130℃、$170s^{-1}$、连续剪切120min后黏度为125mPa·s(图6-9)，由此说明了该低浓度HPG压裂液冻胶稳定性能好，耐温耐剪切性能强，与常规0.45%HPG压裂液相比，胍胶用量降低33.3%，残渣含量降低35.7%。

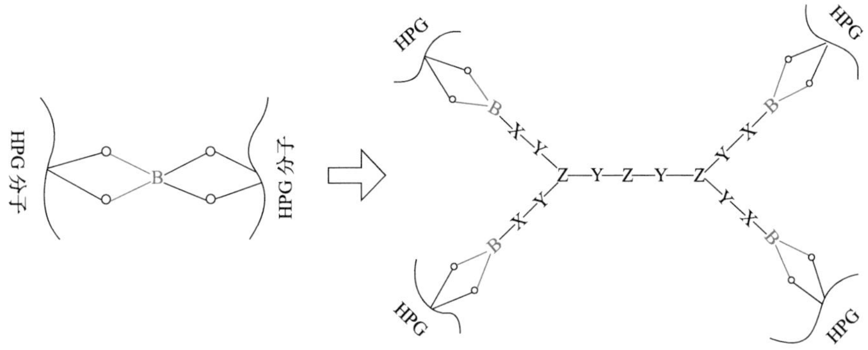

图 6-8 多头交联剂交联 HPG 分子原理示意图

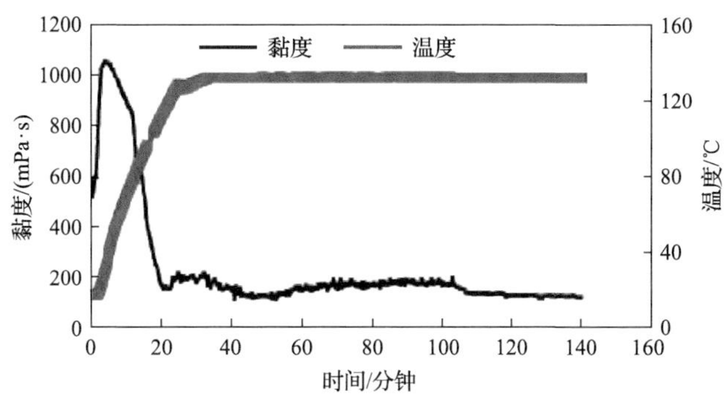

图 6-9 0.3%JK101 超级胍胶压裂液耐温抗剪切性能

2)提高破胶性能，降低残渣含量

过硫酸盐和酶是水基聚合物压裂液常用的破胶剂。图 6-10 是胍胶压裂液使用两类破胶剂破胶后的残渣。用酶破胶剂的破胶残渣明显比氧化破胶剂少。在水基

图 6-10 胍胶压裂液用酶和氧化破胶剂破胶残渣对比

压裂液中优选一些特异性的聚合物专用酶破胶剂，可以提高压裂液破胶效果，降低残渣含量。王满学等研究了过硫酸铵与生物酶的协同破胶作用，SUN-1 生物酶/过硫酸铵复合破胶剂与单剂比较，复合破胶剂对 HPG 压裂液残渣含量下降了 44.6%，对支撑剂导流能力的伤害下降近 60%，岩心伤害下降近 43%。

3. 降低水基压裂液水锁伤害的技术方法

特低渗油藏储层孔隙喉道细小，压裂液滞留容易导致水锁效应，使得地层中的原油比原始状态下产生一个附加的流动阻力，宏观上表现为油井产量的降低，这在低压地层尤为明显。造成压裂液在地层中滞留的主要原因是毛细管压力。

对于特定的储层，压裂液的表面张力越低，且与岩石接近中性润湿(即接触角接近 90°)，流体流动的毛细管阻力越小，返排能力越强，水基压裂液的水锁伤害就会越低。

优选一种具有较低表/界面张力的表面活性剂作为水基压裂液的助排剂，是降低压裂液水锁伤害的首选方法，这也是压裂液配方优化和性能评价的重要内容之一。在优选压裂液助排剂时，将 Laplace 毛细管压力公式中的 $\sigma\cos\theta$ 作为一个整体变量进行考量，更能全面体现助排剂性能指标。

另外，对于低压特低渗油藏的增产改造，还可以采用 N_2 或 CO_2 增能的方式，提高压裂液返排效率，降低水锁伤害。

6.1.3 低伤害水基压裂液体系

“高效、低伤害、低成本、环保”是压裂液发展的永恒主题。延长油田在特低渗油藏的压裂改造过程中，逐步形成了以降低胍胶用量，优化交联剂配比为主体，氧化物和酶协同破胶的低伤害胍胶压裂液体系；解决油井初期产油液量较少，清洁压裂液破胶困难、低温不能配液的新型 VES 压裂液体系；针对低压、高泥质含量油层，以可降解的生物类压裂液助剂，生物酶和微生物降解方法降低破胶液残渣，减少地层伤害的生物压裂液体系。这几种压裂液在油田得到广泛应用。

1. 低伤害胍胶压裂液体系

在水基压裂液体系中，胍胶衍生物压裂液应用最为广泛，如 HPG、CMHPG 压裂液等。为了降低压裂液伤害，胍胶压裂液主要有两个发展方向：一是提高交联剂性能，降低胍胶稠化剂使用浓度，可以降低胍胶压裂液水不溶物的含量，同时降低压裂液的黏滞阻力，以达到降低伤害的目的，即低浓度胍胶压裂液；二是降低胍胶的分子量，减少自身的水不溶物含量，形成小分子量胍胶压裂液。

1) 低伤害胍胶压裂液体系

胍胶压裂液的残渣主要来源于两个方面：一是胍胶稠化剂自身的水不溶物，包括一些不溶于水的纤维素和蛋白质等；二是胍胶分子降解后形成的小分子片段。延长油田主要从胍胶稠化剂及破胶方面入手寻找降低胍胶压裂液残渣含量的方法。

(1) 稠化剂优选。

稠化剂是胍胶压裂液的主要添加剂，目前国内使用的稠化剂主要是羟丙基胍胶(HPG)，习惯上简称为胍胶。因生产工艺各有不同，不同的厂家生产的胍胶的水不溶物含量差异较大。通过水不溶物含量指标评价，优选出适合胍胶稠化剂，实验方法参考 SY/T 5764-2007“植物胶通用技术条件”，实验结果见表 6-1。

表 6-1 胍胶稠化剂优选

品种	水不溶物含量/%	0.6%黏度/(mPa·s)
YC-1	7.11	108.0
YC-2	7.68	90.0
YC-3	5.01	96.0

由表 6-1 可知，YC-3 胍胶的水不溶物含量较其他两种胍胶低，在相同的条件下，压裂液破胶液的残渣含量也相对较低，因此选择 YC-3 胍胶作为后续胍胶压裂液体系研究的稠化剂。

(2) 降低胍胶使用浓度。

研究表明，胍胶压裂液体系耐温抗剪切性能可以通过优化交联环境(如 pH)、适当提高交联比等方法得到提高。因此，可以在不影响压裂液流变性能的基础上，通过减少胍胶稠化剂的使用浓度，从而降低压裂液破胶液的残渣含量。

延长油田西部油区埋深在 1800～2300m，使用的压裂液体系为 0.35%HPG+1.0～2.0%KCl+0.3%COP-1(长效黏土稳定剂)+0.2～0.3%破乳剂+0.3～0.5%助排剂+0.05～0.1%杀菌剂+0.05～0.1% Na_2CO_3；交联剂为 0.4%～0.8%硼砂溶液；交联比为(100∶5)～(100∶10)。由上述配方可以看出，胍胶的使用浓度为 0.35%，地层温度为 54.0～69.0℃。通过实验我们发现，通过调节压裂液 pH 或交联比，对于此类储层的压裂改造使用 0.3%胍胶浓度完全能满足施工的要求。

①调节压裂液的 pH。压裂液基液配方为 0.3%HPG+1.0%KCl+0.5%YC-PRZP-1+0.1%CJSJ-2(杀菌剂)+0.05%Na_2CO_3；交联剂为 0.7%硼砂；交联比为 100∶6；地层温度设定为 65℃。采用 Haake RS6000 旋转流变仪在 65℃、170s^{-1} 情况下测定 0.3%胍胶压裂液的耐温抗剪切性能，实验结果见图 6-11。

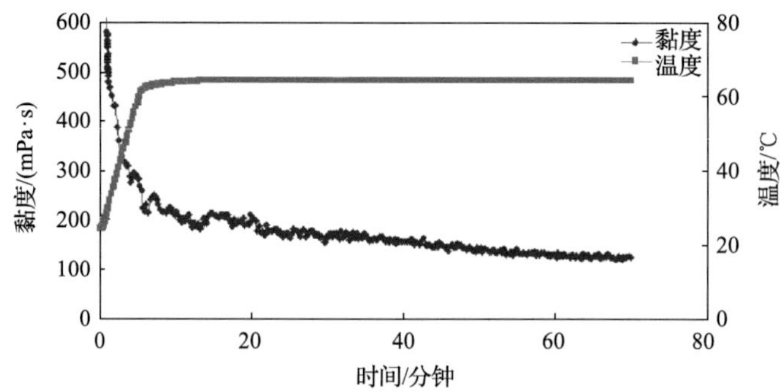

图 6-11 0.3%胍胶压裂液的耐温抗剪切性能

从图 6-11 可以看出，在 65℃、170s^{-1}下剪切 70min，0.3%胍胶压裂液最终黏度保持在 125.0mPa·s 左右，可见完全满足 70℃压裂施工的要求。

②交联比优化。压裂液基液配方为 0.3%HPG+1.0%KCl+0.5%YC-PRZP-1+0.1%CJSJ-2（杀菌剂）+0.1%YC-JH-1（低温破胶激活剂）；交联剂为 0.7%硼砂；交联比为（100∶6）～（100∶8）；地层温度设定为 65℃。采用 Haake RS6000 旋转流变仪在 65℃、170s^{-1}情况下测定不同交联比胍胶压裂液的耐温抗剪切性能，实验结果见图 6-12。

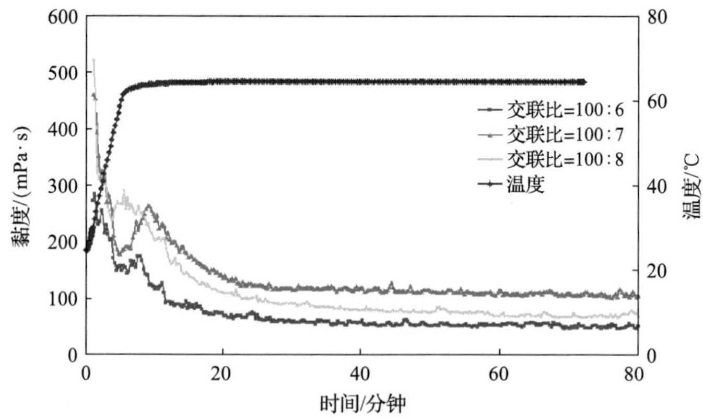

图 6-12 不同交联比下胍胶压裂液的耐温抗剪切性能

由图 6-12 可以看出，在不改变压裂液 pH 的基础上，通过调节交联比，可以提高压裂液的耐温抗剪切性能，当交联比提高到 100∶7 时，0.3%胍胶压裂液在 65℃、170s^{-1}下剪切 80min，最终有效黏度为 110mPa·s，可以满足 70℃内储层压裂施工的要求。

③残渣含量对比。采用离心法分别测定 0.35%胍胶压裂液配方、0.3%调节 pH 压裂液配方、0.3%调节交联比压裂液配方在 65℃下的破胶残渣含量，实验结果见表 6-2。

表 6-2 压裂液破胶残渣含量对比

编号	压裂液配方	残渣含量/(mg · L^{-1})
1	基液：0.35%HPG+1.0%KCl+0.5%YC-PRZP-1+0.1%CJSJ-2+0.05%Na_2CO_3 交联剂：0.4%硼砂 交联比：100∶10	368.0
2	基液：0.3%HPG+1.0%KCl+0.5%YC-PRZP-1+0.1%CJSJ-2+0.05%Na_2CO_3 交联剂：0.7%硼砂 交联比：100∶6	306.0
3	基液：0.3%HPG+1.0%KCl+0.5%YC-PRZP-1+0.1%CJSJ-2+0.1%YC-JH-1 交联剂：0.7%硼砂 交联比：100∶7	258.0

从表 6-2 中可以看出，降低胍胶压裂液稠化剂(HPG)的使用浓度，通过调节压裂液的 pH，或者适当提高交联比，可以提高压裂液的耐温抗剪切性能，从而实现降低压裂液破胶残渣的目的。

(3)破胶体系优化。

胍胶压裂液体系使用的破胶剂主要有过氧化物和酶，过氧化物如过硫酸铵(APS)、过硫酸钾等，破胶可控，成本低，应用广泛；酶破胶剂如淀粉酶等，适用于中低温，尤其在低温方面具有优势，但成本较高，目前应用还不普遍。延长油田开发了通过激活或协同 APS 破胶剂的方法，使胍胶压裂液能破胶彻底，残渣含量降低。

①APS 与低温破胶激活剂的协同破胶体系。

延长油田西部油区地层温度 50.0～80.0℃，西南部地层温度 25～40℃，中部地层温度 40～60℃，以中低温为主。APS 类破胶剂的破胶效果地层温度影响较大，当温度高于 60℃，破胶速度较快，破胶效果好；当温度低于 60℃，尤其是低于 50℃后，破胶速度显著减慢，破胶效果不理想。延长油田针对低温胍胶压裂液的破胶开发出了一种低温破胶激活剂 YC-JH-1，它能与 APS 协同作用，提高 APS 低温下的破胶速度和破胶效果。

实验对比评价了 40℃下胍胶压裂液体系在添加 YC-JH-1 低温破胶激活剂和不添加时的破胶情况及破胶残渣。压裂液配方为：0.3%HPG+1.0%KCl+0.5%YC-PRZP-1+0.1%CJSJ-2；交联剂：0.7%硼砂；交联比：100∶7；破胶剂：APS 或 APS+YC-JH-1。实验结果见表 6-3。

表 6-3 40℃胍胶压裂液体系破胶对比

破胶体系	不同时间的破胶黏度/(mPa · s)						残渣含量/(mg · L^{-1})
	1h	2h	4h	8h	16h	24h	
APS	—	—	稀	10.6	6.8	4.5	340.0
APS+ YC-JH-1	—	5.4	3.6	—	—	—	287.0

从表 6-3 可以看出，在低温条件下，胍胶压裂液配方中加入 YC-JH-1 低温破胶激活剂，通过与 APS 协同作用，可以提高破胶速度，同时能降低破胶液残渣含量。

对于 60～70℃的地层，由于注入的压裂液温度低，裂缝中压裂液的温度随着注入时间延长越来越低，为了实现压后快速破胶、快速返排的目的，加入一定量的 YC-JH-1 低温破胶激活剂有助于胍胶压裂液快速、彻底破胶，破胶残渣含量也会有所降低。

②APS 与聚合物降解剂的协同破胶体系。

二氧化氯是一种较强的氧化剂，其作用原理即利用二氧化氯的强氧化性降解支撑裂缝中堵塞的胍胶压裂液残胶、滤饼、残渣。YC-JJ-1 聚合物降解剂，二氧化氯的含量为 2.0%～3.0%，不仅可以作为杀菌剂使用，而且还可以与 APS、YC-JH-1 低温破胶激活剂协同作用，降低胍胶压裂液的残渣含量。

研究不同 YC-JJ-1 聚合物降解剂浓度对胍胶压裂液破胶速度的影响不同。压裂液配方为 0.3%HPG+1.0%KCl + 0.5%YC-PRZP-1+0.1%CJSJ-2；交联剂 0.7%硼砂；交联比 100∶7；破胶剂 APS+YC-JH-1+YC-JJ-1。结果见表 6-4。

由表 6-4 可知，加入一定量的 YC-JJ-1 聚合物降解剂，40℃下破胶时间明显缩短，破胶 8h 后残渣含量明显降低，可见 YC-JJ-1 聚合物降解剂与 APS+YC-JH-1 低温破胶激活剂的协同作用，能明显降低胍胶压裂液残渣含量。

表 6-4　YC-JJ-1 聚合物降解剂的破胶协同作用

YC-JJ-1 浓度/%	40℃下破胶情况		8h 后残渣含量/(mg · L^{-1})
	破胶时间/min	破胶黏度/(mPa · s)	
0	120	5.4	287
0.05	90	6.4	272
0.1	80	5.2	252
0.2	70	5.5	234
0.3	60	6.2	224

2) 现场应用

从 2003 年到 2013 年，低伤害胍胶压裂液体系在延长油田已累计应用 32830 井次，措施有效率从最初的 80%提高到 96%，有效期从 90d 提高到 180d 以上，压裂液平均返排率从 45%提高 65%，单井平均产量从 0.5t/d 提高到 1.2t/d，部分井压裂后初期产量达到 10t/d 以上。

2. VES 清洁压裂液体系

VES 压裂液，即黏弹性表面活性剂(Viscoelastic Surfactant)压裂液，它是由具有特殊结构的表面活性剂(图 6-13)，在一定条件下形成柔性棒状胶束并相互缠绕形成三维网状结构的压裂液体系(图 6-14)。与常规水基聚合物压裂液不同，VES 压裂液与烃类接触或被水稀释后，黏度显著降低而破胶，因此应用到特低渗油藏压裂，无需添加破胶剂。由于组成 VES 压裂液均为小分子量的表面活性剂、无机盐等，不含大分子的聚合物，破胶后无残渣，对支撑裂缝和裂缝面的伤害较小。因此，也被称为清洁压裂液、无聚合物压裂液等。

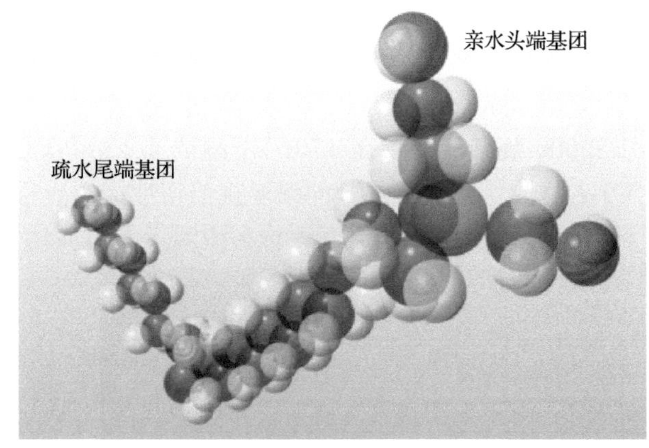

图 6-13　黏弹性表面活性剂分子结构

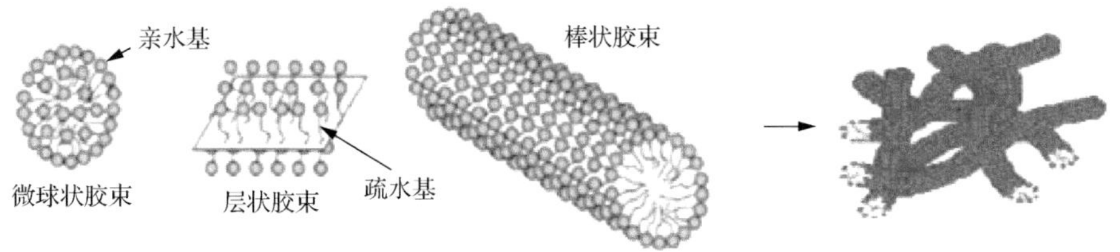

图 6-14　VES 压裂液形成过程示意图

1) YCQJ-2 清洁压裂液体系

YCQJ-2 清洁压裂液体系是延长油田开发出一种稠化剂与清水(或低浓度 KCl 盐水)按一定比例混合即可形成压裂液体系，现场施工时可将 YCQJ-2 清洁压裂液稠化剂当“交联剂”使用，边混合配液、边加砂压裂，方便快捷，减少了配液用水及添加剂的浪费，可降低压裂液成本，保护环境。同时，优化出可增加清洁压裂液耐低温性能的表面活性剂助剂，提高了清洁压裂液使用范围，在水不结冰的情况下都可以使用。

清洁压裂液破胶一般要依靠与地层中原油的接触或地层水的稀释才能破胶，正辛醇、分子量在 1000 以上的聚合醇、十二烷基硫酸钠也可以使清洁压裂液快速破胶，但是破胶时间不可控，施工安全无法保证。延长油田开发了可使清洁压裂液在不接触到油或水的情况下实现彻底破胶的清洁压裂液破胶剂 YC-PJ-1，该破胶剂破胶时间可控，可实现压裂施工安全及压后快速彻底破胶返排，提高压裂效果。该 YC-PJ-1 破胶剂使得清洁压裂液不仅可在特低渗油井上使用，还可在煤层气、天然气等不含油或水的气井上使用，这将大大拓宽了清洁压裂液应用范围。

(1) YCQJ-2 清洁压裂液体系性能评价。

根据延长油田的储层温度，同时考虑储层水敏性较强，因此，YCQJ-2 清洁压裂液体系配方设计为 1.0～5.0%YCQJ-2 清洁压裂液稠化剂+0.5%KCl，破胶剂为 YC-PJ-1。其性能评价方法参见《SY/T 5107—2005 水基压裂液性能评价方法》。

①流变性能。

采用 Haake RS6000 旋转流变仪在 $170s^{-1}$ 下测试了 1.0%YCQJ-2 清洁压裂液(0℃)和 5.0%YCQJ-2 清洁压裂液(70℃)的耐温抗剪切性能，一方面了解 YCQJ-2 清洁压裂液在低温下流变性能，另一方面评价在中温下的抗剪切性能，实验结果见图 6-15。

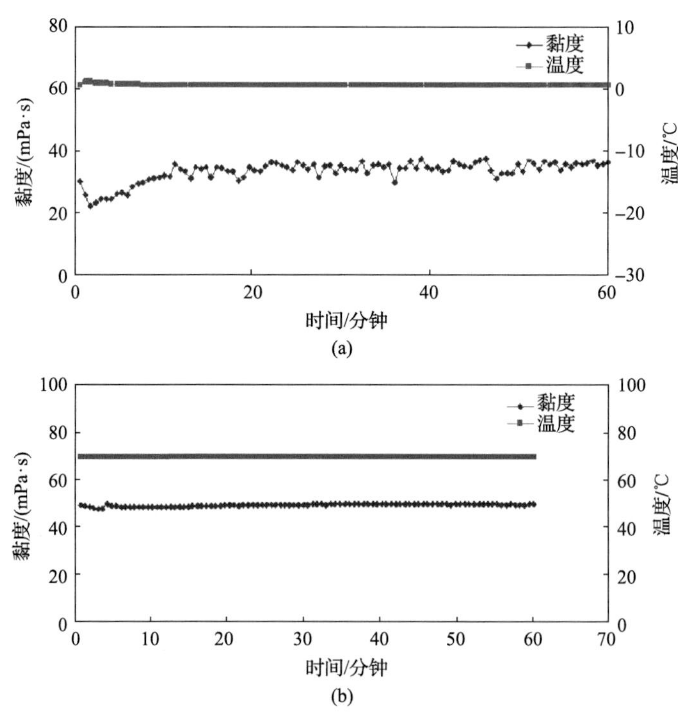

图 6-15 1%YCQJ-2 清洁压裂液 0℃(a)和 5%YCQJ-2 清洁压裂液 70℃(b)耐温抗剪切能力

从图可以看出，0℃下 YCQJ-2 清洁压裂液仍具有较好的黏度，流变性能较好；在 70℃下剪切 1h，黏度保持在 50mPa·s 左右，满足压裂施工的要求。

②破胶性能。

实验测试了 5.0%YCQJ-2 清洁压裂液在 70～80℃、YC-PJ-1 不同加量时的破胶性能，实验结果见表 6-5。

表 6-5 YCQJ-2 清洁压裂液的破胶性能

破胶时间/min	破胶液的黏度/(mPa·s)			
	地层温度 70℃		地层温度 80℃	
	浓度 0.08%	浓度 0.10%	浓度 0.05%	浓度 0.06%
30	—	—	—	—
60	变稀	变稀	变稀	变稀
90	20.8	4.8	变稀	3.8
120	8.5	—	2.6	—
180	5.4	—	—	—

从表 6-5 可以看出，根据不同地层温度，调节 YC-PJ-1 的加量可以实现 YCQJ-2 清洁压裂液的快速破胶。

③滤失性能。

参照水基压裂液性能评价石油行业标准 SY/T 5107-2005 对 YCQJ-2 清洁压裂液的滤失性能进行测试。实验表明，YCQJ-2 清洁压裂液在滤纸介质上表现为全滤失，主要原因是 YCQJ-2 清洁压裂液依靠小分子量的阳离子表面活性剂，在反离子作用下形成蠕虫状胶束而增稠，不会在滤纸上形成滤饼，因此导致滤失量较大。

④破胶液表/界面张力。

YCQJ-2 清洁压裂液破胶液的表面张力，表面张力为 27.20mN/m，界面张力为 0.50mN/m。

⑤残渣含量。

用正辛醇破胶，YCQJ-2 清洁压裂液的破胶残渣检测不出，因此认为基本不含残渣。

⑥破胶液黏土防膨能力。

测定了 5%YCQJ-2 清洁压裂液破胶液、5%YCQJ-2 清洁压裂液破胶+0.5%KCl、5%YCQJ-2 清洁压裂液破胶液+1.0%KCl 的黏土防膨能力，实验结果见表 6-6。

表 6-6 YCQJ-2 清洁压裂液的黏土防膨能力

液体体系	黏土防膨能力/%
5%YCQJ-2	70.5
5%YCQJ-2+0.5%KCl	75.2
5%YCQJ-2+1.0%KCl	83.6

从表 6-6 可以看出，YCQJ-2 清洁压裂液破胶液的黏土稳定能力较强，达到了 70.5%，基本满足现场要求。因此，当储层水敏性较弱时，可以采用 YCQJ-2 清洁压裂液稠化剂直接与清水混合后使用；当水敏性较强时，可以在清水中添加 0.5%KCl，以提高黏土防膨能力。

⑦配伍性。

将破胶液与某采油厂郑 401 长 10 的地层水进行配伍性实验，按 1∶2、2∶1 与地层水进行复配，清澈透明，无浑浊或沉淀出现，配伍性良好。

(2) 破胶液岩心伤害率。

采用 YCQJ-2 清洁压裂液破胶液(pH=5.0)进行岩心伤害实验，实验结果见表 6-7。

表 6-7　YCQJ-2 清洁压裂液破胶液对岩心伤害实验结果

井号	层位	空气渗透率/$10^{-3}\mu m^2$	孔隙度/%	液相渗透率/$10^{-3}\mu m^2$		伤害率/%	平均伤害率/%
				注液前	注液后		
郑 476	长 9	1.751	10.56	1.393	1.067	23.37	14.98
杜 3604	长 8	0.766	10.77	0.384	0.359	6.58	

从表 6-7 可以看出，YCQJ-2 清洁压裂液对深层岩心的伤害率较低，一方面是由于 YCQJ-2 清洁压裂液显弱酸性(酸性来自有机酸)，且具有较好的黏土稳定能力；另一方面 YCQJ-2 清洁压裂液破胶彻底，破胶液黏度为 2.0～3.0mPa·s，且破胶液表面张力较低。

综上所述，YCQJ-2 清洁压裂液可以满足 80℃储层的压裂施工要求，破胶无残渣，破胶液表面张力低，对深层岩心的伤害率平均低于 20.0%，是一种低伤害的清洁压裂液体系。

2) 现场应用

YCQJ-2 清洁压裂液体系在延长油田已累计应用 500 多口井，取得了良好的增产改造效果。以延 731-3 井为例，压裂目的层 1587.0～1591.0m，地层温度为 50～55℃，压裂液配方为：0.5%KCl+3.0%VES 压裂液，采取利用油层温度、原油的破胶方式破胶。施工排量 1.5～1.9m^3/min，压力 17.9～34.8MPa，入地液量 81.1m^3，加砂 16.4m^3，砂比最大达到 40%，平均 24.1%，压裂施工曲线见(图 6-16)；该井压后平均日产油量 7.48t，邻井延 731-1 和邻井延 731-2 采用常规胍胶压裂液平均日产油分别为 4.59t 和 5.44t，因此采用 YCQJ-2 清洁压裂液体系压裂改造增产效果明显。

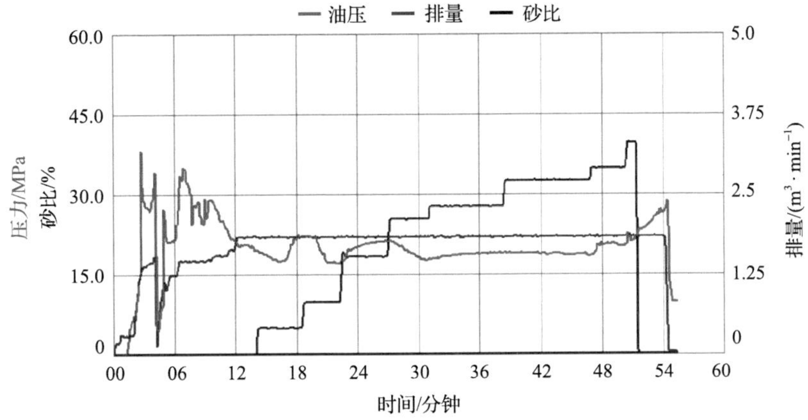

图 6-16 延 731-3 井压裂施工曲线

3. 生物压裂液体系

生物压裂液，即采用胍胶稠化剂、生物表面活性剂类破乳助排剂、生物杀菌剂和生物酶破胶剂等作为压裂液添加剂，以硼砂作为交联剂形成的压裂液体系。

在胍胶压裂液对储层岩心的伤害中，水锁和破胶残渣对地层的伤害最为严重，分别占到 10%～20%和 20%～30%。生物压裂液主要通过使用高效生物类破乳助排剂降低胍胶压裂液的表面张力来削弱潜在的水锁伤害；采用生物表面活性剂类杀菌剂代替醛类杀菌剂降低对施工人员的伤害，减少对地层水污染；同时，在保证压裂液性能的基础上，通过生物酶和微生物降解胍胶残渣的方法来降低胍胶压裂液残渣，从而达到降低压裂液对储层伤害的目的。

1) 延长油田生物压裂液体系

(1) 生物压裂液体系。

①胍胶稠化剂。以水不溶物含量少的 YC-3 胍胶作为低伤害胍胶压裂液体系的稠化剂。

②交联剂。中低温油层温度范围为 25～60℃，胍胶与硼砂交联冻胶体系的耐温抗剪切性能能够满足压裂施工的要求，因此，交联剂选择硼砂。

③黏土稳定剂。压裂液中添加黏土稳定剂，一方面防止储层岩石中黏土矿物膨胀、运移，另一方面可以提高压裂液的矿化度，防止潜在的盐敏伤害。对于延长特低渗储层来说，水敏性中等偏强，选择 KCl 即可，用量在 1.0%～2.0%。

④生物破乳助排剂。生物破乳助排剂 YC-SWBHJ-1 具有防乳破乳、助排双重功能，使用浓度 0.05%～0.2%，表面张力低，破乳快，对深层岩心伤害率低。

⑤生物杀菌剂。胍胶是一种植物多糖类聚合物，在一定温度下容易腐败变质，需要在配液过程中加入一定量的杀菌剂。目前，油田上用得最多的是 CJSJ-2 及甲醛等化学类杀菌剂。与胍胶压裂液杀菌性能实验对比，生物杀菌剂 SWSJJ-1 能够很好地满足胍胶压裂现场施工技术要求，同时不伤害环境生态。

⑥生物酶破胶剂。生物酶破胶剂 YC-SWMPJ-1 完全能够满足中低温胍胶压裂液破胶技术要求，性能稳定，用量少，破胶彻底，压裂破胶液残渣含量少。生物压裂液体系的破胶剂选择生物酶破胶剂，其使用浓度在 10～30ppm，在压裂施工过程中采取前置液预加，携砂液楔形加入的方式。

(2) 生物压裂液体系性能评价。

根据生物酶破胶剂的破胶有效温度范围，参考《SY/T 5107—2005 水基压裂液性能评价方法》。确定了 25℃、35℃、45℃三个压裂液配方，评价了体系的流变性能，破胶性能、破胶液性能、破胶液与地层的配伍性。

①生物压裂液体系流变性能。采用 Haake RS6000 旋转流变仪测试了三个配方的耐温抗剪切性能。

25℃配方。基液为 0.25%HPG+1%KCl+0.4%YC-SWBHJ-1+0.05%SWSJJ-1；交联剂为 0.7%硼砂；交联比为 100∶5。剪切速率为 $170s^{-1}$，剪切 60min，实验结果如图 6-17 所示。

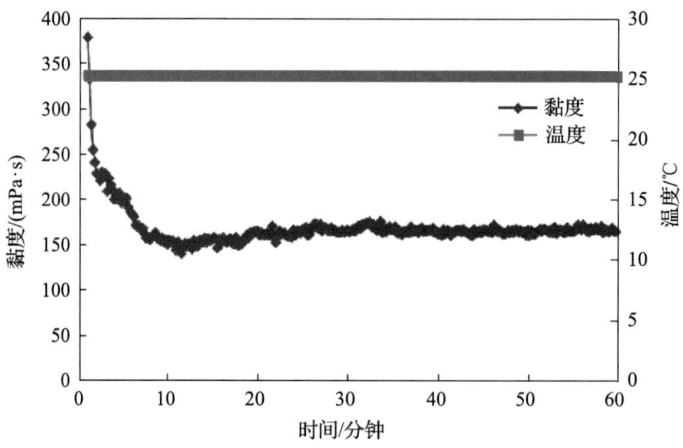

图 6-17 生物压裂体系 25℃耐温耐剪切性能

由图 6-17 可知，该配方胍胶压裂液体系在 25℃，$170s^{-1}$ 剪切 60min，黏度保持在 16mPa·s 左右，满足携砂的要求。

35℃配方。基液为 0.30%HPG+1%KCl+0.4%YC-SWBHJ-1+0.05%SWSJJ-1；交联剂为 0.7%硼砂；交联比为 100∶5。在 35℃、$170s^{-1}$ 的剪切速率下剪切 60min，实验结果如图 6-18 所示。

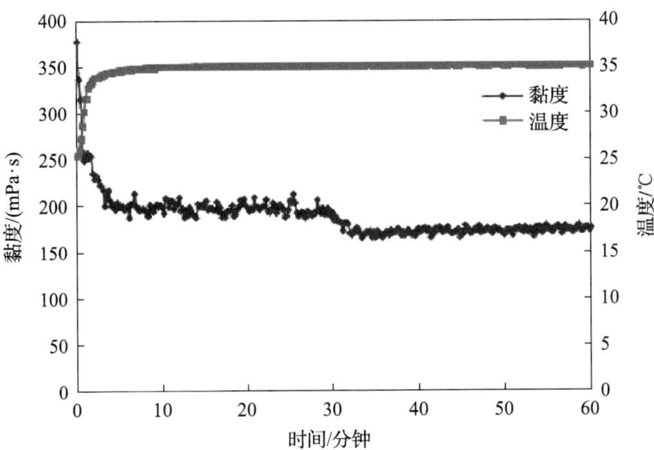

图 6-18 生物压裂体系 35℃耐温耐剪切性能

由图 6-18 可知，该配方胍胶压裂液体系在 35℃、$170s^{-1}$ 的剪切速率下剪切 60min，黏度保持在 175mPa·s 左右，满足压裂施工要求。

45℃配方。基液为 0.30%HPG+1%KCl+0.4%YC-SWBHJ-1+0.05%SWSJJ-1；交联剂为 0.7%硼砂；交联比为 100∶5。在 45℃、$170s^{-1}$ 的剪切速率下剪切 60min，实验结果如图 6-19。

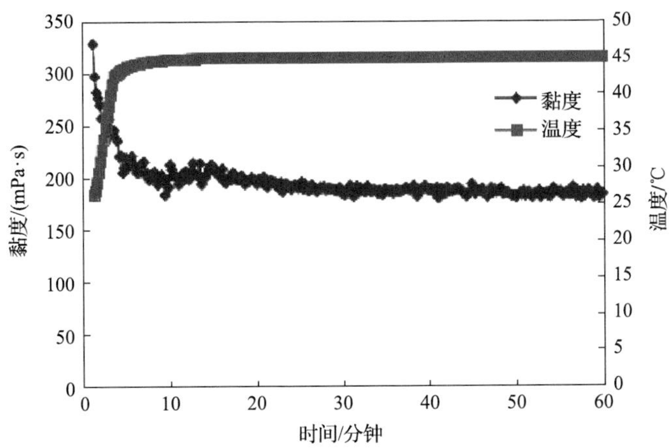

图 6-19 生物压裂体系 45℃耐温耐剪切性能

从图 6-19 可见，该配方胍胶压裂液体系在 45℃、$170s^{-1}$ 的剪切速率下剪切 60min，黏度保持在 184mPa·s 左右，满足携砂的要求。

②破胶性能。分别针对两个配方在不同温度、不同生物破胶酶加量、不同时间下进行破胶实验，实验结果见表 6-8。

表 6-8　25℃胍胶压裂液配方破胶实验结果

温度/℃	破胶时间/min	不同破胶剂浓度下破胶液黏度/(mPa · s)			
		5ppm	10ppm	15ppm	20ppm
25	30	—	—	28.1	10.4
	60	—	20.1	8.4	1.5
	120	25.0	5.2	1.8	—
	240	5.6	2.1	1.5	—
35	30	—	—	30.3	12.0
	60	—	22.1	12.0	1.6
	120	30.4	6.0	1.8	—
	240	6.6	2.1	—	—
45	30	—	—	28.4	10.5
	60	—	20.0	8.4	1.5
	120	28.1	4.8	1.8	—
	240	6.4	1.8	—	—

③破胶液性能。采用离心法测定了 3 个典型配方的破胶液残渣含量，45℃、35℃和 25℃压裂液配方下的残渣含量分别为 183mg/L、186mg/L 和 175mg/L。由此可见，加入生物酶破胶剂破胶后，生物压裂液的破胶残渣含量较低。

3 个典型配方使用 YC-SWBHJ-1 生物破乳助排剂的浓度相同，压裂液破胶液的表/界面张力实验结果为，表面张力 27.25mN/m、界面张力 0.51mN/m，具有较好助排性能。

采用胍胶压裂液破胶液与长 10 层原油进行乳化破乳实验，发现在常温下(25℃)破乳速度快，30min 破乳率达到 98.0%以上，油水界面清晰，水相清澈，破乳效果好。

④破胶液与地层水配伍性。将破胶液与东部油区长 6 地层水进行配伍性实验，按 1∶2、2∶1 与地层水进行复配，清澈透明，无浑浊或沉淀出现，配伍性良好。

⑤岩心伤害评价。延长油田低渗致密岩心与相应胍胶压裂液配方体系的破胶液进行岩心伤害测试，实验结果见下表 6-9。

表 6-9　低渗致密岩心胍胶压裂液伤害实验结果

岩心	气测渗透率/$10^{-3}\mu m^2$	孔隙度/%	渗透率/$10^{-3}\mu m^2$		伤害率/%	平均伤害率/%
			注液前	注液后		
1	2.544	8.62	1.024	0.810	20.88	
2	2.419	8.25	1.195	0.971	18.74	20.15
3	0.323	10.80	0.048	0.038	20.83	

从表 6-9 可以看出，该胍胶压裂液对目的层岩心的伤害率均低于 25%，是一种低伤害的压裂液体系。

2) 现场应用

延长油田在中部和南部采油厂各试验了 5 口井，层位为三叠系延长组长 6 油层和长 2 油层。第一口井 X6178-3 井，采用的生物压裂液配方：①基液为 0.3%HPG+1.0%KCl+0.4%YC-SWBHJ-1（生物破乳助排剂）+0.05%SWSJJ-1（生物杀菌剂）+0.02%Na_2CO_3；②交联剂为 0.8%硼砂；③破胶剂为 4ppmYC-SWMPJ-1（生物酶破胶剂）；④交联比为 100∶4。压裂加砂 18m^3，施工排量 1.6m^3/min，平均砂比 37.5%，施工过程平稳（图 6-20）。

试验井与相邻常规胍胶压裂液井对比分析发现，生物压裂液体系试验取得了较好的改造效果。以其中 2 口试验井为例，试验井 X6178-3 井平均日产净油 2.03t，邻井 X6178-1 井平均日产净油 0.64t，邻井 X6178-2 井于平均日产净油 0.58t，试验井 X6178-3 井平均产量均高于邻井；试验井 H208-6 井平均日产净油 5.61t，邻井 H208-5 平均日产净油 2.54t，邻井 H208-7 井于平均日产净油 0.96t，试验井 H208-6 井平均产量也均高于邻井。

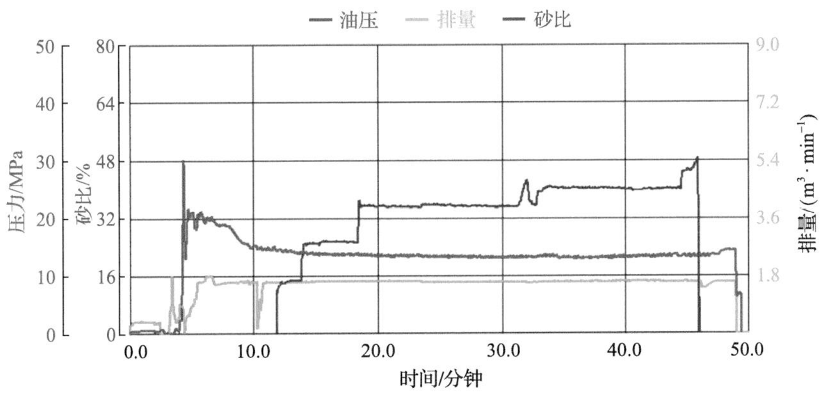

图 6-20 X6178-3 井压裂施工曲线

6.2 “一层多缝”压裂技术

压裂是从油藏整体开发的角度，根据地应力大小及方向、裂缝规模及方位来高效开发低渗油藏的一种方法。近年来压裂以扩大波及体积，提高有效动用程度为目的逐渐引入到油田开发中后期综合调整、提高采收率阶段。压裂一般形成垂直缝，对于浅层油藏，因其垂向应力小，压裂易形成水平缝。

延长油田东部油区主要储层的埋藏深度 200～850m，地层垂向应力小于水平应力，压裂多产生水平裂缝（图 6-21），这种水平缝给压裂的设计和施工带来了困难，也形成了延长油田东部油藏独特的渗流机理。

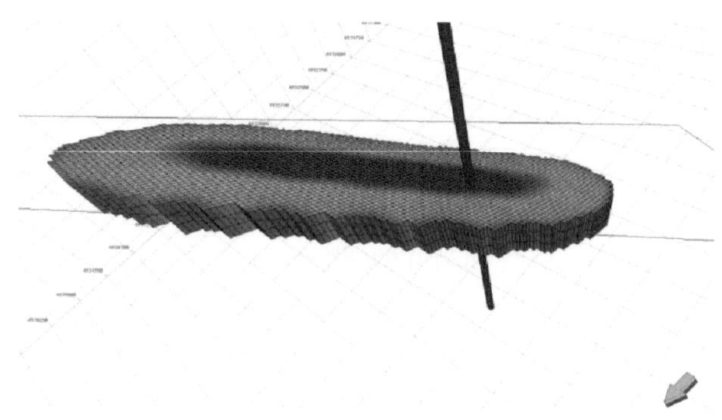

图 6-21　水平裂缝三维空间示意图

6.2.1　“一层多缝”压裂技术的定义

“一层多缝”压裂技术是指在一个小层内部由于浅层、低压，水平应力大于垂直应力，应力夹层的存在，压裂改造过程中在纵向上产生多条水平缝(图 6-22)，进而扩大泄油范围，提高油层小层利用率、提高油藏动用程度和采收率(图 6-23)。

图 6-22　一层多缝三维空间示意图

图 6-23　井筒周围“一层多缝”压裂缝展布形态示意图

“一层”内涵是指油层内部一个单一的小层，对应原来油田划分的 24 个小层。一层压裂产生的多条裂缝的含义就是指在所划分的小层内通过小层内部细分流动单元，根据纵向流动单元的岩性、物性及含油性差异，优选压裂层段分段实施压裂，最终达到在一个小层内部产生多条水平裂缝(图 6-24)。

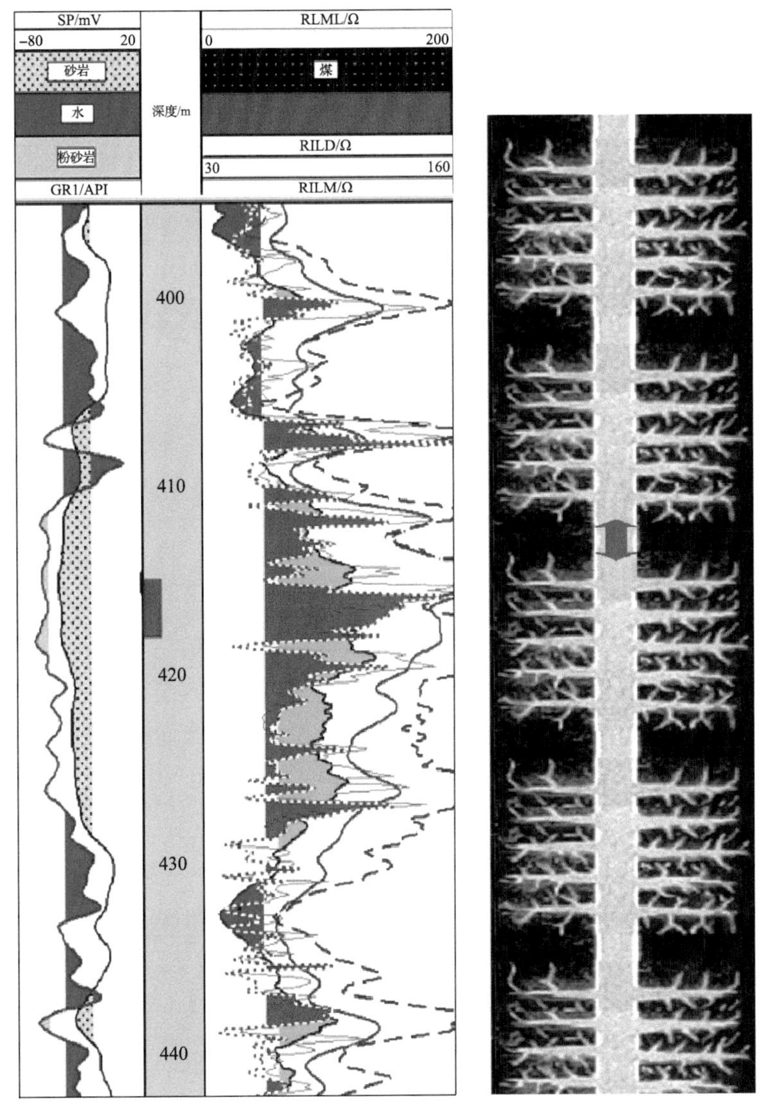

图 6-24 层内非均质特征与“一层多缝”压裂的可能性示意图

“一层多缝”在普通的油气藏中不多见，它的产生具有特殊的地质条件和压裂工艺技术，针对浅层油藏(一般油藏深度在 800m 以内)地层条件下水平应力大于垂直应力，压裂过程中产生的裂缝主要为水平缝或低角度裂缝，裂缝多沿地层界面或层里面等岩体结构面或应力薄弱面张开(图 6-25)，以达到改造储层的目的。

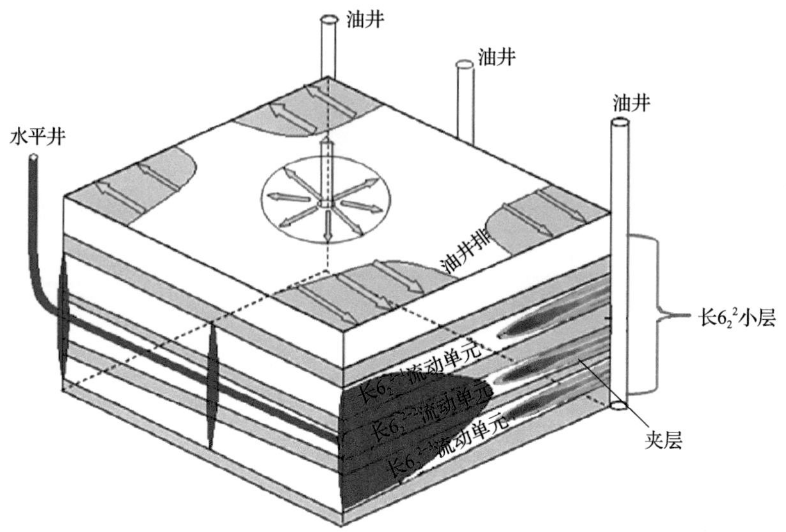

图 6-25 “一层多缝”油水井注采对应关系示意图

6.2.2 “一层多缝”压裂增产机理

“一层多缝”压裂在油层中形成裂缝网络，基质孔隙与裂缝网络沟通，使得原本相对孤立的基质孔隙发生串通，孔隙内液体可以进入裂缝，增加了基质渗透率。储层内原来不能被采出的原油，由于孔隙和裂缝的连通被采出。

1. 压裂水平缝产生的条件

岩石的破裂过程如图 6-26 所示。

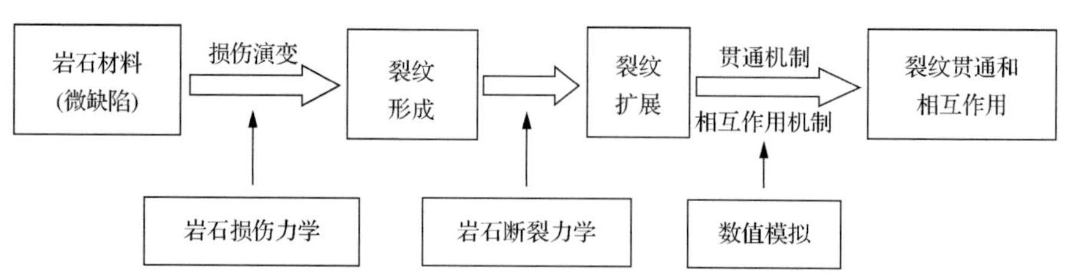

图 6-26 岩石破裂过程示意图

带有较多微缺陷的岩石，如含有较多溶蚀孔和裂理的长石较多的岩石，首先在自然风化条件下发生损伤形成微裂缝；再在人工水力压裂的作用下扩展裂缝，形成很好的渗流通道，贯穿各个微小的含油气孔隙(图 6-27)。

图 6-27 裂缝沿结构面破裂

在水力压裂过程中，形成水平缝的原因非常复杂，地层岩石性质，地层应力状态、压裂液性能等均有可能对裂缝形态造成影响。现有的关于水平缝形成条件的研究结果基本可以分为两类：一类认为水平缝形成条件仅与地层深度有关，存在一个临界深度值；另一类则认为压裂过程中是否形成水平缝与地层深度没有绝对关系，而与地层应力有关。通常认为，地层应力状态是水平缝形成的主控因素。

当地层垂直应力为最小主应力时，即 $\sigma_Z=\sigma_{\min}$(图 6-28)，垂直抗张强度较小，压裂形成水平缝；而当地层水平主应力为最小应力时，即 $\sigma_H=\sigma_{\min}$ 且水平抗张强度较小时，压裂产生垂直缝；若某一方向应力较小但是抗张强度大，或应力虽然小但是抗张强度大，则必须根据应力和抗张强度的关系判断裂缝的形态。在储层的浅层容易产生水平缝，而在储层的深层容易产生垂直缝。

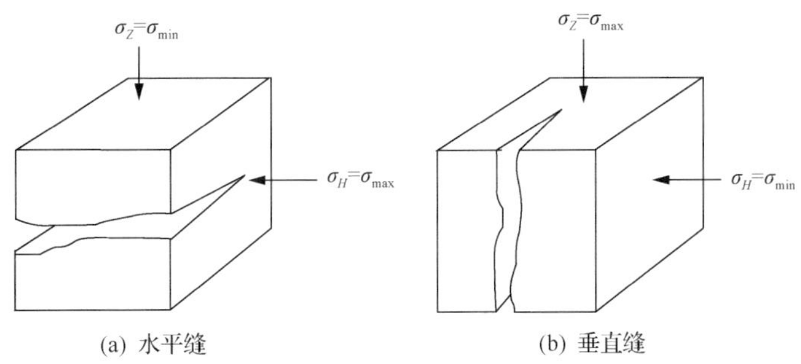

图 6-28 裂缝类型与地应力关系

2. 增产机理

“一层多缝”压裂过程中，多裂缝在形成过程中相互产生影响，使油层的渗流规律和压力传导规律发生变化，很好地改善了油层垂向上流动性，提高了单井产量，增加储量动用程度，改善整体开发效果，提高了原油采收率。研究认为，“一层多缝”压裂增产机理主要有以下几点。

1）“一层多缝”压裂的流体渗流规律

水平缝的流体渗流规律与垂向裂缝流体渗流规律有所不同，其渗流过程分三个阶段(图 6-29)：平面线型流→垂直裂缝面的径向流→压降漏斗产生的渗流。

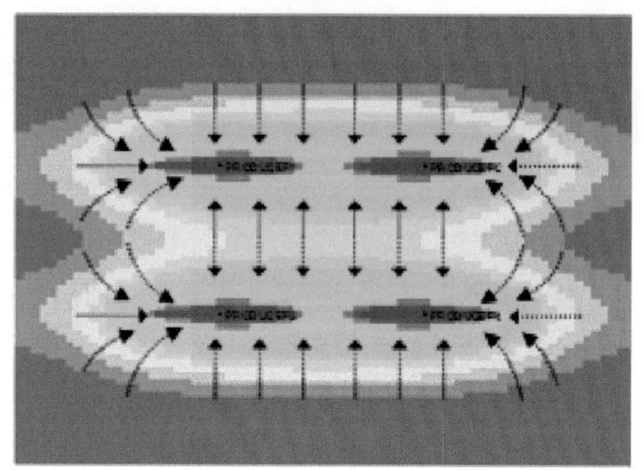

图 6-29 “一层多缝”渗流的三个阶段示意图

在流动单元内压裂一条水平裂缝时，渗流开始基本为平面线性流，然后为垂直裂缝的径向流，但是由于垂向渗透率远小于水平渗透率，因此垂直裂缝的径向流动阻力很大，这种情况下以平面线性流为主，单井产量很低。单条裂缝流线示意见图 6-30。

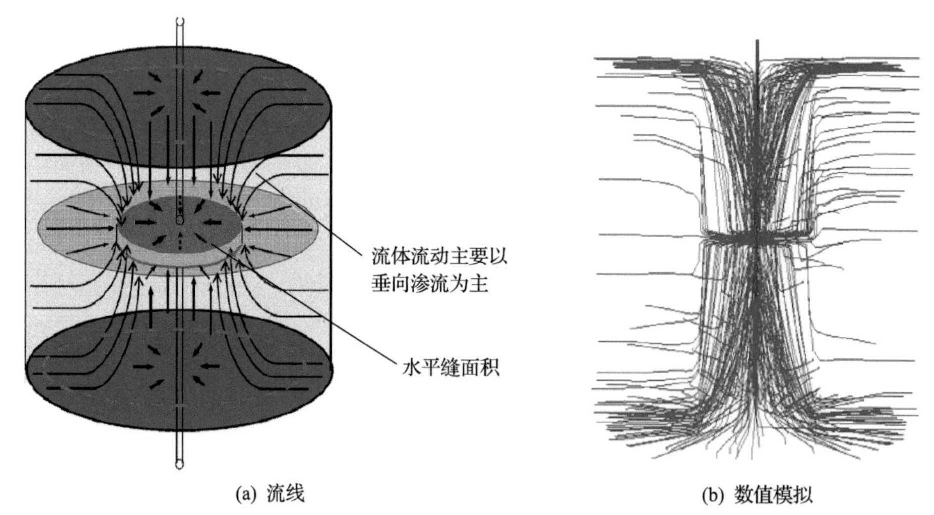

图 6-30 单井单缝渗流示意图

压裂一条和二条水平缝的渗流场如图 6-31。从图中可以看出，未压裂的流动单元流体几乎不能渗流；而压裂两条裂缝时，渗流开始基本也为平面线性流，然后为垂直裂缝的径向流，但垂向裂缝渗透率得到较大改善，地层径向流动增强，以压力降落产生一般渗透为主，因而产量得到较大提高。对于多个流动单元，压裂裂缝条数越多，日产油及累积产油量越高。

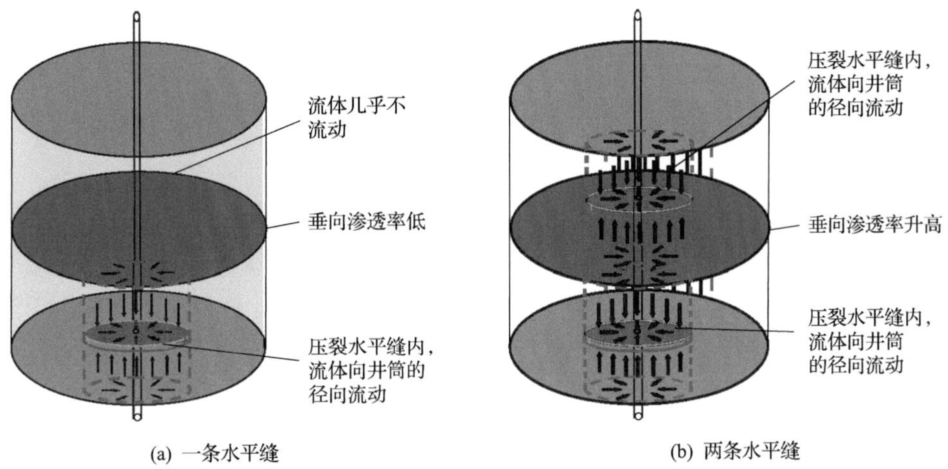

图 6-31　一条和两条水平缝流线示意图

2）“一层多缝”压裂的压力传导规律

压力降落的耦合符合以下规律：两个缝同时开启，同时降压，在两缝中间耦合最小；两个缝不同时开启，相当于一个缝的压力降落形状左移，整个压力分布呈现塔型，如图 6-32 所示。

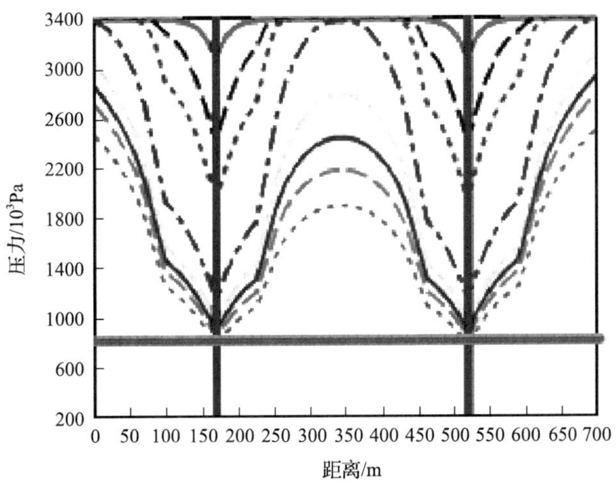

图 6-32　“一层多缝”压力降落的耦合示意图

3）“一层多缝”压裂对油层动用程度的影响

根据地质参数，取小层厚度 5～6m，小层分为 3 个流动单元，每个流动单元厚度为 1.5～2m，垂向渗透率 $0.1\times10^{-3}\mu m^2$，垂向启动压力梯度 0.15MPa/m，垂向动用半径 5.31m。

利用式(6-1)来计算垂向动用系数：

$$E_v = \frac{R_v}{H} \times 100\% \tag{6-1}$$

式中：E_v 为垂向动用系数；R_v 为动用半径；H 为油层厚度。

对于一个流动单元压裂一条水平缝(图 6-33)，动用范围为 5.31m，取小层厚度为 6m，考虑到水平缝远端斜向流动影响；当水平缝在中间时，垂向动用系数 100%；当水平缝在最上端或者最下端的极限情况时，垂向动用系数 88.5%。

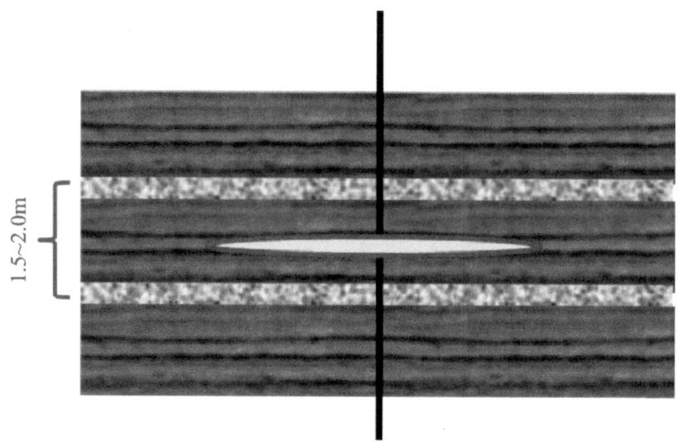

图 6-33　单流动单元一条水平缝示意图

对于三个流动单元压裂一条水平缝，其最多只能动用其中一个流动单元，考虑斜向流动影响，不考虑压裂裂缝失效，垂向动用系数为 31.66%；对于三个流动单元压裂两条水平缝，其最多只能动用其中两个流动单元，考虑斜向流动影响，不考虑压裂裂缝失效，垂向动用系数为 65.33%；对于三个流动单元压裂三条水平缝(图 6-34)，可以动用小层内所有流动单元，考虑斜向流动影响，不考虑压裂裂缝失效，垂向动用系数高达 100%(表 6-10)。

延长油田东部浅层油藏，主要开采层位是长 6 油层，厚度在 20～30m，一般划分为长 6_1—长 6_4 四个小层，小层之间含有泥质或钙质夹层，垂向和平面渗透率低。由于埋藏浅，压裂主要形成水平缝，缝宽一般仅为 1～3mm，油层内垂向流动沟通性差；“一层多缝”压裂则可以很好改善了油层垂向上流动性，提高了油层的储量动用程度，提高了油田整体开发效果。

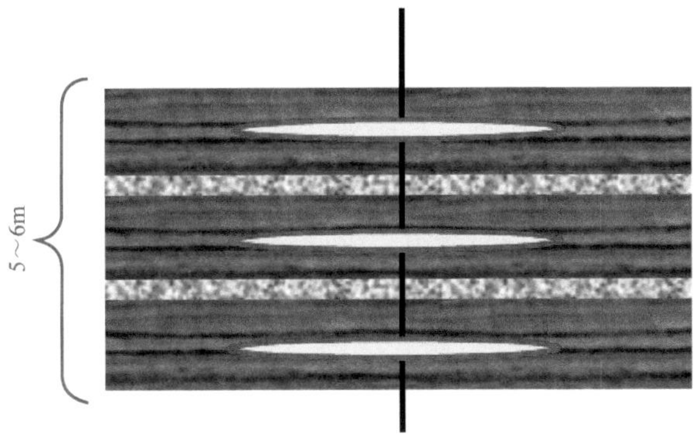

图 6-34　多流动单元三条水平缝示意图

表 6-10　长 6 储层垂向动用系数计算表

流动单元/个	垂向动用系数/%		
	一条水平缝	两条水平缝	三条水平缝
1	95	98	100
2	47.5	98	100
3	31.66	65.33	100

6.2.3　“一层多缝”压裂工艺技术

“一层多缝”压裂是水平缝储层改造的重要技术手段，压裂缝的起裂位置、长度、多缝之间的距离、工艺参数设计等直接影响储层的改造效果，然而裂缝准确定位是实现一层多缝压裂工艺的关键因素之一。

1. 水平缝多缝压裂技术概述

目前能够实施分层压裂的方式主要有机械卡封法、暂堵剂法等，但是这些工艺对水平缝多缝压裂还存在一些问题：①对于裸眼井，封隔器坐封问题影响施工成功率；②常规射孔作业对套管井水泥环破坏严重，压裂层段小间距卡封时，施工中环空水泥环承压有限，常出现环空层间窜流，影响施工成功率；③套管井中常规机械卡封工艺分层压裂，为防止套管外水泥环层间窜流，水平缝设计间距至少大于 4m，严重制约层状储层的有效动用；④定向开发井，一般储层井斜 35°左右，射孔孔眼应力集中影响水力压裂水平缝起缝位置和裂缝产状；⑤压裂返排不及时，储层污染严重。

基于以上问题，采用了“蜡球暂堵一段两水平缝”二级压裂工艺(小间距机械卡封段、压开第一层后不动管柱投蜡球封堵，再压第二层)。该工艺第一级压裂施工中，形成标准水平缝的可能性大；投蜡球暂堵后的第二级压裂中，首先是蜡球能否有效封堵老缝问题，其直接影响施工成功率；其次，诱导应力作用下，储层破裂临界条件变得更为复杂，施工排量将对裂缝形成产生重大影响。

分析认为，暂堵后再次压裂可能的裂缝形成方式有三种：①较低排量下扩张原有的裂缝；②较高排量下因为蜡球封堵作用，离开原裂缝某处产生新缝，新裂缝扩展一段距离后再转向到原有裂缝；③高排量下沿油层某一层理面形成新的水平缝或以水平缝形式为主的多裂缝。

因此，目前在用的“蜡球暂堵一段两水平缝”压裂施工中存在技术可控性差、起裂位置不一定是预期位置、一次施工压开两层的成功率不高等问题。因为储层非均质性强、实际施工中排量的控制等问题，在实际应用中，该工艺起裂位置和一次施工能否成功压开两层的不确定性问题成为目前困扰油田开发的技术难题。

水力喷射工艺技术起源于 20 世纪 90 年代，早期主要应用于坚硬地层裸眼水平井段的多级水力压裂和压裂酸化，目前已经广泛于各种井型的分段压裂施工中。施工先通过携砂射流完成准确定位的水力射孔，随后进行水力压裂，可以说水力喷砂射孔压裂连做技术是目前实现“一层多缝”压裂工艺的最有效方式。

2. 水力喷射工艺技术特点

水力喷射工艺技术特点是应用多级滑套与多喷射装置的组合，通过投球方式控制逐级的射孔、压裂，油套环空不需要机械封隔即可不动管柱实现分段水力喷砂射孔、压裂连作；或使用一个喷射装置采取拖动连续油管方式实现不需要机械封隔的分段多级水力喷砂射孔、压裂连作。通常情况下，水力喷砂射孔位置即为起裂位置。

由于在射孔、压裂中，首先通过喷射装置的喷嘴产生高速携砂射流，因而对喷射装置的耐冲蚀性能和压裂液抗剪切性能要求高。其次，因为使用了喷射装置，施工排量有限，因而压裂规模有限。因其不需要机械封隔，该技术还能应用于套变、小套管、管外窜槽、油水层隔层条件差等特殊井况的水力压裂。

3. 水力喷射工艺机理

水力喷射工艺在射孔和压裂过程中流束端面上流速和压力分布可以用 Bernoulli 方程可表示为

$$\frac{v^2}{2g}+\frac{P}{\rho}=C \tag{6-2}$$

式中：v 为射流速度，m/s；P 为流道截面压力，MPa；ρ 为射流流体密度，g/cm^3；g 为重力加速度；C 为常数。

由式(6-2)可知，携砂液通过喷嘴，高压势能被转换成动能而形成高速射流。通常情况下，射流出口剪切速率可高达 $1000s^{-1}$，所以要求压裂液具有高的抗剪切性能。在射孔阶段，射流中的支撑剂作为磨料颗粒冲蚀切割套管、水泥环和岩石形成射孔孔眼，建立了地层和储层之间的通道。

压裂中的射孔孔眼压力分布如图 6-35 所示，孔眼末端压力最高。在高速携砂流体冲击作用下，射孔孔眼末端将产生微裂缝，使得地层破裂压力降低，也就意味着水力喷射压裂相比常规水力压裂起裂压力降低，因而水力喷砂压裂准确地定位了裂缝起裂位置。

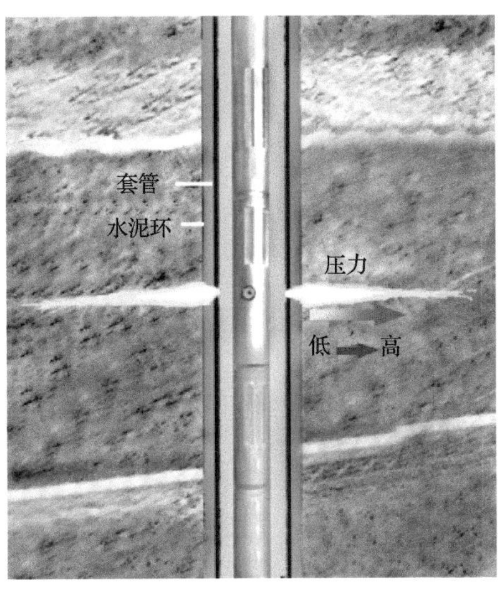

图 6-35 水力喷射作业压力分布示意图

4. 喷射工具选择

喷射工具主要影响起裂和裂缝产状。喷射工具一般有 4～6 个喷嘴，常见为一层多喷嘴平面周向对称布局和两层多喷嘴平面周向对称布局形式(图 6-36)。对于水平缝压裂，一层多喷嘴平面周向对称布局形式喷射工具最为有利。射孔孔眼大体在一个平面上，利于起裂和铺砂，井筒沉砂问题小。而使用两层多喷嘴平面周向对称布局形式喷射工具，将形成小间距两层孔眼，由于其起裂特点，不排除形成两条裂缝的可能。如形成小间距双水平缝，因为缝间距离小，施工一段时间后受地应力控制将出现下裂缝向上转向合并为一条裂缝；或因实际的井壁螺旋孔眼布局形成倾斜初始裂缝。一旦形成复杂裂缝或裂缝扭曲，不排除出现砂堵的可能性。

图 6-36　水力喷射装置

5. 压裂液性能要求

压裂液抗剪性能主要影响携砂和铺砂。携砂射流高速剪切压裂液，压裂液黏度降低是必然的。水力喷砂水平缝压裂中，裂缝的扩展形式不同于垂直缝，压裂液携砂距离通常比垂直小得多，在施工时间段形成的裂缝面积通常要比垂直缝大，也就意味着同样排量下的压裂液携砂流速小、初始裂缝宽度小，更容易出现砂堵。这就要求压裂液具有良好的剪切稀释特性，一般要求剪切速率为 $1000s^{-1}$ 剪切 5min，黏度大于 50mPa·s；剪切速率回到 $170s^{-1}$ 后黏度立即恢复到 100mPa·s 以上。

6. 支撑剂优选

支撑剂主要影响裂缝导流能力。对于支撑剂，致密砂岩储层传统浅层水平缝压裂中主要是抗压强度要求。在水平缝压裂中，高速射流作用下支撑剂在喷嘴处和射流中会被磨蚀，部分支撑剂可能破碎或粒径变小，这样即使铺砂均匀也会降低裂缝的导流能力。另外，射孔过程需要高效率，所以喷射射孔过程应该使用强度更高的支撑剂作为磨蚀材料，同时综合考虑其对喷嘴和喷射工具的磨蚀影响。由于水平缝一般埋藏较浅，常规粒径 0.425～0.85mm、耐压大于 28MPa 的石英砂即可满足施工要求。

7. 压裂工艺参数设计

1) 裂缝数目

在一个流动单元中，压裂条数越多，日产油和累积产油越多，但是随着裂缝条数的增加，压裂施工难度和施工成本也在增加，因此在一个流动单元中，如果裂缝条数增加获得的产量增加不明显时，以压开最少的裂缝条数为准，裂缝垂向间距以 1～2m 为设计原则，一般一个流动单元能布置 2～3 条水平裂缝。图 6-37 是某区储层一个流动单元内裂缝数目与产量关系模拟曲线。

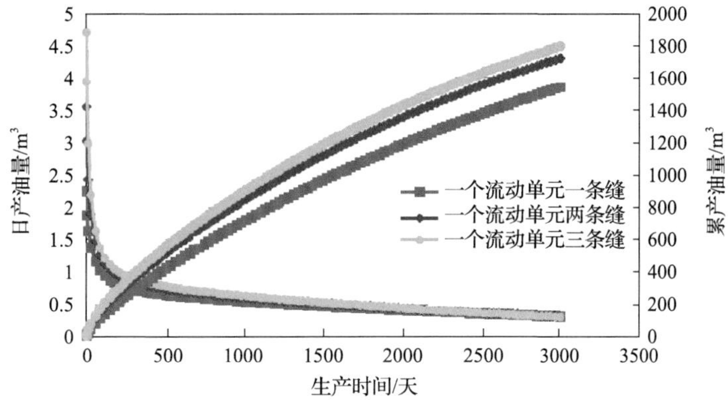

图 6-37 “一层多缝”压裂的裂缝条数对单井产能及累积产量的影响

2) 裂缝长度

裂缝长度的设计要根据油田储层物性和井网井距确定，对于特低渗油藏来说，虽然裂缝长度的增加会增加日产油量，但当裂缝附近的产能快速释放后，日产量快速下降，随着裂缝长度的增加施工成本也在增加；另外，裂缝长度的增加会导致油水井之间快速窜通，甚至水淹，因此一般以裂缝长度不超过井距的 30%为原则。

3) 裂缝导流能力

裂缝导流能力的设计需要根据地层的供液能力和压力系数来确定，对于特低渗油藏，压裂初期导流能力越高产量越高，但随着时间的推移，裂缝附近地层压力和供液能力减弱，高导流能力不再完全发挥作用，时间进一步推移，地层供液能力以原始地层渗透率和基质供给为主，高导流能力不再起作用，另外高导流能力也会引起油井含水率提高，因此特低渗油藏裂缝导流能力一般控制在 20～30$\mu m^2 \cdot cm$。

4) 排量

排量主要影响压裂液携砂能力和铺砂。高速携砂压裂液进入裂缝后，对于低渗储层，由于滤失量小，水平裂缝前沿压力大体相等，水平缝能均衡延伸。当射流离开喷嘴一段距离后流速急剧降低，但射流方向上直接受到射流冲击力影响，对携砂影响不大。但水平缝形成后携砂流体流动转向，排量偏小或压裂液黏度被高速剪切后恢复不理想，将可能出现不能正常携砂，造成砂堵而施工失败。

泵注压力与排量这两项泵送参数互为联系，确定最佳的泵送参数使井底施工压力不超过地层的临界压力，以避免裂缝失控。

5）砂比

砂比影响到能否均匀铺砂和可能出现的砂堵。前面已经分析了压裂液流速在水平裂缝中较在垂直缝中低，高速剪切后压裂液黏度进一步降低，携砂能力降低；另一方面，高砂比也将加大喷嘴磨蚀和支撑剂自身的磨蚀。所以水力喷砂压裂中砂比应小于常规水力压裂。

为了保证足够导流能力 20～30μm^2·cm，确定喷砂射孔时砂比 8%～15%，携砂液阶段砂比 15%～35%。

6）管柱结构

工艺管柱：丝堵（或球座）＋筛管＋单流阀＋水力喷射装置＋扶正器＋油管 1 根＋校深短接＋油管。水力喷射装置分为 8×Φ5mm 或 4×Φ6mm 喷嘴，平面布置。

6.2.4 应用实例

延长油田东部长 6 储层埋藏浅，为多产层特低渗、低压、低产油藏。因垂向应力小水平应力，形成的人工裂缝为水平缝。目前常规压裂工艺只能压开 1～2 层水平缝，这类层状储层垂向连通性差或不连通，储层动用程度低，影响了产量和采收率。储层多水平缝压裂是唯一有效手段。

“一层多缝”压裂技术已成为延长油田东部浅层油藏增产改造的主要措施，有效提高了油层纵向上的动用程度。自 2003 年开始采用机械封隔蜡球暂堵“一层多缝”压裂，到后来使用水力喷射“一层多缝”压裂，已累计应用 1780 井次，有效率从 56%提高到 92%，平均单井产量相比一层一缝压裂提高 0.33t/d。

1. 储层地质简况

延长油田东部浅层主力油层为延长组长6储层，埋深200～850m，孔隙度7%～9%，渗透率（0.3～0.5）×10^{-3}μm^2，为无边底水溶解气驱油藏。长 6 油层可划分为长 6_1—长 6_4 共 4 个亚层，可进一步细分长 6_1 为 5 个小层、长 6_2 为 3 个小层、长 6_3 为 3 个小层、长 6_4 为 3 个小层。储层埋藏浅、层薄，小层间渗透率差异大，垂向渗透率低且含多个钙质夹层，垂向连通性差或不连通。目前，该区采用正方形反九点井网，井网井距 150m，单井平均日产油 0.19t，平均采油速度 0.23%，采出程度 3.4%，综合含水率 24%。

2. “一层多缝”压裂设计及现场试验

1）选井、选层

基于测井曲线对储层岩性、物性、电性、含油性综合分析，界定各小层有效厚度和所属流动单元，并分析确定施工层段中隔层性质。结合已实施压裂井生产动态分析结果，从整体上提高储层动用程度，确定改造层段、射孔或压裂起裂位置。根据以上原则，本节分别以郑 067 井和延 83-6 井为例进行说明。

郑 067 井完钻井深为 534m，选取压裂层位长 6_3 小层，油层平均孔隙度为 7.5%，水平渗透率为 $0.4\times10^{-3}\mu m^2$，垂向渗透率 $0.03\times10^{-3}\mu m^2$，地层压力 4.2MPa，油层厚度 5.8m，原油密度 $0.809g/cm^3$，原油黏度 5.1mPa·s，原油体积系数 1.05。将该小层中 497～504m 划分为 1 个流动单元，根据油层厚度及水平缝布置原则，在流动单元内划分三条水平缝，对其开展一层三缝压裂，压裂段分别是 497～498.2m、499.2～500.2m 和 502～502.8m（图 6-38）。

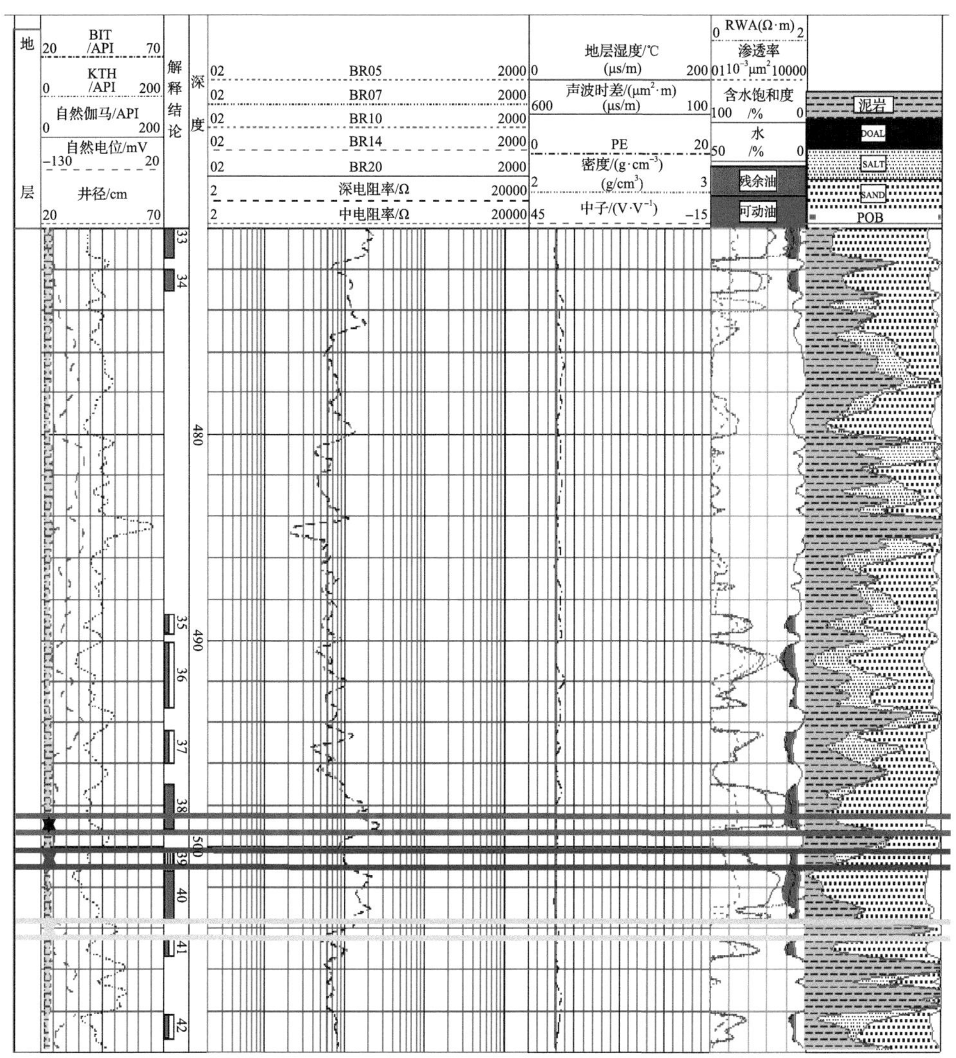

图 6-38 郑 067 井综合测井曲线

延 83-6 井完钻井深 729m，选取压裂层位长 6_2 小层，油层平均孔隙度 8.0%，水平渗透率 $0.45\times10^{-3}\mu m^2$，垂向渗透率 $0.04\times10^{-3}\mu m^2$，地层压力 4.5MPa，油层厚度 3.0m，原油密度 $0.809g/cm^3$，原油黏度 5.1mPa·s，原油体积系数 1.05。将该小层中 695～699m 划分为 1 个流动单元，根据油层厚度及水平缝布置原则，在流动单元内划分三条水平缝，对其开展一层二缝压裂，压裂段分别是 695.5～696.5m 和 697.5～698.5m（图 6-39）。

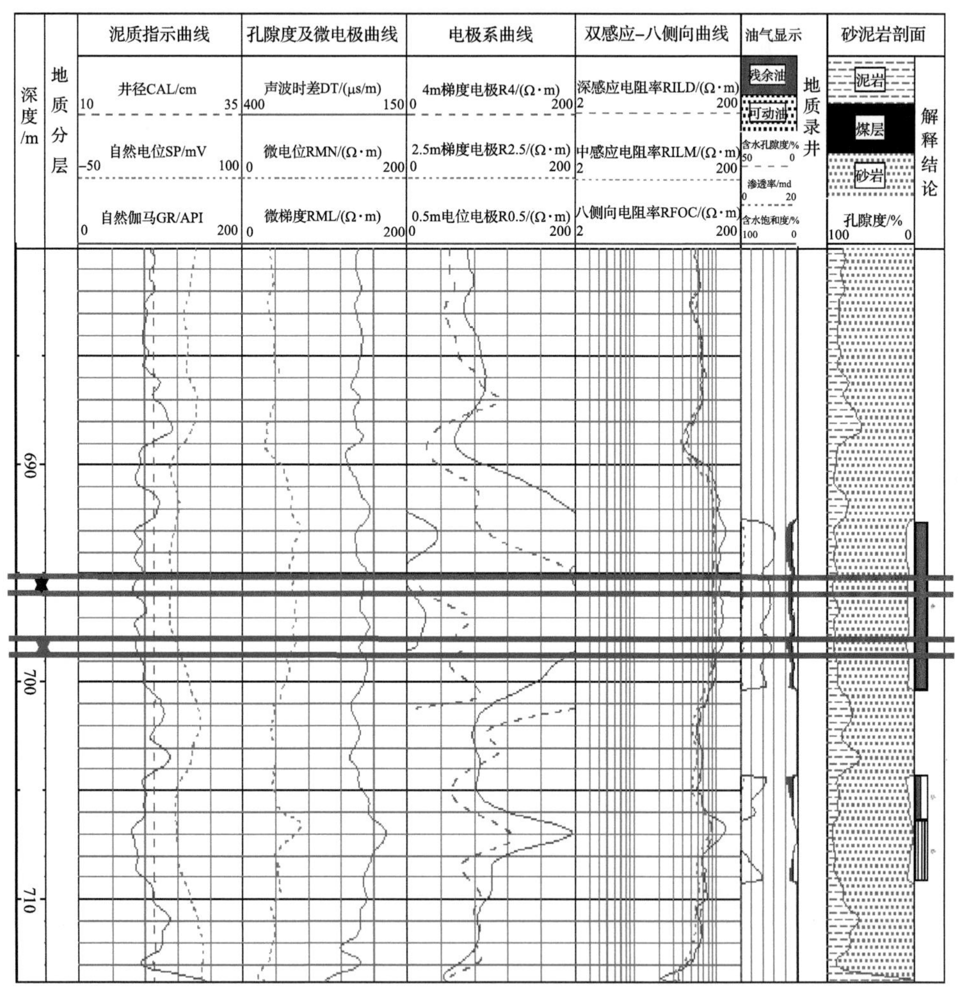

图 6-39　延 83-6 井综合测井曲线

2）压裂优化设计

施工设计上，借鉴了前期浅层水平缝“一层多缝”压裂施工经验。郑 067 井和延 83-6 井的施工排量均设计为 $2.0m^3/min$；采用 8%～15%砂比完成喷砂射孔，然后在 15%～35%砂比下，关闭环空进行水力喷射压裂。

工艺管柱为丝堵(或球座)＋筛管＋单流阀＋水力喷射装置＋扶正器＋油管 1 根＋校深短接＋油管。水力喷射装置为 4×Φ6mm 喷嘴，平面布置。

(1)裂缝长度。

郑 067 井位于反九点井网的边井，裂缝长度设计优化(图 6-40)可以看出，对于反九点井网边井来说，不同裂缝半径下日产油量随着生产时间的增加不断降低，生产初期裂缝半径对日产油量的影响程度大于生产后期裂缝半径对日产油量的影响；同时，随着边井裂缝半径长度的增加，累积产油量不断增加，但增加的幅度越来越小；当裂缝半径增加到 60m 时，累积产油量反而降低。这是因为压裂的裂缝半径过大会压穿地层，破坏稳定的驱替系统，导致累积产油量的降低。该井网边井裂缝半径为 40m。

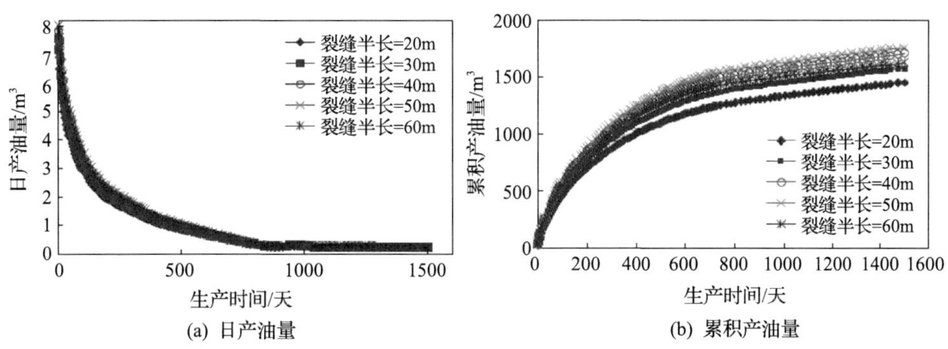

图 6-40 边井裂缝半长对单井采油量的影响

(2)裂缝导流能力。

郑 067 井裂缝导流能力优化设计(图 6-41)可以看出，边井裂缝初始导流能力对产量的影响主要表现在投产初始阶段，裂缝导流能力越高，产量越高，但增加幅度不大。随着时间的增加，由于地层压力的降低和裂缝导流能力的衰减，日产

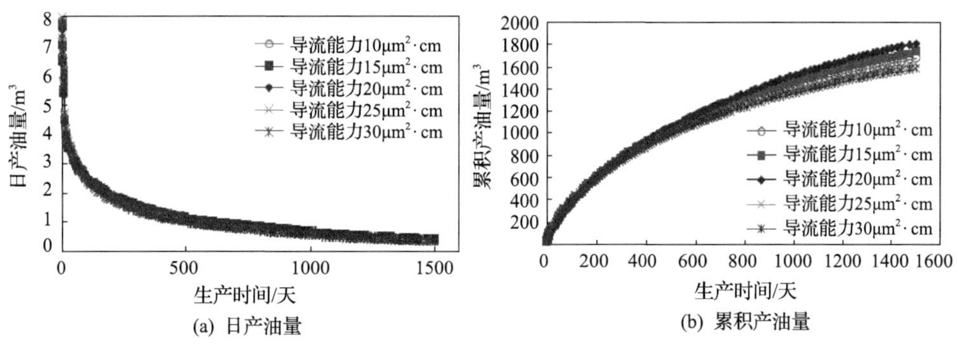

图 6-41 边井裂缝导流能力对单井采油量的影响

油量的下降幅度增大。随着时间的进一步增加，裂缝导流能力慢慢失效，最后趋向地层初始渗透率值，最终累积产油量并没有随着边井裂缝导流能力的增加而增加。综上分析，该井网边井压裂裂缝导流能力为 20μm^2· cm。

延 83-6 井位于反九点井网的角井，裂缝长度设计优化(图 6-42)可以看出，对于反九点井网角井来说，不同裂缝半径下日产油量随着生产时间的增加不断降低，生产初期裂缝半径对日产油量的影响程度大于生产后期裂缝半径对日产油量的影响；同时随着角井裂缝半径长度的增加，累积产油量不断增加，增加的幅度越来越小。该井网角井裂缝半径为 50m。

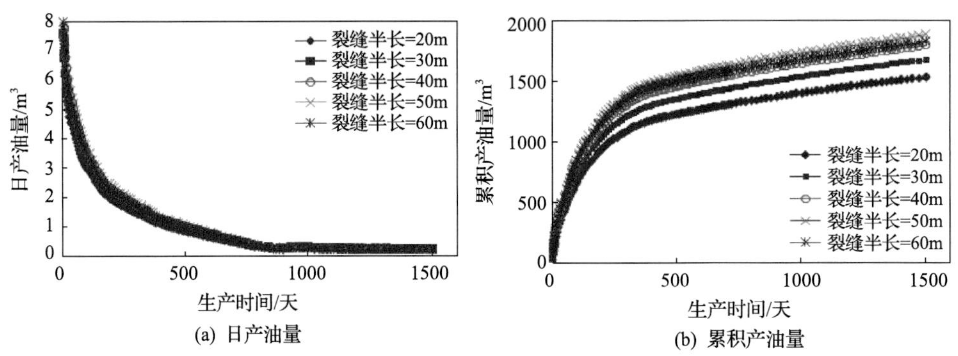

图 6-42 角井裂缝半长对单井采油量的影响

延 83-6 井裂缝导流能力优化(图 6-43)可以看出，角井裂缝导流能力对日产量的影响不是很大，但是裂缝导流能力越高，日产量幅度下降越大直至裂缝失效，这是因为导流能力越高，含水率越高，产量就越低。因此，该井网角井压裂裂缝导流能力为 20μm^2· cm。

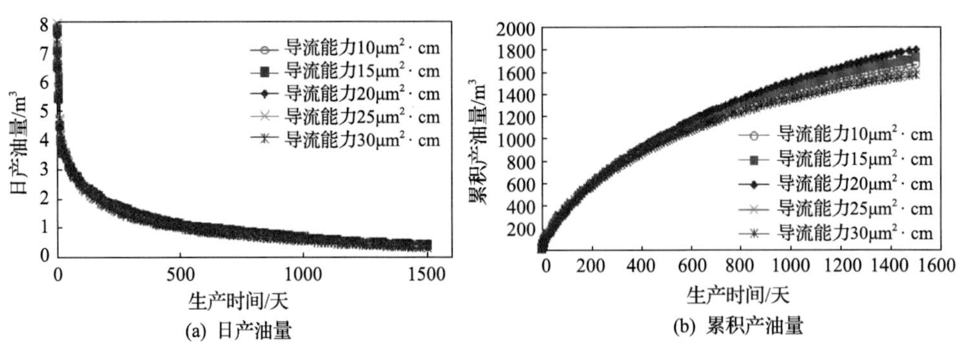

图 6-43 角井裂缝导流能力对单井采油量的影响

(3) 施工排量。

根据郑 067 井和延 83-6 井地层岩石应力测试结果，为了使水力裂缝垂向沟通整个产层，同时保证净压力不超过隔层应力差(3.0MPa)，排量取值 1.8～2.2m^3/min 较为合理(图 6-44)。结合裂缝半径取值 40～50m 和现场施工设备能力，郑 067 井和延 83-6 井的排量设计为 2.0m^3/min。

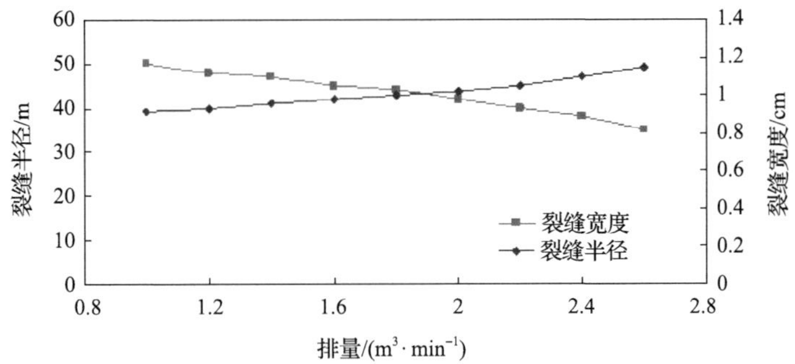

图 6-44 排量对裂缝参数的影响示意图

3) 现场试验情况

郑 067 井现场压裂前置液用量 14m^3，混砂液 40m^3，顶替液 5m^3，加砂量 12m^3，排量 1.8～2.0m^3/min，地层破裂压力 18MPa，裂缝延伸压力 16～20MPa，停泵压力 13MPa。郑 067 施工曲线见图 6-45。

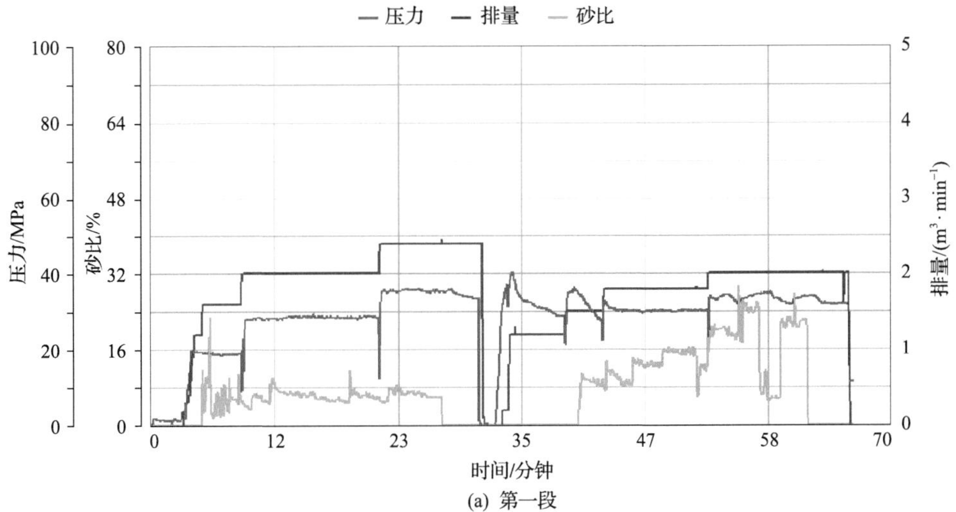

(a) 第一段

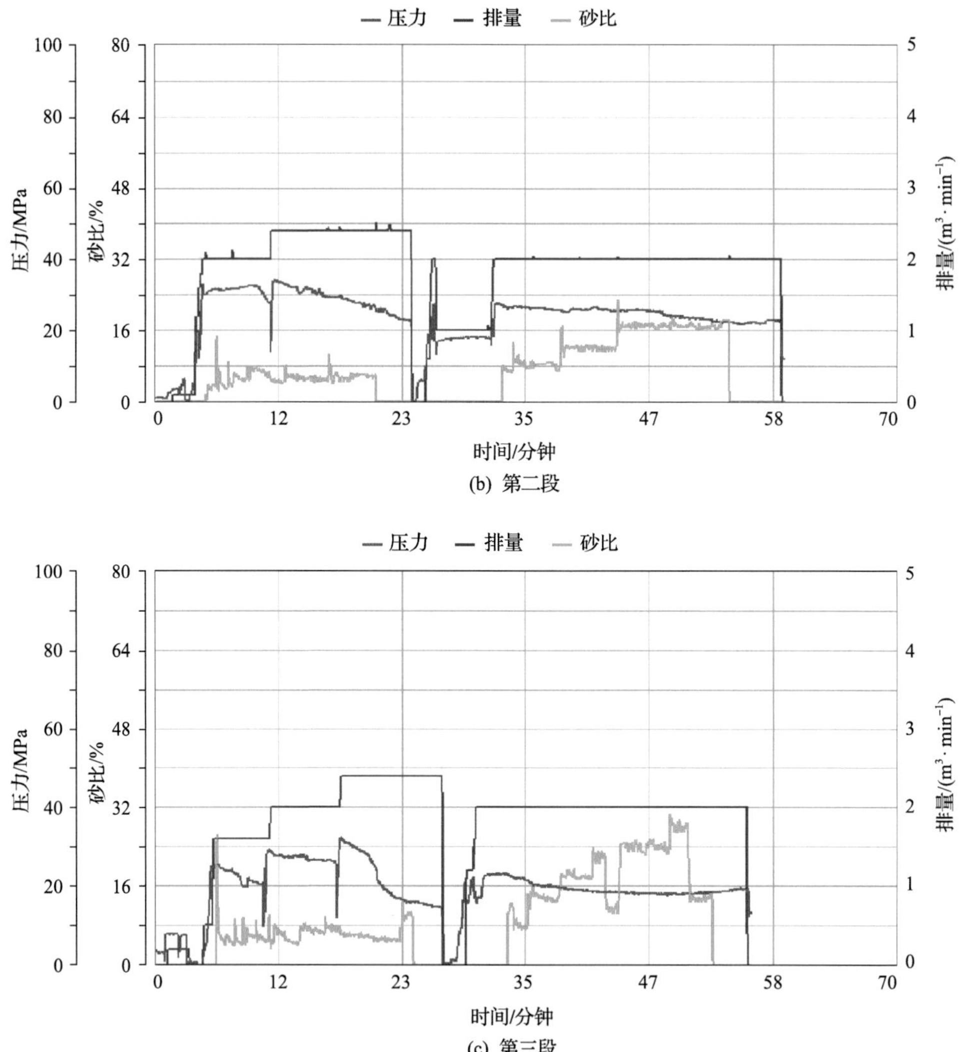

(b) 第二段

(c) 第三段

图 6-45　郑 067 井三段压裂施工曲线

延 83-6 井现场压裂前置液用量 $14m^3$，混砂液 $40m^3$，顶替液 $5m^3$，加砂量 $12m^3$，排量 $2.0m^3/min$，地层破裂压力 18MPa，裂缝延伸压力 16～20MPa，停泵压力 13MPa。延 83-6 施工曲线见图 6-46。

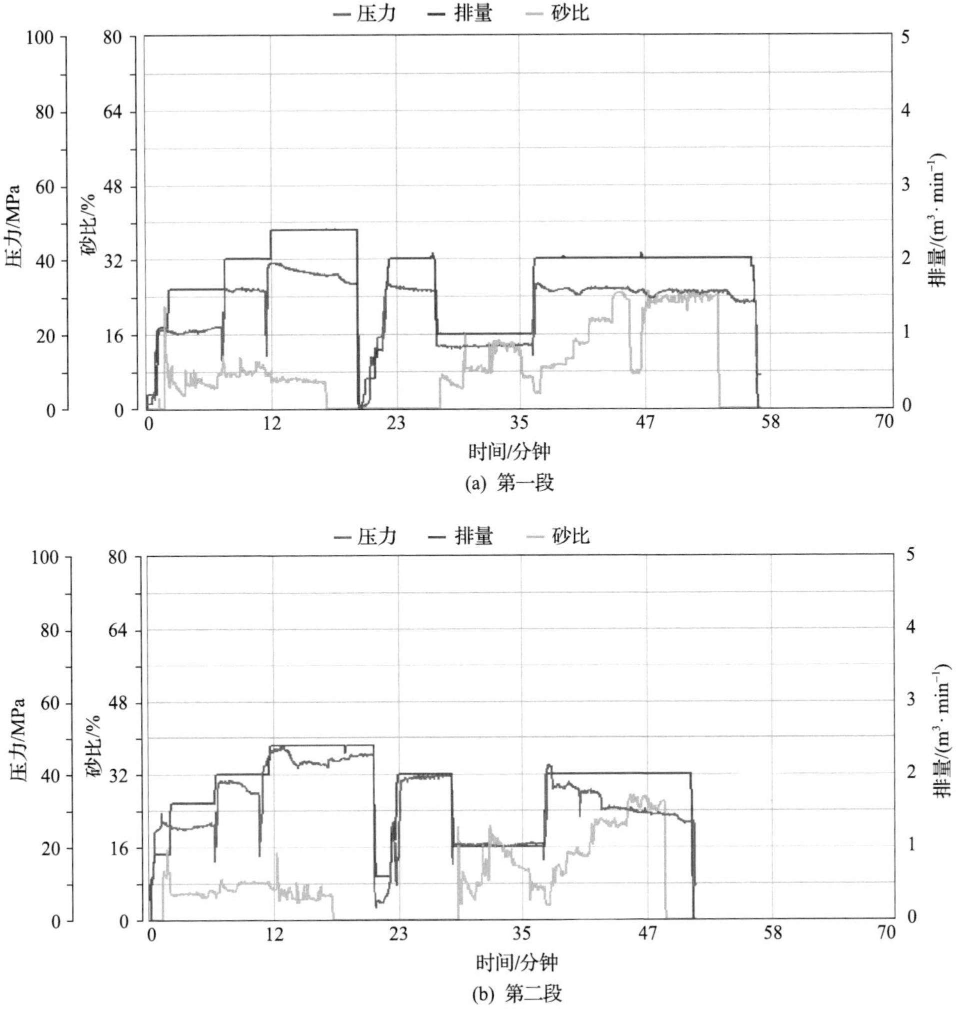

(a) 第一段

(b) 第二段

图 6-46　延 83-6 二段压裂施工曲线

4)效果分析

(1)郑 067 井。

郑 067 井水力喷射压裂成功地在预定位置、按照设计裂缝产状完成施工，准确定位了裂缝位置。但从施工曲线看，可能由于工具等原因，施工排量和砂比控制没有完全达到设计要求，铺砂均匀程度上也存在欠缺，另外该井为衰竭式开发，这些因素对产量有一定影响，前 10 天累积产油量 7.66t(表 6-11)。预计开井生产 2～3 周后产量能较为稳定。

表 6-11　郑 067 井投产初期生产数据

生产时间/d	产液量/t	产油量/t	产水量/t	累积产油量/t	累积产水量/t
1	4.20	—	4.20	—	4.20
2	6.00	0.20	5.80	0.20	10.00
3	4.20	0.80	3.40	1.00	13.40
4	2.82	1.20	1.62	2.20	15.02
5	2.94	1.50	1.44	3.70	16.46
6	9.00	0.60	8.40	4.30	24.86
7	1.92	0.77	1.15	5.07	26.01
8	1.32	0.53	0.79	5.60	26.80
9	1.38	0.55	0.83	6.15	27.63
10	1.38	0.55	0.83	6.70	28.46
11	1.14	0.46	0.68	7.16	29.14
12	1.26	0.5	0.76	7.66	29.90

图 6-47 是郑 067 井的生产曲线。从图上可以看出，郑 067 井“一层多缝”压裂后最高产量 1.2t/d，平均单井产量 0.5t/d，比邻井 0.2t/d 提高 150%，稳产时间长，增产效果明显。

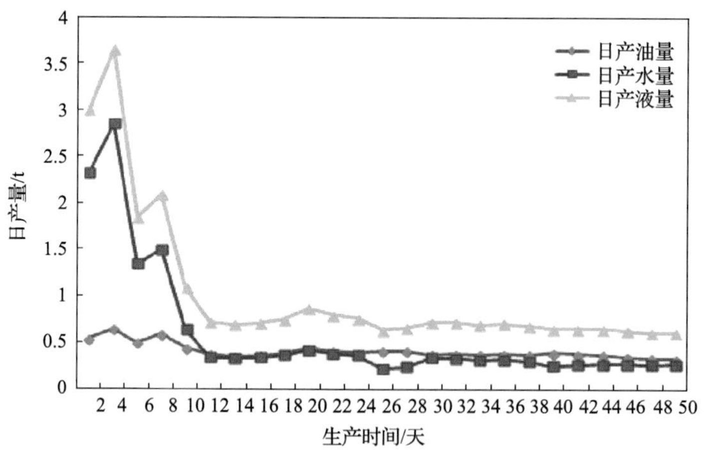

图 6-47　郑 067 井生产曲线

(2) 延 83-6 井。

延 83-6 井水力喷射压裂成功地在预定位置，按照设计裂缝产状完成施工，准确定位了裂缝位置。该井为注水开发区块边缘井，注水受益小，第二压裂层段施工后期压力下降，可能沟通了天然裂缝，这些因素对产量有一定影响，压后 6d 累积产油 0.94t(表 6-12)，达到区块开发平均水平。平均生产日产油量 0.36t/d，最高 0.72t/d(图 6-48)，是周边临井平均产量的 2 倍，获得了较好的生产效果。

表 6-12 延 83-6 井投产初期生产数据

生产时间/d	日产液量/t	日产油量/t	日产水量/t	累积产油量/t	累积产水量/t
1	—	—	—	—	—
2	4.5	—	4.50	—	4.50
3	4.2	—	4.20	—	8.70
4	4.4	—	4.40	—	13.10
5	4.4	0.12	4.28	0.12	17.38
6	3.3	0.17	3.13	0.29	20.51
7	2.0	0.10	1.90	0.39	22.41
8	1.6	0.16	1.44	0.55	23.85
9	1.4	0.21	1.19	0.76	25.04
10	1.2	0.18	1.02	0.94	26.06

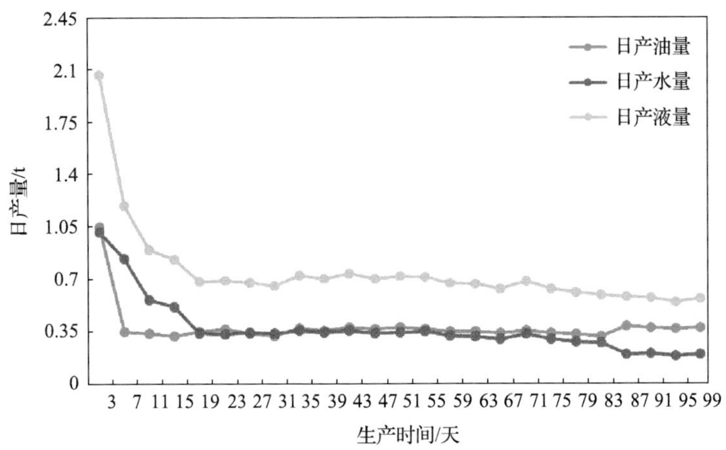

图 6-48 延 83-6 井日生产曲线

6.3 特低渗油藏缝网压裂技术

缝网压裂技术在国外非常规致密油气藏开发方面得到广泛应用并取得较好的应用效果。国内油气田随着勘探开发的不断深入，常规特低渗石油资源逐步进入开发阶段，新发现的油藏物性越来越差，由于受到储层条件、注采井网、压裂工艺等多重限制，通过单一增加缝长来提高特低渗油藏产量的效果逐渐变差，常规压裂工艺改造难以实现此类油藏的高效开发，因此必须采用新型的压裂改造技术，扩大立体改造网络(波及面积)，提高单井产量。国内各大油气公司借鉴缝网压裂这一成功经验，并根据自身油气藏特点，逐步形成特有的“缝网”压裂技术。

延长油田把页岩气缝网压裂技术经验引入特低渗油藏的开发，根据特低渗藏储层特点，对比分析油藏形成缝网的基础条件，综合分析储层缝网压裂的可压性。针对缝网压裂大排量的工艺要求，开发出一套低黏、低摩阻、低伤害缝网压裂液体系。依据特低渗油藏储层的物性、岩石力学特征、工具、管柱结构等特点，形成适合延长油田地质特点的缝网压裂关键工艺技术，并进行了现场应用。

6.3.1 缝网压裂储层可压性评价

储层是否能够压裂形成有效的裂缝网络，其影响因素较多且复杂。特低渗储层进行缝网改造需要评估两方面的内容：一方面是特低渗储层的可压性，即对其进行压裂施工的有效性进行评价；另一方面则是压裂后是否能够形成足够复杂有效的缝网。对于特低渗储层是否具有可压性，主要由岩石力学参数、岩石矿物组成和储层特点决定。

1. 缝网压裂可压性评价参数体系

根据弹性力学理论和岩石破裂准则，裂缝一般沿最大主应力方向启裂。所以在常规压裂中，目标储层最大主应力值与最小主应力值相差较大时，压裂结果通常是形成一条沿着最大主应力方向的，以井筒为对称轴的主缝。但如果目标储层地层应力场中的最大最小主应力差值较小，裂缝的启裂方向就会受地层中天然裂缝影响，当压裂缝内净压力大于应力差值时，压裂裂缝会沿无规则天然裂缝向各个方向延伸，从而形成网状裂缝。缝网压裂便是在形成 1 条或多条主裂缝的同时，使天然裂缝不断扩张伴随脆性岩石剪切滑移，实现对天然裂缝、岩石层理的沟通，从而将储集体打碎，在长、宽、高三个方向实现全面改造，促使基岩向各方向裂缝的“最短距离”渗流，降低驱替压差，提高储层有效动用率，并降低储层有效动用下限。因此，储层最大和最小主应力差值是影响压裂形成多条裂缝的重要因素，只有两者相差不大，才有可能形成多条裂缝。天然裂缝的存在及岩石的脆性是形成多条裂缝、实现打碎储集体的前提条件和基础。简而言之，决定储层是否可以实现体积压裂的因素有岩石力学特征、天然裂缝发育状况以及地应力条件三个主要方面。

1) 岩石脆性指数

岩石脆性目前被国内外普遍认为是影响压裂效果的一个关键因素，岩石脆性通常采用脆性指数来进行表征。脆性指数计算有两种方法，一种是通过岩石矿物组分进行计算，另一种是通过岩石力学参数进行计算。

国外研究人员提供了通过矿物含量(质量分数)判断岩石脆性指数的方法，即以石英含量百分比作为脆性指数：

$$B_r = M_{quartz} / (M_{quartz} + M_{carbonates} + M_{clay}) \tag{6-3}$$

式中：B_r 为脆性指数，M_{quartz}、$M_{carbonates}$、M_{clay} 分别是石英、碳酸盐岩以及黏土矿物在该岩石中所占质量。石英等脆性矿物含量较高则脆性较强，一方面容易因为构造运动等使得地层形成大量的天然裂缝，另一方面在进行水力压裂时，更容易形成诱导裂缝及多分支水力裂缝，从而形成复杂有效的裂缝网络。反之，韧性较强的岩石不容易被外力所破碎，而已形成裂缝也较容易闭合，从而不易被压裂形成复杂裂缝网络。

图 6-49 是 Rickman 等根据实验数据制作的岩性统计三角图，图中不同颜色用于区分不同区块的页岩。随着黏土矿物含量减少以及石英含量的增加，其岩石脆性明显增强。特别当黏土含量超过 40%时（红线右部区域），其岩石脆性普遍较弱。

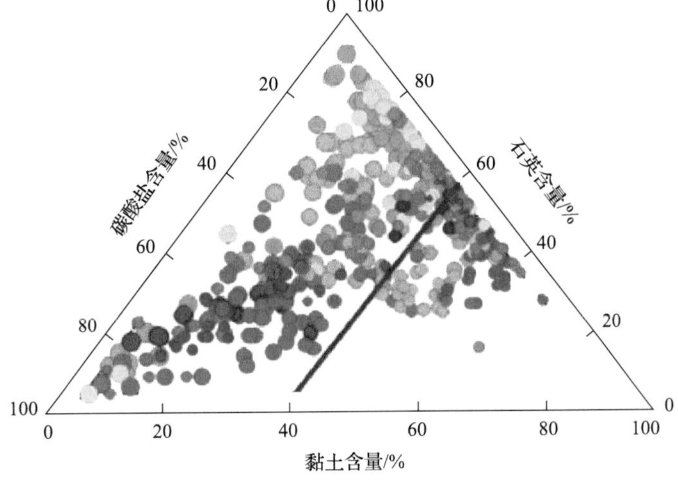

图 6-49 根据统计数据制作的页岩岩性三角图

根据特定区域的测井与实验数据得到杨氏模量与泊松比进行统计，用式（6-4）计算脆性指数。

$$\begin{cases} YM_{B_r} = \dfrac{YM_c - YM_{cmin}}{YM_{cmax} - YM_{cmin}} \times 100\% \\ PR_{B_r} = \dfrac{PR_c - PR_{cmin}}{PR_{cmax} - PR_{cmin}} \times 100\% \\ B_r = \dfrac{YM_{B_r} + PR_{B_r}}{2} \end{cases} \tag{6-4}$$

式中：YM_c 为静态杨氏模量；YM_{cmax} 与 YM_{cmin} 为区域最大、最小静态杨氏模量；PR_c 为静态泊松比；PR_{cmax} 与 PR_{cmin} 为区域内最大、最小静态泊松比；B_r 为脆性指数。

对于缺乏数据的区块，可以采用 Rickman 与 Mullen 等根据实验室数据分析给出的一个较为合理的脆性指数计算方法(式 6-5)。

$$\begin{cases} YM_{B_r} = \dfrac{YM_c - 1}{8-1} \times 100\% \\ PR_{B_r} = \dfrac{PR_c - 0.4}{0.15 - 0.4} \times 100\% \\ B_r = \dfrac{YM_{B_r} + PR_{B_r}}{2} \end{cases} \tag{6-5}$$

式中：区域最大、最小静态杨氏模量为 55GPa 与 6.9GPa，区域内最大、最小静态泊松比为 0.4 以及 0.15。根据 Rickman 的研究，采用该计算方法获得的脆性指数，当 B_r＞40%时岩石表现为脆性，当 B_r＞60%时脆性明显。

静态杨氏模量及静态泊松比可以通过岩心力学测试获得，也可以通过测井数据解释分析得到动态杨氏模量、泊松比并进行处理得到。

采用静态杨氏模量以及静态泊松比两项参数亦可以用来计算岩石脆性指数。杨氏模量能够表征裂缝形成后其稳定能力，而泊松比则反映了岩石容易压裂破坏的程度。

当岩石具有高杨氏模量以及低泊松比时，其脆性较强。反之，较高的泊松比与较低的杨氏模量均会导致岩石韧性增强。图 6-50 中，表现为脆性的岩石分布于图中的左下角，而韧性岩石集中分布于右上角。

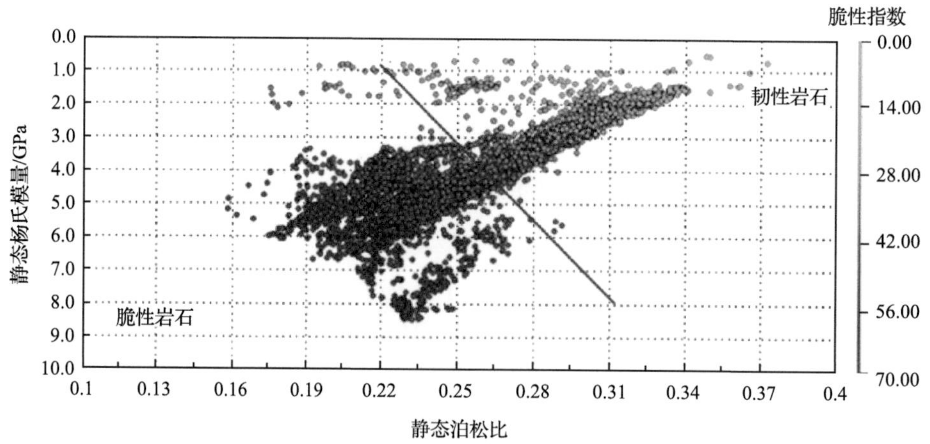

图 6-50　杨氏模量、泊松比与页岩脆性关系图

2) 天然裂缝发育程度

储层中天然裂缝发育程度是实现缝网改造的前提条件，储层天然裂缝越发育，

压裂裂缝形态越复杂。天然裂缝的抗张、抗剪强度都远小于基质岩石的抗张强度，水力裂缝的产生和发展过程，必然是天然裂缝首先达到抗张或抗剪破坏而优先开启或破坏，并且相互连通，导致压裂液经天然裂缝大量滤失，并增加流体压力，从而促使更远区域的天然裂缝张开或剪切破坏。水力裂缝与天然裂缝的相互作用，有助于最后形成复杂的裂缝网络。

然而，关于储层中天然裂缝的发育情况，例如裂缝的张开、大小、分布以及方向等与应力分布、岩石类型(脆性或者韧性)、深度、岩性、结构状态以及岩层厚度等多方面因素有关，因此评价天然裂缝的作用比其他因素复杂得多。裂缝的各种特征在空间上变化复杂且不规则，因此一般对天然裂缝的研究从考虑单一裂缝的局部基本特征开始，再进一步考察多裂缝系统。

单一裂缝的特征通常由裂缝的张开度、大小、充填情况、裂缝壁粗糙度等表示，通过岩心测试能有效获得大量资料。对于多裂缝系统，通常考虑其裂缝的分布以及裂缝密度。裂缝密度是能够有效表示岩石天然裂缝发育程度的重要参数。

对于露头与岩石样品，裂缝密度通常采用面积裂缝密度及裂缝频率定义进行测量。岩石天然裂缝密度越大，说明天然裂缝越发育，从而更容易在水力压裂过程中形成复杂缝网。

根据统计分析，裂缝密度被认为与岩性以及厚度有关。为了把裂缝与储层的岩性、厚度和构造机理联系起来进行分析，Ruhland 定义了裂缝强度(FINT)这一参数来评价裂缝发育的非均质性，并将其表示为裂缝频率(L_{fD})与岩层厚度频率(THF)的比值。

$$\mathrm{FINT}=\frac{L_{fD}}{\mathrm{THF}} \tag{6-6}$$

高尔夫–拉特根据研究给出了一个利用天然裂缝强度进行定性评价裂缝发育情况的标准，认为当 FINT 大于 5 时，地层岩石发育有较强的裂缝带。

鉴于天然裂缝发育情况的复杂性与不规则性，综合考虑天然裂缝的多种参数(裂缝张开度、裂缝密度、裂缝强度等)，才能较为合理地定性评价天然裂缝的发育情况。

3) 水平地应力差

进行水力压裂时，地应力差是影响裂缝网络形成的一个重要因素。水平地应力差较大时容易产生较为平直的压裂主缝，而对于较低水平主应力差则有利于形成裂缝网络。较低的水平主应力差使得裂缝延伸时，地层应力对水力裂缝延伸方向的控制性较弱，从而更容易从天然裂缝及岩石脆弱部位延伸，最终形成复杂的裂缝形态。

陈勉等选用人造混凝土岩样，通过事先制作的人造裂缝模拟天然裂缝，并进行压裂实验以验证水平主应力差对裂缝形态的影响。测试表明，当水平主应力差达到 10MPa 时，实验样品形成了一条水力裂缝主缝，并伴随一些分支裂缝；当控制水平主应力差下降到 5MPa 时，样品形成明显的径向网状裂缝。实验表明，水平主应力差增大，其形成裂缝网络的可能性减小；反之随着水平主应力差减小，水力裂缝较易沟通天然裂缝形成裂缝网络(图 6-51)。

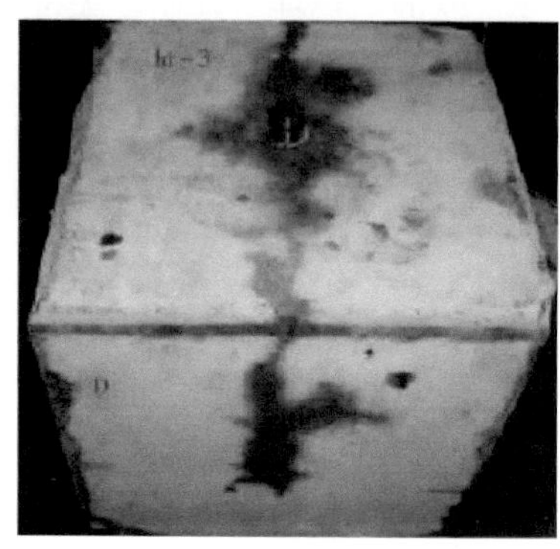

(a) $\Delta\sigma$=10MPa，主缝多分支扩展模式

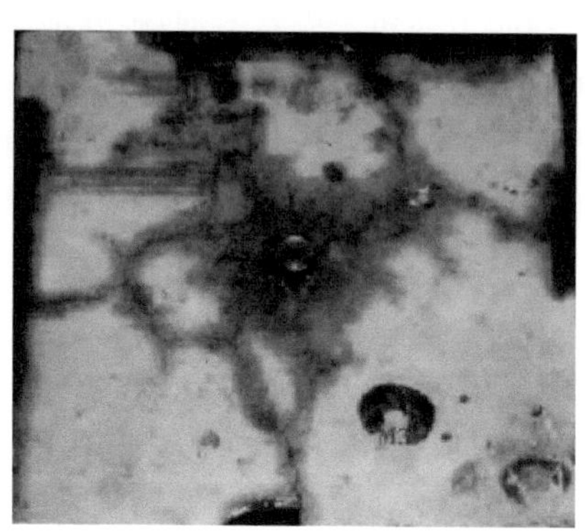

(b) $\Delta\sigma$=5MPa，径向网状扩展模式

图 6-51　不同水平主应力差对裂缝形态的影响

4)其他因素

岩石脆性、天然裂缝发育程度与水平地应力差是影响储层压裂效果的重要因素。此外，储层各向异性、沉积环境及成岩作用阶段等诸多其他因素均对裂缝网络的形成产生影响。

根据 Wang 的研究，大量形成的具有较高孔隙度、渗透率的有机质与天然裂缝互相沟通，较易在水力压裂作用下形成裂缝孔隙网络(图 6-52)。

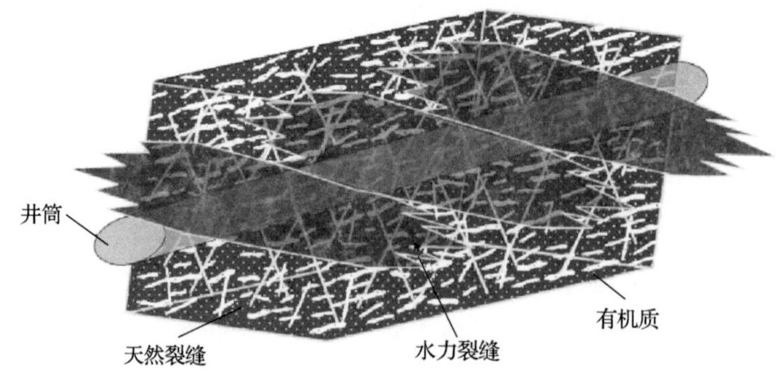

图 6-52　水力裂缝、天然裂缝与有机质形成的高渗透率网络

延长油田主力油层延长组长 6 储层石英平均含量 30%左右，含有少量方解石

等碳酸盐岩，脆性矿物含量较多；黏土矿物平均含量约为 9%，主要有绿泥石、高岭石、伊利石、伊/蒙混层等。根据岩心实验获得静态杨氏模量为 16.49MPa，泊松比为 0.224。计算岩石脆性指数为 45.15，表现为脆性岩石。区块最大最小水平主应力相差约 2MPa，较小的水平应力差有利于裂缝延伸复杂化。此外，该地区天然微裂隙的发育也使得裂缝网络更加容易形成(表 6-13)。

表 6-13 延长油田某区块长 6 油层地质参数

石英含量/%	黏土含量/%	泊松比	杨氏模量/GPa	岩石脆性/%	水平地应力差异	天然微裂隙
30	9	0.224	16.49	45.15	较小	发育
＞30	＜30	＜0.25	＞20	＞40	较小	发育

2. 延长油田缝网压裂可压性评价

为了进一步判定储层缝网压裂的可压性，选用岩石矿物组分、岩石脆性(杨氏模量、泊松比、岩石脆性指数)、天然裂缝发育情况(裂缝密度、裂缝强度)与地层水平主应力作为影响体积压裂效果的关键因素并建立结构模型(图 6-53)。

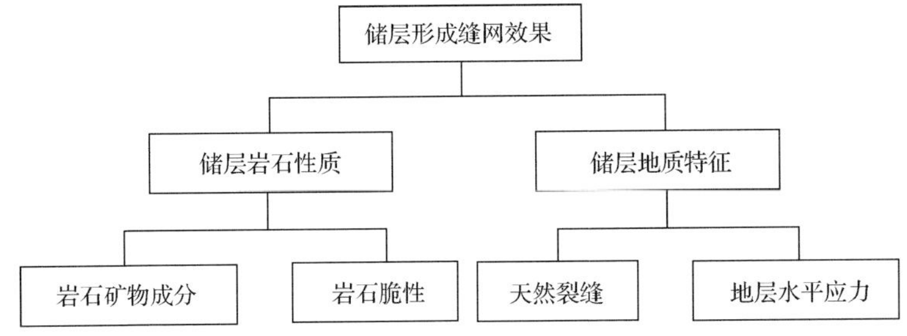

图 6-53 影响体积压裂效果的因素结构模型

对图 6-53 相关影响因素进行两两对比，建立了数值判断矩阵及因素权重(表 6-14)。

表 6-14 缝网压裂可压性评价的判断矩阵及权重

因素	岩石矿物成分	岩石脆性	天然裂缝发育	地层水平主应力	层次排序权重
岩石矿物成分	1	1/2	1/4	1/5	0.078
岩石脆性	2	1	1/3	1/2	0.148
天然裂缝发育	5	3	1	1/2	0.312
水平主应力	3	2	1/2	1	0.462

注：矩阵最大特征根 λ_{max}=4.1507。

对判断矩阵进行一致性验证，由式(6-7)及式(6-8)计算随机一致性比率。

$$CI = \frac{\lambda_{\max} - n}{n - 1} \tag{6-7}$$

$$CR = \frac{CI}{RI} \tag{6-8}$$

式中：CI 为一致性指标，用于度量判断矩阵偏离一致性程度；RI 为平均随机一致性指标，当矩阵阶数为 4 时，其值为 0.9；CR 为随机一致性比率。表 6-14 的判断矩阵其 CR 计算为 0.0558，而当 $CR<0.1$ 时，认为判断矩阵具有合理的一致性。

为了便于定量评价储层形成裂缝网络的可能性，需要将各个影响参数(具有不同的数值大小与范围)进行标准化处理，随后将标准化后的各个影响参数与权重进行加权得到最终的评价分数。

岩石脆性(采用脆性指数进行评价)、天然裂缝发育情况与压后裂缝网络复杂度呈正相关关系，而岩石矿物成分(矿物成分影响脆性，采用黏土含量进行评价)、地层水平主应力差异(采用地层水平最大、最小主应力之比进行评价)呈反相关关系。呈正相关关系的影响因素标准化为正向指标(式(6-9))，反相关关系的影响因素转化为逆向指标(式(6-10))。

$$\begin{cases} S = 1 & A > A_{\text{ul}} \\ S = \dfrac{A - A_{\text{ll}}}{A_{\text{ul}} - A_{\text{ll}}} & A_{\text{ul}} \geqslant A \geqslant A_{\text{ll}} \\ S = 0 & A < A_{\text{ll}} \end{cases} \tag{6-9}$$

$$\begin{cases} S = 1 & A < A_{\text{ll}} \\ S = \dfrac{A_{\text{ul}} - A}{A_{\text{ul}} - A_{\text{ll}}} & A_{\text{ul}} \geqslant A \geqslant A_{\text{ll}} \\ S = 0 & A > A_{\text{ul}} \end{cases} \tag{6-10}$$

式中：S 为评价分数；A 为某影响因素数值；A_{ul} 是其评价参考上限；A_{ll} 是其评价参考下限。经过标准化处理后，各个影响因素转化为[0，1]区间内的标准化评价分数。

对于天然微裂缝，由于其分布的非均质性以及自身的复杂性，现有技术手段只能通过测井、岩心分析、地震监测等多种手段进行定性评价。根据多因素综合分析结果按照储层天然微裂缝发育情况等级进行分数给定：天然微裂缝不发育(或几乎不发育)为 0，天然微裂缝发育较差为 0.2，天然微裂缝发育中等为 0.4，天然微裂缝发育较好为 0.6，天然微裂缝发育良好为 0.8，天然微裂缝极端发育为 1。

最后利用多个区块数据进行分析获得评价分数，用于比较区块压裂后形成复杂裂缝网络的能力。

通过岩心实验及文献调研获取了延长油田两区块的地层数据，并选取 Barnett、Woodford、龙马溪组页岩各一口井数据进行对比(表 6-15)。

表 6-15 地质参数对比

目标区块	石英含量/%	黏土含量%	泊松比	杨氏模量/GPa	岩石脆性/%	水平地应力差异	天然微裂隙	评价分数
延长深层(1933m)	31	9	0.1	17	60.46	较小	较少发育	55.22
延长浅层(889m)	33	7	0.22	16	45.28	较小	较少发育	54.51
Barnett	45	24	0.25	33	57.05	较小	发育	64.63
Woodford	51	27	0.15	16	59.42	极小	发育	68.91
四川龙马溪组	45	28	0.17	23	62.68	较小	较少发育	59.97
国外推荐参数	＞30	＜30	＜0.25	＞20	＞40	极小	发育	—

从表 6-15 可以看出，对于所选延长油田区块基本满足缝网压裂所需的地质参数，将评价分数标准化为百分制可以较为直观地进行多个区块的对比。选取表 6-14 数据采用上述方法进行分析，其结果见表 6-15。可以看出，延长油田特低渗油藏主要储层具备压裂形成裂缝网络的潜力。

6.3.2 缝网压裂液体系选择

压裂液体系选择对缝网的形成非常重要。国外通过现场应用发现，对于脆性地层，压裂液黏度越低，流动压降越小，越有利于保持较高的裂缝净压力，越易形成缝网(图 6-54)。

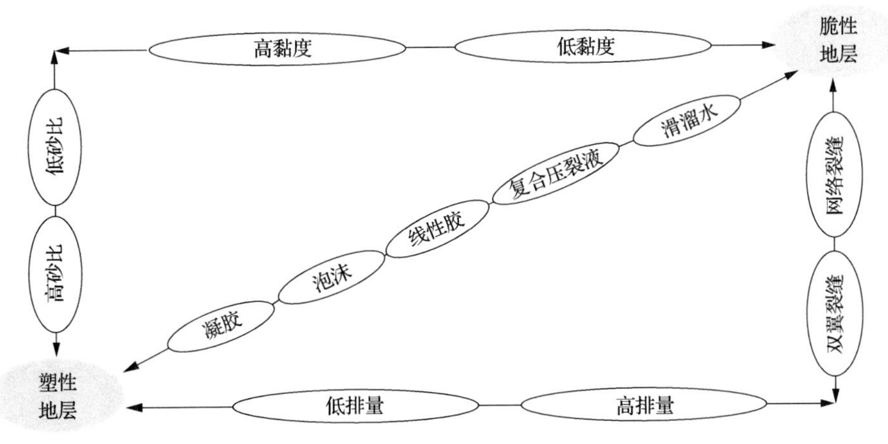

图 6-54 压裂液体系筛选

延长油田特低渗储层缝网压裂技术采用滑溜水、线性胶作为缝网压裂的压裂液体系，滑溜水有利于特低渗储层开启微裂缝，促进缝网的形成，但由于黏度低，携砂能力差，形成裂缝导流能力差。为了提高裂缝缝网的整体导流能力，后期采用线性胶延伸主裂缝，提高砂比，实现支撑主裂缝的饱满充填。

1. 滑溜水压裂液体系

从北美地区致密气藏的开采实践看，与缝网压裂相适应的压裂液体系发展经历了前期线性胶、人工聚合物压裂液阶段，至目前大规模减阻水、滑溜水(清水压裂)工作液阶段，形成了两套典型的配方体系。一是线性胶压裂液，该配方主要由清水、线性聚合物、黏稳剂、表面活性剂组成。20 世纪 70～90 年代，在 Appalachian 盆地、Michigan 盆地、Fort worth 盆地等大规模使用；二是减阻水、滑溜水压裂液，主要由清水、减阻剂、黏稳剂、反转剂组成。这是最近发展起来的所谓“清水”压裂液体系，在 Barnett 页岩气藏、德克萨斯棉花谷致密砂泥岩气藏等获得大规模应用。

由于缝网压裂所使用液体规模空前巨大，注入流体动辄数千、万立方米。因此，用于缝网压裂的液体必须具备以下条件：①低成本。特低渗致密油气为低品位资源，开发投资、风险必然很高。如果按照常规植物胶压裂液成本 500～600 元人民币/m^3 计算，按中小型施工规模压裂一口致密气井，消耗液体 20000m^3，则需花费 1000～1200 万元人民币；②低黏度。压裂液黏度过高，会抑制次生裂缝的形成，对裂缝网络的构建不利，需要保持低黏度；③低摩阻。液体低摩阻对于提升排量，降低水头损失十分有利。

按照以上缝网压裂液开发要求，结合延长特低渗致密油藏成藏、富集及分布特点和地质特征，研发了适合延长油田特低渗致密油藏缝网压裂的低摩阻滑溜水压裂液体系。

利用超高分子量的线性聚合物 PEO 在高流速、高排量下沿剪切方向取向，降低液体的紊流度，流动能量消耗大大降低，从而达到降阻目的。进入地层后，PEO 在溶解氧作用下慢慢断链降解，形成小分子的醇，对地层无伤害，无环境污染。低摩阻滑溜水压裂液体系除具有“低成本、低黏度、低摩阻”特点外，还充分考虑了延长油田致密油气藏高泥质含量的特点，具有环保、低伤害、泥质稳定的优点。

(1)配方组成为：减阻剂，0.01%～0.05%质量分数；黏土稳定剂，0.1%～0.5%质量分数；抗氧剂，0.005%～0.01%质量分数；抗菌剂，0.01%～0.05%质量分数；余量为水。

(2)配制方法：①向容器中加入设计量的清水(现场用地表水、地层水均可)；②加入 0.01%～0.05%重量份的减阻剂，不断搅拌或采用循环泵循环；③加入

0.1%～0.5%重量份的黏土稳定剂，保持循环或搅拌；④加入 0.005%～0.01%重量份抗氧剂，保持循环或搅拌；⑤加入 0.01%～0.05%重量份的抗菌剂，保持循环或搅拌；⑥充分搅拌至压裂液均匀，即得该低摩阻滑溜水压裂液体系。

(3) 配方性能指标：密度 1.0g/cm^3，黏度 4.9mPa·s，折算 139mm 管径套管、12.0m^3/min 时，摩阻梯度 7.53MPa/1000m。

根据配方配制滑溜水，在环流 LOOP 试验架上进行 19.05mm 闭合管路摩阻压降测试，分别测定不同剪切速率下压裂液的摩阻，根据物理相似性准则折算到现场 5.5″套管施工管柱条件的摩阻，并与相同剪切状态下清水的摩阻为参照，计算压裂液的降阻率，如图 6-55。

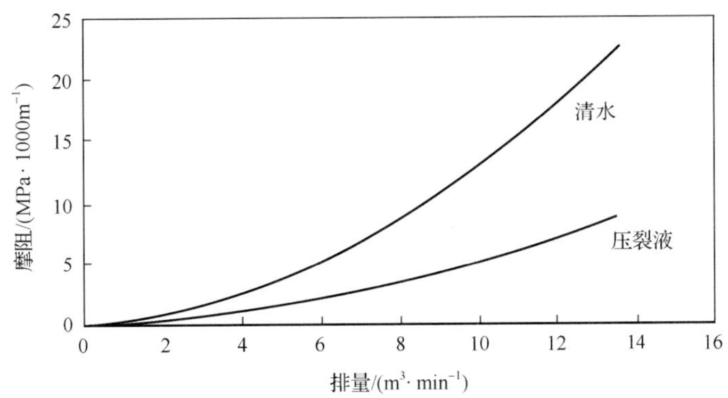

图 6-55　139mm 套管中清水摩阻与压裂液摩阻试验对比

2. 线性胶压裂液体系

根据延长特低渗油藏的埋藏深度及井温，实验研制调整了两套配方，室内分别对 0.35%和 0.4%的胍胶粉比压裂液进行了流变实验，获取流变参数。调整后的压裂液配方如下：

基液：0.35%～0.40%胍胶＋2.0%KCl+1.0%BA1-13（黏土稳定剂）+0.1%pH 调节剂＋0.5%BA1-5（助排剂）+ 0.12%BA2-3（杀菌剂）+0.5%BA1-8（破胶促进剂）；

交联剂：BA1-21；

交联比：100∶0.4。

1) 0.35%胍胶流变实验

压裂液的黏度与温度的关系密切，由于高分子链热降解作用将导致胍胶黏度下降，冻胶携砂性能下降。图 6-56 为 0.35%调整配方压裂液 30℃升至 50℃时测得的黏度与温度的关系。

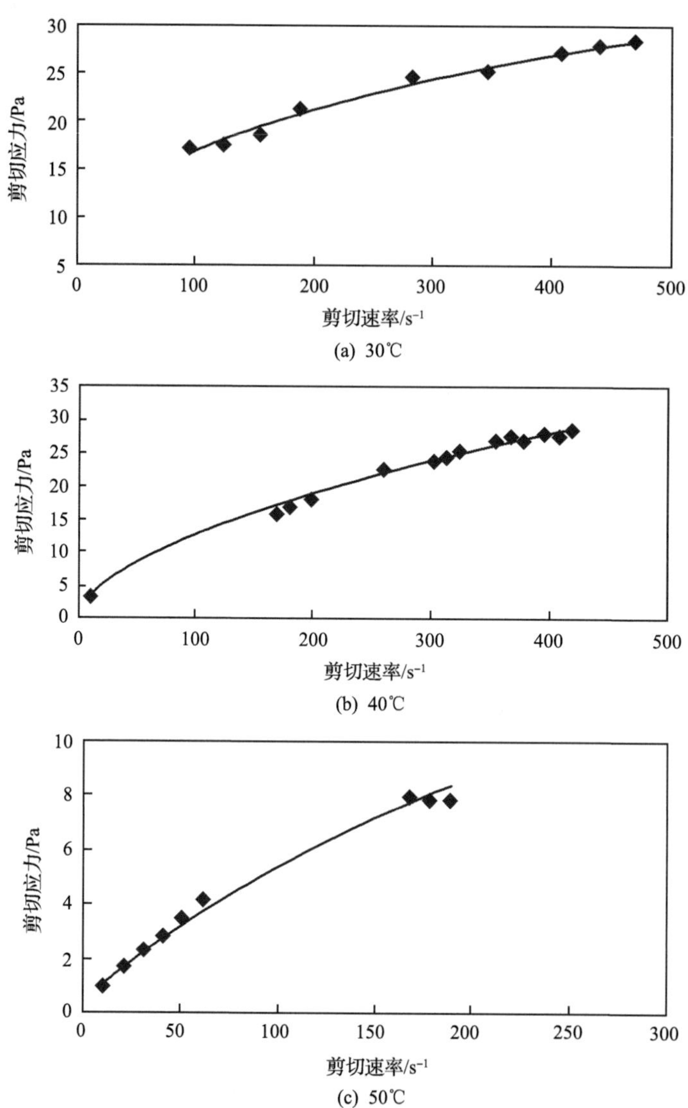

图 6-56 0.35%胍胶在不同温度下剪切应力与剪切速率的关系

2) 0.4%胍胶流变实验

图 6-57 为 0.40%胍胶压裂液 30℃升至 50℃时测得的黏度与温度的关系。

从黏温关系上看，0.35%和 0.4%胍胶比的两组配方都显示了较好的流变性，说明基础配方总体性能稳定，配伍性良好。

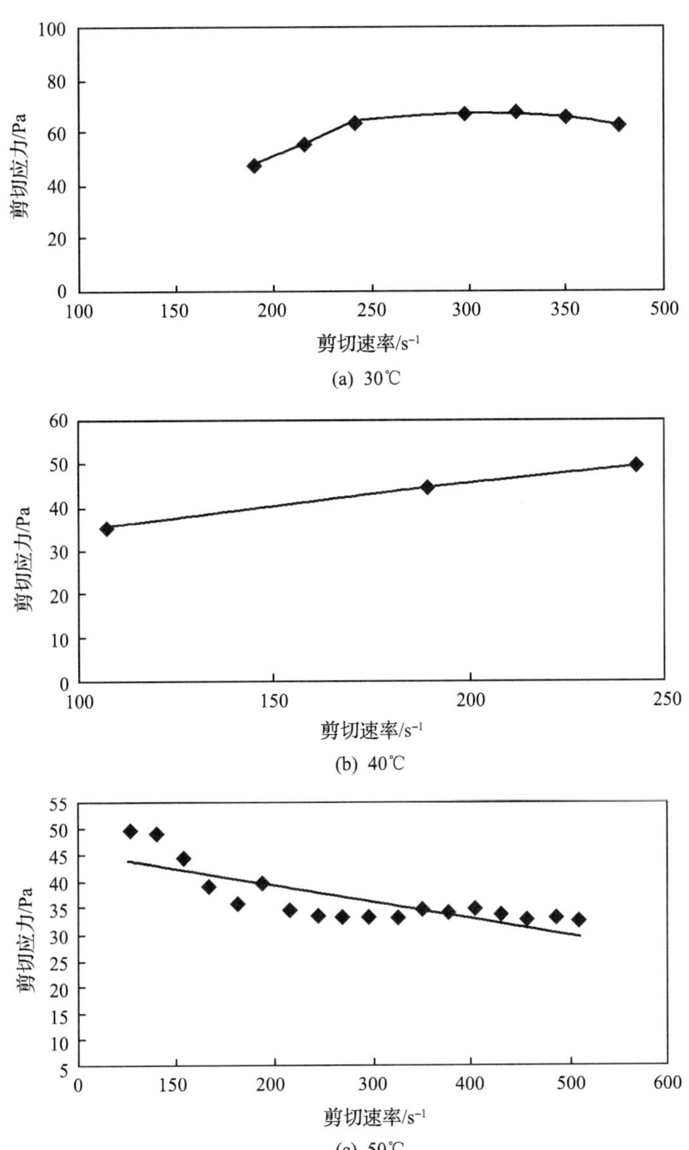

图 6-57 0.4%胍胶在不同温度下剪切应力与剪切速率的关系(50℃)

3)压裂液的流变参数

两组份比 0.35%和 0.40%胍胶在不同温度条件下的流变数据进行了处理和分析,得出 0.35%胍胶及 0.4%胍胶在 30℃、40℃和 50℃的流变指数 n 和稠度系数 K,见表 6-16。

表 6-16 不同温度下胍胶流变特征参数

温度/℃	0.35%胍胶		0.4%胍胶	
	流变指数	稠度系数	流变指数	稠度系数
30	0.3363	3.5849	0.3905	6.7673
40	0.5872	0.8315	0.4176	5.008
50	0.7252	0.1885	0.4523	2.4606

4) 剪时关系

在 RS600 上对基础压裂液配方进行了黏时性能测试。图 6-58 为 $170s^{-1}$、40℃时两种胍胶压裂液的剪时特征。从剪时特征曲线可以看出，0.35%胍胶压裂液 40℃条件下，剪切 60min，其黏度为 42mPa·s；0.4%胍胶压裂液 40℃条件下，剪切 60min，其黏度为 107mPa·s。结合缝网压裂注入液量大、对地层有降温作用的特点，认为 0.35%胍胶压裂液适应于温度在 50℃以下地层，0.4%胍胶压裂液适应于温度在 50℃以上地层。

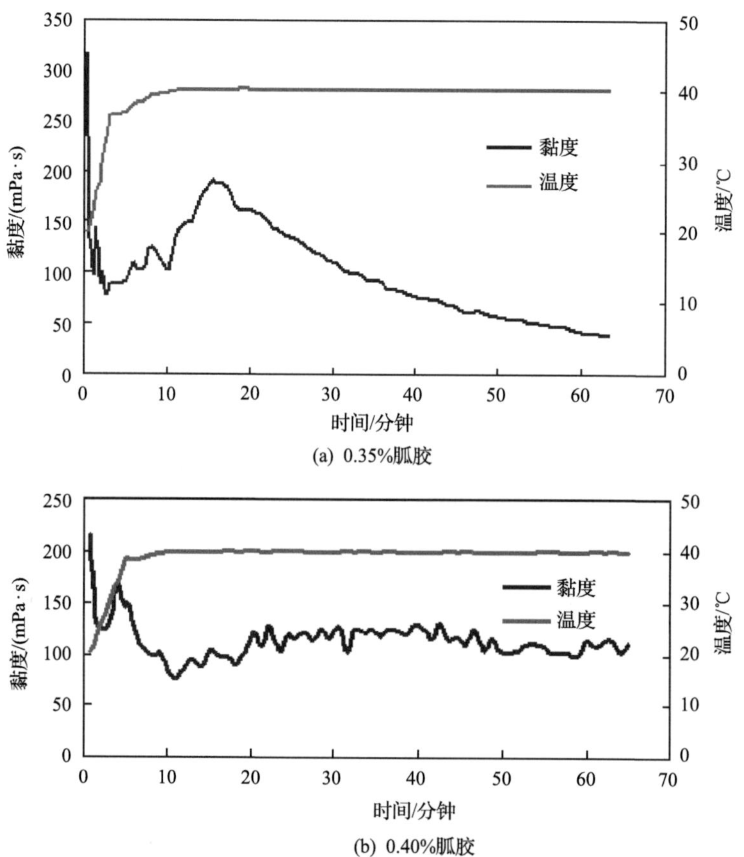

图 6-58 $170s^{-1}$、40℃时不同胍胶的剪时关系

5) 破胶液表面张力测试

利用 JYW-200A 自动界面张力仪进行破胶液表面张力值的测定，评价其返排性能。配方中加入了高效助排剂 BA1-5。实验结果表明，配方破胶液的表面张力值为 25.1mN/m，具有较低的表面张力，对压后残液的及时返排是很有利的。

综合上所述，压裂液性能测试实验结果表明，两种压裂液都具有低伤害、耐剪切、易返排的特点，能够满足不同地层温度缝网压裂的需求。

6.3.3 缝网压裂工艺技术

缝网压裂的关键在于压裂施工净压力是否能够达到临界压力(应力差)，缝网压裂设计的重点在于如何选择合适的方法来提高缝内净压力。压裂裂缝内的净压力主要受储层特征参数如垂向主应力剖面、弹性模量、泊松比和断裂韧性等控制，对净压力有影响的人为可控因素主要有压裂液黏度、施工排量和平均砂液比三个参数。

1. 压裂液体系选择

压裂液体系选择对压裂缝网的形成非常重要。前文已介绍了延长油田致密油气缝网压裂液为滑溜水+线性胶压裂液体系。线性胶黏度比滑溜水黏度高，比浓胶液黏度低，携砂能力比滑溜水强，可携带少量小颗粒支撑剂(如 70/100 目陶粒)，进入张开的枝节裂缝，拓宽裂缝带宽，为带宽的持续扩张提供通道；滑溜水黏度低，接近清水，在裂缝内的流动压降较小(图 6-59)，有利于保持高的裂缝净压力，能开启角度更不利的裂缝，而这些裂缝更有效地增加了裂缝带宽与裂缝改造体积。

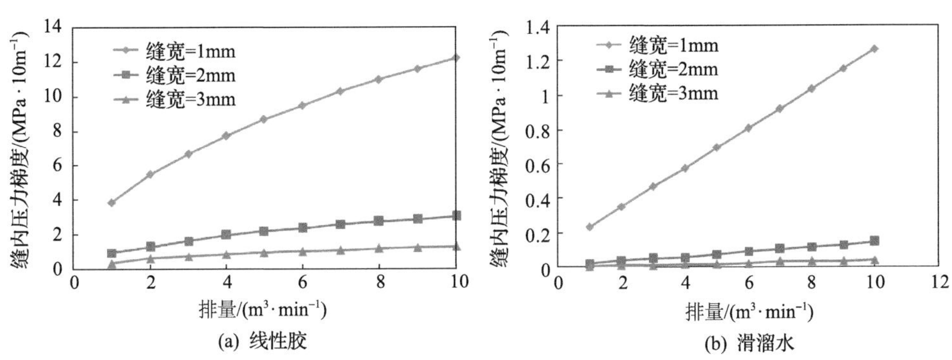

图 6-59 线性胶和滑溜水压裂液压裂后裂缝内压力梯度图

现场应用滑溜水压裂液表明，减阻率可达 70%以上，具有低成本、低伤害，易返排的特点。线性胶选用 0.35%～0.45%低分子羟丙基胍胶比的配方，压裂液整体携砂性强，残渣含量低、易返排，有利于现场施工。

2. 多簇射孔参数设计

缝网压裂施工多采用多簇射孔方式，由于射孔孔眼是井筒与储层连接的通道，其完善程度对近井带裂缝的形成及施工压力产生重要影响。延长特低渗油藏多簇射孔主要参考页岩气缝网压裂射孔工艺参数，结合前面分析的多簇射孔间的相互影响作用，以实现多缝同时起裂、缝间相互干扰，促进立体缝网的形成。射孔位置一般选择在岩石应力、弹性模量、泊松比等力学参数基本相当的储层段，易于多条裂缝在不同射孔簇间同时开启和延伸。直(定向)井的射孔簇间隔一般为 6～10m，孔密为 8～12 孔/m；水平井的射孔簇间隔为 25～30m，孔密为 10～20 孔/m，每个压裂段的射孔簇为 3～4 簇。

3. 缝网压裂配套工具

延长特低渗油藏直(定向)井缝网压裂一般采用油管和套管同时注入的方式，一般没有井下专用工具。水平井缝网压裂通常采用水力喷射环空加砂压裂工艺和水力泵送射孔桥塞连作压裂工艺，这两种技术都需要专用的压裂工具。

1)水力喷射环空加砂压裂工艺

水力喷射环空加砂多簇压裂工艺技术基于水力喷射原理，是随着致密油气资源的开发而发展的最新一代水力喷射压裂工艺技术。目前多采用双喷射器进行两簇射孔压裂，上下喷射器间隔 20m 左右，喷射器采用四个 6.3mm 的喷孔。该压裂工艺施工效率高，但射孔簇受到喷枪距离的限制。

压裂作业时，首先座封底部封隔器，然后进行喷砂射孔，射孔完成后从油套环空进行加砂压裂，油管进行补液；压裂完成后上提管柱到下一层段，然后重复上述步骤完成多段压裂。整个施工过程随时观察射孔压力变化和验封情况(试压 15～20MPa，压力不变化则说明封隔器坐封良好)，若不能满足施工要求，及时更换工具。

双喷射器分段多簇压裂管柱(图 6-60)由下到上为：底封封隔器(集成导向丝堵+弹性扶正器+眼管+封隔器+单流阀+平衡阀)+伸缩补偿器+单流阀+下喷射器(4 个 6.3mm 喷咀)+2 7/8"外加厚倒角油管(根据簇间距离而定)+上喷射器(4 个 6.3mm 喷咀)+1 根 2 7/8"外加厚倒角油管+KSLAJ-108 液力式安全接头+2 7/8"外加厚倒角油管(水平段)+2 7/8"外加厚油管至井口。

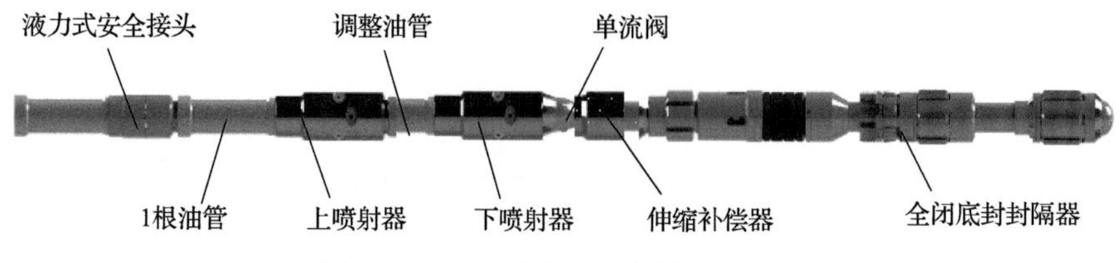

图 6-60 水力喷砂分段多簇压裂工具

2) 水力泵送射孔桥塞连作工艺

水力泵送射孔桥塞连做压裂技术是随着页岩气等开发应运而生的一种新型技术，它综合了坐封桥塞、多级射孔、水力推送等多项技术。通过一次下井，既可以实现坐封桥塞，又可以实现多级分簇射孔的目的，而且可以顺利地在水平井内实现带压作业，施工排量不受限制，射孔簇设计比较灵活。射孔桥塞连作压力工具和可钻桥塞示意图见图 6-61。

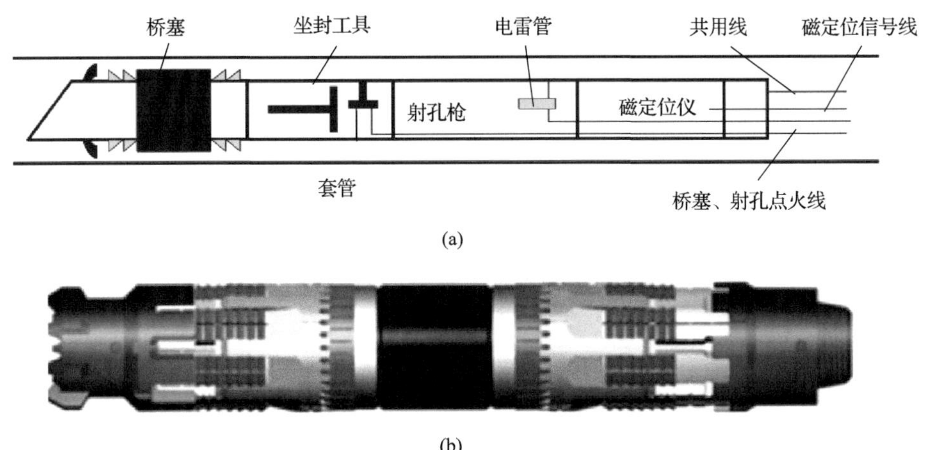

图 6-61 射孔桥塞连作压裂工具(a)及可钻桥塞(b)示意图

4. 缝网压裂施工参数优化

施工排量的高低是压裂缝网形成与否的关键因素。延长油田储层压裂破裂压力较低，排量提升空间较大，但考虑到 J55 套管抗压强度(35MPa)的限制，排量也不宜过大，而且排量越大，动用设备越多，成本越高。综合考虑，采用套管注入方式，施工排量一般设定在 6～12m^3/min，既能满足大排量易于造缝的需要，也能够兼顾套管限压的要求。

在砂比的控制方面，采用滑溜水+线性胶+交联压裂液混合体系，滑溜水造微缝阶段平均砂比 7%，最高不超过 12%，支撑剂采用 70/100 目陶粒；线性胶造次级裂缝阶段平均砂比 12%，最高不宜超过 17%，支撑剂采用 40/70 目石英砂；交联剂造主缝阶段平均砂比 15%，最高不宜超过 25%，支撑剂采用 20/40 目石英砂，采用这种多级粒径组合方式提升裂缝综合导流能力。考虑注采井网，单层加砂规模一般控制在 30～60m^3。在施工中，为实现多段裂缝起裂，在已显示有裂缝开启情况下，采用变排量技术提升裂缝内净压力 3～5MPa，使裂缝能够进一步开启、延伸，形成复杂缝网。

6.3.4 应用实例

截至 2016 年底，直(定向)井缝网压裂在延长油田 11 个采油厂 63 口油井进行应用，施工成功率 100%，平均单井产量较邻井提高 2～3 倍，3 口井达到邻井产量的 5 倍。水平井缝网压裂技术在延长油田共应用 157 口井，施工成功率 100%；平均单井日产原油 8.9t，比常规水平井压裂日增产原油 3.5t，取得了较好的增产效果。

1. 直(定向)井缝网压裂

以延长油田某区块一口定向井郭 813-7 井为例进行说明，该井完钻井深 569m，以 5 1/2"套管固井完井，目的层段为延长组长 6 层，地层压力为 4.5MPa(压力系数

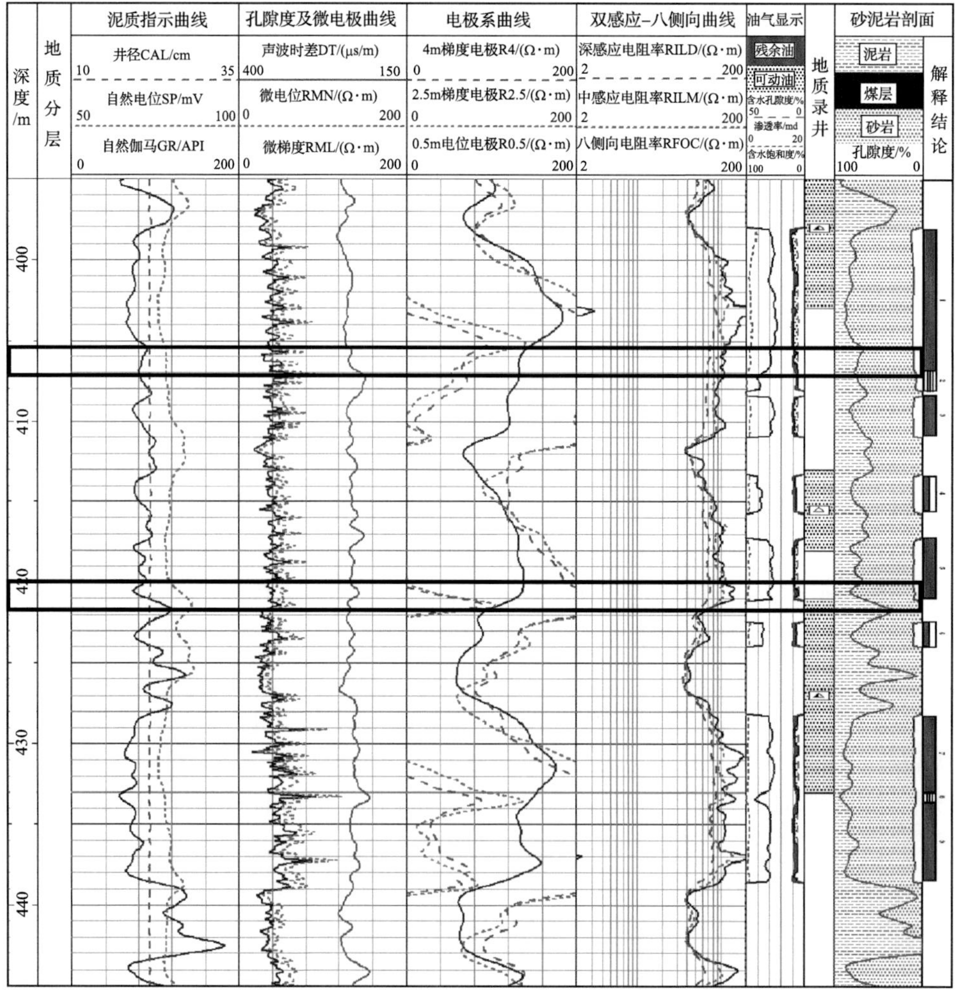

图 6-62　郭 813-7 井综合测井曲线图

0.85)，地层温度为 25℃，该井 405～432m 显示较好，依据电测综合解释成果作业层段平均渗透率 $0.72\times10^{-3}\mu m^2$，平均孔隙度 8.5%，含油饱和度 44.7%。测井解释结果如图 6-62 所示。

根据地层性质和测井解释结果，该井射孔段为 405～406m，419～420m，431～432m，采用油套同注混合压裂工艺，单段射孔为 10 孔/m，施工排量为 $9.0m^3/min$，支撑剂粒径为 0.425～0.85mm 石英砂和 0.212～0.425mm 陶粒，共加入石英砂 $45m^3$，陶粒 $5.0m^3$，注入滑溜水为 $71.2m^3$，基液为 $68.4m^3$，交联剂为 $161.3m^3$，平均砂比为 16.3%，压裂施工曲线如图 6-63。

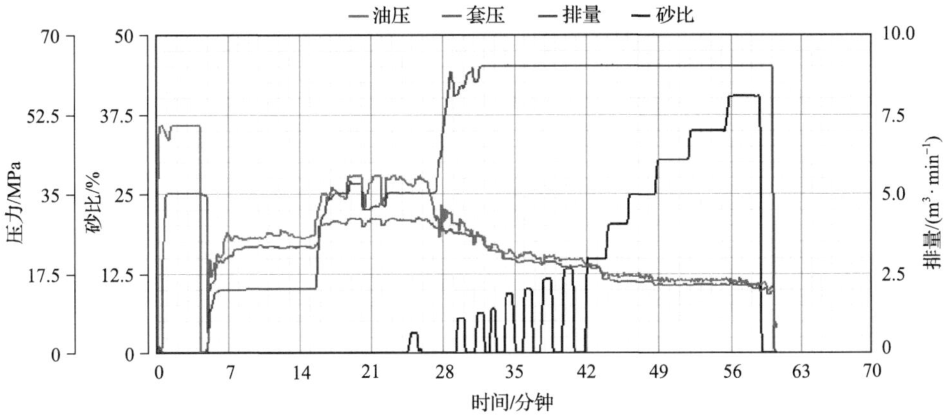

图 6-63 郭 813-7 井压裂施工曲线

为了验证压裂缝网是否形成，该井进行了井间微地震裂缝监测，图 6-64 为郭 813-7 井压裂微地震监测结果。结果表明，裂缝网格长度 278m，网格宽 179m，

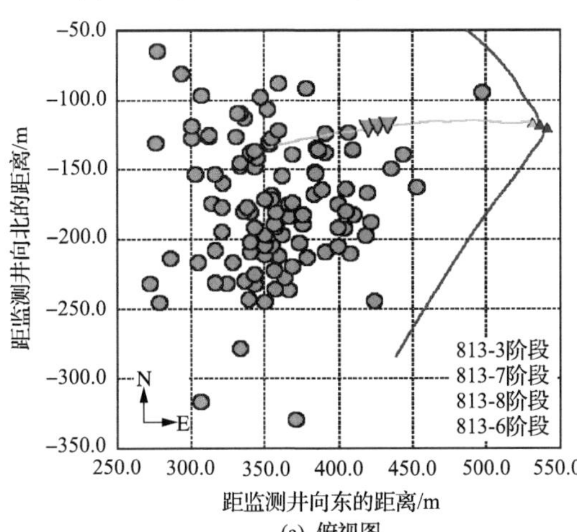

(a) 俯视图

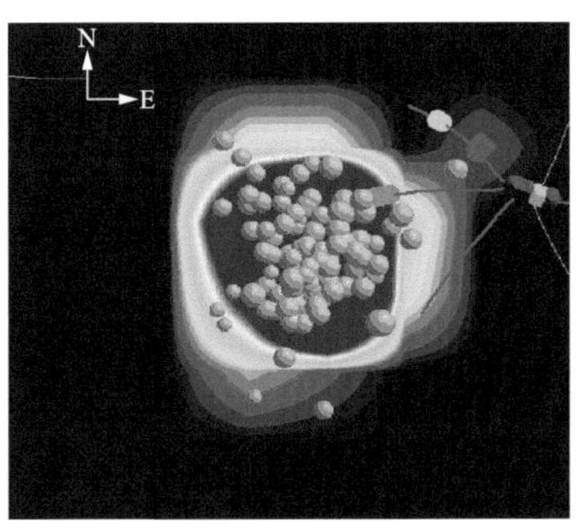

(b) 地震事件波及地质体积

图 6-64 郭 813-7 井裂缝监测成果图

网格高 80m；裂缝走向为北西 65°，微地震事件数 111，改造缝网体积达到 $1.6\times10^6m^3$。该井压后试油产量 8.5t/d，稳定产油 2.6t/d，是常规压裂平均单井产量的 2.6 倍，取得了较好的压裂效果。

2. 水平井缝网压裂

以延长油田某区块水平井延 CX-1 井为例进行说明，该井水平井段长度为 1031m，为 6"井眼下 5 1/2"尾管固井完井，目的层段为延长组长 7 层，地层压力

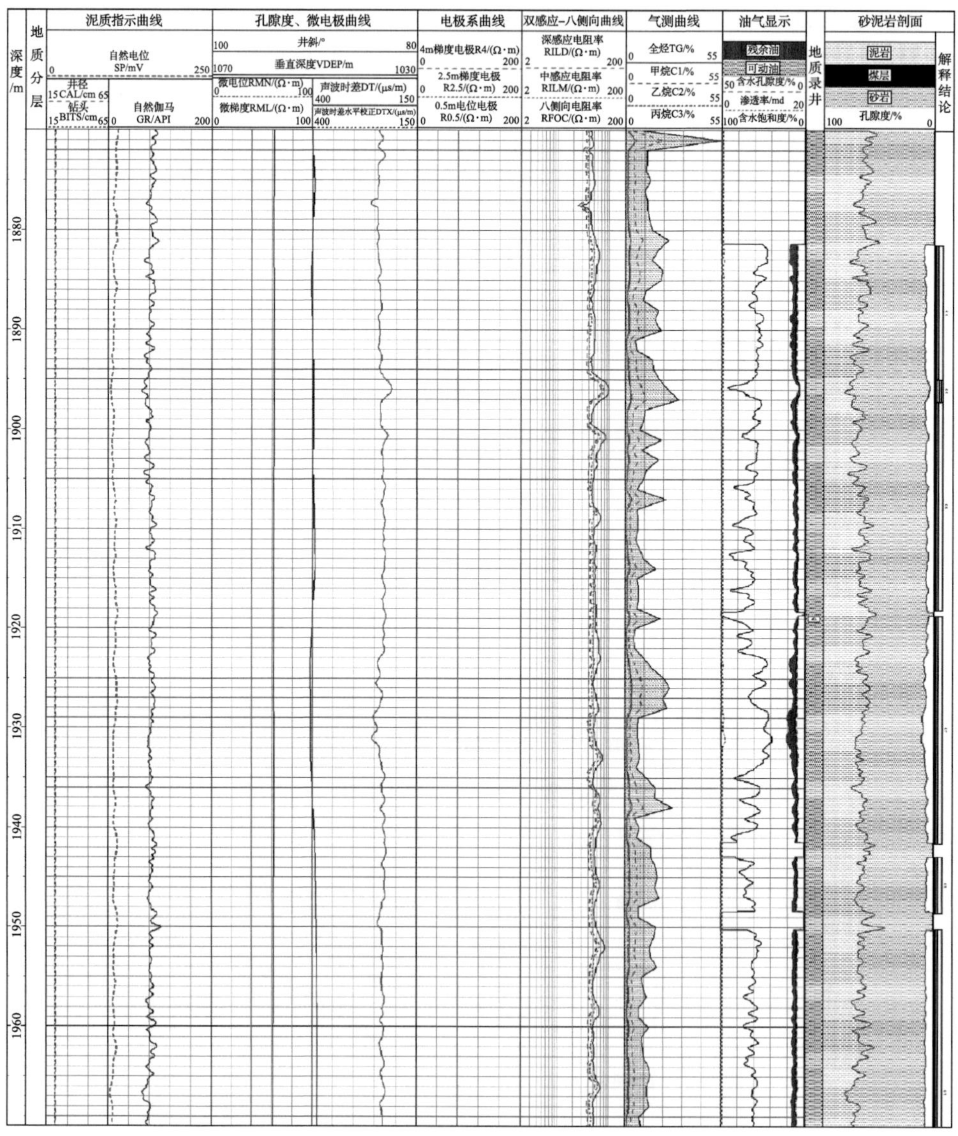

图 6-65 延 CX-1 井测井解释结果图

为 5.9MPa(压力系数 0.93)，地层温度为 31℃，该井解释井段为 230～2396m，基于现有资料声波时差、渗透率、孔隙度和含油饱和度的解释，约有 700m 油气显示较好。测井解释结果如图 6-65 所示。

根据地层性质和测井解释结果，该井共分十级压裂段，采用水力泵送射孔桥塞连作工艺，单段进行 4 簇射孔，施工排量为 7.0m^3/min，支撑剂粒径为 0.425～0.85mm 石英砂和 0.212～0.425mm 陶粒，共加入石英砂 347m^3，陶粒 63m^3，单段平均加入支撑剂为 41m^3，陶粒加入量为 6.3m^3，石英砂加入量为 34.7m^3。平均每段注入液量为 394m^3，滑溜水为 65m^3，基液为 77m^3，交联剂为 252m^3，压裂液采用浓度为 0.35%胍胶压裂液体系，交联剂为有机硼，平均砂比为 16.3%，第一段压裂施工曲线如图 6-66。

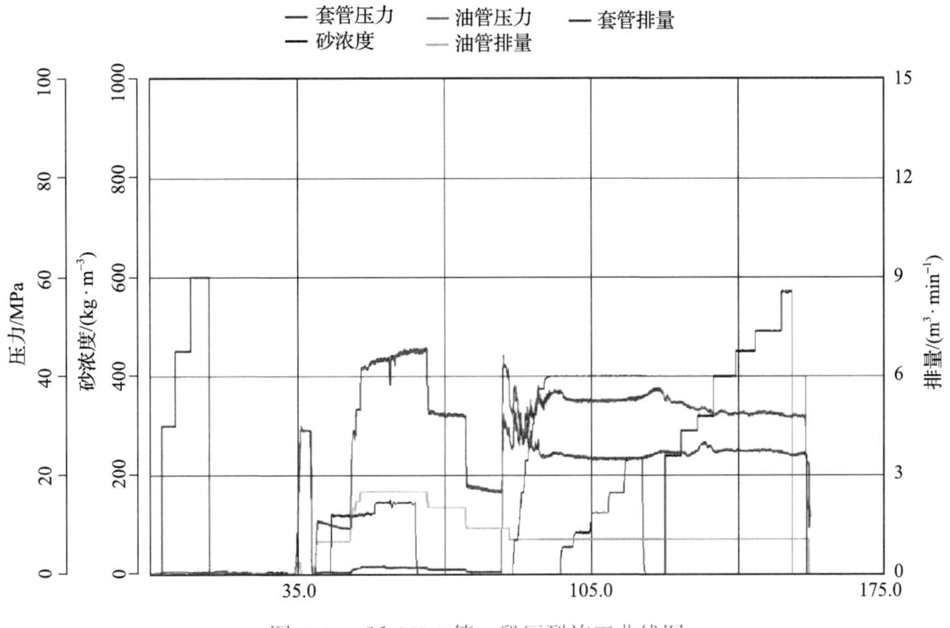

图 6-66 延 CX-1 第一段压裂施工曲线图

为了验证上述压裂参数体系下缝网是否形成，该井进行了井间微地震裂缝监测，图 6-67 所示。结果表明，裂缝网格延伸较长，总长度 219m，左翼长 103m，右翼长 119m；裂缝走向为北偏东 88°，与井筒方向形成一定夹角。裂缝网格宽 90m 裂缝网格主要在目的层内延伸，高度为 40m，改造缝网体积达到 78×10^{4}m^3。

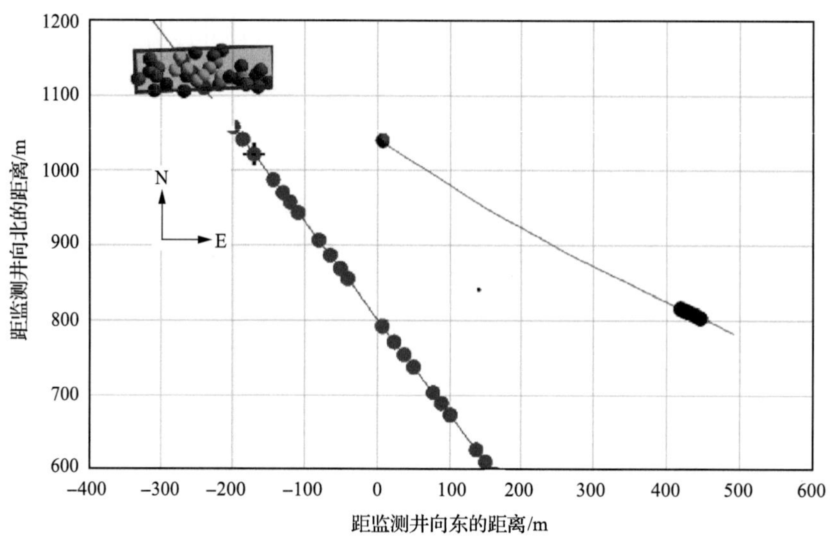

图 6-67　延 CX-1 井第 1 级压裂微地震监测结果(平面图)

井间微地震裂缝监测表明(如图 6-68)，压裂后裂缝网络延伸方向总体为北东 72°～102°，总长度为 375～785m，宽 104～195m，高度 59～95m，通过密度体计算压裂过程波及的地质体体积为 $63.4\times10^6m^3$。

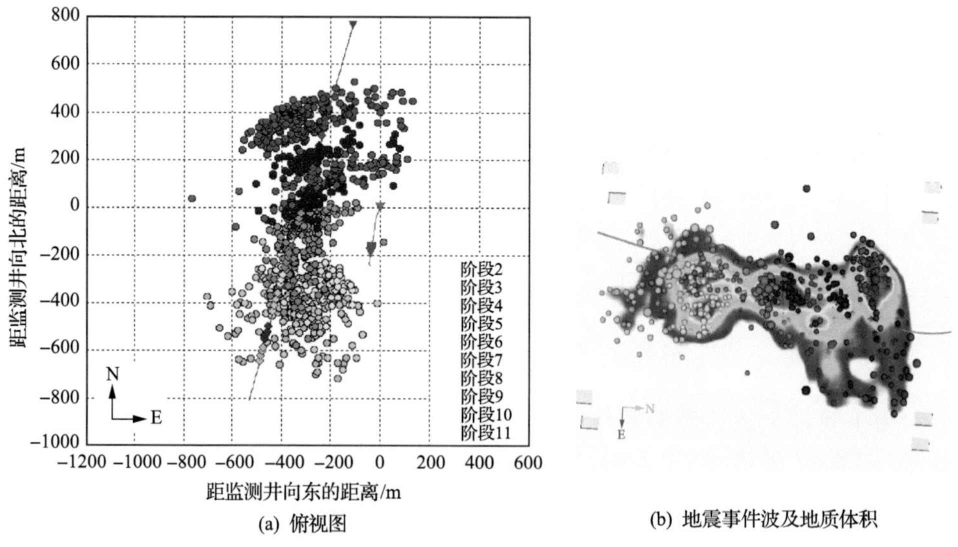

图 6-68　延 CX-1 井压裂微地震监测成果图

该井压后试油产量 26.2t/d，稳定产油 8.3t/d，比常规水平井压裂平均单井日增产原油 3.5t，取得了较好的压裂效果。

参考文献

蔡建超, 郁伯铭. 2012. 多孔介质自发渗吸研究进展[J]. 力学进展, 42(6): 735-754.

曹广胜, 谭畅, 宋福昌, 等. 2012. 低渗透油田强化注水压力界限研究[J]. 科学技术与工程, 12(13): 3107-3110, 3115.

曾联波. 2008. 低渗透砂岩储层裂缝的形成与分布[M]. 北京: 石油工业出版社.

陈刚. 1999. 中生代鄂尔多斯盆地陆源碎屑成分及其构造属性[J]. 沉积学报, 17(3): 409-413.

陈勉, 周健, 金衍, 等. 2008. 随机裂缝性储层压裂特征实验研究[J]. 石油学报, 29(3): 431-434.

陈淑利, 孙庆和, 宋正江. 2008. 特低渗透裂缝型储层注水开发中后期地应力场变化及开发对策[J]. 现代地质, 22(4): 647-654.

陈文华. 1989. 苏联对某些油田开发后期用不稳定注水方法提高采收率[J]. 石油勘探开发情报, (5): 75-80.

陈钟祥, 刘明新. 1983. 裂缝性油层的周期注水[J]. 力学学报, (4): 309-317.

陈钟祥. 1985. 裂缝性油藏工程基础[M]. 北京: 石油工业出版社.

程启贵. 2010. 低渗透岩性油藏精细描述与开发评价技术[M]. 北京: 石油工业出版社.

程启贵. 2015. 大型低渗透岩性油藏评价及开发技术[M]. 北京: 石油工业出版社.

崔浩哲, 姚光庆, 周锋德. 2003. 低渗透砂砾岩油层相对渗透率曲线的形态及其变化特征[J]. 地质科技情报, 22(1): 88-91.

代旭. 2017. 大液量注水吞吐技术在致密油藏水平井中的应用[J]. 大庆石油地质与开发, (6): 134-139.

杜贵超, 胡双全, 石立华, 等. 2015. 七里村油田长 6 油层组储层特征及孔隙演化[J]. 岩性油气藏, 27(1): 51-56.

范天一, 吴淑红, 李巧云, 等. 2015. 注水诱导动态裂缝影响下低渗透油藏数值模拟[J]. 特种油气藏, 22(3): 85-88.

冯宴, 胡书勇, 何进. 2007. 百色油田复杂断块油藏注水吞吐技术[J]. 石油地质与工程, 21(1): 49-51.

管保山, 刘静, 周晓群, 等. 2008. 长庆油气田压裂用生物酶破胶技术及其应用[J]. 油田化学, 25(2): 126-129.

韩大匡. 2010. 关于高含水油田二次开发理念、对策和技术路线的探讨[J]. 石油勘探与开发, 37(5) : 583-591.

郝世彦, 张林, 雷晓岚, 等. 2012. 低渗透油田开发技术与管理[M]. 北京: 石油工业出版社.

郝蜀民, 刘忠群, 周涌沂, 等. 2015. 大牛地致密低渗气田水平井整体开发技术[M]. 北京: 石油工业出版社.

贺承祖. 1998. 油气藏中水膜的厚度[J]. 石油勘探与开发, (2): 75-77.

洪承燮, 季华生, 王晓虹. 1992. 注采动态分析及定量配注方法研究[J]. 石油勘探与开发, 19(2): 56-62.

胡书勇, 李亮, 伍睿, 等. 2014. B239 超前注水建立有效驱替压力系统研究[J]. 西南石油大学学报(自然科学版), 36(6): 124-126.

胡文瑞. 2009. 低渗透油气田开发概论[M]. 北京: 石油工业出版社.

黄大志, 向丹, 王成善, 等. 2003. 油田注水吞吐采油的可行性分析[J]. 钻采工艺, (4): 17-19.

黄大志, 向丹. 2004. 注水吞吐采油机理研究[J]. 油气地质与采收率, (5): 39-40.

黄延章. 1997. 低渗透砂岩油田开发[M]. 北京: 石油工业出版社.

黄勇, 王业飞, 孙致学, 等. 2017. 基于流线模拟的高含水油田注水效率优化[J]. 西安石油大学学报(自然科学版), 32(2): 54-56.

贾英兰, 贾永禄, 周霞, 等. 2014. 封闭油藏注水开发阶段注采比计算新方法[J]. 西南石油大学学报(自然科学版), 36(1): 90-93.

贾自力, 石彬, 罗麟, 等. 2017. 延长油田超低渗油藏水平井开发参数优化及实践——以吴仓堡油田长 9 油藏为例[J].非常规油气, (4): 67-74.

贾自力, 石彬, 周红燕, 等. 2017. 超低渗透水平裂缝油藏水平井井眼轨迹优化技术[J]. 特种油气藏, 24(3): 151-153.

姜汉桥. 2013. 特高含水期油田的优势渗流通道预警及差异化调整策略[J]. 中国石油大学学报(自然科学版), (5): 114-119.

雷刚, 董平川, 尤文浩, 等. 2013. 低渗透变形介质砂岩油藏注水见效时间及影响因素[J]. 油气地质与采收率, 20(6): 69-72.

李安琪, 李忠兴. 2015. 超低渗透油藏开发理论与技术[M]. 北京: 石油工业出版社.

李道品. 1997. 低渗透砂岩油田开发[M]. 北京: 石油工业出版社.

李道品. 2016. 低渗透油田高效开发决策论(第二版)[M]. 北京: 石油工业出版社.

李道品. 2017. 低渗透油田开发决策论[M]. 北京: 石油工业出版社.

李继强, 杨承林, 许春娥, 等. 2001. 黄河南地区无能量补充井的单井注水吞吐开发[J]. 石油与天然气地质, 22(3): 221-224, 229.

李继山. 2006. 表面活性剂体系对渗吸过程的影响[D]. 廊坊: 中国科学院研究生院(渗流流体力学研究所).

李克勤, 张东生, 张世富. 1992. 中国石油地质志 (第十二卷)[M]. 长庆油田. 北京: 石油工业出版社.

李莉. 2006. 大庆外围油田注水开发综合调整技术研究[D]. 北京: 中国科学院研究生院.

李明志, 刘新全, 汤志胜, 等. 2002. 聚合物降解产物伤害与糖甙键特异酶破胶技术[J]. 油田化学, 19(1): 89-96.

李希明, 陈勇, 谭云贤, 等. 2006. 生物破胶酶研究及应用[J]. 石油钻采工艺, 28(2): 52-54.

李晓辉. 2015. 致密油注水吞吐采油技术在吐哈油田的探索[J]. 特种油气藏, 22(4): 144-146.

李云娟, 胡永乐. 1999. 低渗透砂岩油藏注水见效时间与井距关系[J]. 石油勘探与开发, 26(3): 84-86.

李忠兴, 余光明, 高春宁, 等. 2011. 低渗透油藏改变渗流场与提高采收率技术研究[C]//渗流力学与工程的创新与实践. 重庆: 第十一届全国渗流力学学术大会论文集, 243-247.

隆锋. 2017. 低渗透裂缝型油田周期注水参数优化[J]. 大庆石油地质与开发, 36(5): 115-118.

路士华, 牛乐琴, 苏玉亮, 等. 2003. 层状砂岩油藏周期注水动态参数优选[J]. 断块油气田, 10(1): 44-46.

马喜平, 陈尚兵. 1997. 胍胶类交联压裂液及胶囊破胶剂的新进展[J]. 钻采工艺, 20(5): 63-67.

孟选刚. 2010. 郑庄长 6 油藏裂缝特征及对注水开发影响研究[D]. 西安: 西安石油大学.

孟选刚. 2016. 长 6 油层压裂水平缝渗流模型及有效开发方式研究[D]. 成都: 西南石油大学.

孟选刚, 杜志敏, 王香增, 等. 2016. 压裂水平缝渗流特征及影响因素[J]. 大庆石油地质与开发, 35(3): 74-77.

孟选刚, 杜志敏, 王香增, 等. 2016. 延长长 6 浅层水平缝水平井压裂参数设计[J]. 石油钻采工艺, 38(1): 83-87.

彭苏萍, 陈玉祥, 苏玉亮, 等. 2003. 层状砂岩油藏周期注水动态模拟[J]. 中国矿业大学学报, 32(1): 8-11.

彭绪海, 王永霖. 1999. 低渗透性裂缝型油田注水吞吐采油技术应用探讨[J]. 低渗透油气田, (4): 62-64.

沈宝明, 冯彬, 李治平, 等. 2010. 高闭合压力裂缝导流能力变化规律理论推导[J]. 东北石油大学学报, 34(6): 83-86.

束青林, 郭迎春, 孙志刚, 等. 2016. 特低渗透油藏渗流机理研究及应用[J]. 油气地质与采收率, 23(5): 58-64.

孙焕泉. 2012. 水平井开发技术[M]. 北京: 石油工业出版社.

孙松领, 李琦, 李娟, 等. 2007. 低渗透砂岩储层构造裂缝预测及开启性分析[J]. 特种油气藏, 14(1): 30-33.

谭柱, 李保柱, 李勇. 2017. 缝洞型油藏单元注水开发水淹风险评价方法[J]. 西安石油大学学报(自然科学版), 32(5): 69-71.

万仁溥. 1995. 水平井开采技术[M]. 北京：石油工业出版社.

万仁溥. 1997. 中国不同类型油藏水平井开采技术[M]. 北京：石油工业出版社.

王贺强，陈智宇，张丽辉，等. 2001. 亲水砂岩油藏注水吞吐开发模式探讨[J].石油勘探与开发, 31(5): 86-88.

王家宏. 2003 中国水平井应用实例分析[M]. 北京：石油工业出版社.

王家禄，刘玉章，陈茂谦，等. 2009. 低渗透油藏裂缝动态渗吸机理实验研究[J]. 石油勘探与开发, 36(1): 86-90.

王鹏志. 2006. 注水吞吐开发低渗透裂缝油藏探讨[J]. 特种油气藏, 13(2): 47-48.

王文环，彭缓缓，李光泉，等. 2015. 大庆低渗透油藏注水动态裂缝开启机理及有效调整对策[J]. 石油与天然气地质, 36(5): 843-846.

王香增. 2012. 低渗透油田开采技术[M]. 北京：石油工业出版社.

王香增. 2012. 特低渗透油藏采油工艺技术[M]. 北京：石油工业出版社.

王友净，宋新民，田昌炳，等. 2015. 动态裂缝是特低渗透油藏注水开发中出现的新的开发地质属性[J]. 石油勘探与开发, 42(2): 224-227.

王允诚. 1992. 裂缝性致密油气储集层[M]. 北京：地质出版社.

魏铭江. 2015. 裂缝性油藏基质岩心自然渗吸实验研究[D]. 成都：西南石油大学.

吴金桥，张宁生. 2003. 低温浅层油气井压裂液破胶技术研究进展[J]. 西安石油学院学报(自然科学版), l8(6): 63-66.

吴克柳，李相方，樊兆琪，等. 2013. 低渗-特低渗油藏非稳态油水相对渗透率计算模型[J]. 中国石油大学学报(自然科学版), 37(6): 76-81.

吴胜和，蔡正旗，施尚明. 2011. 油矿地质学(第四版)[M]. 北京：石油工业出版社.

吴元燕，吴胜和，蔡正旗. 2005. 油矿地质学(第三版)[M]. 北京：石油工业出版社.

吴志宇. 2013. 安塞特低渗透油田开发稳产技术[M]. 北京：石油工业出版社.

吴忠宝，曾倩，李锦，等. 2017. 体积改造油藏注水吞吐有效补充地层能量开发的新方式[J]. 油气地质与采收率, 24(5): 78-83.

武胜男，张来斌，邓金根，等. 2016. 基于蒙特卡洛模拟的极限注水压力不确定性分析[J]. 石油钻探技术, 44(3): 110-113.

谢景彬，龙国清，田昌炳，等. 2015. 特低渗透砂岩油藏动态裂缝成因及对注水开发的影响[J]. 油气地质与采收率, 22(3): 106-110.

徐创朝，陈存慧，王波，等. 2014. 低渗致密油藏水平井缝网压裂裂缝参数优化[J]. 断块油气田, 21(6): 823-827.

徐晓峰，郭旭跃，胡佩. 2004. 新型压裂液低温破胶体系的研制[J]. 特种油气藏, 11(6): 89.

许冬进，廖锐全，石善志，等. 2014. 致密油水平井体积压裂工厂化作业模式研究[J]. 特种油气藏, 21(3): 2-4.

薛江龙，周志军，刘应飞. 2017. H 区块缝洞单元连通方式及注水开发对策研究[J]. 西南石油大学学报(自然科学版), 39(3): 129-133.

杨超，许晓明，齐梅，等. 2015. 高含水老油田注采连通判别及注水量优化方法[J]. 中南大学学报(自然科学版), 46(2): 4593-4600.

杨华，陈洪德，付金华. 2012. 鄂尔多斯盆地晚三叠世沉积地质与油藏分布规律[M]. 北京：科学出版社.

杨华，付金华. 2012. 超低渗透油藏勘探理论与技术[M]. 北京：石油工业出版社.

杨俊杰. 1993. 低渗透油气藏勘探开发技术[M]. 北京：石油工业出版社.

杨胜来，魏俊之. 2004. 油层物理学[M]. 北京：石油工业出版社.

杨亚东，杨兆中，甘振维，等. 2006. 单井注水吞吐在塔河油田的应用[J]. 天然气勘探与开发, 29(2): 32-35.

杨悦，李相方，卢巍，等. 2013. 浅层低渗油藏压裂水平裂缝直井产能方程推导及应用[J]. 科学技术与工程, 13(4): 7015-7020.

杨正明, 郭和坤, 刘学伟, 等. 2017. 低渗透–致密油藏微观孔隙结构测试和物理模拟技术[M]. 北京: 石油工业出版社.
杨正明, 张仲法, 刘学伟, 等. 2014. 低渗–致密油藏分段压裂水平井渗流特征的物理模拟及数值模拟[J]. 石油学报, 35(1): 88-90.
易绍金, 佘跃惠. 2002. 石油与环境微生物技术[M]. 武汉: 中国地质大学出版社.
殷代印, 翟云芳, 卓兴家. 2000. 非均质砂岩油藏周期注水的室内实验研究[J]. 大庆石油学院学报, 24(1): 82-84.
殷代印. 2013. 低渗透油田周期注水与调剖结合参数优化研究[J]. 特种油气藏, 20(6): 64-65.
殷代印, 王东琪, 张承丽. 2016. 启动压力梯度等效数值模拟的应用[J]. 大庆石油地质与开发, 35 (5): 62-64.
于家义, 张佳琪, 张德斌, 等. 2008. 周期注水技术在温西六区块开发中的应用[J]. 重庆科技学院学报(自然科学版), 10(1): 15-17.
袁广金, 宋思媛. 2014. 下寺湾油田延长组储层裂缝特征及对注水开发影响[J]. 西安科技大学学报, 34(5): 570-572.
袁士义, 宋新民, 冉启全. 2004. 裂缝性油藏开发技术[M]. 北京: 石油工业出版社.
袁晓俊. 2012. 低渗高凝油藏注水吞吐开发模式的应用[J]. 石油化工应用, 31(3): 12-14.
张建军, 舒勇, 师俊峰, 等. 2012. 水平井技术发展及应用案例[M]. 北京: 石油工业出版社.
张金成, 孙连忠, 王甲昌, 等. 2014. “井工厂”技术在我国非常规油气开发中的应用[J]. 石油钻探技术, 42(1): 21-25.
张烈辉, 刘传喜, 冯佩真. 2006. 水平地层单井注水吞吐数值模拟[J]. 天然气勘探与开发. 23(2): 31-34.
张林森. 2011. 延长油田增产改造特色工艺技术[M]. 北京: 石油工业出版社.
张林森. 2011. 延长油田中生界石油地质特征与高效勘探[M]. 北京: 石油工业出版社.
张荣军. 2009. 低渗透油藏开发早期高含水井治理技术[M]. 北京: 石油工业出版社.
张文胜. 2002. 新型压裂破胶剂的研究及应用[J]. 钻井液与完井液, 19(4): 10-12.
赵翰卿. 2001. 对储层流动单元研究的认识与建议[J]. 大庆石油地质与开发, 20(3): 8-9.
赵习森, 黄泽贵. 1996. 高含盐油藏注水吞吐提高单井采油量探讨[J]. 断块油气田, 3(6): 35-37.
赵向原, 曾联波, 靳宝光, 等. 2015. 裂缝性低渗透砂岩油藏合理注水压力[J]. 石油与天然气地质, 36(5): 855-861.
赵向原, 曾联波, 胡向阳, 等. 2017. 低渗透砂岩油藏注水诱导裂缝特征及其识别方法–以鄂尔多斯盆地安塞油田W区长6油藏为例[J]. 石油与天然气地质, 38(6): 1188-1196.
钟德康. 1997. 注采比变化规律及矿场应用[J]. 石油勘探与开发, 24(6): 65-69.
朱维耀, 鞠岩. 2002. 低渗透裂缝性砂岩油藏多孔介质渗吸机理研究[J]. 石油学报, 23(6): 56-59.
朱维耀, 孙玉凯, 王世虎, 等. 2010. 特低渗透油藏有效开发渗流理论和方法[M]. 北京: 石油工业出版社.
朱玉双, 曲志浩, 孔令荣, 等. 2000. 安塞油田坪桥区、王窑区长6油层储层特征及驱油效率分析[J]. 沉积学报, 18(2): 279-283.
纳尔逊RA, 柳广弟, 朱筱敏. 1991. 天然裂缝性储集层地质分析[M]. 北京: 石油工业出版杜.
SY/T 5345-2007. 2007. 岩石中两相流体相对渗透率测定方法[S]. 北京: 石油工业出版社.
Van Golf-Racht T D, 陈钟祥. 1989. 裂缝性油藏工程基础[M]. 北京: 石油工业出版社.
Aronofsky J S, Masse L, Natanson S G.1958. A model for the mechanism of oil recovery from the porous matrix due to water invasion in fractured reservoirs[J]. Trans AIME, 1958, 213: 17-19.
Baoshan G, Huanshun Z, Yumei C, et al. 2007. Microcosmic analysis of damage of fracturing fluids to reservoirs in Xifeng oilfield of Ordos Basin[J]. China Petroleum Exploration, 12(4): 59-62, 8.
Bell J M, Cameron F K. 1906.The flow of liquids through capillary spaces[J]. The Journal of Physical Chemistry, 10(8): 658-674.
Benavente D, Lock P, Del Cura M Á G, et al. 2002. Predicting the capillary imbibition of porous rocks from microstructure[J]. Transport in Porous Media, 49(1): 59-76.

Bosanquet C H. 1923.On the flow of liquids into capillary tubes[J]. Philosophical Magazine, 45(267): 525-531.

Chase B, Chmilowski W, Marcinew R, et al. 1997. Fracturing fluids for increased well productivity[J]. Oilfield Review, 9(3): 20-33.

Chatzis I, Dullien F A L. 1983. Dynamic immiscible displacement mechanisms in pore doublets: Theory versus experiment[J]. Journal of Colloid & Interface Science, 91(1): 199-222.

Cipolla C L, Lolon E, Mayerhofer M J. 2008. Resolving created, propped and effective hydraulic fracture length[J]. SPE Production & Operations, 24(4): 619-628.

Cooke Jr C E. 1975. Effect of fracturing fluids on fracture conductivity[J]. Journal of Petroleum Technology, 27(10): 1273-1282.

Ding S Q, Guo H K. 2006. Research on the damage mechanism of fracturing fluids through nuclear magnetic resonance technology[J]. Drilling Fluid & Completion Fluid, 23(3): 60-62.

Du H J, Qu S Y, Liu Z S. 2015. Research and application of ultra-low concentration guar gum fracturing fluid in extended oilfield[J]. Petroleum Geology and Engineering, 29(4): 139-143.

Gao J, Wu J, Xu L, et al. 2011. Study on in-situ continuously-mixed viscoelastic surfactant fracturing fluids[J]. Applied Chemical Industry, 40(11): 1932-1934.

Green W H, Ampt G A. 1911. Studies on soil phyics[J]. The Journal of Agricultural Science, 4(1): 1-24.

Gu Y L, Fan H Q, Liu Y Q. 2008. Test and evaluation of lead acid fracturing technology in low permeability sandstone reservoir[J].Oil-Gasfield Surface Engineering, 27(8): 4-5.

Guan B, Wang Y, He Z. 2006. Development of CJ2-3 type recoverable low molecular mass guar gum fracturing fluid[J]. Oilfield Chemistry, 23(1): 27-31.

Gulbis J, King M T, Hawkins G W, et al. 1992. Encapsulated breaker for aqueous polymeric fluids[J]. SPE Production Engineering, 7(1): 9-14.

Jin Z, Lindi L, Shicheng Z. 2008. Development of anionic viscoelastic surfactant fracturing fluid causing very low formation damage[J]. Oilfield Chemistry, 25(2): 122-125.

Kebo J. 2013. Contrast experimental study about the flow conductivity damage of clean fracturing fluid[J]. Science Technology and Engineering, 13(23): 6866-6871.

Kim E, Whitesides G M. 1997. Imbibition and flow of wetting liquids in noncircular capillaries[J]. The Journal of Physical Chemistry B, 101(6): 855-863.

Li K. 2007. Scaling of spontaneous imbibition data with wettability included[J]. Journal of Contaminant Hydrology, 89(3): 218-230.

Li K, Horne R N. 2006. Generalized scaling approach for spontaneous imbibition: An analytical model[J]. SPE Reservoir Evaluation & Engineering, 9(3): 251-258.

Li Y M, Guo J, Zhao J. 2007. Key and countermeasure of fracturing techniquein ultradeep and low permeability reservoir[J]. Drilling&Production Technology, 30(2): 56-58.

Lu Y, Yang X, Wang C, et al. 2012. Research and application of low concentration fracturing fluid in Changqing tight reservoirs[J]. Oil Drilling & Production Technology, 34(4): 67-70.

Luo P, Zhang J, Yan Y, et al. 2015. Study and application of high temperature low concentration guar gum fracturing fluid[J]. Drilling Fluid & Completion Fluid, 32(5): 86-88.

Ma S X, Morrow N R, Zhang X. 1997. Generalized scaling of spontaneous imbibition data for strongly water-wet systems[J]. Journal of Petroleum Science and Engineering, 18(3-4): 165-178.

Mason G, Fischer H, Morrow N R, et al. 2010. Correlation for the effect of fluid viscosities on counter-current spontaneous imbibition[J]. Journal of Petroleum Science and Engineering, 72(1-2): 195-205.

Mason G, Morrow N R. 2013. Developments in spontaneous imbibition and possibilities for future work[J]. Journal of Petroleum Science and Engineering, 110: 268-293.

Melrose J C. 1965. Wettability as related to capillary action in porous media[J]. Society of Petroleum Engineers Journal, 5(3): 259-271.

Peng J, Zhang C, Zhou P, et al. 2014. Performance of low-concentration guar gum fracturing fluid and its application to qinghai oilfield[J]. Natural Gas Exploration&Development, 37(1): 79-82.

Reinicke A, Rybacki E, Stanchits S, et al. 2010. Hydraulic fracturing stimulation techniques and formation damage mechanisms: Implications from laboratory testing of tight sandstone–proppant systems[J]. Chemie der Erde-Geochemistry, (70): 107-117.

Samuel M, Card R J, Nelson E B, et al. 1997. Polymer-free fluid for hydraulic fracturing[C]//SPE Annual Technical Conference and Exhibition. Society of Petroleum Engineers.

Tavassoli Z, Zimmerman R W, Blunt M J. 2005. Analytic analysis for oil recovery during counter-current imbibition in strongly water-wet systems. Transp. Porous Media, 58(1): 173-189.

Terzaghi K. 1951. Theoretical Soil Mechanics[M]. London: Chapman And Hall Limited.

Wang C, Yang Y, Cui W, et al. 2013. Application of low concentration CMHPG fracturing fluid in Huaqing reservoir of Changqing Oilfield[J]. Oil Drilling & Production Technology, (1): 28.

Wang J Y, Holditch S A, McVay D A. 2012. Effect of gel damage on fracture fluid cleanup and long-term recovery in tight gas reservoirs[J]. Journal of Natural Gas science and Engineering, (9): 108-118.

Wang M, An Z S, Hui G. 2015. Relationship between characteristics of tight oil reservoirs and fracturing fluid damage: A case from Chang 7 Member of the Triassic Yanchang Fm in Ordos Basin[J]. Oil & Gas Geology, 36(5): 848-854.

Wang M, Liu Y. 2004. The development and application of the clean fracturing fluid system ves-1[J]. Chemical Engineering of Oil&Gas , 33(3): 188-192.

Wang M X, He J, Yang Z, et al. 2011. Gel-breaking and degradation effects of bio-enzyme SUN-1/ammonium persulfate on hydroxypropyl guar gum fracturing fluid[J]. Journal of Xi'an Shiyou University (Natural Science Edition), (1): 18.

Wang M, Yan Y, Yifei L. 2007. Effects of stable chlorine on properties of water-base fracturing fluids[J]. Chemical Engineering of Oil&Gas, 36(5): 404-407.

Washburn E W. 1921. Dynamics of capillary flow[J]. Physical review, 17(3): 273-283.

Xiong W, Pan Z. 1999. Distribution of remaining oil and its adjustment in fracture-developed areas of ultra-low permeability oil fields[J]. Petroleum Exploration And Development, 26(5): 46-48.

Ying C, Wang Y, Chen S, et al. 2010. Evaluation of bio-enzyme breaker used in fracturing fluid[J]. Drilling Fluid & Completion Fluid, 27(6): 68-71.

Zhang G, Zhong Z, Wu G. 2008. Performance research of viscoelastic fracturing fluid system in medium-high temperature[J]. Xinjiang Petroleum Science & Technology, 18(2): 29-30.

Zhang H, Zhou J, Gao C, et al. 2013. The damage of guar gum fracturing fluid[J]. Science Technology and Engineering, 13(23): 6866-6871.

Zhang H, Zhou J, Yu Z, et al. 2013. Research and application of carboxymethyl hydroxypropyl guar fracturing fluid[J]. Complex Hydrocarbon Reservoirs, 6(2): 77-80.